최상의 최소

When Least is Best

최상의 최소

지은이 폴 나힌
옮긴이 권오남 · 김성옥 · 주미경 · 오혜미
펴낸이 박문규
펴낸곳 KM 경문사
등 록 1979년 11월 9일 제9-9호
주 소 121-818, 서울특별시 마포구 와우산로 174
전 화 (02)332-2004 / 팩 스 (02)336-5193
이메일 kyungmoon@kyungmoon.com
홈페이지 www.kyungmoon.com

찍은날 2012년 4월 15일 1판 1쇄
펴낸날 2012년 4월 20일 1판 1쇄

값 25,000원

ISBN 978-89-6105-585-7
ISBN 89-7282-390-2 (세트)

★ 잘못된 책은 바꿔드립니다.

최상의 최소

When Least is Best

폴 나힌 지음

권오남 · 김성옥 · 주미경 · 오혜미 옮김

경문사

옮긴이 머리말

나힌(Nahin)은 1940년 미국 버클리(캘리포니아 주)에서 태어나 스탠포드(학사)와 캘리포니아 공과대학(석사), 캘리포니아 대학 어바인 캠퍼스(박사)에서 전기공학을 전공하였다. 항공산업에 종사하기도 한 그는 30여 년간 대학에서 학생들을 가르쳤다. 그는 수학과 물리를 비롯한 과학 전반에 많은 관심을 가지고 여러 책을 저술하였는데 공학자로서는 특이하게도 그의 저서 중 다수가 단편 과학 소설이다. 공학자로서 수학의 묘미를 대중에게 알리려 한 것 자체가 수학을 전공한 역자들에게는 감사한 일이기도 하지만 소설과 같은 매체를 사용하고자 한 그의 아이디어가 참신하게 느껴진다. 그는 오일러의 공식에 대한 그의 저서(Dr. Euler's fabulous formula)에서 자신이 수학에 흥미를 느끼지 못했던 이유가 수학시간에 배운 내용들이 어떻게 발견되었는지 과정을 전혀 몰랐기 때문이라고 소개한다. 그래서인지 그의 책들은 수학의 역사를 자세히 살펴 수학적 이론들이 생겨나게 된 과정을 소개함으로써 수학자들에 얽힌 얄팍한 주변 이야기로 흥미를 불러일으키기보다는 수학 자체에 흥미를 느낄 수 있도록 해준다. 이 책도 마찬가지이다. 우리 주변의 물리와 수학이 깊이 얽혀 있는 문제들을 골라 그런 문제들을 생각하게 된 동기부터 시작하여 해결해 나가는 과정에 얽힌 역사를 자세히 소개함으로써 수학을 전공하지 않은 일반 독자들이 이 책을 다 읽고 난 후 수학에 대한 흥미와 수학적 사고력이 향상될 것을 기대하며 쓴 책이라고 하겠다.

그는 이 책의 독자가, 대중을 대상으로 한 그의 저서 중에서는 비교적 높은 수준의 수학적 지식이라고 할 수 있는, 대학 1학년 수준의 미적분학을 이해한다고 가정하여 내용을 전개하고 있다. 또 미분이란 개념이 생겨나서 정립되기까지의 과정도 이 책에서 다루고 있다. 이런 의

미에서 독자층이 제한적일 수 있으나 이 책의 번역본을 출판하기로 한 경문사의 수학에 대한 관심과 지원에 감사를 표한다.

지은이 머리말

이 책은 수학사로 구성되었지만, 많은 수학자들의 단순한 전기(傳記)나 에세이는 아니다. 이 책은 벨(E. T. Bell)이 쓴 고전(古典) 《수학을 만든 사람들(수학자)》과 같은 책이 아니며, 지난 20세기 동안 수많은 유명 수학자들이 극값을 주제로 연구한 것에 대한 기술적인 이야기이므로, 많은 수학이 들어 있다. 스티븐 호킹의 유명한 책들처럼 이 책이 수많은 베스트 셀러가 될 거라고 기대할 수는 없다. 그런 책들은 읽기보다 보여주기 위한 것들이다. 이 책은 손에 연습장과 연필을 들고 이해하면서 읽어야 하기 때문에 손에 굳은 살이 박힐 수도 있다!

이 책에서 읽은 많은 부분이 새롭고 흥미롭다면, 독자들은 책의 내용을 이해할 수 있는 배경 지식을 같이 준비해주었으면 한다. 배경지식의 수준은 대학 1학년생들이 미적분학과 물리학에서 배우는 수준이면 충분하다. 배경지식의 구체적인 예를 들면, 물리에서 배운 것처럼, 힘은 벡터이고, 위치에너지와 운동에너지의 정의 같은 것이 될 수 있다. 하지만 수학에서는 조금 더 깊이 있는 배경지식이 필요하다. 다음 식을 해결할 수 있는가?

$$\text{임의의 실수 } x\text{에 대하여 } \lim_{n\to\infty}\frac{\sin(x)}{n} = ?$$

물론 답은 0이다. x가 어떤 값을 가지더라도 $\sin(x)$의 값은 닫힌구간 $[-1, 1]$에서 존재하기 때문에, n이 ∞로 무한히 가까이 다가갈 때, 주어진 식은 0에 무한히 가까이 다가간다.

내가 이 문제를 공대 2학년 학생들에게 제시했는데, 당연히 학생들은 답이 0이라고 생각했을 것이다. 하지만 내가 아무 말없이 칠판에 답이 6이라고 다음과 같이 풀이하자, 학생들은 매우 놀라워했다.

$$\lim_{n\to\infty}\frac{\sin(x)}{n}=\lim_{n\to\infty}\frac{\sin(x)}{n}=si(x)=6$$

만일 학생들이 이 놀라운 '계산'을 비웃는다면, 학생들이 틀린 것을 즐겁게 받아들일 만큼의 수준이 있다는 긍정적인 표시이다. 더 나아가 학생들이 고등학교 대수, 기하, 삼각법의 기초가 튼튼하고 신입생 미적분학의 기초적인 내용을 통합적으로 이해한다고 할 수 있다. 이차방정식, 삼각방정식, 입체각, 쌍곡선 함수, 팩토리얼, 무리수, 벡터, 피타고라스 정리, 수학적 귀납법, 미분, 적분의 정의 같은 것들을 학생들에게 설명할 필요가 없다. 또한, 학생들이 $\int_0^1 x\,dx=\frac{1}{2}$을 이해할 뿐만 아니라, 적분 계산없이 $\int_1^8 \sin^{17}(x+\sqrt{x})dx=\int_1^8 \sin^{17}(y+\sqrt{y})dy$도 이해할 수 있었으면 한다. 마지막으로 나는 곡선 아래 넓이를 적분을 이용하여 물리적으로 해석하는 것도 학생들이 익숙하게 이해할 수 있다고 생각한다.

4장의 주요 내용이 미분이므로, 독자가 미분에 대해서 이미 알고 있다는 것이 내게 다소 불편할 수도 있지만 그러한 경우를 고려하지 않을 수도 없다. 1장부터 3장까지의 내용은 미적분을 이용하지 않은 계산과 미적분을 이용한 계산을 비교하는 것이다. 독자가 적분을 안다면 논리적으로 미분도 알 수 있을 것이다.

내가 생각하는 것을 좀더 구체적이고 흥미로운 예를 들어 설명하기 위해, 놀라운 결론으로 유도되는 다음 문제 풀이를 살펴보자.

17세기 수학의 꽃은 넓이는 무한이지만, 부피는 유한인 곡면의 발견이다. 이 곡면을 발견하기 전에는 무한 넓이를 가지는 곡면은 반드시 무한 부피를 가진다고 상식적으로 받아들여졌다. 이 상식의 모순점을 1641년 이탈리아 수리물리학자인 에반젤리스타 토리첼리(Evangelista Torricelli, 1608~47)가 발견하였다.

쌍곡선 $xy=1\,(x\geq a)$에서 대칭인 두 곡선 중 한 곡선만을 x축으로 회전시켜보자. $a=1$일 때 회전된 곡면은 그림 1과 같다. 회전된 곡면

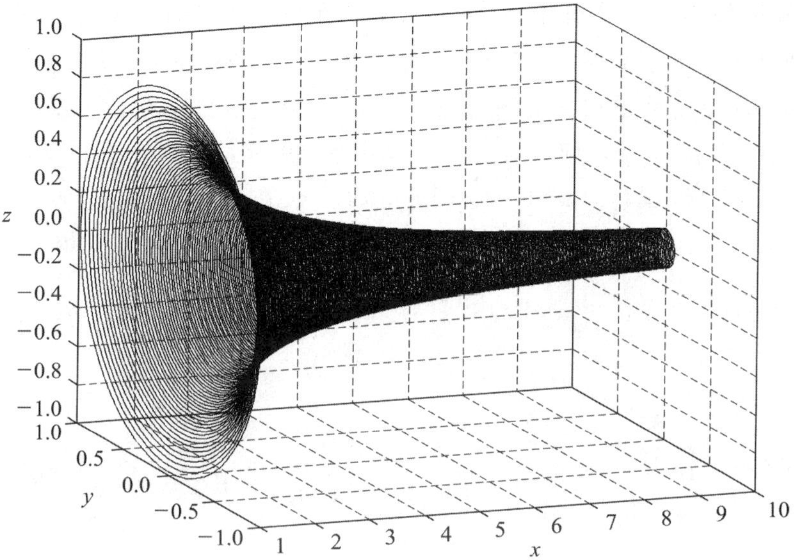

그림 1 토리첼리의 깔때기

의 모양은, 성서에서 말씀을 전하기 전에 대천사 가브리엘의 호른을 부는 것처럼 무한한 길이의 호른과 닮았으며, 이 곡면은 유한 부피를 갖는다. 이러한 결과를 설명하는 것은 꽤 단순하다. 두께가 Δx인 수많은 원기둥으로 부피를 자른다고 생각하자. 원기둥의 중심이 x에 있다면, 원기둥의 반지름은 $y=\dfrac{1}{x}$이다. 이와 같이 이 원기둥의 부피는 대략 $\Delta V \approx \pi y^2 \Delta x = \dfrac{\pi}{x^2}\Delta x$이다.

$\Delta x \to 0$일 때, ΔV와 Δx를 dV와 dx로 바꾸면, 계산이 더 정확해져서, $dV = \pi \dfrac{dx}{x^2}$이 된다.

전체 부피 V를 구하기 위해 $x=a$에서 무한대까지 적분을 하면, $V = \int dV = \pi \int_a^\infty \dfrac{dx}{x^2} = \pi \left[-\dfrac{1}{x} \right]_a^\infty = \dfrac{\pi}{a}$이다.

파올로 만코수(Paolo Mancosu)와 에지오 바일라티(Ezio Vailati)의 논문 〈토리첼리의 무한히 긴 입체와 이에 대한 17세기의 철학적 대응〉(Iris, March 1991, pp. 50-70)과 “토리첼리를 믿는 것은 미쳤다.”고

한 1672년 영국 철학자 토머스 홉스(Thomas Hobbes)의 말처럼, 토리첼리의 주장은 발표 후 수세기 동안 기이한 것으로 생각되었다. (만일 홉스의 철학적 실력과 수학적 실력이 동등했다면, 오늘날까지 그는 기억될 것이다.) 심지어 오늘날 미적분학 교실에서도 토리첼리의 계산은 많은 논란의 대상이 된다. 토리첼리 곡면의 넓이 A가 무한하다면, 적분을 이용하여 넓이를 구할 수 있다. 그 식은 $A=\int_a^\infty y\sqrt{1+\left(\frac{dy}{dx}\right)^2}\,dx$이다. (이 식은 6.7절에서 다루게 될 것이며, 곡선 $y=y(x)$를 회전시킨 곡면의 넓이를 구하는 일반적인 공식이다.)

$y=\frac{1}{x}$이므로 $\frac{dy}{dx}=-\frac{1}{x^2}$이고,

$$A=\int_a^\infty \frac{1}{x}\sqrt{1+\frac{1}{x^4}}\,dx=\int_a^\infty \frac{\sqrt{x^4+1}}{x^3}dx>\int_a^\infty \frac{\sqrt{x^4}}{x^3}dx=\int_a^\infty \frac{dx}{x}$$

이다.

적분 구간에 속한 x에 대하여 $x^4<x^4+1$이므로 위 부등식에서 분자부분을 바꿈으로써 부등식이 성립함을 알 수 있다. 위 부등식의 마지막 항은 로그함수가 되어 결국 발산하므로 A는 무한하다.

따라서 토리첼리 곡면의 내부는 칠할 수 없고, 무한 넓이를 칠하려면 무한한 양의 페인트가 필요한데, 유한 부피를 페인트로 채울 수 있으므로 우리는 역설에 봉착했다.

토리첼리의 곡면을 칠할 수 있는지 없는지 아무리 스스로에게 의문을 가질지라도, 이러한 내용을 이해했다면, 이 책을 이해할 만한 배경지식이 준비된 독자라 할 수 있다. (이 역설을 어떻게 해결할 것인가? 풀이는 이 서문 끝 부분에 있지만, 답을 바로 확인하기보다는 잠시 생각해 보길 바란다. 힌트: 실제 페인트와 수학적 페인트에는 차이가 있다!)

이 책에서 많은 것을 얻으려면, 독자들은 '수학적 성숙(mathematical maturity)'이라 불리는 것을 이해해야 한다. 수학적 성숙은 일부러 독자들을 당혹스럽게 만드는 속성이 있으며, 새로운 것을 '받아들일 준비가 되어 있는' 마음가짐을 뜻한다. 수학적 성숙에 대한 나의 간단한 테스트

는 학생들이 다음 문제 풀이에 어떻게 반응하는가를 살펴보는 것이다.

모든 실수는 유리수와 무리수라는 두 집합으로 분리될 수 있다. 즉, 모든 실수는 유리수이거나 무리수이다. 예를 들면 $0.3333\cdots = \frac{1}{3}$은 유리수이고, $\sqrt{3}$은 무리수이다. 어떤 의미에서는 무리수가 유리수보다 '다소 복잡'하다. 자, 여기 그 테스트가 있다.

밑수가 무리수이고, 지수가 무리수인 수는 유리수일까?

두 무리수로 지수를 표현한 것이 복잡해보이고, 이를 $\frac{m}{n}$꼴로 나타내기 어렵기 때문에 대부분의 학생들은 불가능하다고 한다. 하지만 나는 이것이 가능하다는 것을 보여주고, 학생들의 반응을 살핀다. $(\sqrt{2})^{\sqrt{2}}$를 생각해보자. 이 수 자체는 실수이므로 유리수이거나 무리수이다. (실제적으로 계산할 수는 없다.) 만일 유리수라면 해결되었고, 만일 무리수라면 다시 무리수 지수로 표현해보자. 예를 들어, $((\sqrt{2})^{\sqrt{2}})^{\sqrt{2}}$를 생각해보자. 하지만 $(\sqrt{2})^2 = 2$이므로 유리수이고, 이 방법을 계속 적용하면, 결국 유리수가 된다. 하지만 아직 $(\sqrt{2})^{\sqrt{2}}$가 유리수인지 무리수인지 중요하지 않다. 1930년 이후 $(\sqrt{2})^{\sqrt{2}}$는 무리수가 아니라 초월수라고 알려져 있다. 수학적 성숙을 판단하기 위해, 나는 독자들에게 두 가지 사항을 바란다.

첫째, 독자들이 책의 내용을 기술적으로 이해할 수 있길 바란다.

둘째, "와, 깔끔한 증명이다."라는 반응과 같은 희열을 느끼길 바란다. 나에게는 이런 반응이 '받아들일 만한 준비가 된' 마음의 표시로 보여진다. 나는 위와 같은 독자들의 반응과 이 책을 통해서 독자들이 "와, 깔끔하다"와 같은 많은 순간을 경험하길 바란다.

[토리첼리의 깔때기 칠하기]

'역설'의 핵심은 당신이 페인트의 본질에 대해 모순적인 두 가지 생각을 가지고 있다는 것이다. 실제 페인트는 분자 구조를 가지고 있다.

즉, 수학적 페인트는 무한히 나눌 수 있는 반면 실제 페인트는 0이 아닌 최소 부피를 가지고 있다. 두 페인트의 개념 중 하나를 사용하여 역설을 해결할 수 있다. 어떻게 해결하는지 살펴보자.

수학적 페인트에 대하여: 유한한 페인트 부피로 깔때기를 채우면, 깔때기 내부를 칠할 수 있다. 하지만 수학적 페인트의 두께는 0이기 때문에 곡면의 무한 넓이를 칠하기 위해선 무한한 페인트가 필요하다는 것을 설명해주지 못한다. 즉, 무한 넓이와 두께 0을 곱하면, 정확하게 알 수 없는 부피이다. 이로써 역설은 사라졌다.

실제 페인트에 대하여: 사실 실제 페인트는 두께가 0이 아니므로 깔때기의 외부 곡면을 칠하기 위해선, 무한한 양의 실제 페인트가 필요하다. 하지만 페인트가 맞지 않기 때문에 (외부 넓이와 같은) 내부를 칠하지 못한다. 즉, 깔때기에서 좁아지는 어느 지점부터는 실제 페인트 분자 하나보다 입구가 작아질 것이다. 실제 페인트로 깔때기를 채우는 것이 불가능하기 때문에 서로 다른 두 가지 페인트로 깔때기를 칠하는 것을 단순히 비교할 수 없다.

수학적 페인트로 깔때기를 채우는 상황이 아닌, 실제 페인트로 외부 곡면을 칠하는 상황에서만 역설이 존재한다. 경기 중간에 규칙을 변경함으로써*, 역설이 생기는 것은 전혀 놀랄 일이 아니다.

* 역자주: 여기서는 페인트를 바꾸는 상황을 뜻한다.

차례

제1장 ▌최소, 최대, 미분 그리고 컴퓨터

제2장 ▌일계 극값 문제

제3장 ▌중세의 최대화와 현대의 변형

제 1 장

최소, 최대, 미분 그리고 컴퓨터

Minimums, Maximums, Derivatives and Computers

1.1 ▌서론

이 책은 공학자의 실재적인 관점에서 썼기 때문에, 일부 내용에서 다소 엄밀하지 못한 증명이 있을 것이다. 현대 수학에서는 엄밀성이 매우 중요하나 이 책에서는 엄밀성이 크게 강조되지 않는다. 엄밀성을 추구하는 독자라면 이 책이 부적합할 것이다.

왜 공학자는 최소에 관심을 가질까? 이 질문의 답이 매우 길어질 수 있지만, 단지 두 개의 일화로만 답하려 한다(하나는 심각한 일화이지만, 다른 하나는 그리 심각하지 않다). 먼저 사용하는 동안 고장 없는 기계를 설계하는 방법에 대해 생각해보자. 짧은 사용기간과 낮은 고장 확률은 공학에서 흔한 문제이며 다소 상충된 조건들이다.

첫 번째 예로는 오래 사용하지 않을 물건이라서 저렴한 재료를 사용했다가, 결국 실패할 확률이 높아진다. (실생활에서 찾아본다면, 쓰레기 봉지가 예가 될 수 있을 것이다 – 얼마나 견고해야 하는가? 쓰레기 봉지는 소모품이지만, 잘 찢어진다면 곤란한 상황이 벌어질 수도 있다!) 쓰레기 봉지를 만드는 공학자는 적당히 사용이 가능한 최소의 두께를 계산할 필요가 있다.

두 번째 예로는 1961년 5월, 앨런 B. 셰퍼드가 미국인으로서 첫 번째 우주인으로 우주선에 탑승했을 때, 이륙 전에 그가 떠올린 생각이다.

엄청난 불덩이와 함께 이륙하는 불안한 상황에서 이륙 전에 그가 떠올린 생각은 "이 모든 것이 최저입찰가로 지어졌다는 것을 생각했어요."이다.

이 책은 수학사 책이고 최소의 역사는 기원전부터 시작하였으므로, 과거 수천 년 전부터 살펴보아야 하지만 고대로 거슬러 올라가기 전에, 현대의 기술적인 쟁점들부터 살펴보자.

첫째, 최소에 대해 책을 쓰는 것은 다소 편협해 보인다. 왜 최대는 되지 않는가? 대신, 극값의 역사에 대해서는 왜 쓰지 않는가? $y(x)$의 최대는 $-y(x)$의 최소이므로, 물론 최소와 최대는 분명히 밀접하게 관련되어 있다. '최소, 최대'와 관련된 책 제목은 '최소가 최고일 때'처럼 기억하기 쉬운 것이 떠올랐으나, '극값'과 관련된 책 제목은 그러한 것이 떠오르지 않았다. 나는 '극값이 ×××일 때'에서 ×××를 별난, 흥미로운, 일정한 등으로 대체하면서 단순하게 다듬어보았다. 또는 심지어 '금성으로부터 온 최소, 화성으로부터 온 최대'를 생각해보았다. 하지만 이 모든 것들은(특히 마지막 것은) 바보 같고, 결국 '최소가 최고일 때'에 안착했다. 하지만, 최대에 대해서도 논의할 시간이 올 것이며, 가끔 컴퓨터도 다루게 될 것이다.

예를 들어, 까다롭지 않아 보이는 함수의 최댓값을 구하는 문제를 생각해보자.

$$y(x) = 3\cos(4\pi x - 1.3) + 5\cos(2\pi x + 0.5)$$

몇몇 학생들은 특정 x값에 대하여 두 코사인 각각의 최댓값이 더해질 것이라 믿고, 빨리 판단해 최댓값이 8이라고 대답할 것이다. 하지만 n과 k가 정수일 때 $4\pi\hat{x} - 1.3 = 2\pi n$과 $2\pi\hat{x} + 0.5 = 2\pi k$를 만족하는 $x = \hat{x}$가 존재해야 하므로 사실이 아니다. 즉, 그러한 학생들은 n과 k가 정수일 때 $\hat{x} = \frac{2\pi n + 1.3}{4\pi} = \frac{2\pi k - 0.5}{2\pi}$을 만족하는 $\hat{x}$가 있다고 가정한 것이다. 이와 같이

$$2n\pi + 1.3 = 4\pi k - 1$$

또는

$$2.3 = 4\pi k - 2\pi n = 2\pi(2k - n)$$

또는

$$\pi = \frac{2.3}{2(2k - n)} = \frac{23}{20(2k - n)}$$

이다.

하지만 이것이 사실이라면, n과 k가 정수일 때 π는 정수들의 비(ratio)여야 한다. 즉, π는 유리수일 것이다. 하지만, 1761년 이후로 π가 무리수인 것은 알려졌으며, 그러한 정수 n과 k는 존재하지 않는다.

따라서 $y(\hat{x})=8$인 $\hat{x}$는 존재하지 않으므로 y의 최대값을 $y_{\max}$라 하면 $y_{\max}(x)<8$이다.

$y_{\max}(x)$는 무엇일까? 아마도 8에 가깝지 않을까? $\hat{x}$를 찾기 위해 $y(x)$의 미분을 0이라 두고 구해보아도, $\hat{x}$를 구하지 못할 것이다. 가장 좋은 접근방법은 수치적으로 $y(x)$를 탐구하고 해결되는지 지켜보는 것이다. 결과는 8보다 상당히 작은 $y_{\max}(x)=5.7811$이다. 여기서 두 가지를 볼 수 있다. 첫째, 최소를 연구할 때 컴퓨터는 꽤 유용하다(이 책에서는 컴퓨터를 많이 사용할 것이다). 둘째, 함수의 극값을 찾는 것과 도함수를 0이라 두는 것이 항상 같지 않다.

이러한 재미있는 예는 다음 퀴즈에서도 볼 수 있다. 양 옆으로 빽빽한 숲이 펼쳐진 직선도로를 장시간 운전할 때 숲이 매력적으로 보여, 길 가에 주차하고 도로에 수직한 방향으로 숲속으로 걸어 들어간다. 숲이 아주 빽빽하기 때문에, 숲으로 몇 발만 걸어 나가도 금방 길을 잃어, 몇 마일 걸은 후엔 지치게 될 것이다. 더 이상 걷지 못하고 야영으로 밤을 보내게 될 것이다. 하지만 다음날 아침에 일어났을 때, 완전히 방향을 잃어 차가 있는 방향을 모를 것이다. 아마 겁에 질려 숲속을 헤매게 될 것이다. 어떤 최대 거리를 걸은 후에야 정확한 방향으로 차로 돌아올 수 있는 방법이 있을 것이다(거리는 아마 조금 줄어들 수도 있을 것이다). 어떻게 숲에서 걸어 나오며, 걸어야 할 최대 거리는 얼마인가? 해답을 위해선 단순한 기하학이 필요하며, 해답은 이 장의 끝 부분에 있다.

1.2 ❙ 미분을 적용시키지 못할 때

미적분의 최소 문제를 살펴보자. 이것은 필수적이지 않을뿐더러, 해결할 수도 없는 것이다. 수직선에 n개의 점을 표시하고 크기 순서대로 $x_1<x_2<\cdots<x_n$이라 하자. 모든 x_i를 상수로 가정하면 (특히 x_1과

x_n) n개의 점을 모두 포함하는 x축 구간의 길이는 유한하다. 이제 유한한 x축 위에 하나의 점(x라 하자)을 더 추가해보자. n개의 점들과 추가된 x점과의 거리의 합이 최소가 되는 점 x를 찾아보자. 즉

$$S = |x_1 - x| + |x_2 - x| + \cdots + |x - x_n|$$

이 최소가 되는 x를 찾아보자. 절댓값 기호는 x_i의 오른쪽 또는 왼쪽에 x가 있든지, x의 위치와 상관없이 거리를 나타내며, 각 항이 음이 아님을 뜻한다. 절댓값 기호는 가끔 복잡하게 다루어질 수도 있으나, 이 문제에서 그렇지 않은 이유는 다음과 같다.

첫째, 구간의 끝점인 x_1과 x_n 두 점에 주목해보자. x와 x_1 사이의 거리와 x와 x_n 사이의 거리의 합은

$$|x - x_1| + |x - x_n|$$

이며, 이것은 $|x_1 - x_n|$ 이상의 값을 갖는다. 만일 x가 구간 밖에 있다면 ($x > x_n$ 또는 $x < x_1$), $|x - x_1| + |x - x_n| > |x_1 - x_n|$이다(부등호가 성립한다). 만일 x가 구간 $[x_1, x_n]$에 있다면 ($x_1 \le x \le x_n$), $|x - x_1| + |x - x_n| = |x_1 - x_n|$이다(등호가 성립한다). 이와 같이 x가 x_1과 x_n 사이에 있을 때, $|x - x_1| + |x - x_n|$이 최소이다.

다음으로 두 점 x_2와 x_{n-1}에 주목해보자. 위의 과정을 반복하여 x가 x_2과 x_{n-1} 사이에 있을 때, $|x - x_2| + |x - x_{n-1}|$이 최소이며 $|x - x_1| + |x - x_n|$이 최소가 되는 조건도 만족한다. 즉 x_2와 x_{n-1} 사이에 x가 있을 때, $|x - x_1| + |x - x_2| + |x - x_{n-1}| + |x - x_n|$가 최소이다. 이러한 과정을 계속하게 되면, 다음과 같이 결론내릴 수 있다.

x가 x_3과 x_{n-2} 사이에 있을 때, $|x - x_3| + |x - x_{n-2}|$가 최소이다.
x가 x_4과 x_{n-3} 사이에 있을 때, $|x - x_4| + |x - x_{n-3}|$가 최소이다.

$$\vdots$$

그리고 최종적으로 n이 짝수라면, x가 $x_{\frac{n}{2}}$과 $x_{\frac{n}{2}+1}$ 사이에 있을 때, $\left|x-x_{\frac{n}{2}}\right|+\left|x-x_{\frac{n}{2}+1}\right|$가 최소이다.

하지만 n이 홀수라면 어떻게 될까? 짝수개의 n에 대해서는 앞 과정과 같이 성립한다. 하지만, $x_{\frac{n+1}{2}}$와 짝이 될 수가 없다. 이와 같이 $x=x_{\frac{n+1}{2}}$라 하면, $\left|x-x_{\frac{n+1}{2}}\right|=0$이다. 이와 같이 미적분을 활용하지 않고도 문제를 해결할 수 있다. 짝수 n에 대하여 x가 구간의 어느 곳에 있든지 S는 최소이지만, 홀수 n에 대하여 특정한 하나의 값 x일 때 S가 최소이다.

1.3 ▌ 최소를 찾기 위해 대수를 이용하기

최소를 찾기 위해 반드시 미분을 이용해야 한다라는 주장에 대해 그렇지 않다는 것을 보일 수 있는 기초적인 예는 고대 수학자들이 알아낸 등주 문제이다. 즉, 둘레의 길이가 같은 사각형들 중에서 최대 넓이를 가지는 것은 정사각형이란 것이다. [이것은 소위 등주 문제(isoperimetric problems)라는 위대한 역사적 관심과 실재적 가치를 지닌 최대/최소 문제의 특별한 결과이다. 그리고 다음 장에서 이에 대해 자세히 설명할 것이다.] 요즘 학생들에게 등주 문제를 묻는다면, 분명히 다음과 같이 해결할 것이다. P를 사각형의 주어진 둘레의 길이라 하고, x를 두 변의 길이 중 하나라고 하자. 다른 변의 길이는 $\frac{(P-2x)}{2}$이다. 따라서 사각형의 넓이는

$$A(x)=x\left(\frac{P-2x}{2}\right)=\frac{1}{2}Px-x^2$$

이다. $\frac{dA}{dx}=\frac{1}{2}P-2x$가 0일 때 $A(x)$가 최대이다. 즉 $x=\frac{1}{4}P$이므로 증명은 끝난다. 하지만 고대 수학자들은 대수적으로

$$A = x\left(\frac{P-2x}{2}\right) = \frac{1}{2}Px - x^2 = \frac{P^2}{16} - \frac{P^2}{16} + \frac{1}{2}Px - x^2$$

$$= \frac{P^2}{16} - \left(x^2 - \frac{1}{2}Px + \frac{P^2}{16}\right) = \frac{P^2}{16} - \left(x - \frac{P}{4}\right)^2 \le \frac{P^2}{16}$$

이고, 모든 x에 대하여 $\left(x - \frac{P}{4}\right)^2 \ge 0$이므로 증명되었다. 즉 A는 $\frac{P^2}{16}$보다 클 수가 없고, $x = \frac{P}{4}$는 $A = \frac{P^2}{16}$이기 위한 필요충분조건이다. 이와 같이 미적분을 쓰지 않고도 고대의 방법으로 증명 가능하다.

최소와 최대 문제들 사이의 본질적인 관계를 설명하기 위한 이 결과의 마지막 설명은 다음과 같다.

> 넓이가 같은 사각형 중에서 둘레의 길이가 가장 최소인 것은 정사각형이다.

이것은 처음 주어진 문제와 쌍대 문제[1)]이다. 모든 등주 문제는 이와 같이 쌍대로 나타난다. 1.5절에서 이 특별한 쌍대성에 대하여 언급할 것이다. 다른 등주 문제의 해결은 위의 예시와 같이 고대 수학자들처럼 미적분을 이용하지 않고 증명하는 것이 쉽지 않다는 것이다.

> 일정한 넓이를 가지는 삼각형 중에서 가장 작은 둘레를 가지는 것은 정삼각형이다.

이 장에서 이유를 살펴보자. 방금 설명한 것과 같이 미적분학 이전의 고대 수학에서부터 알려진 다른 유용한 등주학적 결과는, 증명하기는 쉽지 않지만, 넓이가 같은 삼각형 중에서 둘레가 최소인 삼각형은 정삼각형이라는 것이다. 이에 대한 증명은 이 장의 뒤편에 있으나, 각자 증

---

1) 쌍대 문제(dual problem) : 두 개의 쌍이 대응되는 문제들을 쌍대 문제라 한다. '둘레의 길이가 사각형들 중에서 최대 넓이를 가지는 것은 정사각형이다'란 문제에 대응되는 문제는 '넓이가 같은 사각형 중에서 가장 최소의 둘레의 길이를 가지는 것은 정사각형이다'이다.

'둘레 ↔ 넓이' : '최대 ↔ 최소'처럼

명을 시도해보고, 쌍대 문제 증명을 시도해보길 바란다.

둘레의 길이가 같은 사각형들 중에서 최대 넓이를 가지는 것은 정사각형이며, 모든 미적분 교과서에서 볼 수 있듯이 복잡한 계산 없이 해결하려고 한다. 창고의 한쪽 벽을 한 변으로 하고, 일정한 길이의 울타리로 나머지 세 변을 만들어 사각형 모양의 우리를 나타내려고 한다. 울타리를 어떻게 둘러싸야 할까? 물론, 다음과 같이 미분을 이용할 수 있다.

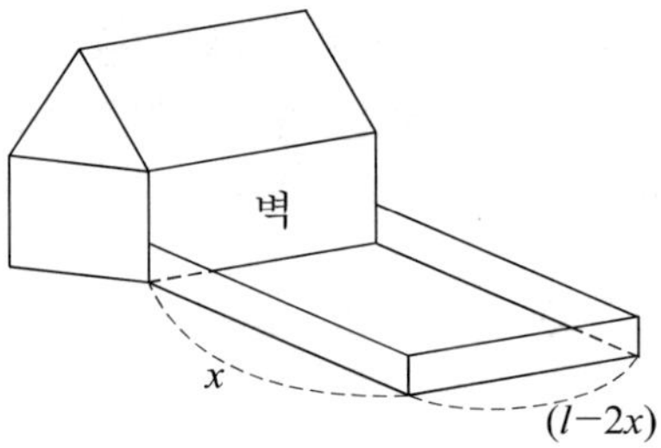

x를 창고 벽에 수직하는 두 변 중 한 변의 길이라 하고, $l-2x$는 창고 벽에 평행한 변의 길이가 된다(l은 전체 울타리의 길이가 되므로, 고정된다). 따라서 둘러싸인 넓이는

$$A = x(l-2x) = xl - 2x^2$$

이므로

$$\frac{dA}{dx} = l - 4x$$

을 0이라 두면, $x = \frac{1}{4}l$이 된다. 이와 같이 $l - 2x = \frac{1}{2}l$이다. 이것이 뜻하는 것은 둘러싸인 부분 중 긴 변의 길이가 전체 둘레의 반이 될 때, 넓이가 최대가 된다는 것이다. 하지만 이 풀이는 훨씬 복잡하다. 창고의 다른 쪽 벽에 또 다른 사각형을 만들었다고 가정해보자. 벽과 이웃한 또 하나의 사각형을 단순히 생각해보자. 이렇게 만든 두 사각형은 가로 길이와 세로 길이 비가 1 : 2가 되므로 이 둘을 합치면 정사각형이 된다.

정사각형을 완성하는 고대 수학자들의 기술은 매우 오래된 것이고, 일부 역사학자들은 유클리드 《원론》에 명시되어 있다고 주장한다. 논의된 문제는 어떠한 양을 두 부분으로 나누어서, 두 부분의 곱이 최대가 되는 것이다. 따라서 만약 그 양이 C라면, 두 부분은 x와 $C-x$가 된다. 따라서 곱은 다음과 같다.

$$\begin{aligned} M &= x(C-x) = Cx - x^2 = -(x^2 - Cx) \\ &= -\left(x^2 - Cx + \frac{C^2}{4} - \frac{C^2}{4}\right) = -\left(x - \frac{C}{2}\right)^2 + \frac{C^2}{4} \end{aligned}$$

이와 같이 모든 x에 대하여 $\left(x - \frac{C}{2}\right)^2 \geq 0$이므로 M은 $\frac{C^2}{4}$보다 클 수 없으며, $x = \frac{C}{2}$일 때, M은 $\frac{C^2}{4}$가 된다.

이런 방식으로 설명하자면, 유클리드 문제는 다소 추상적이지만, 1673년에 독일 수학 물리학자 호이겐스(Christiaan Huygens)는 계산할 때 멋진 물리적 조작을 하였다. 일직선에 있지 않은 두 점 A, B를 생각해보자. 수직선에서 $(\overline{AC})^2 + (\overline{BC})^2$이 최소가 되는 점 C의 위치는? 일반성을 잃지 않고 점 A를 y축에 두면, 그림 1.1처럼 이 문제를 기하학적으로 나타낼 수 있다. 일반성을 잃지 않고 그림처럼 수직선 위쪽에 두 점 A, B가 있고, 그 사이에 점 C가 있다고 하자.

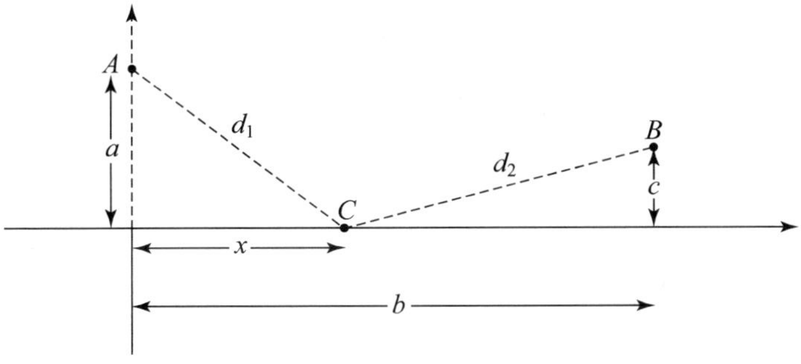

그림 1.1 호이겐스 문제

그림에 주어진 기호를 살펴보면, 상수 a, b, c를 이용하여 $d_1^2+d_2^2$가 최소가 되는 x값을 찾아야 한다.

$$\begin{aligned} d_1^2+d_2^2 &= \{x^2+a^2\}+\{(b-x)^2+c^2\} \\ &= a^2+b^2+c^2+2x(x-b) \end{aligned}$$

이와 같이 곱 $2x(x-b)$를 최소화해야 한다. 하지만 유클리드로부터 $x=\frac{1}{2}b$일 때, 최소가 된다. 즉, 점 C는 점 A와 점 B의 중점이다. 만약 우리가 그림 1.1을 $x>b$ 또는 $x<0$이 되도록 그린다면, $d_1^2+d_2^2$에 대한 표현을 다르게 쓸 수 있겠지만, 결과는 변하지 않음을 알 수 있다.

이산 확률 이론(discrete probability theory)과 비슷한 쉬운 문제를 예로 들어보자. 독립변수는 연속적으로 변하지 않지만, 불연속적인 도약이 있다. 그런 경우 미분을 하는 것은 의미가 없다. 네 개의 주사위를 던진다고 가정하자. 즉 각 주사위의 여섯 면 중 하나의 면이 나타날 확률은 $\frac{1}{6}$이다. 네 개의 주사위 중 3의 눈이 나온 주사위는 몇 개일 것 같은가? 대답은 다섯 개의 정수 중 하나란 것이다. 물론 정수는 0부터 4이다. 만일 확률 변수 X를 3의 눈이 나온 주사위의 개수라 하면, 확률 이론에 의해

$$P(X=k)=\binom{n}{k}\left(\frac{1}{6}\right)^k\left(\frac{5}{6}\right)^{n-k}$$

이다. 여기서 n은 주사위의 개수이고, $\binom{n}{k}=\frac{n!}{k!(n-k)!}$이다. 따라서 $n=4$일 때,

$$P(X=0)=\frac{625}{1296}$$

$$P(X=1)=\frac{500}{1296}$$

$$P(X=2)=\frac{150}{1296}$$

$$P(X=3)=\frac{20}{1296}$$

$$P(X=4)=\frac{1}{1296}$$

이와 같이 3의 숫자는 거의 0이다. 하지만 적어도 한 번 이상 3의 눈이 보일 확률은

$$P(X\geq 1)=\sum_{k=1}^{4}P(X=k)=\frac{671}{1296}>P(X=0)$$

이다. 이것이 역설적인 결과를 발생시킬지 모르지만, 확률의 무궁무진한 매력적인 부분이다.

1.4 ▌ 토목 공학 문제

미적분 없이 해결되는 다소 복잡한 최소 문제를 살펴보자. 폭이 w인 강의 반대편에 위치한 두 도시 A와 B가 있다. 그림 1.2와 같이 도시 A는 강으로부터 a만큼 떨어져 있고, 도시 B는 강으로부터 b만큼 떨어져 있다. 강과 평행한 기준으로 보았을 때 두 도시는 d만큼 떨어져 있다.

문제는 두 도시 사이를 최단거리로 다닐 수 있도록 (강둑에 수직하게) 강 위에 다리를 어디에 놓을 것인가이다. 즉 x의 값은 무엇인가?

미적분을 이용하면, 이 문제해결은 어렵지 않다. 전체 거리는 다음과 같다.

$$T=\sqrt{a^2+x^2}+w+\sqrt{b^2+(d-x)^2}$$

이제 dT/dx를 구하면

$$\frac{dT}{dx}=\frac{1}{2}\left[\frac{2x}{\sqrt{a^2+x^2}}-\frac{2(d-x)}{\sqrt{b^2+(d-x)^2}}\right]$$

이고, 위 방정식이 0일 때

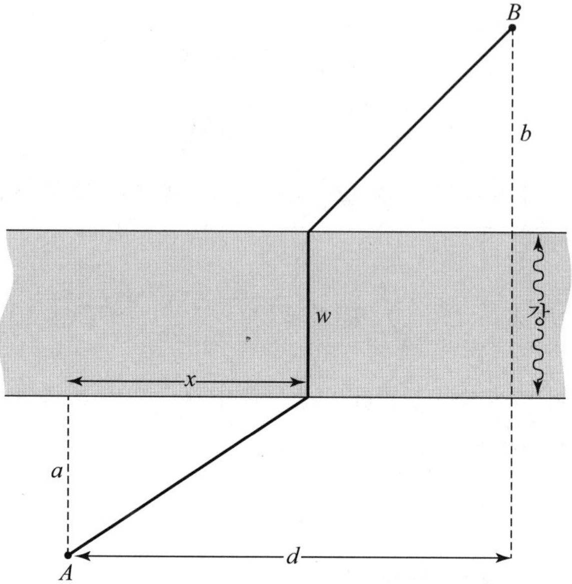

그림 1.2 최소 거리의 다리 위치 문제

$$x = \frac{ad}{a+b}$$

이다.

미적분이 나타나기 바로 전 시기에 고대 수학자들은 기초 기하학만을 이용하여 이 문제를 해결할 수 있었다. 그들의 해결방법을 이해하려면 삼각부등식을 먼저 알아야 한다. 어떤 삼각형이 주어졌을 때, 두 변의 길이의 합이 나머지 변의 길이보다 크다는 것이 삼각부등식이다. 이것은 평면 위의 두 점을 잇는 최단경로는 두 점을 지나는 직선이라는 사실을 언급하고 있다. 삼각형의 변들을 크기와 양이 있는 유향선분(즉 벡터)으로 생각하면, 그림 1.3과 같이 두 변을 $\vec{u}$, $\vec{v}$로, 셋째 변을 $\vec{u}+\vec{v}$로 나타낼 수 있다.

삼각부등식은 $|\vec{u}|+|\vec{v}| \geq |\vec{u}+\vec{v}|$이며, 여기서 절댓값 기호는 벡터의 크기를 뜻한다. 부등식의 등호 성립조건은 $\vec{u}$와 $\vec{v}$가 같은 방향을 향할 때이다(이 경우 삼각형은 넓이가 0인 '자명 삼각형(trivial triangle)'

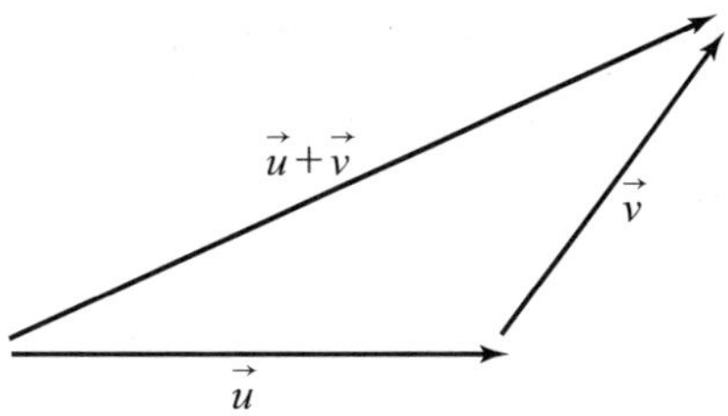

그림 1.3 벡터 표기

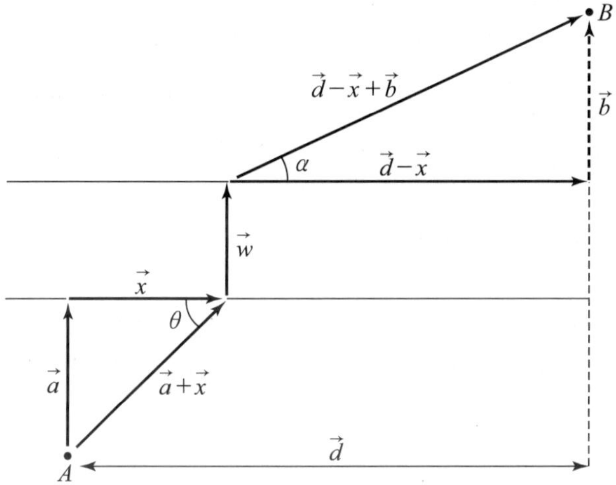

그림 1.4 벡터표기의 기하학적 다리 구조

이 된다). 삼각형과 관계없이 어떤 두 벡터 $\vec{u}$와 $\vec{v}$를 생각할 수 있다(그럼에도 많은 문제에서는 삼각형으로 설명한다).

이제 그림 1.2를 다양한 경로 선분을 벡터로 나타낸 그림 1.4로 다시 그려보자. $\vec{x}$가 무엇이든, 두 벡터의 합 $(\vec{a}+\vec{x})+(\vec{d}-\vec{x}+\vec{b})$는 상수이다. 수학적으로 이것은 자명할 뿐만 아니라(두 개의 $\vec{x}$는 사라졌다), $\vec{x}$가 무엇이든 모든 벡터의 합은 A에서 시작해서 B에서 끝난다는 중요한 물리적 사실도 알 수 있다. 삼각부등식 $|\vec{a}+\vec{x}|+|\vec{d}-\vec{x}+\vec{b}| \geq |\vec{a}+\vec{d}+\vec{b}|$에서 거리의 합이 최소일 때는 등호가 성립할 때이며, 이때 $\vec{a}+\vec{x}$와 $\vec{d}-\vec{x}+\vec{b}$가 같은 방향이다. 즉 그림 1.4에서 $\theta=\alpha$이다.

그림 1.4에서 두 삼각형은 모든 내각이 같은 직각삼각형이므로, 두 삼각형은 닮음이다. 이와 같이 미분을 이용하지 않아도, 닮은 두 직각삼각형에서 변의 길이를 비로 나타내어 $\frac{a}{x} = \frac{b}{d-x}$를 구할 수 있으며, 다리 위치를

$$x = \frac{ad}{a+b}$$

로 구할 수 있다. 사실상 고대 수학자들의 풀이는 미적분이 보여주지 못하는 다소 즉각적인 물리적 통찰력을 보여준다. 즉 $\theta = \alpha$이므로, 두 도시를 잇는 경로의 선분들($|\vec{a} + \vec{x}|$, $|\vec{d} - \vec{x} + \vec{b}|$)은 평행하다.

1.5 ▌ 산술-기하 부등식

고대 수학자들은 미분이 필요한 많은 문제들을 다양한 방식으로 해결하였다. 그 중 가장 명쾌한 산술-기하 부등식(산술평균-기하평균 부등식)은 다음과 같다.

> n개의 양수 x_1, x_2, $\cdots$, x_n $(n \ge 1)$에 대하여
> $A = \frac{x_1 + x_2 + \cdots + x_n}{n}$은 x들의 산술평균이고,
> $G = (x_1 x_2 \cdots x_n)^{\frac{1}{n}}$은 x들의 기하평균일 때,
> $A \ge G$이다($x_1 = x_2 = \cdots = x_n$일 때 등호 성립).

이러한 유명하고 유용한 부등식의 증명들은 오늘날 일반적으로 쉽게 다루고 있다. 가장 이해하기 쉽고 명쾌한 것은 1954년 수학자 엘러스(G. Ehlers)의 증명이다. 엘러스에 대해서는 잘 모르지만, 산술-기하 부등식에 대한 그의 증명은 대단하다. 부록 A에서 자세히 볼 수 있다. 그 증명은 단순한 대수법칙과 수학적 귀납법을 활용하지만, 미적분학은 활용하지 않는다. 이 증명은 미적분없이 최소/최대 문제를 어떻게 해결할

수 있는지를 보여주기에 적절하다.

예를 들어, 1.3절 앞부분에 언급한 등주 문제의 쌍대 문제를 다시 살펴보자. 넓이가 같은 사각형들 중 가장 최소의 둘레의 길이를 가지는 것은 정사각형임을 보았다. 사실 이것은 산술-기하 부등식으로 증명하면 쉽다. 사각형의 가로, 세로의 길이를 각각 x와 y라 하면, 문제는 $A=xy$가 상수로 주어졌을 때,

$$P=2x+2y=2(x+y)$$

를 최소화하는 x와 y를 결정하면 된다. $n=2$일 때 산술-기하 부등식으로부터

$$\frac{1}{2}(x+y) \geq \sqrt{xy} = \sqrt{A}$$

가 성립하고, $x=y$일 때 등호가 성립한다. 즉

$$P=2(x+y) \geq 4\sqrt{A}$$

이고 P는 상수 $4\sqrt{A}$보다 작지 않다. $x=y$일 때, 즉 주어진 사각형이 정사각형일 때, P와 상수 $4\sqrt{A}$는 같다.

이 결과와 밀접하게 관련된 것이 직각삼각형에 관한 것이다. 빗변이 아닌 두 변의 길이 x, y의 합이 상수(즉, $x+y=k$)인 임의의 직각삼각형을 생각해보자. A를 직각삼각형의 넓이라 하면,

$$A=\frac{xy}{2}$$

이다. $n=2$일 때 산술-기하 부등식에 의해

$$\frac{x+y}{2} \geq \sqrt{xy} = \sqrt{2A}$$

이고 등호는 $x=y$일 때 성립한다. 이와 같이

$$\frac{k}{2} \geq \sqrt{2A}$$

또는

$$A \leq \frac{k^2}{8}$$

이다($x=y$일 때 등호 성립). 즉 빗변이 아닌 두 변의 길이의 합이 상수인 직각삼각형 중 가장 큰 넓이를 가지는 것은 직각이등변삼각형이다(이것은 고대시대부터 알려진 결과이다).

산술-기하 부등식의 또 다른 예를 살펴보자. 넓이가 같은 정삼각형들 중 가장 최소의 둘레의 길이를 가지는 것은 정삼각형이다. 증명이 가능하겠는가? 쉽지는 않다. 쌍대 이론(the dual theorem)과 산술-기하 부등식을 활용하여 증명해보자.

> 둘레의 길이가 P인 삼각형들 중 최대 넓이를 가지는 것은 정삼각형이다.

삼각형 세 변의 길이를 a, b, c로 삼각형의 넓이를 A로 나타낸 공식을 떠올려보자. 이 공식은 기원후 1세기에 살았던 이집트 수학자 헤론(Heron)의 이름을 따라 지었다. 몇몇 역사학자들은 헤론보다 3세기 앞서 아르키메데스(Archimedes)에 의해 알려졌다고 추정하지만, 이에 대한 실질적인 증거는 없다. 헤론의 《도량(Metrica)》에 나타나는 이 공식은 유도하기 쉽지 않지만 설명하기는 쉽다. 삼각형의 반 둘레(semiperimeter)가 $s=\frac{1}{2}(a+b+c)=\frac{P}{2}$일 때,

$$A=\sqrt{s(s-a)(s-b)(s-c)}$$

이다. P가 주어졌으므로, 헤론의 공식을 보면 A가 최대일 때, $(s-a)(s-b)(s-c)$가 최대이다. 곱에서 각각의 인수들이 양수임에 주목하자. 예를 들어,

$$s-a=\frac{a+b+c}{2}-a=\frac{-a+b+c}{2}>0$$

넓이가 0이 아닌 삼각형에서 삼각부등식에 의해 $b+c>a$가 성립한다. 이제 산술-기하 부등식에 의해,

$$\begin{aligned}\frac{(s-a)+(s-b)+(s-c)}{3}&=\frac{3s-(a+b+c)}{3}=\frac{3s-2s}{3}\\&=\frac{s}{3}\geq\left[(s-a)(s-b)(s-c)\right]^{\frac{1}{3}}\end{aligned}$$

이 성립하며, $(s-a)=(s-b)=(s-c)$ (즉 $a=b=c$)일 때 등호가 성립한다. $\frac{s}{3}$은 부등식의 상수 상계(a constant upper-bound)이고, $a=b=c$일 때 넓이가 최대이다. 이로써 증명되었다!

미적분 없이 산술-기하 부등식으로 해결할 셋째 예는 거의 모든 미적분학 교재에 나타나는 문제이다. 위 아래가 막힌 원기둥 모양의 캔이 있다. 캔 밑면의 반지름이 r이고 높이가 h인 캔의 부피가 V라 할 때, 캔의 겉넓이가 최소이다. 이때 캔의 부피(V)는? 미적분학을 이용한 방식은 다음과 같다.

$$\begin{aligned}S&=2\pi r^2+2\pi rh,\\V&=\pi r^2h\end{aligned}$$

일 때 h를 제거하면, $h=\frac{V}{\pi r^2}$이다. 따라서

$$S=2\pi r^2+2\pi r\frac{V}{\pi r^2}=2\pi r^2+\frac{2V}{r}$$

이다. 제4장에서 살펴보겠지만, $\frac{dS}{dr}$을 0이라 둠으로써, S의 최솟값을 구할 수 있다. 즉

$$\frac{dS}{dr}=4\pi r-\frac{2V}{r^2}=0$$

이다. 위 방정식은 r에 대한 방정식이다. 따라서

$$V=2\pi r^3 \text{ 또는 } \frac{V}{\pi r^2}=h=2r$$

즉 겉넓이가 최소인 캔의 높이는 캔의 지름과 같다.

산술-기하 부등식을 이용한 방식은 다음과 같다. 앞에서처럼

$$S=2\pi(r^2+rh)=2\pi\left(r^2+\frac{V}{\pi r}\right)=2\pi\left(r^2+\frac{V}{2\pi r}+\frac{V}{2\pi r}\right)$$

또는

$$\frac{S}{6\pi}=\frac{1}{3}\left(r^2+\frac{V}{2\pi r}+\frac{V}{2\pi r}\right)$$

이다. 산술-기하 부등식에 의하여

$$\frac{1}{3}\left(r^2+\frac{V}{2\pi r}+\frac{V}{2\pi r}\right)\geq\left(r^2\cdot\frac{V}{2\pi r}\cdot\frac{V}{2\pi r}\right)^{\frac{1}{3}}=\left(\frac{V^2}{4\pi^2}\right)^{\frac{1}{3}}$$

따라서

$$\frac{S}{6\pi}\geq\left(\frac{V^2}{4\pi^2}\right)^{\frac{1}{3}} \text{ 또는 } S\geq 6\pi\left(\frac{V^2}{4\pi^2}\right)^{\frac{1}{3}}$$

이다. 그러므로 겉넓이는 상수 $6\pi\left(\frac{V^2}{4\pi^2}\right)^{\frac{1}{3}}$보다 작지 않다. 그리고 $r^2=\frac{V}{2\pi r}=\frac{V}{2\pi r}$ (즉 앞에서 구한 것처럼 $V=2\pi r^3$)일 때 최솟값이 된다.

이제 지금까지 다룬 문제를 조금 변형해보자. 방금 했던 예제는 캔의 양쪽 끝이 막혀 있었다. 이제 아랫부분만 막혀 있다고 가정하자. 앞에서처럼 같은 부피에 대하여 겉넓이가 최소인 r과 h 사이의 관계는 무엇인가? 그리고 방금 계산한 것(부피)에 대한 새로운 최소 겉넓이의 비는? 비가 1보다 작다는 것은 분명하지만, 1보다 얼마만큼 작은가? 미적분이 필요없다는 것을 기억하자! 이 문제를 해결하기 위한 두 가지 방법이 있다. 물론 산술-기하 부등식을 이용할 수 있다. 하지만 하나는

한쪽 끝만 막힌 캔을 포함한 두 캔이 있다는 것을 생각한다면, 앞의 결과를 이용하는 것이 현명하다. 막히지 않은 끝을 막으면, 양쪽이 모두 막힌 캔을 얻게 된다! 다른 방법으로 같은 대답을 얻을 수 있다(답은 이 절의 끝에 있다).

산술-기하 부등식을 이용한 흥미로운 문제를 살펴보자.

> 같은 부피와 같은 높이를 가진 두 개의 캔이 있다. 하나는 원기둥 모양이고 하나는 사각기둥 모양이다. 원기둥 캔은 항상 더 작은 겉넓이를 갖는다.

이것을 증명하기 위해, V를 공통된 부피라고 할 때, 어떤 모양이든,

$$V = (\text{바닥의 넓이}) \times (\text{높이})$$

로 나타낼 수 있다. 따라서 두 캔의 높이가 모두 같다면, 두 캔의 밑면의 넓이도 같다. 따라서 어떤 캔 모양이 더 작은 겉넓이를 갖는지 결정하기 위해, 수직 겉넓이(the vertical surface areas)를 비교할 필요가 있다. 이것을 위해 다음 정의를 먼저 살펴보자.

S_c =반지름이 r이고 높이가 h인 원기둥 캔의 수직 겉넓이,
즉 $S_c = 2\pi rh$

S_r =부피 $a \times b \times h$인 사각기둥 캔의 수직 겉넓이,
즉 $S_r = 2ha + 2hb = 2h(a+b)$

이것은

$$S_r - S_c = 2h(a+b) - 2\pi rh = 2h[(a+b) - \pi r]$$

이다. 산술-기하 부등식으로부터 $(a+b) \geq 2\sqrt{ab}$이 성립하고 $(a+b)$를 더 작은 양으로 바꿀 수 있으므로,

$$S_r - S_c \geq 2h[2\sqrt{ab} - \pi r]$$

이다. 이제 두 캔의 부피는 같기 때문에,

$$V = \pi r^2 h = abh$$

로 나타낼 수 있다. 따라서

$$\sqrt{ab} = \sqrt{\frac{V}{h}}$$

이고

$$\pi r = \pi \sqrt{\frac{V}{\pi h}} = \sqrt{\pi}\sqrt{\frac{V}{h}}$$

이다. 이것은

$$S_r - S_c \geq 2h\left[2\sqrt{\frac{V}{h}} - \sqrt{\pi}\sqrt{\frac{V}{h}}\right] = 2h\sqrt{\frac{V}{h}}\,[2 - \sqrt{\pi}\,] > 0$$

이다. 왜냐하면 $2 > \sqrt{\pi}$ (즉 $4 > \pi$)이기 때문이다. 따라서 두 캔의 부피가 같고 높이가 같다면, 원기둥 캔이 항상 더 작은 겉넓이를 갖게 된다.

만일 두 캔의 높이가 다르다면, 원기둥 캔이 더 작은 겉넓이를 갖는다는 것은 더 이상 참이 아니다. 예를 들어, 사각기둥 캔의 부피를 $1 \times 1 \times \pi$라고 가정하자. 겉넓이는 $2 + 4\pi = 14.57$이 된다. 만일 원기둥 캔의 밑면의 반지름이 r, 높이가 h라 하면, 같은 부피에 대하여 $\pi r^2 h = \pi$ 또는

$$h = \frac{1}{r^2}$$

이다. 전체 겉넓이는

$$\begin{aligned} T &= 2\pi r^2 + 2\pi rh = 2\pi r^2 + 2\pi r\frac{1}{r^2} \\ &= 2\pi\left(r^2 + \frac{1}{r}\right) \end{aligned}$$

이다. T값이 $2+4\pi$보다 크도록 r을 선택할 수 있다.

하지만 원기둥 캔이 최소 겉넓이를 갖도록 r을 선택했다면, 그때의 전체 넓이는 $2+4\pi$보다 작을 것이다. 즉 T를 미분하여

$$\frac{dT}{dr} = 2\pi\left(2r - \frac{1}{r^2}\right)$$

을 0이라 두면 $r = \left(\frac{1}{2}\right)^{\frac{1}{3}}$이다. 이때

$$T = 2\pi\left[\left(\frac{1}{2}\right)^{\frac{2}{3}} + \frac{1}{\left(\frac{1}{2}\right)^{\frac{1}{3}}}\right] = 2\pi\frac{\frac{1}{2}+1}{\left(\frac{1}{2}\right)^{\frac{1}{3}}} = 2\pi 2^{\frac{1}{3}} \cdot \frac{3}{2}$$
$$= 3\pi 2^{\frac{1}{3}} = 11.87$$

은 사각기둥 캔의 겉넓이보다 19%나 작다.

마지막 예는 과거 수학자들이 어떻게 최대 문제를 해결하였는지 살펴보는 것이다. 부록 B에서 보는 것처럼, (미적분을 사용하지 않고) 대수적인 방식만 사용한 산술-기하 부등식의 결과는 산술조화 부등식(the AM-QM inequality: the arithmetic mean-quadratic mean inequality)이다.

n개의 수 x_1, x_2, $\cdots$, x_n에 대하여

$$\frac{x_1 + x_2 + \cdots + x_n}{n} \geq \sqrt{\frac{x_1^2 + x_2^2 + \cdots + x_n^2}{n}} \quad (n \geq 1)$$

이다. $x_1 = x_2 = \cdots = x_n$일 때 등호가 성립한다. 하지만 산술-기하 부등식 그 차제는

$$(x_1 x_2 \cdots x_n)^{\frac{1}{n}} \leq \frac{x_1 + x_2 + \cdots + x_n}{n}$$

이고, $x_1 = x_2 = \cdots = x_n$일 때 등호가 성립한다. 따라서

$$(x_1 x_2 \cdots x_n)^{\frac{1}{n}} \leq \sqrt{\frac{x_1^2 + x_2^2 + \cdots + x_n^2}{n}}$$

이고, $x_1 = x_2 = \cdots = x_n$일 때 등호가 성립한다.

이러한 일반적인 결과는 $n = 2$에 대한 기하학적 표현을 가지고 있다. 즉

$$\sqrt{x_1 x_2} \leq \sqrt{\frac{x_1^2 + x_2^2}{2}}$$

이다. $x_1^2 + x_2^2 = R^2$라 가정하자. 방정식 $x_1^2 + x_2^2 = R^2$은 반지름이 R인 원이다(x_1, x_2가 좌표축이고, 중심이 원점이다). 따라서 $\sqrt{x_1 x_2}$는 상수 $\frac{R}{\sqrt{2}}$보다 크지 않다. 그 원에 내접하는 사각형의 넓이는 $4x_1 x_2$이므로, 넓이는 상수 $2R^2$보다 크지 않고, $x_1 = x_2$일 때 $2R^2$과 같다. 즉, 최대 넓이를 가지는 내접 사각형은 정사각형이다.

최소 겉넓이를 갖는 (한 쪽 바닥만 봉해진) 원기둥 캔의 문제에 대한 답은

a. $r = h$

b. 겉넓이의 비 $= \frac{1}{2}\sqrt[3]{4} = 0.7937$

1.6 ▌ 물리학에서의 미분적분

미분한 식이 '0'이 된다는 것보다는 미적분을 포함하기 때문에 흥미로운 최대 최소 문제들이 있다. 예를 들어, 물리 문제에서는 미적분을 필요로 하기에 최대 최소 문제가 더욱 흥미롭다. 그러한 문제에서 최대 또는 최소는 변수(arguments)의 종류에 의해 결정된다. 미적분학을 많

이 포함하는 수학이 아닌 물리 문제들에 대해 이 장에서 상세하게 다룰 것이다.

그림 1.5를 살펴보자. 지구의 중심으로부터 지표면에 수직 방향을 향하는 대포가 있다. 만일 초기속도 v_0로 발사되는 대포에 불을 붙이면, 어느 정도 최대 높이에 도달한 후 다시 땅으로 떨어진다. 초기속도 v_0가 더 커질수록, 위로 향하는 운동이 중력으로 인해 멈추기 전까지 대포알은 더 높게 나아갈 것이다. 만일 v_0가 어떤 임계 최소 속도(critical minimum value)라면, 대포알은 땅으로 다시 돌아오지 않을 것이다. v_0에 대한 최솟값이 소위 탈출속도(the escape velocity)이다.

지구의 중심으로부터 떨어진 거리를 r이라고 할 때($r = 0$일 때 지구의 중심이고, $r = R$일 때 지구의 표면), 대포알에 가해지는 공기저항을 무시한다면, 뉴턴의 두 번째 법칙과 중력공식(inverse-square law of gravity)은

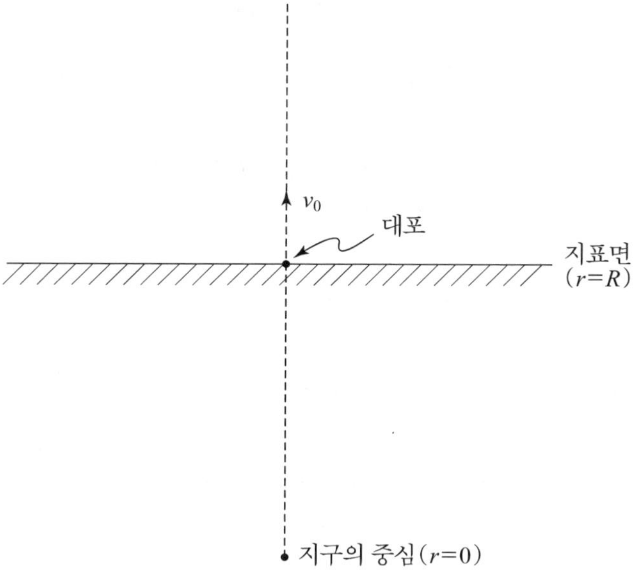

그림 1.5 수직 연속적 대포

$$m\frac{d^2r}{dt^2} = -G\frac{Mm}{r^2}, \quad r \geq R$$

이다. 여기서 m은 대포알의 질량, M은 지구의 질량, G은 중력 상수이다. 위의 미분방정식에서 우변의 마이너스 기호는 방향에 대한 표현이다. 왜냐하면 증가하는 r은 위를 향하고 있고 대포알에 가해지는 중력의 힘은 지구 중심을 향해서 떨어지므로 r과는 반대방향이다.

제4장에서 논의하게 될 연쇄법칙(the chain rule)으로 이계 미분방정식을 풀 수 있다. 지구의 중심으로부터 거리가 r인 대포알의 속도를 $v(r)$이라 하면,

$$v = \frac{dr}{dt}$$

이고, 대포알의 가속도는

$$\frac{d^2r}{dt^2} = \frac{dv}{dt} = \frac{dr}{dt} \cdot \frac{dv}{dr} = v\frac{dv}{dr}$$

이다. 이것을 이용하여(양변에 m을 없애면) 미분방정식을

$$v\frac{dv}{dr} = -GM\frac{1}{r^2}, \quad (r \geq R)$$

으로 줄일 수 있다.

이 방정식에서 '변수를 분리'하여,

$$v\,dv = -GM\frac{dr}{r^2}$$

로 나타낼 수 있다. 이것을 해결하면,

$$\frac{1}{2}v^2 = GM\frac{1}{r} + C$$

이고, 여기서 C는 부정적분의 상수이다. 이제 v에 v_0, r에 R을 대입하면,

$$\frac{1}{2}v_0^2 = GM\frac{1}{R} + C$$

즉

$$C = \frac{1}{2}v_0^2 - GM\frac{1}{R}$$

이다. 따라서

$$\frac{1}{2}v^2 = GM\frac{1}{r} + \frac{1}{2}v_0^2 - GM\frac{1}{R}$$

이다. 만일 H를 지구 중심으로부터 대포의 최대 거리라고 한다면, 정의에 의해 r이 H일 때 $v = 0$이므로,

$$0 = \frac{GM}{H} + \frac{1}{2}v_0^2 - \frac{GM}{R}$$

또는

$$H = \frac{GM}{\dfrac{GM}{R} - \dfrac{1}{2}v_0^2}$$

이다.

$v_0 = 0$일 때, $H = R$인 것은 분명하다. 초기속도 0으로 대포알이 발사됐다면, 대포알은 어느 곳도 가지 못할 것이다! 하지만 v_0가 0에서부터 출발하여 증가할 때, H도 R에서부터 출발하여 증가한다. $\frac{1}{2}v_0^2$이 $\frac{GM}{R}$에 가까워질 때, H는 무한대로 발산한다. 즉 대포알은 지구로 돌아오지 않을 것이다. 따라서 최소탈출속도는 초기속도

$$v_0 = \sqrt{\frac{2GM}{R}}$$

이다. 이것보다 더 큰 속도는 대포알이 다시 돌아오지 않는다는 것을 의미한다.

이 결과를 다음과 같이 또 다른 방식으로 표현할 수 있다. r이 R일 때, 대포알에 대한 중력의 힘은 지구 표면에서의 무게 mg이다. 여기서 g는 지구 표면에서의 중력가속도이다. 따라서

$$mg = G\frac{Mm}{R^2}$$

이고 $GM = gR^2$이다. 또한 탈출속도는

$$v_0 = \sqrt{\frac{2gR^2}{R}} = \sqrt{2gR}$$

이다. 지구의 반지름을 3,950마일, g를 32.2 ft/sec^{2}이라 하면, 초기속도는

$$\begin{aligned}
v_0 &= \sqrt{2gR} \quad ; \ g = 32.2\,\text{ft/sec}^2,\ R = 3{,}950\,\text{miles} \\
&= \sqrt{2 \times 32.2\,\text{ft/sec}^2 \times 3{,}950\,\text{miles}} \\
&= \sqrt{2 \times 32.2 \times 3{,}950 \times \text{ft} \times \text{miles/sec}^2} \\
&\qquad\qquad ; 1\,\text{miles} \fallingdotseq 5{,}280\,\text{ft} \\
&= \sqrt{2 \times 32.2 \times 3{,}950 \times 5{,}280\,\text{ft}^2/\text{sec}^2} \\
&= \sqrt{2 \times 32.2 \times 3{,}950 \times 5{,}280}\ \text{ft/sec} \\
&\fallingdotseq 36{,}649\,\text{ft/sec} \\
&\fallingdotseq 6.94\,\text{miles/sec}
\end{aligned}$$

이다.

물론 발사체(대포알)의 초기속도가 0에서 초당 7마일까지 가속되면 사람은 살아남기 힘들기 때문에 이러한 속도로 사람을 우주에 보내지 않는다. 하지만 매우 높은 가속도를 초기속도로 하여, 사람이 아닌 다른 사물을 달이나 궤도에 발사시키기도 한다. 그러한 가속도는 대포에 의해 얻어지지 않으며, 전 세계 몇몇 롤러코스터에 사용되는 전자석 발사대를 이용하면 얻을 수 있다.

1.7 컴퓨터로 최소화하기

이 장의 두 가지 예는 극값 문제에서 유용한 도구인 컴퓨터가 주제이다. 어떤 사람이 수영하는 것보다 걷는 것이 n배 빠르다고 가정해보자($n \geq 1$이어야 논리적이지만, 그러한 가정은 사용하지 않을 것이다). 중심 O이고 반지름 R인 원 모양 호수가 있다. 한 사람이 이 호수의 가장자리를 A에서 출발하여 C까지 이동한다. 그림 1.6처럼, C의 위치는 (지름 AOD를 측정하면 구해지는) 주어진 각 β에 의해 결정된다. 그는 A에서 B까지 수영을 하고, B에서 C까지 호수의 가장자리를 따라 걸으려고 한다. 그 사람의 전체 이동시간이 T라 하면, T가 최소가 되는 B의 위치는 무엇인가?

그 사람이 걸은 거리의 중심각을 θ라 하면, 이등변삼각형 OAB(이 삼각형의 밑변은 AB이다)는 같은 밑각 α와 나머지 각 $\gamma = \pi - \theta - \beta$

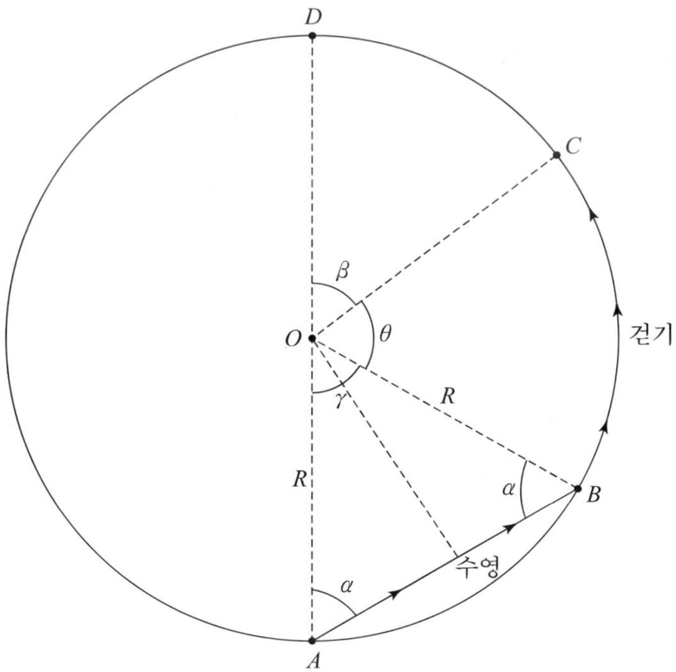

그림 1.6 최소 시간 안에 원형의 호수 건너기

를 가진다. 따라서

$$(2\alpha)+(\pi-\theta-\beta)=\pi \text{ 라디안 또는 } \alpha=\frac{1}{2}(\theta+\beta)$$

이다. 그림 1.6에서 수영으로 간 거리와 걸어 간 거리는 각각 $2R\cos\left\{\frac{1}{2}(\theta+\beta)\right\}$, $R\theta$이다. 만일 수영 속력을 기본 단위로 한다면, 걷는 속력은 n이므로, 전체 이동시간은

$$\begin{aligned} T &= 2R\cos\left\{\frac{1}{2}(\theta+\beta)\right\}+\frac{R\theta}{n} \\ &= R\left[2\cos\left\{\frac{1}{2}(\theta+\beta)\right\}+\frac{\theta}{n}\right] \end{aligned}$$

이다. 이 표현에 대해 자세히 살펴보면, $\beta=\pi$ $(C=A)$라면, $\theta=0$이고 $T=0$이다(이동하지 않고 제자리에 있는 경우는 이동시간이 0이다).

문제는 이제 간단하다.

> 0에서 π(C에 위치할 때)까지의 구간에서 β의 값이 주어졌을 때, T의 값이 최소(B에 위치할 때)가 되는 θ의 값은?

이것은 컴퓨터를 이용하면 구하기 쉽다. 그림 1.7은 $\beta=0$일 때(A에서 호수를 직접 가로질러 C에 닿을 때), 다섯 개의 n값에 대하여 θ에 따라 T의 값이 변하는 것을 나타낸 것이다. 그림 1.8은 $\beta=90°$일 때로 가정한 것이다. 두 그림에서 T가 극값을 가질 때 θ의 값에 영향이 없으므로, T에 대한 R의 상수 범위는 무시된다.

두 그림의 축에는 많은 정보가 담겨 있다. 예를 들어, 그림 1.7에서 $n=1.0$과 $n=1.5$ 곡선은 $\theta=0$에서 최솟값을 갖는 반면(남자는 A에서 C까지 반드시 수영을 해야 한다), $n=2.0$, $n=2.5$, $n=3.0$ 곡선은 $\theta=180°$에서 최솟값을 갖는다(남자는 A에서 C까지 반드시 걸어야 한다).

그림에서 곡선의 의미는 걷기만 하거나, 수영만 하는 방법이 최소 이동 시간이 되는 n값이 1.5와 2.0 사이에서 존재한다는 것이다. n의 극

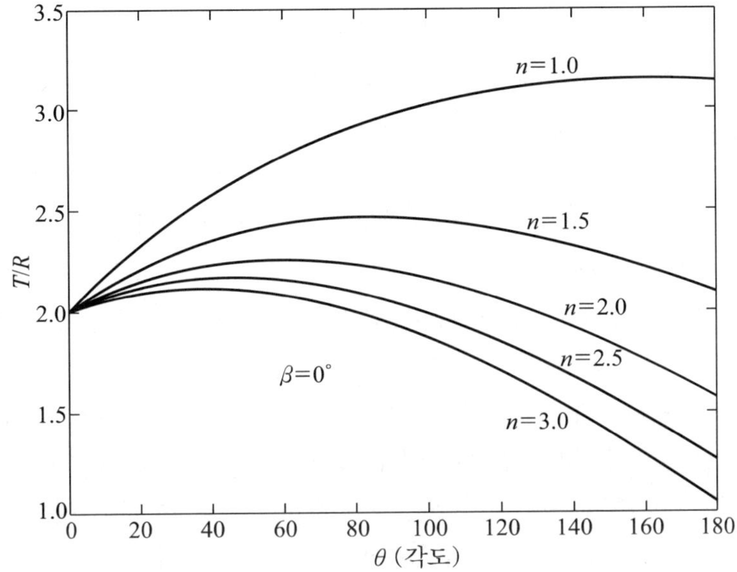

그림 1.7 호수를 건너는데 걸리는 총 시간, $\beta = 0°$

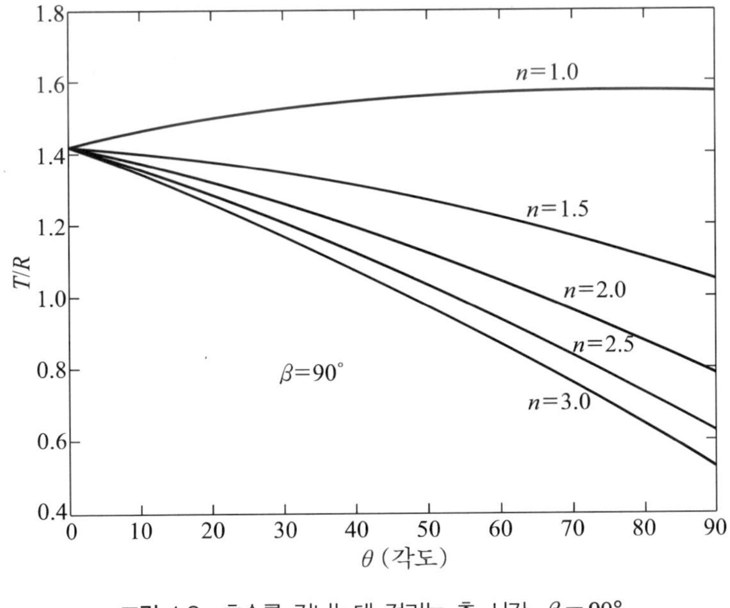

그림 1.8 호수를 건너는데 걸리는 총 시간, $\beta = 90°$

값은 무엇인가? $n = \frac{\pi}{2} = 1.57$이므로, 그림 1.8의 곡선은 $\beta > 0$일 때와 같은 결론을 제시하고 있다. 즉 n이 증가할 때, 전체 이동시간을 줄이기 위한 방법은 수영으로 시작해서 걸어서 이동하는 것이다. 이 방법이 항상 최소일까? 전체 이동 시간 T를 줄이기 위해 걷기와 수영 방법을 함께 쓴다면, 어떠한 β값에 대해서도 이 전략은 항상 옳다. 왜 그런지 생각해보길 바란다!

이 장에서 제시할 마지막 예는, 컴퓨터까지 필요하지 않지만 꽤 복잡한 다음 예를 살펴보자.

그림 1.9처럼 직각으로 굽어진 해변의 점 A에 있는 한 사람이 점 A에서 점 E까지 최단시간으로 이동하려고 한다. 그 사람이 C를 향해 해변의 첫 번째 부분을 걷고 있을 때의 위치를 B라 할 때, B에서 D까지 수영으로 이동하고 D에서 물에서 빠져나와 해변의 두 번째 부분인 E까지 계속해서 걸어가려고 한다. 즉, 해변의 한 부분에서 다른 부분으로 C점을 지나지 않고 이동하려고 한다. 해변의 두 부분의 길이는 그

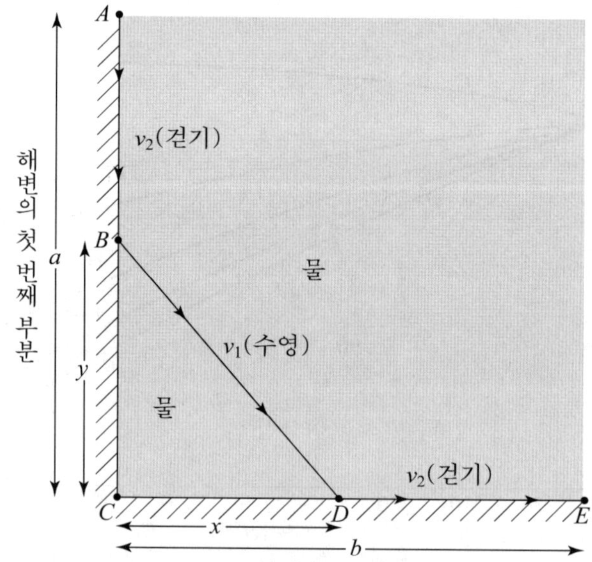

그림 1.9 다른 강 건너기 문제

림 1.9처럼 각각 a와 b이다.

이 문제를 수학적으로 표현하는 것은 어렵지 않다. 만일 그의 수영 속도를 v_1, 걷는 속도를 v_2라 하고, 해변의 코너(C)로부터 점 D와 B까지의 거리를 각각 x, y라 하면, 전체 이동시간은 이변수 함수가 된다.

$$
\begin{aligned}
T(x,\ y) &= \frac{a-y}{v_2} + \frac{\sqrt{x^2+y^2}}{v_1} + \frac{b-x}{v_2} \\
&= \frac{(a+b)-(x+y)}{v_2} + \frac{\sqrt{x^2+y^2}}{v_1}
\end{aligned}
$$

이제 문제는 주어진 값 a, b, v_1, v_2에 대하여 T가 최소일 때 x와 y의 값을 구하는 것이다.

임의의 a, b에 대하여 $v_1 > v_2$인 것은 물리적으로 당연하다. $x=b$이고 $y=a$인 경우(이 사람이 전체거리를 수영으로 이동한다면), 더 빠른 속력으로 A에서 E까지(가능한 최단거리) 직선 경로로 이동하게 된다. 앞서 논의한 것처럼, 걷는 것보다 더 빨리 수영하는 것이 그럴듯해 보이지 않지만, $v_1 < v_2$의 경우는(물리적으로 수학적으로 모두) 매우 흥미롭다. $T(x,\ y)$의 분석을 계속하기 전에, 변수 x와 y가 독립적이고, $0 \le x \le b$, $0 \le y \le a$라는 제한이 있다는 것에 주목할 필요가 있다. x(또는 y)가 0이라면 다른 하나의 변수 y(또는 x)도 0이 된다. 이것은 경로 A로부터 E까지 물리적인 연속의 속성 때문이다.

이제, 미적분을 이용하여 $T(x,\ y)$의 최솟값 문제를 해결해보자. 하지만 그것은 몇 가지 점에서 바람직하지 않다. 첫째, 이 책의 앞부분에 등장한다는 것이 부적절하다. 둘째, 문제에 대해 매우 기하학적인 접근이기 때문이다. 제7장에서 선형 계획법과 같은 접근방법을 나중에 알게 될 것이다. 셋째, 컴퓨터를 활용하여 계산해야 하기 때문이다.

$0 \le x \le b$, $0 \le y \le a$을 만족하는 모든 순서쌍 $(x,\ y)$ 가용해[2)]

---

2) [역자 주] 가용해(feasible solution) : 어떤 문제가 주어졌을 때 요구 조건을 만족시키는 해. 문제의 해결에는 여러 가지 가능한 해가 있을 수 있는데, 그 중에서 가장 타당성 있는 최적해를 얻게 된다.

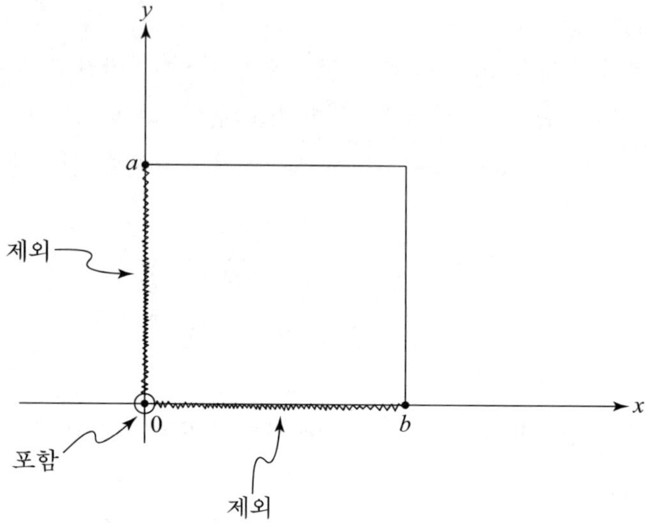

그림 1.10 그림 1.7의 실현가능한 기하학적 구조 해집합

(feasible solution) 집합이다. 이 집합은 그림 1.10에서 보여지는 것처럼 사각형이다. 가로 변($x > 0,\ y = 0$)과 세로 변($x = 0,\ y > 0$)이 가용해에 포함되지 않는다는 것을 이해해야 한다. 하지만 코너의 점 (0, 0)은 가용해 집합이다. $T(x,\ y)$가 최소일 때의 점을 가용해 집합에서 찾아야 한다. 이제 다음 식을 살펴보자.

$$v_1 v_2 T = v_1(a+b) - v_1(x+y) + v_2\sqrt{x^2+y^2}$$

또는

$$U = v_1 T - \left(\frac{v_1}{v_2}\right)(a+b)\text{일 때,}\quad \sqrt{x^2+y^2} - \left(\frac{v_1}{v_2}\right)(x+y) = U$$

이다. $v_1,\ v_2,\ a,\ b$는 주어진 양의 상수이기 때문에, T의 최솟값은 U의 최솟값과 같다. 이것은 다음 과정에서 중요하다.

임의의 U에 대하여 방정식

$$\sqrt{x^2+y^2}=\left(\frac{v_1}{v_2}\right)(x+y)+U$$

는 곡선 $y=y(x)$로 정의하자. U가 변화하면, 곡선 $y=y(x)$도 변한다. 곡선이 가용해 집합의 적어도 한 점을 지나도록 U의 최솟값을 구해보자. 컴퓨터를 이용하여 이 곡선을 그릴 때, U가 최소($U_{\min}$)일 때, T가 최소($T_{\min}$)가 됨을 이용해야 한다.

$$T_{\min}=\frac{1}{v_2}(a+b)+\frac{1}{v_1}U_{\min}$$

U의 함수로 $y=y(x)$를 그리기 위해, 극좌표로 변환하면 편하다.

$$x=r\cos\theta,\quad y=r\sin\theta$$

따라서

$$\sqrt{r^2\cos^2\theta+r^2\sin^2\theta}=\left(\frac{v_1}{v_2}\right)[r\cos\theta+r\sin\theta]+U$$

이다. 이것을 줄이면,

$$r=\frac{U}{1-\left(\frac{v_1}{v_2}\right)[\sin\theta+\cos\theta]}$$

이다. 물론 여기서 (원점에서 곡선 $y(x)$의 임의의 점 $(x,\ y)$까지의 편각(polar angle) θ에서) 동경(the radius vector) r은 항상 음이 아니란 점이다. 즉 $r\geq 0$이다. 분자와 분모의 부호가 같아야 한다.

분자와 분모 둘다 음이 아니라고 가정하자. 즉

$$U\geq 0,\quad 1-\left(\frac{v_1}{v_2}\right)[\sin\theta+\cos\theta]\geq 0$$

이다. $f(\theta)=\sin\theta+\cos\theta$는 $\theta=45°$에서 최댓값 $\sqrt{2}$를 가지기 때문

이다(이것은 $\frac{df}{d\theta} = 0$이라 두거나, $f(\theta)$의 그래프를 그리면 쉽게 알 수 있다). 따라서

$$\left(\frac{v_1}{v_2}\right) \le \frac{1}{\sqrt{2}}$$

이다. 편각 θ에 대하여 $U \ge 0$일 때 $r \ge 0$이다. 즉 제한된 경우인 $v_1 < v_2 \left(즉\ v_1 \le \frac{v_2}{\sqrt{2}}\right)$를 다루고 있다.

직교 좌표계로 돌아가보자. 곡선 $y = y(x)$는 다음과 같이 정의된다.

$$x = \frac{U\cos\theta}{1 - \left(\frac{v_1}{v_2}\right)[\sin\theta + \cos\theta]},$$

$$y = \frac{U\sin\theta}{1 - \left(\frac{v_1}{v_2}\right)[\sin\theta + \cos\theta]}$$

이제 우리는 모든 U가 좌표축의 눈금이 되는 것을 볼 것이다. 그림 1.11에서 $U = 1$에 대해서는 굵게, $U = 0.4$에 대해서는 얇게 나타난 두 개의 U값에 대하여, $v_2 = 5$일 때 서로 다른 네 개의 v_1값의 곡선 $y = y(x)$을 볼 수 있다. 이로부터 $y = y(x)$은 타원이고 U가 0으로 감소할 때, 곡선은 가용해 집합의 왼쪽 아래 코너 점 주위로 줄어든다는 것을 알 수 있다.

가용해 집합을 정의하기 위해 $a = 1$과 $b = 2$를 사용했지만, 사각형의 실제적 크기는 중요하지 않다. 즉, a와 b값의 선택에 대하여 음이 아닌 U의 최솟값은 $U = 0$이다. 이것은 곡선 $y = y(x)$가 한 점 $x = 0,\ y = 0$으로 줄어든다는 것이다. U의 최솟값은 T의 최솟값이므로, $T(0,\ 0)$이 최소 이동 시간이다.

이와 같이 만일 $v_1 \le \frac{v_2}{\sqrt{2}}$이라면, 이 사람은 전체 경로를 걸어야만 한다. 해변의 차원(dimension)은 중요하지 않다. 따라서 $v_1 \ge v_2$(수영

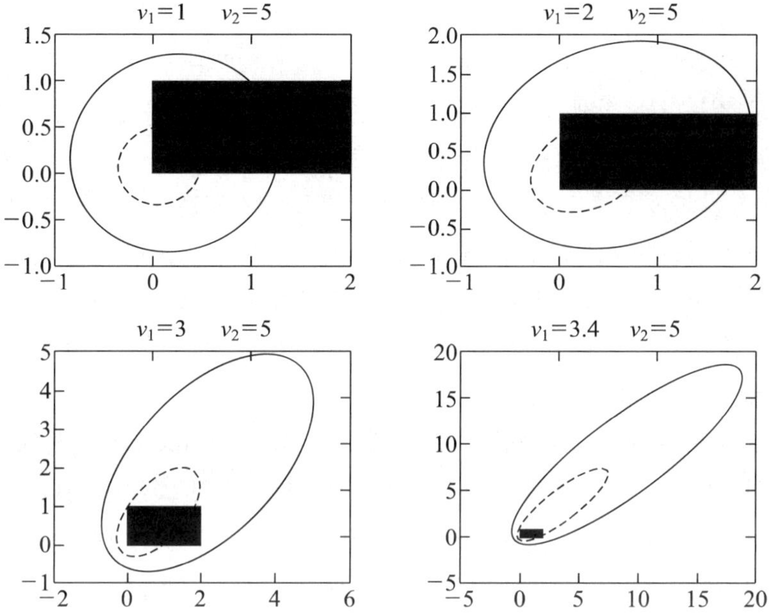

그림 1.11 U가 0으로 감에 따른 최소 시간의 수렴

만으로 이동)의 경우와 $v_1 \le \dfrac{v_2}{\sqrt{2}}$(걷기로만 이동)인 경우의 문제를 해결하였다. 도대체 $\left(\dfrac{v_2}{\sqrt{2}}\right) < v_1 < v_2$는 무엇일까? 이것은 여러분에게 생각할 거리로 남긴다.

숲에서 걸어나오는 방법

차를 타다가 길을 잃은 사람은 자기 차로 돌아가는 길을 모르지만, 현재 자신의 위치를 중심으로 하여 반지름이 1마일 내에 차가 있다는 것을 알고 있다. 따라서 자기 차로 돌아가기 위해, 임의로 선택된 방향으로 1마일을 걸어볼 수 있다. 원 모양의 경로 어딘가에 그의 차가 있으므로, 처음 시작점을 중심으로 원 모양으로 걷다 보면, 운이 좋아 차로 돌아갈 수 있다. 그가 걷게 되는 최대 거리는 처음 1마일의 반지름에 2π마일의 둘레 길이를 더한 것이다. 즉

$1+2\pi=7.2832$마일이다.

이것은 수학자의 해법이다. 물론 나무가 빽빽한 숲을 원 모양으로 걷는다는 실제 상황을 무시한 것이다. 또 다른 경우는 안개가 자욱한 해안가에서 1마일 떨어진 보트의 낚시꾼이 길을 잃었을 때이다. 원 모양으로 노를 젓는 것은 쉬우므로 낚시꾼은 깊은 물속에 무거운 닻을 내려놓고 로프 끝을 쥐고 있으면 된다. 물속의 깊이를 재고, 1마일 떨어질 때까지 노를 저어 멀어지면 된다. 그러면 그는 로프를 자유롭게 다룰 수 있으며 처음 위치에서 원 모양의 경로로 이동할 수 있다.

이제 우리를 당혹스럽게 할 문제를 보자. '최고(the best)'가 해답인가? 여기서 '최고'는 최대 경로 길이 중 최소인 것을 뜻한다. 정답은 아니란 것이다. 낚시꾼이 해안가로 돌아올 수 있는 더 작은 최대 이동 거리인 경로가 있다는 것이다.

이것을 설명하기 위해, 낚시꾼은 어떤 각 $\theta(>0)$을 정해서 생각하고, 해안가로부터 딱 1마일이라고 생각되는 방향도 임의로 정했다. 이제 그림 1.12처럼 그는 거리가 $\sqrt{1+\tan^2\theta}$인 직선방향으로 각 θ만큼 노를 젓는다. 즉 처음 위치, 새로운 위치, 생각한 방향의 1마일 경로 끝으로 정해진 삼각형은 직각삼각형이다. 만일 해안가라고 생각한 방향이 옳다면, 그의 이동은 끝이 날 것이다. 그렇지 않다면, 그는 반지름 $\sqrt{1+\tan^2\theta}$ 인 원의 경로로 노를 저어야 한다. 즉 그는 $2\pi-2\theta$ 라디안의 각으로 원의 경로를 따라야 한다. 일단 해답이 그를 해안가로 돌려보내는 것이라면, 그림 1.12로부터 새로운 경로가 결국 해안가에 닿게 해줄 것은 분명하다(원래의 해답 경로는 전체적으로 새로운 경로 안에 놓여 있기 때문에). 이 새로운 경로 길이의 최댓값은

$$\begin{aligned} L(\theta) &= \sqrt{1+\tan^2\theta}+2\pi\sqrt{1+\tan^2\theta}\left(\frac{2\pi-2\theta}{2\pi}\right) \\ &= [1+2\pi-2\theta]\sqrt{1+\tan^2\theta} \end{aligned}$$

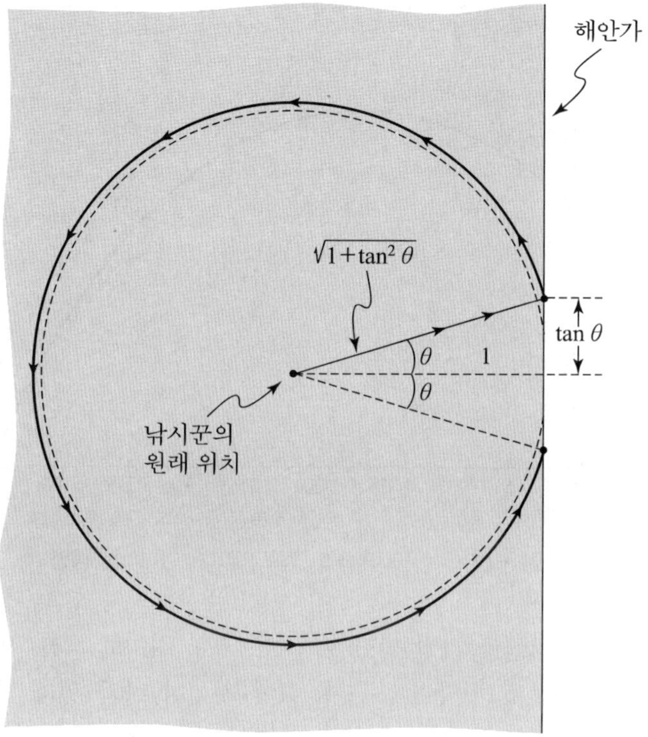

그림 1.12 길 잃은 낚시꾼 문제

이다. 원래 해답에서 경로 길이의 최댓값이 $L(0)=1+2\pi$임을 주목하자. 놀라운 결과는 $\theta>0$인 값에 대하여, $L(\theta)<L(0)$란 점이다!

이것은 그림 1.13처럼 θ에 따른 $L(0)-L(\theta)$의 크기를 나타냄으로써 쉽게 설명할 수 있다. ($L(\theta)$의 도함수를 0이라 두고, $L(\theta)$가 최솟값일 때의 θ값을 계산할 것이다. 하지만, 그렇게 시도하다 보면 결국 θ의 초월방정식(transcendental equation)을 해결해야 한다. 즉, 여전히 컴퓨터를 이용하여 계산해야 한다. 4.5절을 참고하자.) 그림 1.13은 $\theta=16.61°$일 때, $L(\theta)$는 7.2832마일보다 0.2879마일 작다는 것을 보여준다.

이제 최종적인 질문인, 낚시꾼이 더 잘 할 수는 없을까? 해안가

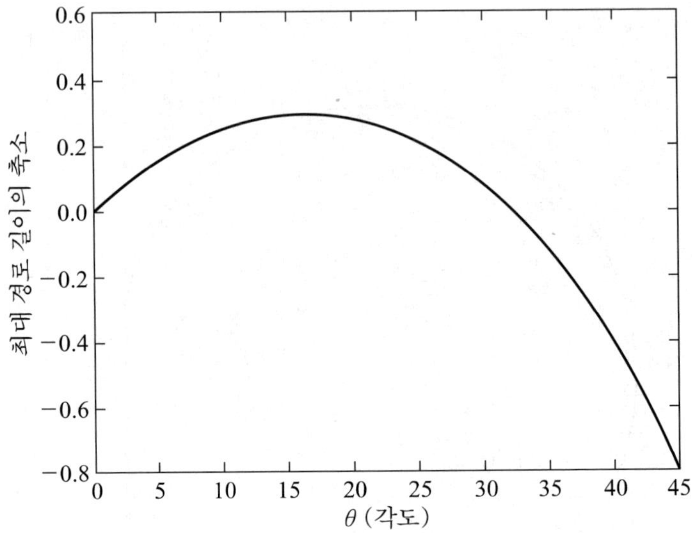

그림 1.13 $2\pi+1$이 최소 경로 길이가 아니라는 증명

에 닿았다는 확신을 가질 만한 더 작은 최대 길이로 노를 저울 수 있을까? 대답은 그렇다이다. 부록 H에 자세히 나와 있다. 하지만 해결하기 전에 부록 H를 보지 않길 바란다.

제2장

일계 극값 문제

The First Extremal Problems

2.1 ▍ 길이와 넓이에 대한 고대의 혼란

기원전 그리스와 이집트의 고대 수학자들은 흥미로운 문제들을 많이 다루었다. 이러한 문제 중에는 등주 문제(isoperimetric problem)가 있다. 일정한 길이로 가장 최대 넓이를 감쌀 수 있는 폐곡선은 무엇인가? 그리고 한 점에서 한 곡선까지의 거리가 최소인 것은 어떻게 정하는지와 같은 것들이다. 아폴로니오스(Apollonius of Perga, 기원전 262~190)의 《원뿔곡선(conics)》에서 후자의 질문에 대하여 다양한 기하학적인 접근을 하였다. 하지만 그러한 질문들은 요즘엔 미적분으로 쉽게 다루어진다. 여기서 아폴로니오스의 방법을 논의하지 않겠지만, 관심 있다면 히스(Thomas Little Heath)의 《그리스 수학의 역사》[3] 2권을 보길 바란다.

같은 시대에 아르키메데스(기원전 287~212)는 겉넓이가 모두 같은 구면 캡(spherical cap)의 부피와 관련된 문제에 매달려 있었다(구면 캡은 구를 통과하는 평면에 의해 잘린 부분의 위 또는 아래 부분 영역이다. 예를 들어, 어떤 평면이 구의 중심을 통과한다면 그것은 소위 반구(hemispheres)라는 두 개의 같은 구면 캡으로 나뉘게 된다). 아르키메데스의 걸작인 《구면과 원기둥에 대하여(On the Sphere and the Cylinder)》를 보면, 아르키메데스는 같은 겉넓이를 갖는 캡들 중 가장 큰 부피를 가지는 것은 반구라고 언급하고 있다. 여기서 아르키메데스의 기하학적인 증명을 언급하지는 않겠지만 궁금하다면 히스가 1897년에 쓴 《아르키메데스의 작품(The Works of Archimedes)》을 참고하기 바란다.

고대 시대부터 유래된 다른 극값 문제는 평면에서의 측지선(geodesic problem)이다. 주어진 두 점을 연결하는 최소 길이 곡선은? 답은 고대 수학자들처럼 직선이라고 직관적으로 생각될 것이다. 우리들 또한 잠시 그럴 것이다. 그러나 사실 등주(isoperimetric)와 측지(geodesic) 문제들은 기발한 생각들로 확대될 수 있는 깊이 있는 문제들이다. 등주문제

---

3) Thomas Little Heath, *A History of Greek Mathematics*, Oxford, 1921, pp. 159~163.

(원)는 19세기까지 엄밀한 전개가 시도된 반면, 측지선 문제는 (18세기에) 조금 더 빨리 형식적으로 증명되었다. 고대 사람들은 이러한 현대적 증명 이전에 답을 알고 있었으며 자신들의 증명에 확신도 있었을 것이다. 하지만 그 증명은 현대의 기준에서 보면, 미묘한 결점을 포함하고 있다. 이것에 대해서는 이 장의 마지막 절에서 논의할 것이다.

고대 수학자들이 등주각 문제에 대한 답을 알았다고 해서 사람들에게 일반적으로 알려졌다는 것은 아니다. 예를 들어, 폴리비우스(Polybius)가 쓴 《역사(Histories)》의 4권에 이러한 사실을 알려주는 문구가 있다. 제목은 '도시 크기의 계산'이며 다음과 같다.

> 대부분의 사람들은 도시의 크기를 단순히 원둘레로 판단한다. 누군가 거대도시[4]는 둘레가 50이고 스파르타는 48이라고 할 때, 스파르타는 거대도시보다 두 배가 크다. 이 명제는 받아들이기 힘들다. 더 혼란스럽게 하자면, 둘레가 40인 도시는 둘레가 100인 도시보다 아마 두 배가 크다고 말할 수 있다. 이 명제는 더 받아들이기 힘들다. 평범한 사람뿐만 아니라, 정치가나 군대 지휘자들이 경악하게 될 이 문장은 둘레가 작음에도, 스파르타가 거대도시보다 어떻게 훨씬 더 클 수 있는가이다. 또는 막사의 둘레를 고려해서 막사 안의 사람수를 세려고 할 때도 비슷한 문제가 발생한다. 정치적 힘과 군대의 명령에 열망할수록 그러한 문제들은 무시되었다.

폴리비우스는 기원전 2세기에 그러한 사실을 기록하였지만, 사람들이 이 문제를 무시하는 것을 바꾸지는 못했다. 600년 후에 수학을 연구한 철학자 프로클루스(Proclus)가 쓴 (유클리드 《원론》의 첫 번째 책에서) 보충설명을 볼 수 있다. 그의 보충설명은 다음과 같다.

> 우리는 토지 분할에서 '둘레가 같으면 넓이가 같다는 오류'에 대

4) [역자 주] 거대도시(megalopolis) : 인구와 여러 가지 사회적 기능이 고도로 집중화된 현대의 대도시.

해 자주 간과한다. 그리고 두 가지 경우에서 둘레의 길이의 합이 같기 때문에, 많은 사람들이 두 개의 토지 중 더 큰 것을 택하고, 같은 비율과 선택의 정당성에 대하여 부적절하게 논의한다.

프로클루스는 흥미로운 이등변삼각형의 예를 제시한다. 어떤 이등변삼각형의 변의 길이는 5, 5, 6이고 다른 이등변삼각형의 변 길이는 5, 5, 8이다. 둘레가 작은 이등변삼각형이 작은 넓이를 가질 것이라고 처음엔 생각할지 모르나, 사실 헤론의 공식을 적용하면 두 개의 삼각형은 12라는 같은 넓이를 가진다.

폴리비우스와 프로클루스의 말을 고려하면, 고대 그리스 사람들이 그림 2.1에 그려진 두 삼각형이 삼각형 A의 둘레가 삼각형 B의 둘레보다 분명히 작음에도 불구하고, 같은 넓이를 가진다는 것을 왜 기이하다고 생각했었는지 이해하기 쉽다(왜냐하면 두 삼각형은 같은 밑변과 높이를 가지기 때문이다). 삼각형 위 꼭짓점의 직선을 따라 삼각형 B의 점 P를 왼쪽이나 오른쪽으로 멀어지게 한다면, B의 넓이에 변화없이 B의 둘레를 무한정 늘릴 수 있다. 둘레는 증가하도록 변형할 수 있다. 즉 넓이가 일정할지라도 B를 포함하는 평면의 확장을 더 크게 할 수 있다. 이 예를 더 근사하게 변형시킬 수 있다. 평면의 유한 영역에서, 무한의 둘레를 가지는 유한한 넓이를 가지는 단일폐곡선을 가질 수 있는 것이 놀랍다.

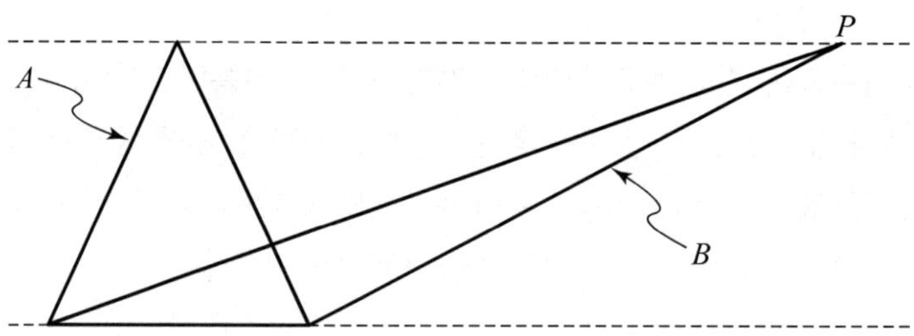

그림 2.1 둘레는 다르나 넓이는 같은 두 삼각형

예를 들어, 1906년 스웨덴 수학자 코흐(Helge von Koch, 1870~1924)는 '코흐 눈송이(von Koch snowflake)'를 발표했다. 코흐 눈송이는 평면의 유한 영역에서 변형되며 둘레가 무한한 폐곡선이다. 이 놀라운 곡선의 반복적인 구성은 간단하다. 한 변의 길이가 1인 정삼각형에서 출발하며, 첫 번째 단계는 각 변을 삼등분한 선분 중 가운데 선분을 없애고 선분의 길이가 $\frac{1}{3}$인 정삼각형을 더한다. 두 번째 단계는 같은 방법으로 각 변을 삼등분한 선분 중에 가운데 선분을 없애고 선분의 길이가 $\frac{1}{9}$인 정삼각형을 더한다. 이것을 계속 반복하면 그림 2.2처럼 코흐 눈송이는 이러한 과정을 무한히 반복할 때 나타나는 곡선이다.

코흐 눈송이의 둘레와 넓이에 대한 특징을 살펴보기 위해 다음과 같이 정의하자.

n단계($n \geq 0$)에 대하여

$$N_n = \text{변의 개수},$$
$$l_n = \text{각 변의 길이},$$
$$L_n = \text{둘레} = N_n l_n$$

라고 하자. 따라서 $l_0 = 1$, $N_0 = 3$, $L_0 = 3$이다. 각 단계에서 변의 개수는 4배씩 증가한다(변의 중간에 삼각형을 더하는 것은 하나의 변에서 네 개의 변으로 증가되는 것이다. 원래 변을 두 부분으로 나누어서 삼각형 자체의 두 변을 더하는 것이다). $N_0 = 3$이므로

$$N_n = 3 \cdot 4^n, \quad n = 0,\ 1,\ 2,\ \cdots$$

이다. 각 단계에서 변의 길이는 $\frac{1}{3}$로 줄어든다. $l_0 = 1$이므로

$$l_n = 1 \cdot \left(\frac{1}{3}\right)^n = \frac{1}{3^n}, \quad n = 0,\ 1,\ 2,\ \cdots$$

이다. 이와 같이 n단계에서 둘레의 길이는

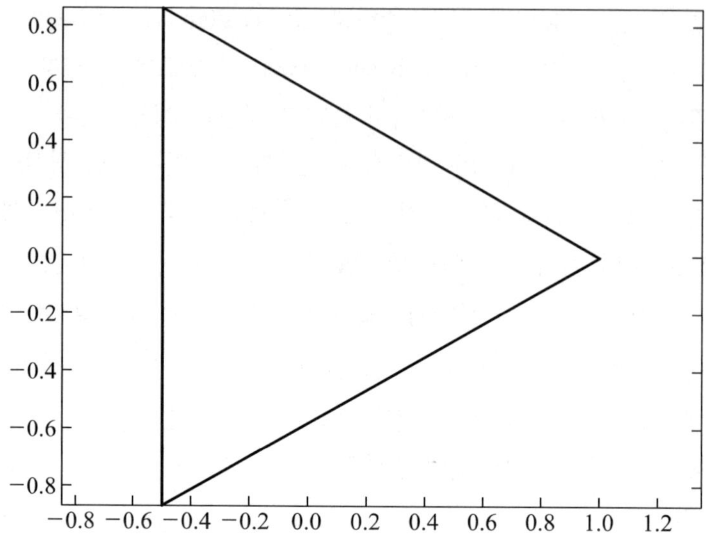

그림 2.2a 코흐 눈송이 반복법 0

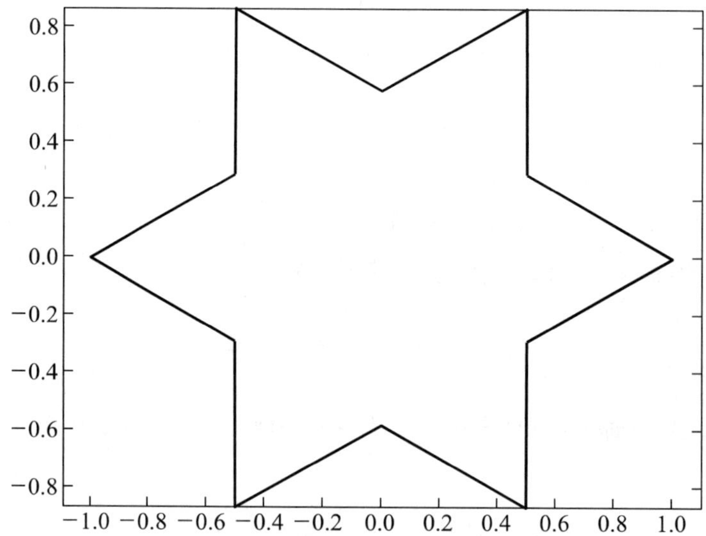

그림 2.2b 코흐 눈송이 반복법 1

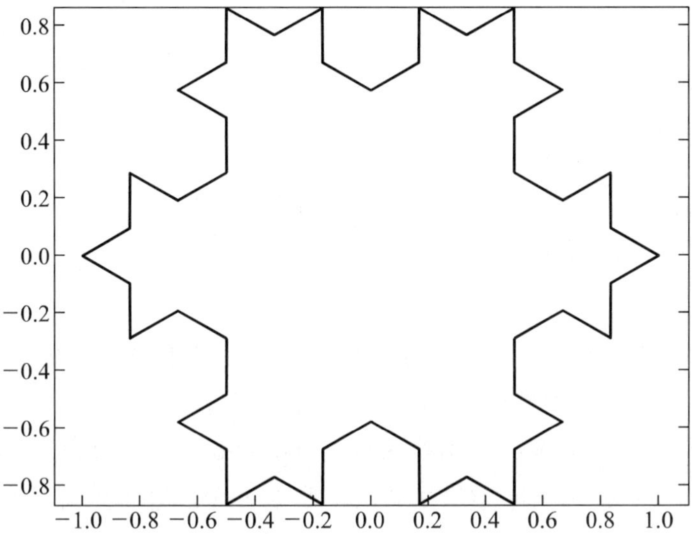

그림 2.2c 코흐 눈송이 반복법 2

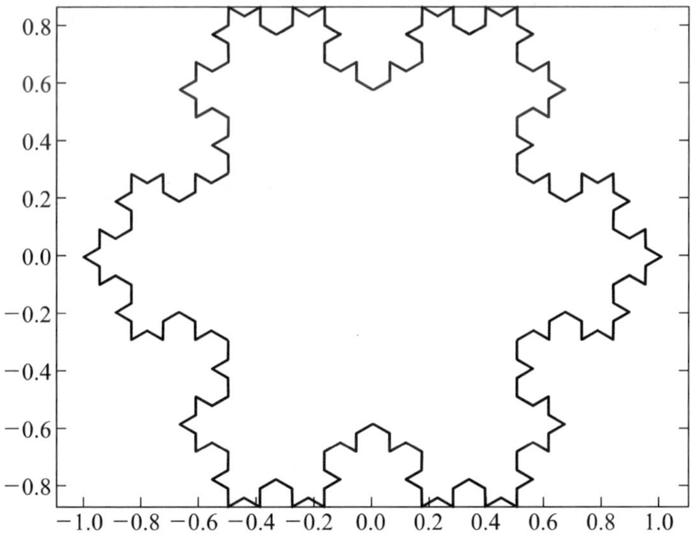

그림 2.2d 코흐 눈송이 반복법 3

$$L_n = N_n l_n = 3 \cdot 4^n \cdot \frac{1}{3^n} = 3 \cdot \left(\frac{4}{3}\right)^n$$

이다. 따라서

$$\lim_{n\to\infty} L_n = \lim_{n\to\infty} 3 \cdot \left(\frac{4}{3}\right)^n = \infty$$

이다.

$n\to\infty$ 일 때, 전체 넓이가 유한한 것은 분명하다. 왜냐하면 각 단계마다 점점 작은 삼각형이 생겨나면서 점점 더 곱슬곱슬한 곡선이 만들어지기 때문이다. 모든 단계의 곡선은 반지름이 1인 원 내부에 남아 있다. 이 유한한 넓이는 분명하지만, 코흐 눈송이의 넓이를 계산해보자.

변 길이가 l_n인 정삼각형의 넓이는 $s = \frac{1}{2}(l_n + l_n + l_n) = \frac{3}{2} l_n$ 임을 이용하여, 1.5절의 헤론의 공식으로 구하면

$$\begin{aligned}\sqrt{s(s-l_n)(s-l_n)(s-l_n)} &= \sqrt{\frac{3}{2}l_n \cdot \frac{1}{2}l_n \cdot \frac{1}{2}l_n \cdot \frac{1}{2}l_n} \\ &= \frac{\sqrt{3}}{4} l_n^2\end{aligned}$$

이다. 따라서 예를 들어, A_n을 n단계 코흐 눈송이의 넓이라고 하면,

$$A_0 = \frac{\sqrt{3}}{4}$$

이다.

각 단계에서 코흐 눈송이의 넓이는 증가한다. A_{n-1}에 각 변의 길이가 $l_n = \frac{1}{3^n}$인 $3 \cdot 4^{n-1}$개의 정삼각형을 더하면 A_n이 된다(예를 들어, $n=1$일 때 변의 길이 $l_1 = \frac{1}{3}$인 세 개의 정삼각형을 더함으로써 A_0에서 A_1이 된다). 더해진 삼각형들의 넓이는

$$\frac{\sqrt{3}}{4} \cdot \left(\frac{1}{3^n}\right)^2 = \frac{\sqrt{3}}{4} \cdot \frac{1}{9^n}$$

이므로

$$\begin{aligned} A_n &= A_{n-1} + 3 \cdot 4^{n-1} \cdot \frac{\sqrt{3}}{4} \cdot \frac{1}{9^n} = A_{n-1} + \frac{\sqrt{3}}{4}\left[\frac{3 \cdot 4^{n-1}}{9^n}\right] \\ &= A_{n-1} + A_0 \frac{3 \cdot 4^{n-1}}{9 \cdot 9^{n-1}} = A_{n-1} + A_0 \cdot \frac{1}{3}\left(\frac{4}{9}\right)^{n-1} \end{aligned}$$

이다. $n \geq 1$에 대하여 A_n의 값을 몇 개 구하면 다음과 같다.

$$n = 1 : A_1 = A_0 + A_0 \frac{1}{3}\left(\frac{4}{9}\right)^0 = A_0\left[1 + \frac{1}{3}\left(\frac{4}{9}\right)^0\right]$$

$$n = 2 : A_2 = A_1 + A_0 \frac{1}{3}\left(\frac{4}{9}\right) = A_0\left[1 + \frac{1}{3}\left(\frac{4}{9}\right)^0\right] + A_0 \frac{1}{3}\left(\frac{4}{9}\right)$$

또는 $A_2 = A_0\left[1 + \frac{1}{3}\left(\frac{4}{9}\right)^0 + \frac{1}{3}\left(\frac{4}{9}\right)\right]$

$$n = 3 : A_3 = A_2 + A_0 \frac{1}{3}\left(\frac{4}{9}\right)^2 = A_0\left[1 + \frac{1}{3}\left(\frac{4}{9}\right)^0 + \frac{1}{3}\left(\frac{4}{9}\right)\right] + A_0 \frac{1}{3}\left(\frac{4}{9}\right)^2$$

또는 $A_3 = A_0\left[1 + \frac{1}{3}\left(\frac{4}{9}\right)^0 + \frac{1}{3}\left(\frac{4}{9}\right) + \frac{1}{3}\left(\frac{4}{9}\right)^2\right]$

일반적으로 다음과 같이 쓸 수 있다.

$$\begin{aligned} \lim_{n \to \infty} A_n &= A_0\left[1 + \frac{1}{3}\left(\frac{4}{9}\right)^0 + \frac{1}{3}\left(\frac{4}{9}\right) + \frac{1}{3}\left(\frac{4}{9}\right)^2 + \cdots\right] \\ &= A_0\left[1 + \frac{1}{3}\left\{1 + \left(\frac{4}{9}\right) + \left(\frac{4}{9}\right)^2 + \cdots\right\}\right] \end{aligned}$$

중괄호 안의 수식은 무한 등비급수이다. 즉 $x = \frac{4}{9}$일 때

$$1 + x + x^2 + \cdots = \frac{1}{1 - x}, \quad |x| < 1$$

이 성립한다. $\lim_{n\to\infty} A_n$을 구해보면

$$\lim_{n\to\infty} A_n = A_0\left[1+\frac{1}{3}\cdot\frac{1}{1-\frac{4}{9}}\right] = \frac{8}{5}A_0$$

이다.

따라서 $n\to\infty$ 일 때, 둘레는 무한정 커지지만, 넓이는 처음 넓이보다 60%가 늘어난 것이다. 그림 2.1의 삼각형 B와 다르게, 코흐 눈송이는 평면의 유한한 영역을 벗어나지 못한다. 내 생각엔 폴리비우스와 프로클루스가 코흐 눈송이의 넓이와 둘레의 성질에 매우 놀랐을 것이다.

2.2 디도 문제와 등주 비율

등주 문제의 기원은 페니키아 여왕 디도(Dido)의 전설적인 이야기로 거슬러 올라간다. 자신의 남편을 죽인 오빠 피그말리온으로부터 도망친 디도 이야기는 기원전 9세기 중반에 일어난 것으로 추정된다. 바다로 도망쳐 오늘날 북아프리카의 튀니스(Tunis) 만에 도착하게 된다. 디도는 소의 가죽으로 둘러싼 만큼의 땅을 사겠다고 원주민과 계약을 하였다. 원주민들은 웃긴 일이라고 생각했지만, 마지막에 웃은 것은 디도였다. 그녀는 가죽을 매우 길고 좁은 끈으로 잘라 그 끝을 이었다. 직선인 해안가를 이용하여 반원 모양으로 가능한 최대 영역에 가죽끈을 놓았다. 여기서 카르타고 고대 도시와 디도 문제를 같이 논해보자.

카르타고는 오래전에 사라졌지만 디도 문제는 수학의 고전적인 문제로 남아 있다. 이 문제는 주어진 곡선 위의 두 점을 일정한 거리로 연결할 때, 이 거리로 연결할 수 있는 모든 곡선들 중에서, 두 곡선으로 둘러싸인 넓이가 최대가 되는 곡선을 찾는 것이다. 원래의 문제에서는 주어진 곡선의 형태는 직선(해안가)이고, 해답곡선은 반원이다. 등주 문제에서 해답곡선이 원이란 것을 쉽게 알 수 있다. 이 장의 마지막 부분에

서 증명 과정을 보게 될 것이다.

'디도 문제'는 유명한 영국 전설인 '헹기스트(Hengist)와 호사(Horsa)' 만큼 잘 알려져 있다. 이들은 색슨족의 침입으로 전투에 용병으로 고용되었으며, 황소의 가죽으로 경계를 둘러싼 토지로만 보상받길 원했다(물론 디도가 한 방식처럼 가죽을 잘라 이어서 큰 원을 만들었다). 이 전설은 디도의 전설보다 다소 잔인하고 부정적이지만, 꽤 로맨틱하다(아서왕과 메를린 이야기의 도입부가 되는 이야기이기 때문이다). 전 세계에 넘쳐나는 전설처럼 등주 전설도 시공간을 초월하여 많은 사람들에게 공통적인 것 같다.

철학자의 형이상학적 사색에 관심 없지만 아리스토텔레스는 《천체에 대하여(On the Heavens)》에서 행성의 원 운동을 언급하였다.

… 천체의 변화는 모든 운동의 측정으로 드러난다. 왜냐하면 운동의 측정 그 자체는 연속적이고 불변이고 영원할 수 있기 때문이다. 모든 사물들에 대한 측정은 가장 작은 요소이고, 가장 짧은 운동이 가장 빠르다. 따라서 천체의 운동은 분명히 모든 운동 중에서 가장 빠르다. 하지만 행성이 시작점을 되돌아 오는 가장 짧은 경로는 원 둘레로 대표될 수 있고, 가장 빠른 운동은 가장 짧은 경로를 따라서 일어난다.

아리스토텔레스는 등주 문제의 해답을 알았기 때문에 이것을 언급했을까? 분명히 그런 것 같다.

등주 문제에 대한 첫 번째 수학적 시도는 그리스 수학자 제노도루스(Zenodorus)의 책 《등주 수치에 대하여(On Isometric Figures)》에 나타난 것으로 여겨진다. 수학자 제노도루스의 일생에 대해 알려진 것이 거의 없으며, 그가 살았던 시기도 역사학자들의 논쟁에 올랐지만, 아르키메데스 직전인 기원전 2세기경으로 추정되고 있다. 기원후 6세기경 그리스 수학 철학자 심플리치오(Simplicius)에 의해 등주 이론에 대한 아르키메데스의 증명이 언급되었으나, 많은 역사학자들에 의해 옳지 않은 것으로 간주되고 있다. 아르키메데스 바로 직후, 불행하게도 《등주 수치에 대하여》에 언급되지 않았지만, 제노도루스 혼자서 아르키메데스의 작업과 연관되어 무엇인가를 했음을 후대 기록을 통해 추측할 수 있다. 특히 기원후 4세기경 이집트인 테온(Theon)과 파포스(Pappus)가 해설을 집필하였다. 제노도루스는 다음과 같은 수많은 결과를 제시하였다.

1. 같은 둘레를 가지는 n각형 중에서 가장 넓이가 큰 것은 정n각형이다.
2. 같은 둘레를 가지는 두 n각형에 대하여, (즉 $n_2 > n_1$인 n_1, n_2에 대하여) n_2각형의 넓이가 더 크다.

이런 두 결과로부터 일정한 둘레의 길이를 가지는 (정'무한'각형으로 간주될 수 있는) 원의 넓이는 같은 둘레를 가지는 정n각형의 넓이보다 더 크다는 것을 쉽게 알 수 있다.

등주적 비(isoperimetric quotient)는 I.Q.로 쓰이며, I.Q.의 수학적 의미를 이해해보자. 임의의 폐곡선에 대하여

$$\text{I.Q.} = \frac{A}{\pi\left(\dfrac{L}{2\pi}\right)^2} = \frac{4\pi A}{L^2}$$

으로 정의되며, L은 곡선의 둘레의 길이, A는 곡선으로 둘러싸인 넓이이다. 이 정의에서 분모의 둘레의 길이 L과 원의 넓이를 대입하면 원의 I.Q.는 1이다(사실 어떠한 원이든 모두 1이다). 이와 같이 등주 이론에서 폐곡선인 것은 I.Q. ≤ 1이기 위한 필요충분조건임을 뜻한다.

비슷한 부등식이 삼차원에서도 적용될 수 있다. 주어진 겉넓이 A에 대하여, 가장 큰 부피 V를 가지는 것은 구이다. 즉

$$\frac{V}{\frac{4}{3}\pi\left(\frac{A}{4\pi}\right)^{\frac{3}{2}}} \le 1$$

은 삼차원 대상이 구이기 위한 필요충분조건이다. 따라서 우리가 다루기에는 약간 제한이 있다. 첫째, 위 부등식이 뜻하는 것은 무엇인지 설명하시오. 즉, 유래는 무엇인가? 이를 이용하여 다음 부등식을 유도하기 위해 위 부등식이 사용되었다.

x_1, x_2, $\cdots$, x_n이 n개의 실수라면,

$$\left(x_1^2 + x_2^2 + \cdots + x_n^2\right)^3 \ge \left(x_1^3 + x_2^3 + \cdots + x_n^3\right)^2$$

이다. 이것에 대한 해답은 이 장의 끝에 있다(위 부등식을 증명하기 전에 해답을 보지 않길 바란다).

같은 단위로 두 곡선의 I.Q.를 비교해보자. 예를 들어, 반지름이 r인 반원은

$$A = \frac{1}{2}\pi r^2, \quad L = 2r + \pi r = r(2+\pi)$$

이다. 따라서 I.Q.는

$$\frac{4\pi\left(\frac{1}{2}\pi r^2\right)}{r^2(2+\pi)^2} = \frac{2\pi^2}{(2+\pi)^2} = 0.7467$$

이다.

중심각이 θ인 부채꼴의 I.Q.를 구하여 일반화해보자.

$$A = \pi r^2\left(\frac{\theta}{2\pi}\right) = \frac{1}{2}r^2\theta,\ \ L = 2r + 2\pi r\left(\frac{\theta}{2\pi}\right) = r(2+\theta)$$

따라서 부채꼴의 I.Q.는

$$\frac{4\pi\left(\frac{1}{2}r^2\theta\right)}{r^2(2+\theta)^2} = \frac{2\pi\theta}{(2+\theta)^2}$$

이다. $\theta = \pi$일 때의 I.Q.는 이미 알고 있지만, 부채꼴의 I.Q.의 최댓값은 얼마일까? 최댓값은 존재하지 않는데, 그 이유는 다음과 같다.

부채꼴의 I.Q.가 최대일 때, I.Q.의 역수가 최소이다. 즉 (상수 2π를 제외하면)

$$\frac{(2+\theta)^2}{\theta} = \frac{4+4\theta+\theta^2}{\theta} = \theta + 4 + \frac{4}{\theta}$$

가 최소일 때의 θ의 값을 찾는 것이다. 결국 $\theta + \frac{4}{\theta}$가 최소일 때 θ의 값을 찾는 것이다. 왜냐하면 더해진 4를 제외하고 생각했기 때문이다. 이제 산술-기하 부등식을 활용하면,

$$\theta + \frac{4}{\theta} \geq 2\sqrt{\theta \cdot \frac{4}{\theta}} = 4$$

이며, 등호는 $\theta = \frac{4}{\theta}$일 때 성립한다. 즉 $\theta = 2$ 라디안이다. 이 θ에 대하여, 부채꼴의 I.Q.는

$$\frac{2\pi(2)}{(2+2)^2} = \frac{\pi}{4} = 0.7854$$

이다.

물론, 제노도루스의 정n각형의 I.Q.는 더욱 흥미롭다. $n\to\infty$ (원)일 때, I.Q.는 1로 수렴한다. 이것을 이해하기 위해, 정n각형을 잘라 나타나는 n개의 닮은 삼각형 중 하나인 그림 2.3을 살펴보자. 삼각형의 같

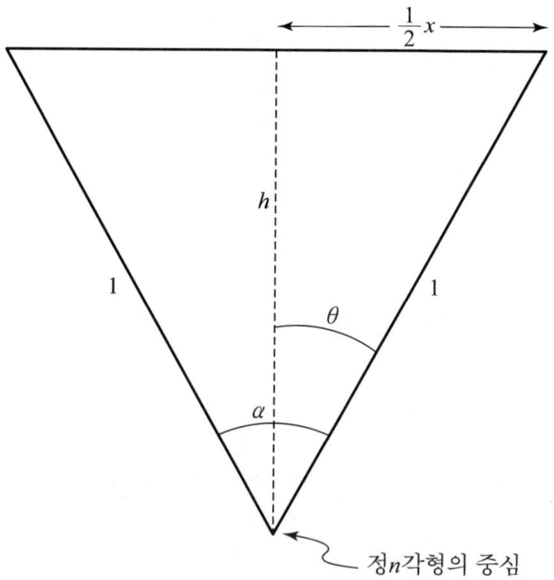

그림 2.3 정n각형을 구성하는 삼각형

은 두 변은 길이가 1이고, 중심각은 α이다. 여기서 $\alpha = 2\theta = \dfrac{2\pi}{n}$이다. 삼각형의 높이를 h라 하고, 밑변을 x라 하면,

$$h = \cos\theta = \cos\left(\frac{\pi}{n}\right), \quad x = 2\sin\theta = 2\sin\left(\frac{\pi}{n}\right)$$

이다. 삼각형의 넓이를 A_t라 하면,

$$A_t = \frac{1}{2}hx = \cos\left(\frac{\pi}{n}\right)\sin\left(\frac{\pi}{n}\right)$$

이다. 따라서 정n각형의 넓이는

$$A = nA_t = n\cos\left(\frac{\pi}{n}\right)\sin\left(\frac{\pi}{n}\right)$$

이다.

정n각형 둘레의 길이는 $L = nx = 2n\sin\left(\dfrac{\pi}{n}\right)$이고, 정$n$각형의 I.Q.는

$$\text{I.Q.}_{\cdot n} = \frac{4\pi n \sin\left(\frac{\pi}{n}\right)\cos\left(\frac{\pi}{n}\right)}{4n^2\sin^2\left(\frac{\pi}{n}\right)} = \frac{\pi}{n}\cot\left(\frac{\pi}{n}\right)$$

이다. 특히 정삼각형($n=3$), 사각형($n=4$), 정오각형($n=5$), 정육각형($n=6$)의 I.Q.는

$$\text{I.Q.}_{\cdot 3} = \frac{\pi}{3}\cot\left(\frac{\pi}{3}\right) = 0.6046,$$

$$\text{I.Q.}_{\cdot 4} = \frac{\pi}{4}\cot\left(\frac{\pi}{4}\right) = 0.7854,$$

$$\text{I.Q.}_{\cdot 5} = \frac{\pi}{5}\cot\left(\frac{\pi}{5}\right) = 0.8648,$$

$$\text{I.Q.}_{\cdot 6} = \frac{\pi}{6}\cot\left(\frac{\pi}{6}\right) = 0.9069$$

이다. 이와 같이 첫 번째($n=3$)를 제외하고는 모든 정n각형의 I.Q.는 반원의 I.Q.보다 크고, 사각형의 I.Q.는 부채꼴의 I.Q.의 최댓값과 같다. 이러한 결과는 $\lim_{n\to\infty}\text{I.Q.}_{\cdot n} = 1$ (원의 I.Q.값)을 의미한다. 이러한 I.Q.값들로는 등주 정리를 증명하지 못하므로, 더 깊이 살펴보자.

깊은 논의를 하기 전에 잠시 비켜나면, 평면에 타일 붙이는 법(평면을 합동인 n각형으로 나누는 방법)에 대한 고대 문제는 유명한 I.Q. 파포스의 개념과 직접적으로 관련되어 있다. 왜냐하면 파포스의 추측에서 유래하기 때문이다. 예를 들어, 주어진 양의 꿀을 저장하는데 필요한 밀랍의 총량을 줄이기 위한 구조가 벌이 육각형 벌집을 짓는 이유이다(부록 C를 보라). 이것은 미시건 대학의 미국 수학자 토머스 헤일즈(Thomas Hales)가 증명하기까지 미해결 문제였던 '벌집 추측(honeycomb conjecture)'이다. 고대 사람들은 풀기 어려운 문제들을 만들어내는데 꽤 소질이 있었다.

제노도루스가 다루었던 것과 밀접하게 관련된 문제는(반지름이 R인) 주어진 원에 최대 넓이로 내접하는 N각형에 대한 것이다. N각형은 반드시 정N각형이 되어야 하고, 이에 대한 증명은 다음과 같다. 그림 2.4에서 θ_n은 N각형의 n번째 변의 대각인 중심각을 Q_n이라 하고, (여기서 N각형을 N개의 삼각형으로 나눌 수 있고, $\sum_{n=1}^{N}\theta_n = 2\pi$이다) n번째 삼각형의 넓이를 A_n이라 하자.

A_n을 구하기 위해, n번째 삼각형의 밑변의 $\frac{1}{2}$인 x를

$$x = R\sin\left(\frac{1}{2}\theta_n\right)$$

으로 나타내고, 삼각형의 높이인 h를

$$h = R\cos\left(\frac{1}{2}\theta_n\right)$$

으로 나타내면,

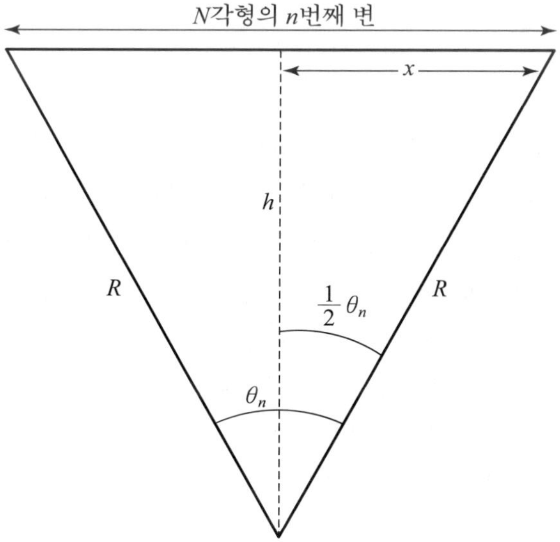

그림 2.4 정N각형 만들기

$$A_n = xh = R^2 \sin\left(\frac{1}{2}\theta_n\right)\cos\left(\frac{1}{2}\theta_n\right)$$

이 된다. 삼각형의 배각공식에 의해 $\sin\alpha\cos\alpha = \frac{1}{2}\sin(2\alpha)$이므로, $A_n = \frac{1}{2}R^2\sin\theta_n$이며, N각형의 전체 넓이는

$$A = \sum_{n=1}^{N} A_n = \frac{NR^2}{2} \cdot \frac{1}{N}\sum_{n=1}^{N}\sin\theta_n$$

이다.

독학으로 공부한 수학자인 젠센(Johan L.W.V. Jensen, 1859~1925)[5]이 1906년에 발표한 젠센 부등식을 활용할 것이다(부록 B에 증명되어 있다). 지금부터 내가 활용한 젠센 부등식의 특별한 경우는

$$\frac{1}{N}\sum_{n=1}^{N}\sin\theta_n \le \sin\left(\frac{1}{N}\sum_{n=1}^{N}\theta_n\right)$$

이며, 등호는 $\theta_1 = \theta_2 = \cdots = \theta_N$일 때 성립한다. 즉 모든 중심각이 같을 때이다. N각형 넓이의 최댓값은 넓이가 $\left(\frac{NR^2}{2}\right)\sin\left(2\frac{\pi}{N}\right)$인 정$N$각형이다.

등주 문제는 볼록 도형(convex figure)만 다룬다. 볼록 도형은 주어진 두 점 A와 B에 대하여(여기서 필요조건은 이러한 점들이 도형의 경계에 있거나 도형의 내부에 있어야 한다는 것이다.) 현 $\overline{AB}$ 위의 모든 점은 볼록 도형의 경계나 내부에 있어야 한다. 즉 도형의 경계는 홈이나 구멍이 없다. 그림 2.5는 볼록 도형이 아닌 예를 보여준다.

볼록하지 않은 도형이 등주 문제의 해답이 될 수 없는 이유는, 그런 도형은 같은 둘레를 가지고 더 큰 넓이를 가진 다른 도형으로 항상 변형될 수 있기 때문이다. 예를 들어, φ_b에서는 단순히 구멍을 없애고 더

5) 젠센은 학자보다는 코펜하겐 전화 회사의 기술자로 더 많은 시간을 보냈으며, 결국 최고 기술자가 되었다.

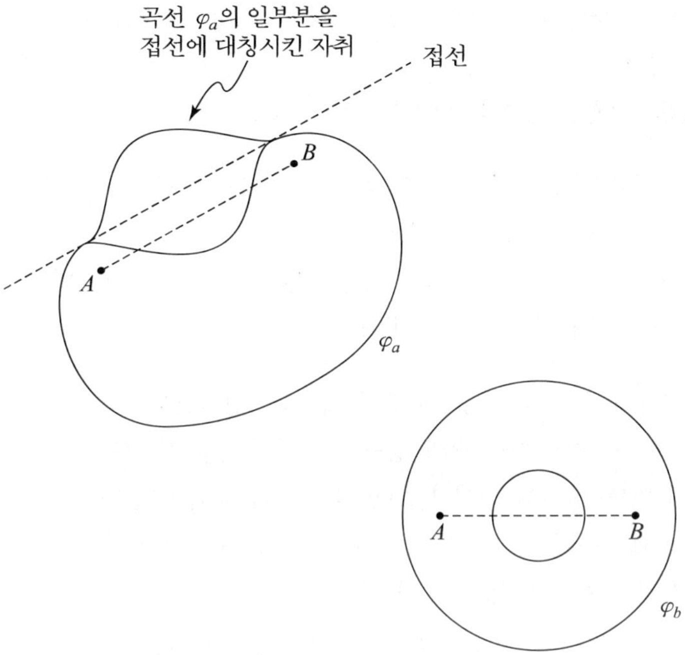

그림 2.5 볼록다각형이 아닌 두 그림

작은 둘레와 더 큰 넓이를 가진 새로운 도형을 끼어넣을 수 있다. φ_a에서는 점선으로 표시된 접선에 대칭시키면, 같은 둘레의 길이를 가지면서 더 큰 넓이를 가지는 새로운 도형을 얻게 된다. 따라서 등주 문제에서는 볼록 도형을 다루어야 하고, 지금부터 우리는 볼록 도형만 다룰 것이다.

제노도루스의 증명을 살펴보지는 않을 것이다. 만약 궁금하다면, 히스의 《그리스 수학의 역사》 2권의 207~12쪽에서 볼 수 있다. 스위스 수학자 슈타이너(Jakob Steiner, 1796~1863)에서 시작하여 19세기부터 시작된 더 '현대적인' 기하학적 분석을 살펴볼 것이다. 1789년에 슈타이너의 동료인 륄리에(Simon Lhuilier, 1750~1840)가 제노도루스의 결과를 히스의 책에서 볼 수 있는 접근과는 매우 다른 방식으로 증명했다. 슈타이너의 1842년 논의는 디도 문제에 대한 첫 번째 논의이자 등주 이론

문제였다. 슈타이너의 논의는 앞 절에서 미묘한 결점을 가지고 있을지라도 독창적인 모델이 되었다. 다음 두 명제는 동치이다(두 명제는 참이며, 다음 절에서 증명할 것이다).

A. 평면에서 같은 둘레를 가지는 모든 폐곡선 중에서 가장 큰 넓이를 가지는 것은 원이다.

B. 평면에서 같은 넓이를 가지는 모든 폐곡선 중에서 가장 작은 둘레를 가지는 것은 원이다.

두 명제가 동치임을 증명하기 위해 A가 성립한다고 하면, B도 성립함을 보이자. A에 따라 B의 성립 여부가 결정되지 않는다고 가정하자(이렇게 하면 모순이 일어나 A에 따른 B의 성립 여부가 결정된다). 이와 같이 B와 모순되도록 특정 넓이를 가진 원 C에 대하여 더 작은 둘레를 가지지만 같은 넓이를 가지는 폐곡선 D가 있다고 가정하자.

이제 원 C를 줄여서, D와 같은 둘레를 가지지만 더 작은 원 $\hat{C}$를 만들자. 분명히 $\hat{C}$의 넓이는 C보다 작다. 즉, $\hat{C}$의 넓이는 D의 넓이보다 작다. 따라서 C와 D는 둘레가 같지만, D는 원 $\hat{C}$보다 더 큰 넓이를 가지고 원이 아니다. 이것은 A에 모순된다. 이 모순은 B의 부정을 사용한 결과이여야만 한다. 따라서 A에 따라 B의 성립 여부가 결정된다.

이제 역이 성립함을 보이자. 즉, B가 성립하면, 반드시 A가 성립한다는 것이다. B가 성립해도 A가 성립하지 않을 수 있다고 가정하여 모순을 이끌어내자. 이와 같이 A에 모순되도록, 특정 둘레를 갖는 원 C에 대하여 더 큰 넓이를 가지면서 둘레가 같은 폐곡선 D를 가정하자. D와 넓이가 같도록 원 C를 확장하여 더 큰 원 $\hat{C}$을 생각해보자. $\hat{C}$를 얻기 위해 C를 확장했기 때문에, $\hat{C}$의 둘레는 C보다 크다. 즉, $\hat{C}$의 둘레는 D의 둘레보다 크다. $\hat{C}$과 D는 같은 넓이를 가지지만, 더 작은 둘레를 가지는 D는 원이 아니다. 이것은 B에 모순된다. 이 모순은 A를 부정한 결과이다. 따라서 B가 성립하면 A도 성립한다.

하지만 아직 등주 정리 자체가 성립함을 증명하지는 않았다. 다음 절에서 A 또는 B가 참임을 보이자(물론, 어떤 것의 참을 보이든 나머지 하나는 성립한다).

2.3 디도 문제에 대한 슈타이너의 '풀이'

슈타이너가 디도 문제를 어떻게 해결했는지 살펴보기 위해 기본적인 기하 명제 두 가지부터 살펴보자. 첫 번째 명제는 원에 내접하는 삼각형의 한 변(빗변)이 지름이라면 그 삼각형은 직각삼각형이다. 두 번째 명제는 특정 길이의 두 변을 가진 삼각형 중, 최대 넓이의 삼각형은 특정 길이를 빗변이 아닌 두 변으로 하는 직각삼각형이다. 이 명제의 증명은 다음과 같다.

그림 2.6을 참고하면, x와 y는 특정 길이의 두 변이고 두 변의 사이각을 θ라 하면, 삼각형의 높이는 $h = x\sin\theta$이고 넓이는

$$A = \frac{1}{2}yh = \frac{1}{2}xy\sin\theta$$

이다. $\sin\theta$가 최대일 때, A가 최대이다. 즉 $\theta = 90°$일 때, $\sin\theta = 1$이므로 증명되었다.

이제 디도 문제에 대한 슈타이너의 풀이를 살펴보자. 주어진 직선 위의 두 점을 연결하는 일정한 길이의 곡선 중 직선과 곡선으로 둘러싸인

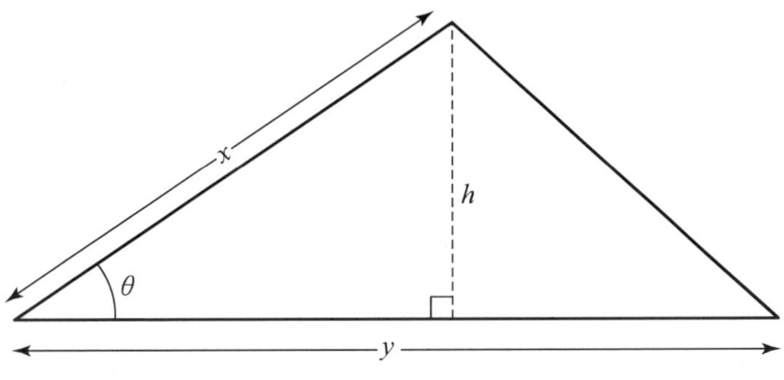

그림 2.6 삼각형 넓이의 최대화

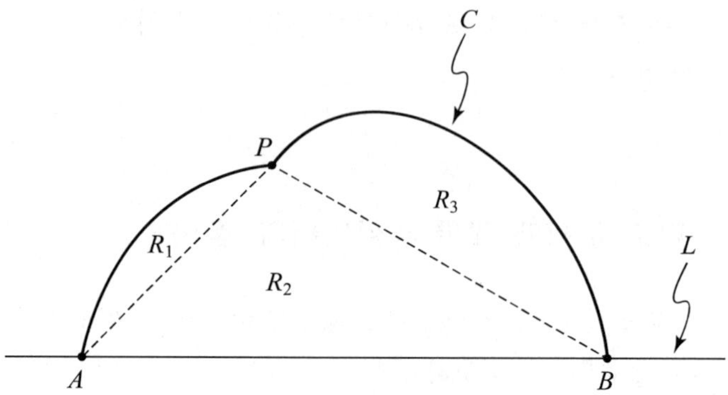

그림 2.7 슈타이너의 등주 논증 1

영역의 넓이가 가장 큰 곡선은 무엇인가? 그림 2.7에서처럼 직선 L 위의 두 점 A, B에 대하여 곡선 C는 반원이 아니라고 가정하자. 앞의 첫 번째 명제에 의해 $\angle APB \neq 90°$가 되는 C 위의 점 P가 존재한다(사실 $\angle APB = 90°$인 C 위의 점 P이라면, C는 반드시 원이 되어야 한다). 그림 2.7은 점선으로 표시된 선분 AP와 PB가 L에 의해 둘러싸인 넓이를 나누고, C는 세 영역 R_1, R_2, R_3로 나뉜다.

선분 AP와 PB의 길이는 그대로 유지하면서 $\angle APB$가 $90°$가 되도록 점 A, B를 L 위에서 움직였을 때, 새로운 점 A, B, P의 위치를 점 A', B', P'라 하자. 이때 $\overline{AP} = \overline{A'P'}$, $\overline{BP} = \overline{B'P'}$, $\angle A'B'P' = 90°$이다. 그림 2.8과 같이 여전히 곡선 C'은 반원이 아니다. 영역 R_2는 다른 넓이를 가지는 영역 R_2'로 변하지만, 두 현의 길이는 변하지 않으므로 영역 R_1, R_3는 변하지 않는다.

빗변이 아닌 두 변의 길이가 주어졌을 때 최대 넓이를 가지는 삼각형은 직각삼각형이므로 영역 R_2'의 넓이는 영역 R_2의 영역의 넓이보다 더 크다. 따라서 임의의 곡선 C를 둘레가 같은 곡선 C'으로 바꿀 수 있다. 이렇게 바꾸면, 곡선 C'과 직선 L이 둘러싼 영역의 넓이가 곡선 C와 직선 L이 둘러싼 영역의 넓이보다 더 크다(여기서 다른 궁금점을 잠시 살펴보자. 조정하는 동안 두 영역 R_1과 R_2가 겹치지 않을까? 일

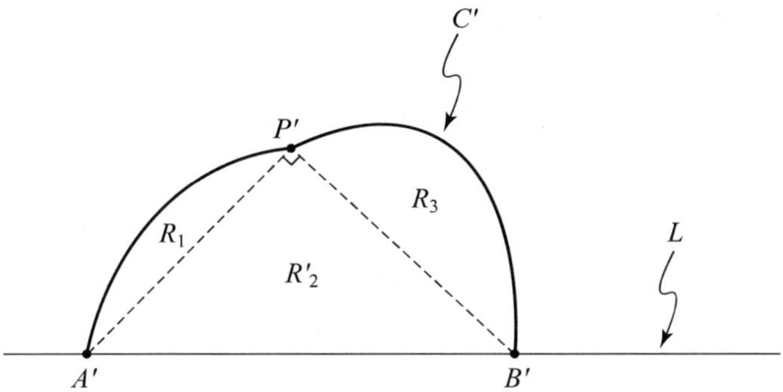

그림 2.8 슈타이너의 등주 논증 2

단 지금은 넘어가지만 생각해보길 바란다). 따라서 일정한 둘레가 주어졌을 때 최대 넓이를 갖는 곡선 C는 반원이다(이 경우 $\angle APB \neq 90°$인 곡선 C 위의 점 P는 없다).

슈타이너는 디도 문제에 대한 기하학적 풀이를 완성했다고 생각했다. 그는 다음과 같이 등주 문제를 해결하고자 하였다. φ가 등주 문제의 답이 되는 도형이라면, 둘레를 이등분하는 현은 넓이도 이등분한다. 이때, 현은 φ의 경계에 있는 두 점을 이은 것이다(둘레를 이등분하는 현의 존재성은 부록 D를 참고하길 바란다). 넓이가 이등분되지 않는다면, 더 큰 넓이를 택하도록 현을 조정할 수 있다. 이러한 조정으로 φ의 넓이보다 더 큰 넓이를 가지며 같은 둘레를 가지는 새로운 도형을 얻을 수 있다. 하지만 이것은 불가능하다. 왜냐하면 φ가 해답 도형이기 때문이다.

이제, 등주 문제의 해답 도형인 φ가 주어졌을 때, 부록 D의 그림처럼 φ의 넓이와 둘레의 길이를 이등분하는 현을 그릴 수 있다. 이러한 이등분은 φ를 φ_1과 φ_2로 이등분하며, 이때 φ_1과 φ_2은 같은 넓이와 둘레의 길이를 가진다(사실, 이등분하는 현은 φ_1과 φ_2에 공통이기 때문에 둘레의 길이가 같다). φ_1과 φ_2의 넓이를 최대화함으로써 φ의 넓이를 최대화할 수 있음은 분명하다. 하지만 φ_1과 φ_2은 디도 문제에 대한 슈타이너의 풀이에 의해 각각 반원이다. 따라서 등주 문제의 해답 곡선은 원이다.

2.4 슈타이너의 해결 방법

슈타이너의 풀이는 기발했지만, 독일 수학자 디리클레(Peter Dirichlet, 1805~1859)는 슈타이너가 등주 문제의 답이 존재한다고 가정한 것을 지적하였다. 대부분의 사람들은 "물론 답이 있다. 분명히 답이 있어!"라는 말로 문제를 해결하려 한다. 슈타이너가 그랬듯이, 대부분의 사람들은 해답이 있는 것처럼 보이는 수많은 기하학 문제들이 실제로 해답이 존재하지 않는다는 사실을 생각하지 못한다.

예를 들어, 1보다 작은 둘레의 길이를 가지는 볼록 도형 중에서 가장 큰 넓이를 가지는 볼록 도형을 발견하는 문제를 생각해보자. 사실 이 문제에 대한 해답은 존재하지 않는데, 이유는 다음과 같다. ϵ을 임의의 양수라고 하고, 둘레의 길이가 $1-\epsilon$인 볼록 도형을 φ라 하자. 여전히 1보다 작지만 조금 큰 둘레의 길이 $1-\frac{1}{2}\epsilon$을 가지는 새로운 도형으로 φ를 부풀려보자. 이 새로운 도형은 φ보다 큰 넓이를 가진다. 사실 이 과정을 유한번 반복하면, 넓이는 증가하면서 둘레가 1보다 작은 볼록 도형의 무한 수열을 만들 수 있다. 이러한 무한 수열에서 '최대 넓이'의 도형은 없다. 따라서 답이 있다는 슈타이너의 선험적인 가정은 오류이다.

답의 존재성을 가정한 또 다른 예시는 앞의 예와 반대되는 경우이다. 1917년에 일본 수학자인 카케야(Kakeya)가 발표한 '카케야 문제'이다. 그 문제는 "길이가 1인 선분을 360° 돌렸을 때 생기는 가장 작은 넓이는 무엇인가?"이다. 사실 많은 사람들은 최소 넓이가 존재한다고 생각할 것이다. 카케야 스스로는 최소 넓이가 $\frac{1}{8}\pi$라고 생각했다. 하지만 1928년 발표한 논문에서 러시아 수학자 베시코비치(Abram Besicovitch, 1891~1970)는 선분이 아무리 길지라도, 가장 작은 넓이는 존재하지 않음을 증명하였다. 베시코비치는 가장 작은 넓이가 존재하지 않음을 도형을 이용하여 설명하였다(그것은 볼록이 아닌 도형이며, 매우 복잡하다). 즉 1백만 광년 길이의 선분이 360° 회전하였을 때 넓이의 양은 계속 존재하여 가장 작은 넓이를 구할 수 없다는 것이다. 베시코비치가 만든 도형에 대한 기본적인 설명은 그의 논문 〈카케야 문제〉[6]에 있다. 베시코비치의 결과는 답이 항상 존재한다는 생각이 매우 위험하다는 것을 보여준다.

이제 정수론에서 역사적으로 중요한 최댓값 문제인 최댓값이 없음을 증명하는 문제로 이 절을 마치려고 한다. 유클리드 《원론》 9권에 등장하는 소수의 최댓값이 존재하지 않는다는 것이다. 즉, 자기 자신과 1을 제외한 다른 약수가 없는 정수는 무한개이다. 유클리드의 증명은 매우 단순하다. n개의 소수 $p_1, p_2, \cdots, p_n$이 있다고 가정하자. 이때 최대 소수는 p_n이다. 새로운 정수

$$P = p_1 p_2 \cdots p_n + 1$$

이라 하면, P는 소수인가?

가정에 의하면 p_n은 최대 소수이므로, P는 소수가 아니다. P는 소수들의 곱이지만, 가정한 유한개의 소수는 P를 나누지 못한다(왜냐하면 '$+1$' 때문이다). 따라서 P는 소수들의 곱으로 소인수분해할 수 없다. 따라서 P 자체가 소수여야 하는데, 이것은 $p_n(< P)$이 최대 소수란 가정에 모순된다. 따라서 최대 소수는 존재하지 않고, 소수의 개수는 무한하다.

대부분의 사람들은 소수의 최댓값이 존재하지 않는다는 것을 처음 접하면 놀라워한다. 소수는 수에 있어서 무한하므로, 정수 중에서 소수를 계속 찾아나갈 수 있다. 하지만 소수의 발견은 규칙적이지 않다. 만일 $g(p_n)$을 연속된 소수 p_n과 p_{n+1}과의 차라고 하면, 즉 $g(p_n) = p_{n+1} - p_n - 1$이라 하면, $g(p_n)$의 최댓값은 없다. 두 소수의 차가 아무리 클지라도 두 개의 연속된 소수는 항상 존재한다. 예를 들어, 만일 g를 10^{100}[7] 또는 10^{googol}[8]라고 하면, g값만큼 큰 차이를 가지는 연속된

6) American Mathematical Monthly, September 1963, pp. 697~706.

7) 유명한 구골값이다.

8) 유명한 구골플렉스값이다.

두 소수가 존재한다.

g의 최댓값이 존재하지 않음을 증명해보자. 가장 작은 정수와 가장 큰 정수의 차가 g이고, 이 두 정수 사이의 연속된 정수들의 곱은 분명히 소수가 아니다. g의 값을 택하고 차가 g가 되는 연속된 정수들의 수열을 만들어보면, 다음과 같다.

$$(g+1)!+2,\ (g+1)!+3,\ (g+1)!+4,\ \cdots,\ (g+1)!+g+1$$

첫 번째 정수는 2로 나눠지고, 두 번째는 3으로 나눠지고, 계속해서 마지막 정수는 $g+1$로 나눠진다. 어떤 유한한 정수 g로 시작했기 때문에 g의 최댓값은 없다.

연속된 소수 사이에 큰 차가 존재할지라도, 연속된 소수들은 어떤 규칙을 따른다. 1845년에 프랑스 수학자 베르트랑(Joseph Bertrand, 1822~1900)은 $n>3$인 모든 자연수에 대하여 n과 $2n-2$ 사이에 적어도 하나의 소수가 존재한다고 생각하였다(이것을 달리 표현하면, $n>1$에 대하여, n과 $2n$ 사이에 적어도 하나의 소수가 존재한다). 베르트랑의 생각은 1850년에 러시아 수학자 체비쇼프(Pafnuty Chebyshev, 1921~1994)에 의해 증명된다.

1932년에 베르트랑의 생각에 대한 더욱 간단한 증명이 헝가리 수학자 에르되시(Paul Erdõs, 1913~1996)에 의해 제시되었다. 그는 부다페스트에서 18세 학생일 때, 다음 말을 덧붙이며 증명을 발표하였다. "체비쇼프는 명제를 말했고, 나는 그것을 다시 설명하였다. n과 $2n$ 사이에는 항상 소수가 존재한다."

2.5 쉽게 풀리는 '어려운' 문제

어려운 미적분 문제 중에는 기본적인 수학 개념으로도 해결되는 흥미로운 경우가 있으므로, 이제 이러한 문제의 풀이를 살펴보자. 끈 하나를 잘라 두 개의 끈으로 만들었다고 해보자. 그러면 두 개의 끈은 다양한 형태의 두 도형(예를 들어, 정삼각형과 원, 반원과 이등변삼각형)을 형성하게 된다. 두 도형의 넓이의 합이 최소가 되려면 끈을 어떻게 잘라야 할까? 또는 $n-1$번 잘라서 n개의 도형이 최소의 넓이를 가지도록 일반화시키면 어떻게 될까? 일반화된 경우는 해결하기 어려운 문제 같아 보이지만(첫 번째 질문이 다소 쉬워 보인다) 등주 비(I.Q.)와 젠센 부등식(부록 B를 참고)을 이용하여 일반화된 경우도 역시 쉽게 해결할 수 있다.

첫째, 모든 평면 도형의 형태는 같은 I.Q.값을 가진다. 여기서

$$\text{I.Q.} = \frac{4\pi A}{L^2}$$

이며, A는 도형의 넓이이고, L은 도형의 둘레의 길이이다. i번째 도형의 I.Q.값을 $\frac{1}{\lambda_i}$이라 나타내고(따라서 λ_i는 주어진다), A_i와 L_i를 각각 그 도형의 넓이와 둘레라 하면, 전체 넓이 A는

$$A = A_1 + A_2 + \cdots + A_n = \frac{1}{4\pi}\left(\frac{L_1^2}{\lambda_1} + \frac{L_2^2}{\lambda_2} + \cdots + \frac{L_n^2}{\lambda_n}\right)$$

이다. L을 끈에서 잘려진 모든 도형들의 둘레의 총합이라고 한다면, $L_1 + L_2 + \cdots + L_n = L$ (여기서 모든 $L_i > 0$이다)가 된다. 이때, A가 최소일 때의 L_i값을 찾아보자. 이런 종류의 문제들은 (나중에 제6장에서 논의되는) 라그랑주 배수(Lagrange multipliers)라 불리는 미적분 방법으로 다루어진다. 하지만 여기서는 미적분을 이용하지 않고, 젠센 부등식을 활용할 것이다 (미적분 접근이 더 빠르기 때문에 미적분의 중요성을 느낄 수 있다).

아래로 볼록인 함수 $f(x)=x^2$에 대하여 젠센 부등식을 적용하면, $c_i>0$이고 모두 더하면,

$$(c_1x_2+c_2x_2+\cdots+c_nx_n)^2 \le c_1x_1^2+c_2x_2^2+\cdots+c_nx_n^2$$

이고, 등호는 $x_1=x_2=\cdots=x_n$일 때 성립한다. 따라서 c_i와 x_i를

$$c_i=\frac{\lambda_i}{\lambda_1+\lambda_2+\cdots+\lambda_n},\quad x_i=\frac{L_i}{\lambda_i}$$

라 하자. 임의의 i에 대하여 $c_i>0$이고 모든 c_i의 합은 1이다.

부등식은 다음과 같이 정리된다.

$$\left[\frac{\lambda_1}{\lambda_1+\lambda_2+\cdots+\lambda_n}\cdot\frac{L_1}{\lambda_1}+\frac{\lambda_2}{\lambda_1+\lambda_2+\cdots+\lambda_n}\cdot\frac{L_2}{\lambda_2}\right.$$
$$\left.+\cdots+\frac{\lambda_n}{\lambda_1+\lambda_2+\cdots+\lambda_n}\cdot\frac{L_n}{\lambda_n}\right]^2$$
$$\le\frac{\lambda_1}{\lambda_1+\lambda_2+\cdots+\lambda_n}\cdot\left(\frac{L_1}{\lambda_1}\right)^2+\frac{\lambda_2}{\lambda_1+\lambda_2+\cdots+\lambda_n}\cdot\left(\frac{L_2}{\lambda_2}\right)^2$$
$$+\cdots+\frac{\lambda_n}{\lambda_1+\lambda_2+\cdots+\lambda_n}\cdot\left(\frac{L_n}{\lambda_n}\right)^2$$

몇 개의 항을 소거하면,

$$\frac{(L_1+L_2+\cdots+L_n)^2}{(\lambda_1+\lambda_2+\cdots+\lambda_n)^2}\le\frac{1}{\lambda_1+\lambda_2+\cdots+\lambda_n}\left[\frac{L_1^2}{\lambda_1}+\frac{L_2^2}{\lambda_2}+\cdots+\frac{L_n^2}{\lambda_n}\right]$$

또는 다시 몇 개의 항을 소거하면,

$$\frac{(L_1+L_2+\cdots+L_n)^2}{\lambda_1+\lambda_2+\cdots+\lambda_n}=\frac{L^2}{\lambda_1+\lambda_2+\cdots+\lambda_n}$$
$$\le\frac{L_1^2}{\lambda_1}+\frac{L_2^2}{\lambda_2}+\cdots+\frac{L_n^2}{\lambda_n}=4\pi A$$

이고, 등호는 $x_1 = x_2 = \cdots = x_n$일 때 성립한다.

따라서 $\dfrac{L_1}{\lambda_1} = \dfrac{L_2}{\lambda_2} = \cdots = \dfrac{L_n}{\lambda_n} = \alpha$일 때, A가 최소이다. 즉 A가

$$\frac{L^2}{4\pi(\lambda_1 + \lambda_2 + \cdots + \lambda_n)} = \frac{1}{4\pi}\left(\frac{L_1^2}{\lambda_1} + \frac{L_2^2}{\lambda_2} + \cdots + \frac{L_n^2}{\lambda_n}\right)$$

또는

$$\frac{L^2}{4\pi(\lambda_1 + \lambda_2 + \cdots + \lambda_n)} = \frac{1}{4\pi}\alpha(L_1 + L_2 + \cdots + L_n) = \frac{\alpha L}{4\pi}$$

일 때, A가 최소이다. 따라서 $\alpha = \dfrac{L}{\lambda_1 + \lambda_2 + \cdots + \lambda_n}$이므로

$$\frac{L_1}{\lambda_1} = \frac{L_2}{\lambda_2} = \cdots = \frac{L_n}{\lambda_n} = \frac{L}{\lambda_1 + \lambda_2 + \cdots + \lambda_n}$$

$$\text{또는 } L_i = \frac{\lambda_i}{\lambda_1 + \lambda_2 + \cdots + \lambda_n} L \quad (i = 1,\ 2,\ 3,\ \cdots,\ n)$$

이다. 이것은 길이가 L인 끈을 L_i만큼씩 n조각내는 문제에 대한 답이다. 예를 들어, 끈을 두 조각으로 잘라서 한 조각으로 원을, 나머지 한 조각으로 반원을 만들면, 전체 넓이가 최소가 된다. 이때 λ_1(원)$= \dfrac{1}{1} = 1$이고 λ_2(반원)$= \dfrac{1}{0.7467}$이다. 이와 같이

$$L_1 = \frac{1}{1 + \dfrac{1}{0.7467}} L = \frac{0.7467}{1.7467} L = 0.4275\,L$$

이다. 따라서 두 도형의 전체 넓이가 최소가 되려면 끈의 42.75%로는 원을 만들고, 나머지로는 반원을 만들어야 한다.

2.6 ┃ 파그나노의 문제

기하학적 최소화의 두 가지 예를 살펴보려고 한다. '파그나노의 최소 둘레를 가지는 삼각형'을 생각해보자. 이 문제는 이탈리아 수학자 파그나노(Giulio Carlo Toschi di Fagnano, 1682~1766)에 의해 해의 존재성 부분을 처음 제시하였으며, 그의 아들이자 성직자 수학자인 파그나노(Giovanni Francesco Fagnano, 1715~1797)에 의해 1775년에 최소화 부분이 완성되었다. 아버지는 "주어진 임의의 예각삼각형 ABC(그림 2.9)와 한 변 위의 점 U(그림에서는 BC가 한 변이 된다)에 대하여 점 U에서 최소 둘레를 가지는 내접 삼각형을 그리는 방법"을 보였다(나중에 왜 예각삼각형인지 알게 될 것이다). 아들은 나중에 최소 둘레를 가지는 삼각형을 선택하기 위해 점 U의 위치를 알아내었다. 이 문제에 대하여 해의 존재성에 관한 질문은 없었다. 아들은 미분을 사용하였지만, 부다페스트 대학생이였던 헝가리 수학자 페예르(Lipót Fejer, 1880~1959)는 다음에 제시되는 기발한 기하학적 증명을 하였다.

점 U에 대하여, 점 U를 점 A에 연결하여 선분 AU를 만들고, 선분 AU를 삼각형의 변 AB와 AC에 대칭시켜 각각 선분 AU''와 AU'을 만든다. 그러면 AB와 BC 위의 점 W와 V를 이용하여 U''을 W에

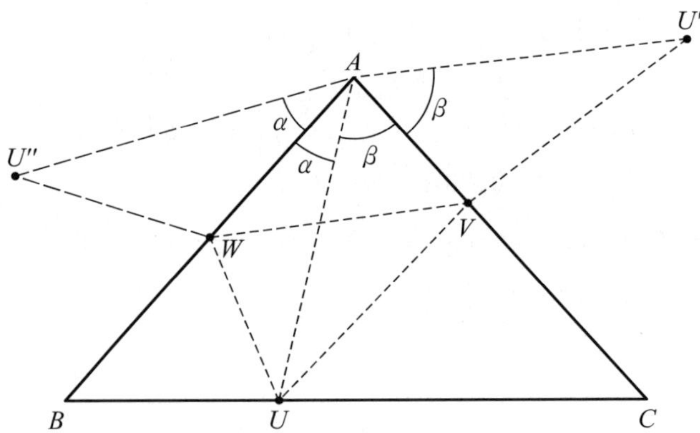

그림 2.9 파그나노의 문제 1

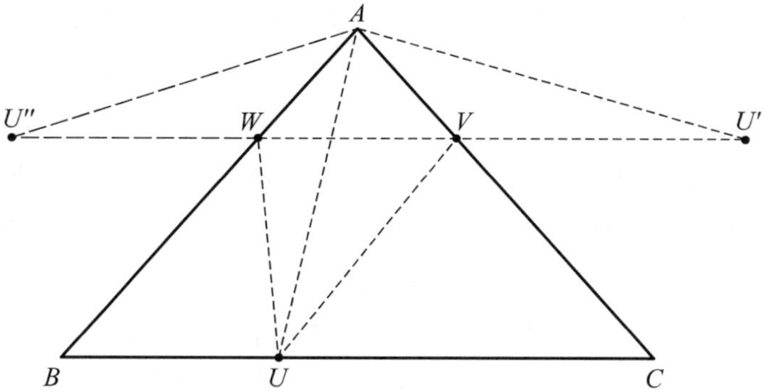

그림 2.10 파그나노의 문제 2

연결하고 U'을 V에 연결한다. 결국 W, V, U는 내접 삼각형이 되며, $WU'' = WU$, $U'V = UV$이다. 내접 삼각형 UVW의 둘레는 $UV + VW + WU$이며, 이는 세 선분의 길이의 합인 $U'V + VW + WU''$과 같다. 이 세 선분이 직선이 되었을 때 최소 길이가 된다. 즉 선분 AB와 AC에 대하여 AU를 대칭시킨 후, 그림 2.10에서처럼 U''과 U'를 직선으로 연결시키면, 내접 삼각형 UVW의 둘레가 최소가 되는 점 W와 V를 찾을 수 있다. 즉 직선 $U''U'$이 선분 AB와 AC와 교차하는 점이 W와 V이다. 이와 같이 주어진 점 U에 대하여, 최소의 둘레를 가지는 유일한 내접 삼각형 UVW를 찾을 수 있다.

이제 남은 문제는 최솟값들의 최소를 결정하는 점 U를 찾는 것이다. 첫째, $AU'U''$은 이등변삼각형이고, 이등변삼각형 $AU'U''$의 각 A는 각 $\angle ABC$의 두배이며 $2\alpha + 2\beta = 2(\alpha + \beta)$이다. 따라서 이등변삼각형 $AU'U''$의 점 A는 점 U를 어떻게 선택하든지 같다. 이와 같이 삼각형 UVW의 둘레가 최소가 되는 점 U의 위치는 이등변삼각형 $AU'U''$에서 길이가 같은 두 변 AU''와 AU'의 길이가 최소가 되는 지점이다. 왜냐하면, 각 A의 크기가 고정되었을 때, 이등변삼각형 $AU'U''$의 길이가 같은 두 변의 길이가 최소인 것은 밑변의 길이($U''WVU'$, 이것은 내접 삼각형의 둘레와 같다)가 최소인 것이다. 즉 AU의 길이가 최소가 되는 점 U를 선택하면 된다. 따라서 BC에 수직인 AU를 그리면 된다. 이때 선분 AU는 점 A에서 선분 BC까지의 높이가 된다.

다시 살펴보면, 점 W와 V는 유일하게 결정됨을 알 수 있다. 즉 둘레가 최소인 내접 삼각형은 유일하다. 따라서 둘레가 최소인 삼각형을 그리기 위해 증명의 모든 단계를 모두 거치지 않아도 된다. 왜냐하면 변 BC가 임의적으로 선택되었기 때문이다. 선분 AC로 시작한다면, 선분 BU가 점 B로부터 선분 AC까지의 높이가 될 것이다. 또는 선분 AB로 시작한다면, 선분 CU가 점 C로부터 선분 AB까지의 높이가 될 것이다. 어떤 경우든 둘레가 최소인 내접 삼각형을 유일하게 구할 수 있다. 삼각형 ABC에서 한 꼭짓점에서 대변에 내린 수선의 발을 이용하여 둘레가 최소인 내접 삼각형 UVW를 그릴 수 있으며, 점 U, V, W의 위치도 정할 수 있다. 결과적으로 내접 삼각형은 원래 삼각형 ABC의 외심삼각형(the pedal or orthic triangle)이라고 불린다. 이제 왜 삼각형 ABC가 예심삼각형이여만 하는지 알 수 있을 것이다. 그것은 삼각형 ABC 내에 모든 높이들이 존재할 수 있기 때문이다. 즉 점 U, V, W가 삼각형의 각 변 위에 있도록 보장하여 삼각형 UVW가 내접 삼각형이 될 수 한다.

마지막 예는 고대 문제가 아니다. "n개의 점을 원 모양으로 펼치기"의 문제를 해결해보자. 평면에 n개의 점이 있다고 하자. 두 점 사이의 거리를 측정할 수 있으며 그 거리의 최댓값을 d라 하자. 물론 그러한 거리는 $\frac{1}{2}n(n-1)$개가 있고, d의 값을 계산하는 것은 쉽다. 이제, n개의 점을 내부에 포함하는 원을 그려보자. 원은 점들을 확장시킬 수 있다. 문제는 점을 확장시킬 가장 작은 원을 결정하는 것이다. 이 문제가 적용된 예는 어느 집에서도 소방서까지의 거리가 최소가 되는 소방서의 위치를 결정하는 것이다. 물론 반지름이 d인 원 안에 점들을 포함할 수 있다. 거리 d 이상의 점이 없도록 원의 중심을 잡으면 된다.

확장된 원을 더 작게 만드는 것이 가능할까? 가능하다. $\frac{1}{3}\sqrt{3}\,d \approx 0.577d$보다 크지 않은 반지름을 가진 확장된 원은 항상 존재한다. 증명은 기본적이지만 기발한 기하적 방법으로 가능하며, 라데마허(Hans

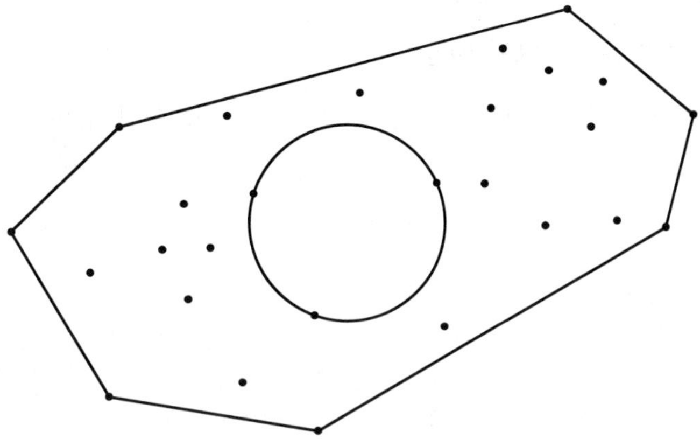

그림 2.11 볼록집합과 그의 가장 큰 내부 공집합

Rademacher)와 퇴플리츠(Otto Toeplitz)가 쓴 《수학의 즐거움(*The Enjoyment of Mathematics*)》[9]에 나와 있다. 최소 확장된 원에 대해서는 1860년대부터 영국 수학자 실베스터(J.J. Sylvester, 1814~1897)에 의해 논의되기 시작하였다. 최소 확장된 원에 대해 더 많은 것은 프레파라타(Franco P. Preparata)와 샤모스(Michael Ian Shamos)가 쓴 《계산 기하학(*Computational Geometry*)》[10]을 참고하길 바란다. 이러한 문제는 쌍대 문제(dual problem)로 논의될 수 있다. 그림 2.11처럼, 주어진 n개의 점들이 분포된 볼록한 도형의 경계와 내부에서, 원의 내부에 점을 포함하지 않는 가장 큰 원은 무엇인가? 이 문제가 적용된 예는 쓰레기 처리장의 위치처럼 도시 혐오시설 위치를 결정하는 것이다.

9) Hans Rademaeher & Otto Toeplitz, *The Enjoyment of Mathematics*, Princeton University Press, 1957, pp. 103~10.

10) Franco P. Preparata & Michael Ian Shamos, *Computational Geometry*, Springer-Verlag, 1985, pp. 248~54.

2.2절의 문제에 대한 해답

반지름이 r인 구의 겉넓이는 $A=4\pi r^2$이다. 이와 같이

$$r=\left(\frac{A}{4\pi}\right)^{\frac{1}{2}}$$

이고, 부피는

$$V=\frac{4}{3}\pi r^3=\frac{4}{3}\pi\left(\frac{A}{4\pi}\right)^{\frac{3}{2}}$$

이다. 주어진 A에 대하여 구의 V는 가장 큰 것이다. 따라서 V가 어떤 삼차원 물체라면,

$$\frac{V}{\frac{4}{3}\pi\left(\frac{A}{4\pi}\right)^{\frac{3}{2}}}\le 1$$

이다. 이때, 등호가 성립하는 것은 구뿐이다(이 박스의 마지막 부분을 참고).

반지름이 x_1, x_2, $\cdots$, x_n인 n개의 구가 있다. 전체 겉넓이와 전체 부피는 각각

$$A=4\pi x_1^2+4\pi x_2^2+\cdots+4\pi x_n^2=\sum_i 4\pi x_i^2,$$
$$V=\frac{4}{3}\pi x_1^3+\frac{4}{3}\pi x_2^3+\cdots+\frac{4}{3}\pi x_n^3=\sum_i\frac{4}{3}\pi x_i^3$$

이다. 이제, 이러한 구들을 모두 붙여서 하나의 형체를 만들어 보자. 이 하나의 형체는 위의 부등식을 따르게 된다(제곱하고 항을 정리하면, $A^3\ge 36\pi V^2$이 성립한다). 따라서

$$\left(\sum_i 4\pi x_i^2\right)^3\ge 36\pi\left(\sum_i\frac{4}{3}\pi x_i^3\right)^2$$

이며 이를 정리하면,

$$\left(\sum_i x_i^2\right)^3 \geq \left(\sum_i x_i^3\right)^2$$

이다. 이것은 물리적으로도 의미가 있다. 모든 $x_i > 0$이다. 왜냐하면, 음수의 반지름을 갖는 구는 물리적으로 없기 때문이다. 하지만 하나 이상의 $x_i < 0$이라면, 부등식에서 좌변의 부호가 다르고 우변은 더 작아질 것이 분명하다. 즉 하나 이상의 $x_i < 0$은 부등식을 더욱 강력하게 만든다. 즉 모든 실수 x_i에 대하여

$$\left(x_1^2 + x_2^2 + \cdots + x_n^2\right)^3 \geq \left(x_1^3 + x_2^3 + \cdots + x_n^3\right)^2$$

이 성립한다.

역사적 주석: 이 박스 제시문의 전체적 논의는 삼차원 등주 이론에 바탕을 두고 있다. 즉 부등식 $A^3 \geq 36\pi V^2$을 기초로 한다. 이것은 독일 수학자 슈바르츠(H. A. Schwarz, 1843~1921)에 의해 1884년에 공식적으로 발표되었다. 일반적으로 n차원 등주적 부등식은 이후에

$$A^n \geq \frac{2\pi^{\frac{n}{2}} n^{n-1} V^{n-1}}{\Gamma\left(\frac{n}{2}\right)}$$

임이 밝혀졌다. 여기서 Γ는 오일러의 계승 함수(factorial function)

$$\Gamma(x) = \int_0^\infty e^{-t} t^{x-1} dt$$

에 대한 일반화이다. 일반적인 등주적 부등식은 독일 수학자 슈미트(Erhard Schmidt, 1876~1959)에 의해 1939년에 확립되었다.

제3장

중세의 최대화와 현대의 변형

Medieval Maximization and Some Modern Twists

3.1 ❙ 레기오몬타누스 문제

고대의 등주 문제 이후, 매우 긴 시간 수학에서 새로운 최소/최대 이론은 예수 이후, 15세기까지 새로운 이론이 없었다! 그러고 나서 1471년, 오늘날 레기오몬타누스(Regiomontanus)라고 더 알려진, 독일 수학자 뮐러(Johann Müller, 1436~1476)는 이전과 다른 등주 문제를 제안하였다.

중세시대 수학자의 이름 중에는 한 수학자가 여러 이름으로 불려서 혼란스러운 경우가 있다. 예를 들어, 뮐러의 경우는 왕의 산이란 뜻의 쾨니히스베르크(Königsberg)에서 태어났으며, 그의 이름을 라틴어로 바꾸면 'Regio monte'이고, 이것이 나중에 'Regiomontanus'로 바뀌었다. 이름이 두 개인 유명한 사람들을 예를 들면, 이탈리아인 레오나르도(Leonardo of Pisa, 1170~대략 1250)는 '피보나치(Fibonacci)'라고 알려진 사람이며, 또한 니콜로(Niccolo Fontana, 1500~1557)는 '타르탈리아(Tartaglia)'라고 불렸다. 따라서 우리는 단지 3명의 수학자를 알지만, 이름은 6개를 알고 있는 셈이다.

타르탈리아는, 1556년과 1560년 사이에 제안한 것으로 추정되는, 흥미로운 최댓값 문제를 제안하였다. 그 문제는 두 수의 곱이 최대가 되도록 하는 유클리드 문제를 발전시킨 형태이며, 발전된 형태로 보는 이유는 다음의 두 가지이다. 첫 번째 이유는 물리적 환경에서 구성되었기 때문이며, 두 번째 이유는 삼각함수를 이용한 것이기 때문이다.

타르탈리아의 대수 문제를 간략하게 소개하면, 더해서 8이 되는 두 수에 대하여 두 수의 곱과 차를 곱한 값이 최대가 되는 두 수를 구하는 것이다. 이와 같이 두 수가 x와 $8-x$ $(0 \le x \le 8)$에 대하여 $x(8-x)[x-(8-x)]=-2x^3+24x^2-64x$의 최댓값을 구하면 된다. 타르탈리아는 3차 방정식을 유도하기 위해 이 문제를 구성하였을 것이다. 《허수이야기: $\sqrt{-1}$의 이야기(*An Imaginary Tale*: *The Story of* $\sqrt{-1}$)》[11]의 3차 방정식의 역사 중 타르탈리아의 부분에 답을 구하는 방법을 밝히지 않았지만 정답 $x = 4(1+1/\sqrt{3}) = 6.309401$을 공개하였다. 궁금하다면, 티코미로프(V.M. Tikhomirov)의 《최댓값과 최솟값에 대한 이야기(*Stories about Maxima and Minima*)》[12]를 참고하면 된다.

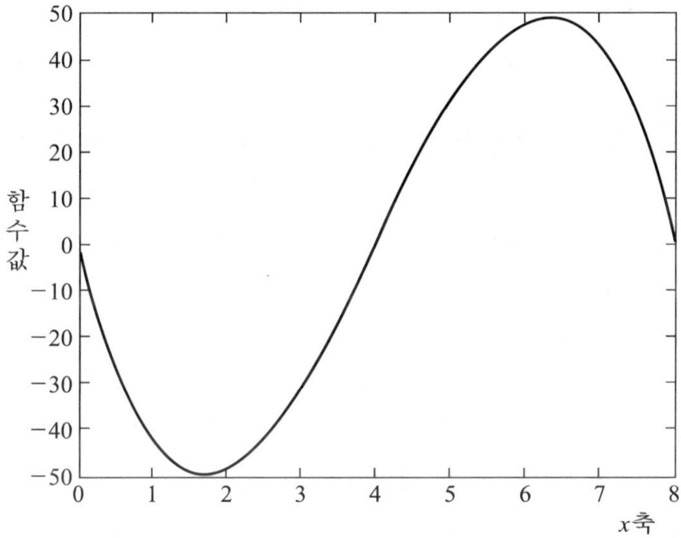

그림 3.1 타르탈리아의 3차 방정식

미술관 벽에 붙어 있는 그림에 대하여, 바닥에서 그림의 가장 낮은 곳까지의 높이는 a이고, 그림의 가장 높은 곳까지의 높이는 b이다. 즉 그림의 세로 길이는 $(b-a)$이다. 관람객의 눈은 바닥에서 높이 h에 있고, $h < a$를 만족한다. 즉 그림은 많은 관람객들의 무리들을 피해 벽에

11) Paul J. Nahin, *An Imaginary Tale: The Story of* $\sqrt{-1}$, Princeton University Press, 1998.

12) V.M. Tikhomirov, *Stories about Maxima and Minima*, The American Mathematical Society, 1990, pp. 37~39.

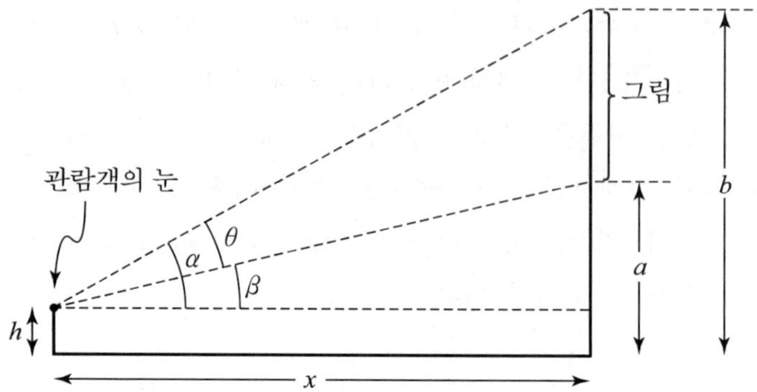

그림 3.2 레기오몬타누스의 걸려 있는 그림(1차원)

높게 걸려 있어서, 멀리 떨어져 있는 관람객도 그림을 볼 수 있다.관람객이 벽으로부터 얼마나 떨어져 서 있어야 화각(view angle)[13]을 최대화할 수 있는가? 즉 관람객이 벽으로부터 얼마나 멀리 떨어져 있어야 그림이 가장 잘 보이겠는가? 그림 3.2는 상황을 기하학적으로 표현한 것이며, 여러 조건을 보여주고 있다(관람객의 눈의 위치(h)가 바닥으로부터 그림까지 최소 높이(a)보다 크다면($h > a$), 화각을 최대화하기 위해 그림에 관람객의 코가 눌릴 위치인 $x = 0$에 관람객이 서 있어야 한다. 화각은 $180°$이지만, 그림을 감상할 수는 없다).

이 문제는 각 $\theta = \alpha - \beta$가 최대일 때의 x값을 구하는 것이다. 오늘날 이 문제는 미적분 교재에 자주 등장하지만, 1471년은 미적분학이 등장하기 200년 전이었으므로 레기오몬타누스가 제안한 문제가 복잡한 기하적 형태로 구성된 이유이다. 니벤(Ivan Niven)이 쓴 《미적분 없는 최대와 최소(*Maxima and Minima without Calculus*)》[14]에 그러한 논의가 나와 있다. 다음의 풀이는 마오(Eli Maor)가 쓴 《삼각법의 기쁨(*Trigonometric Delights*)》[15]보다 다소 일반적인 해법이며, 이 해법은

13) 사람의 눈에 포함시킬 수 있는 수평 및 수직 시야각의 범위, 여기서는 그림을 사람 눈에 포함시킬 수 있는 수평 및 수직 시야각의 범위를 뜻한다.

14) Ivan Niven, *Maxima and Minima without Calculus*, The Mathematical Association of America, 1981, pp. 71~72.

15) Eli Maor, *Trigonometric Delights*, Princeton University Press, 1998, pp. 46~48.

미적분학을 활용하지 않았다. 3.5절에서, 좀더 현실적인 풀이를 보여줄 것이다(이 풀이는 계산을 위해 컴퓨터를 활용해야 될 만큼 복잡하다).

각이 증가할 때, 삼각함수도 증가 함수라면, $\tan(\theta)=\tan(\alpha-\beta)$가 최대일 때, $\theta=\alpha-\beta$도 최대이다. 삼각함수 공식에 의해

$$\tan(\theta)=\tan(\alpha-\beta)=\frac{\tan(\alpha)-\tan(\beta)}{1+\tan(\alpha)\tan(\beta)}$$

이며, 여기서

$$\tan(\alpha)=\frac{b-h}{x},\quad \tan(\beta)=\frac{a-h}{x}$$

이다. 따라서

$$\tan(\theta)=\frac{\dfrac{b-h}{x}-\dfrac{a-h}{x}}{1+\dfrac{b-h}{x}\cdot\dfrac{a-h}{x}}=\frac{(b-h)x-(a-h)x}{x^2+(b-h)(a-h)}$$
$$=\frac{(b-a)x}{x^2+(b-h)(a-h)}$$

이다. $\tan(\theta)$가 최대일 때, θ도 최대이므로, 역수의 최솟값을 구하려고 한다. 즉 함수

$$\frac{1}{\tan(\theta)}=\frac{x^2+(b-h)(a-h)}{(b-a)x}=\frac{x}{b-a}+\frac{(a-h)(b-h)}{x(b-a)}$$

이 최소일 때 x의 값은?

산술-기하 부등식을 이용해보자. 두 양수 y_1과 y_2에 대하여, 산술-기하 부등식은 $y_1+y_2\geq 2\sqrt{y_1y_2}$이며 등호는 $y_1=y_2$일 때 성립한다.

$$y_1=\frac{x}{b-a},\quad y_2=\frac{(a-h)(b-h)}{x(b-a)}$$

라 하면,

$$\frac{1}{\tan(\theta)} \geq 2\sqrt{\left[\frac{x}{b-a}\right]\left[\frac{(a-h)(b-h)}{x(b-a)}\right]} = 2\sqrt{\frac{(a-h)(b-h)}{(b-a)^2}}$$

이고, 등호는

$$\frac{x}{b-a} = \frac{(a-h)(b-h)}{x(b-a)}$$

일 때 성립한다. 다시 말하면, $\frac{1}{\tan(\theta)}$는 상수 $\left[\frac{2}{(b-a)}\right]\sqrt{(a-h)(b-h)}$ 보다 작을 수 없으며, $\frac{1}{\tan(\theta)}$가 상수이기 위한 필요충분조건은 $x = \sqrt{(a-h)(b-h)}$이다. 이러한 x값에서 $\frac{1}{\tan(\theta)}$는 최솟값을 가지고, $\tan(\theta)$는 최댓값을 가지며, θ도 최댓값을 갖는다. 이러한 x값에 대하여, $\tan(\theta)$의 값은

$$\frac{(b-a)\sqrt{(a-h)(b-h)}}{\left(\sqrt{(a-h)(b-h)}\right)^2 + (b-h)(a-h)} = \frac{(b-a)\sqrt{(a-h)(b-h)}}{2(a-h)(b-h)} = \frac{b-a}{2\sqrt{(a-h)(b-h)}}$$

이다. 따라서 레기오몬타누스 문제의 답은 관람객이 벽으로부터 거리 $x = \sqrt{(a-h)(b-h)}$ 만큼 떨어져 서 있어야 한다. 그 거리에서 관람객은 최대 화각

$$\theta_{\max} = \tan^{-1}\left\{\frac{b-a}{2\sqrt{(a-h)(b-h)}}\right\}$$

을 유지할 수 있다. $h = 0$인 곤충 시각의 경우에는

$$x = \sqrt{ab}, \quad \theta_{\max} = \tan^{-1}\left\{\frac{b-a}{2\sqrt{ab}}\right\}$$

이다. 예를 들어, $a = 8$ (ft)이고 $b = 20$ (ft)인 큰 그림을 걸었다고 할 때, 바닥에 있는 곤충의 위치는 $\sqrt{8 \cdot 20} = 12.65$ (ft)이고, 벽으로부터 떨어진 거리에서 화각은

$$\theta_{max} = \tan^{-1}\left\{\frac{20-8}{2\sqrt{160}}\right\} = 25.4\,(°)$$

이다.

또 다른 예로, 키가 6피트인 어른이 키가 3피트인 아이와 함께 미술관에 왔다고 하자. 같은 그림에 대해 화각을 최대화시키기 위해, 그림으로부터 어른과 아이는 다른 거리에 서 있을 것이다. 즉 어른과 아이의 최대 화각이 다르다는 점이다. 따라서 최상의 감상 거리는 다음과 같다.

$$\text{어른:}\quad \sqrt{(8-6)(20-6)} = 5.29\,(\text{ft})$$

$$\text{아이:}\quad \sqrt{(8-3)(20-3)} = 9.22\,(\text{ft})$$

그들에게 최대인 감상 각도(화각)는 다음과 같다.

$$\text{어른:}\quad \theta_{max} = \tan^{-1}\left\{\frac{20-8}{2\sqrt{28}}\right\} = 48.6\,(°)$$

$$\text{아이:}\quad \theta_{max} = \tan^{-1}\left\{\frac{20-8}{2\sqrt{85}}\right\} = 33.1\,(°)$$

어른은 아이보다 그림을 거의 (수직 방향으로) 50% 더 가까이 볼 수 있다.

이러한 계산과 관련된 재미있는 문제는 1984년 5월에 발행된 미국물리학회지에 나왔다. 독자들이 도전하는 문제로써, 바닥에서 눈까지의 거리는 h이고 길이가 l인 바지를 입은 남자가 자신의 바지를 잘 보려면, 거울에서 얼마나 떨어져 있어야 하는지 계산하는 문제였다. 역사적 논의는 주어지지 않았지만, 원래의 레기오몬타누스 문제를 약간 변형한 것이라는 것을 알 수 있을 것이다. 하지만 그 문제는 산술-기하 부등식으로 해결할 수 있다. 시도해보길 바란다(해답은 이 장의 끝에 있다).

3.2 ▌ 토성 문제

원래의 레기오몬타누스 문제를, 다소 복잡하지만 매우 흥미롭게, 변형한 문제는 잘 알려지지 않은 토성 문제이다. 이 문제는 산술-기하 부등식을 활용하지 않지만, 해결할 수 있다.

고리를 가진 (구형의) 토성 표면에 고리를 바라보는 관찰자가 위치한다고 하자. (그림 3.3에서처럼) 고리를 이용하여 위도를 측정하면, 위도 α는 $0°$부터 북극인 $90°$까지 증가할 수 있다. 행성의 반지름을 r, 고리의 외부 반지름과 내부 반지름을 각각 a와 b라고 하면, 토성 문제는 관찰각(θ)의 값이 최대가 되도록 하는 위도(α)의 값을 구하는 것이다.

사실, 관찰각(θ)의 최댓값에 대한 위도(α)의 값은 구(토성)를 자르는 두 개의 평면(원)을 결정한다. 그림 3.3에서처럼 평면(원)은 하나는 위 반구에 있고, 나머지 하나는 대칭적으로 아래 반구에 있다.

토성 문제는 꽤 간단하다. 그림 3.3에서 코사인 제2법칙을 적용하면,

$$(a-b)^2 = l_1^2 + l_2^2 - 2l_1 l_2 \cos(\theta),$$

$$l_2^2 = r^2 + a^2 - 2ra\cos(\alpha),$$

$$l_1^2 = r^2 + b^2 - 2rb\cos(\alpha)$$

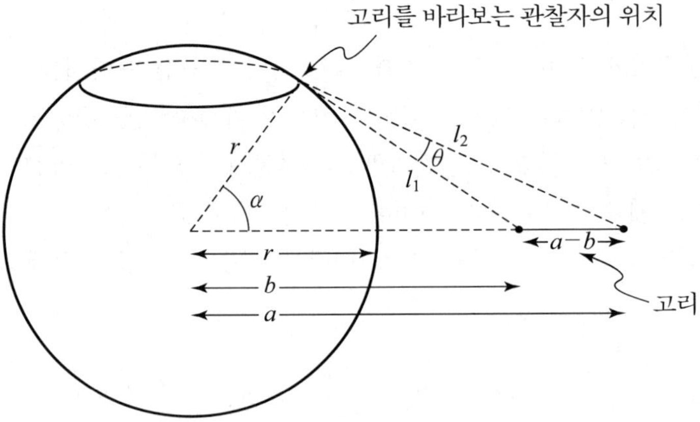

그림 3.3 토성 문제의 기하학

이다. 따라서

$$\begin{aligned}\cos(\theta) &= \frac{l_1^2 + l_2^2 - (a-b)^2}{2l_1l_2} \\ &= \frac{r^2 + b^2 - 2rb\cos(\alpha) + r^2 + a^2 - 2ra\cos(\alpha) - (a-b)^2}{2l_1l_2} \\ &= \frac{2r^2 + a^2 + b^2 - 2r\cos(\alpha)(a+b) - (a^2 - 2ab + b^2)}{2l_1l_2} \\ &= \frac{2r^2 - 2r\cos(\alpha)(a+b) + 2ab}{2l_1l_2} = \frac{r^2 + ab - r(a+b)\cos(\alpha)}{l_1l_2}\end{aligned}$$

이다.

$$l_1l_2 = \sqrt{\{r^2 + a^2 - 2ra\cos(\alpha)\}\{r^2 + b^2 - 2rb\cos(\alpha)\}}$$

이므로,

$$\theta = \cos^{-1}\left[\frac{r^2 + ab - r(a+b)\cos(\alpha)}{\sqrt{\{r^2 + a^2 - 2ra\cos(\alpha)\}\{r^2 + b^2 - 2rb\cos(\alpha)\}}}\right]$$

이다.

관찰자의 눈에서 고리에 대한 대각은, 물론 전체 고리가 보일 만큼 α가 클 때 의미가 있다. 너무 큰 α는 고리의 안쪽 가장자리를 보기 위해 '지면을 뚫고 볼' 필요가 있다. 행성의 표면으로부터 고리 안쪽 가장자리까지의 시선이 행성의 표면에 접하는 α($\hat{\alpha}$라 하자)에서 봤을 때, 고리의 안쪽 가장자리를 볼 수 있는 α값의 최댓값을 계산할 수 있다. 즉, 관찰자 위치의 반지름은 l_1에 수직이므로

$$\cos(\hat{\alpha}) = \frac{r}{b} \quad \text{또는} \quad \hat{\alpha} = \cos^{-1}\left(\frac{r}{b}\right)$$

이다. $r = 56{,}900\ (\mathrm{km})$, $a = 138{,}800\ (\mathrm{km})$, $b = 88{,}500\ (\mathrm{km})$ 값을 가지는 토성의 경우

$$\hat{\alpha} = \cos^{-1}\left(\frac{56{,}900}{88{,}500}\right) = 49.99\ (^\circ)$$

이다. 따라서 구간 $0° \le \alpha \le 49.99°$에서 정의될 수 있는 θ값을 생각하면 된다.

'생각한다'란 표현을 쓴 것은, 이 문제의 해결에 컴퓨터 분석이 필요하다는 뜻이다. 즉 α가 $0°$부터 $49.99°$까지 변한다고 할 때 θ의 그래프를 그리자. 만일 (고리의 안쪽이 보이는 영역인) 이 구간에서 θ의 최댓값이 있다면, 그래프가 그려질 것이다. 물론 이것은 컴퓨터가 없었을 때는 어려웠지만, 오늘날에는 컴퓨터의 도움으로 쉽게 해결할 수 있다. 프로그램을 쓰는데 5분 걸렸으며(MATLAB을 이용하였으며, 코드는 매우 간단하다), 타자 치는데 10분, 실행시키는데(800MHz 컴퓨터에서) 2분 걸리면 해결할 수 있다. 총 88,486의 부동소수점[16] 연산 후, 결과는 그림 3.4와 같이 $\alpha = 33.5°$일 때, θ의 최댓값은 $\theta = \theta_{max} = 18.44°$로 나타났다.

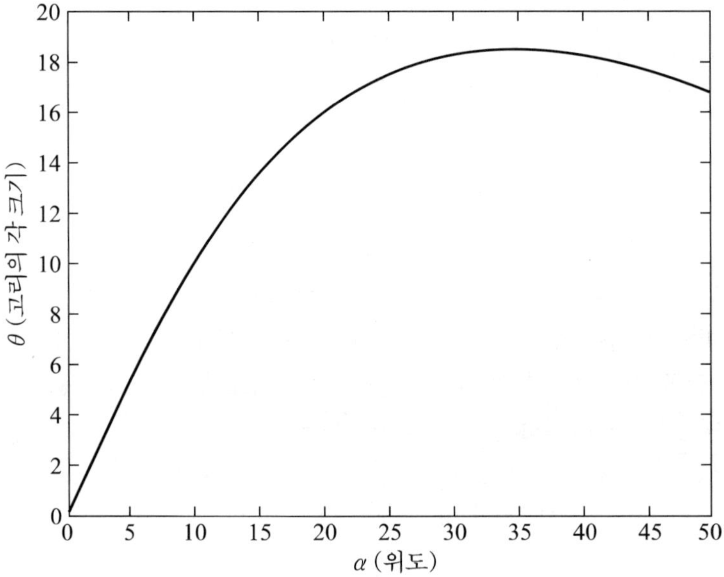

그림 3.4 토성의 고리의 각 크기와 위도

16) [역자 주] 부동소수점(浮動小數點) 방식은 실수를 표현할 때 소수점의 위치를 고정하지 않고 그 위치를 나타내는 수를 따로 적는 것으로, 유효숫자를 나타내는 가수(假

3.3 봉투접기 문제

다음은 문제해결시 컴퓨터가 얼마나 유용한 역할을 하는지 보여준다.

그림 3.5처럼 빗변이 아닌 두 변의 길이가 a, b이고 두 변이 점 O에서 만나는 직각삼각형이 있다고 하자. 점 O가 빗변 위의 점 P에 오도록 접는다. 이렇게 접는 방법의 가지수는 무한개이다(접혀진 삼각형의 변을 OX, OY라 할 때, 선분의 길이는 각각 x, y이고 $0 \le x \le a$, $0 \le y \le b$이다). 이때 삼각형 OYX 넓이의 최솟값은? 간단한 문제같지만, 그렇지 않다.

점 O가 빗변 위의 점 P에 오도록 접어서, 실제로 접혀진 삼각형과

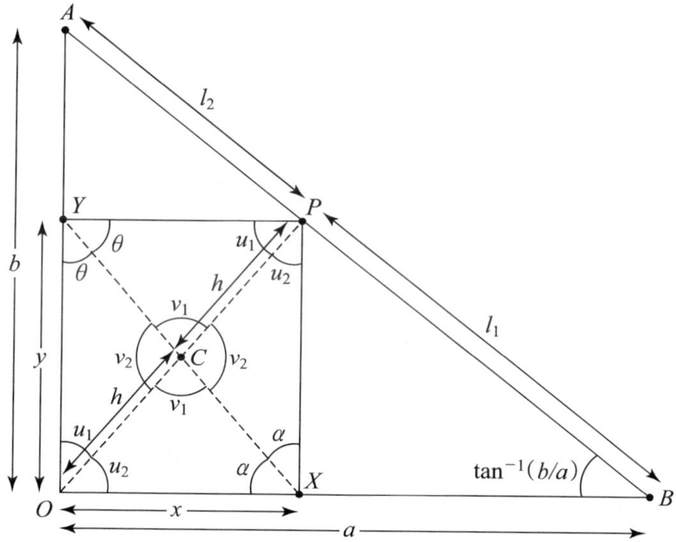

그림 3.5 봉투접기 문제의 기하학

數)와 소수점의 위치를 풀이하는 지수(指數)로 나누어 표현한다. 컴퓨터에서는 고정 소수점 방식보다 넓은 범위의 수를 나타낼 수 있어 과학기술 계산에 많이 이용되지만, 근사값으로 표현되며 고정 소수점 방식보다 연산 속도가 느리기 때문에 별도의 전용 연산 장치를 두는 경우가 많다. 고정 소수점과 달리 정수 부분과 소수 부분의 자릿수가 일정하지 않으나, 유효 숫자의 자릿수는 정해져 있다.

합동인 새로운 삼각형 YPX를 만들었다. 예를 들어, 각 YOX가 직각이기 때문에, 각 YPX도 직각이다. 이처럼 각 OYX와 각 PYX는 θ로 같고, 각 OXY와 각 PXY는 α로 같다. 다른 각 u_1, u_2, v_1, v_2는 그림 3.5에서 보여지는 것과 같다(삼각형 YOP가 이등변삼각형이므로, $\angle YOP = u_1 = \angle YPO$이다). 길이가 $2h$인 점선 선분 OP는 YX에 의해 이등분된다. 왜냐하면 삼각형 YPX와 YOX가 합동이기 때문이다. 여기서 $v_1 = v_2 = 90°$이다. 즉 선분 OP는 선분 YX에 수직한다. 왜냐하면 삼각형 OYC에서 $\theta + u_1 + v_2 = 180°$이고, 삼각형 PYC에서 $\theta + u_1 + v_1 = 180°$이므로 $v_1 = v_2$이다. $v_1 + v_2 = 180°$이므로 $v_1 = v_2 = 90°$이다. 또한, 삼각형 OYP에서 $2\theta + 2u_1 = 180°$이므로 $\theta + u_1 = 90°$ 또는 $u_1 = 90° - \theta$이다. $u_1 + u_2 = 90°$이면 $u_2 = 90° - u_1$이므로 결국 $u_2 = \theta$이다.

접혀진 삼각형의 넓이는 $A = \frac{1}{2}xy$이고, 여기서

$$\frac{h}{x} = \cos\theta \text{이고 } \frac{h}{y} = \sin\theta$$

이므로,

$$A = \frac{h^2}{2\cos\theta\sin\theta}$$

이다. 그림 3.5에서 다양한 삼각형에 코사인 제2법칙을 이용하면 사용하면, θ의 함수로 h를 구할 수 있다.

$$l_1^2 = (2h)^2 + a^2 - 2(2h)a\cos\theta$$

또는

$$\boxed{l_1^2 = 4h^2 + a^2 - 4ha\cos\theta} \qquad \cdots(1)$$

이다. 또한,

$$l_2^2 = (2h)^2 + b^2 - 2(2h)b\cos(90° - \theta)$$

또는

$$\boxed{l_2^2 = 4h^2 + b^2 - 4hb\sin\theta} \quad \cdots(2)$$

이다. 그리고

$$(2h)^2 = l_2^2 + b^2 - 2l_2 b\cos\left\{\tan^{-1}\left(\frac{a}{b}\right)\right\}$$

또는

$$\cos\left\{\tan^{-1}\left(\frac{a}{b}\right)\right\} = \frac{b}{\sqrt{a^2+b^2}} \text{ 일 때,}$$

$$\boxed{4h^2 = l_2^2 + b^2 - \frac{2l_2 b^2}{\sqrt{a^2+b^2}}} \quad \cdots(3)$$

이다. 코사인 법칙을 활용하면,

$$(2h)^2 = l_1^2 + a^2 - 2l_1 a\cos\left\{\tan^{-1}\left(\frac{b}{a}\right)\right\}$$

또는

$$\boxed{4h^2 = l_1^2 + a^2 - \frac{2l_1 a^2}{\sqrt{a^2+b^2}}} \quad \cdots(4)$$

이다. 마지막으로 피타고라스 정리에 의해,

$$(l_1 + l_2)^2 = a^2 + b^2$$

또는

$$\boxed{l_1 + l_2 = \sqrt{a^2+b^2}} \quad \cdots(5)$$

이다. (1)을 (4)에 대입하면

$$l_1 = \frac{\sqrt{a^2+b^2}}{2a^2}\left[2a^2 - 4ha\cos\theta\right]$$

이고, (2)를 (3)에 대입하면

$$l_2 = \frac{\sqrt{a^2+b^2}}{2b^2}\left[2b^2 - 4hb\sin\theta\right]$$

이다. l_1과 l_2에 대한 이런 결과를 (5)에 대입하면, h를 θ의 함수로 표현할 수 있다.

$$h = \frac{1}{2\left[\dfrac{\cos\theta}{a} + \dfrac{\sin\theta}{b}\right]}$$

마지막으로 접혀진 삼각형의 넓이는

$$A = \frac{(ab)^2}{8\cos\theta\sin\theta\left[a\sin\theta + b\cos\theta\right]^2}$$

이다. A의 최솟값을 구하기 위해 $\dfrac{dA}{d\theta} = 0$을 이용한 풀이는 복잡하기 때문에 여기서 언급하지 않을 것이다. 대신 A의 그래프에 대하여 컴퓨터를 이용하여 연구해보자.

물리적으로 $0° \le \theta \le 90°$에서 A의 극(솟)값이 존재한다. 왜냐하면, $0 \le x \le a$, $0 \le y \le b$이기 때문이다. 길이가 a인 선분 전체가 빗변에 겹쳐지도록 접었을 때 θ가 최대이다(궁금하다면, 실제 종이로 삼각형을 접어보아도 된다). 이와 같이

$$2\theta_{\max} + \tan^{-1}\left(\frac{b}{a}\right) = 180° \quad (\text{삼각형 } OPB)$$

또는

$$\theta_{\max} = 90° - \frac{1}{2}\tan^{-1}\left(\frac{b}{a}\right)$$

이다. 길이가 b인 선분 전체가 빗변에 겹쳐지도록 접었을 때 θ가 최소이다. 이와 같이

$$2(90° - \theta_{\min}) + \tan^{-1}\left(\frac{a}{b}\right) = 180° \quad (\text{삼각형 } OPA)$$

또는

$$\theta_{\min} = \frac{1}{2}\tan^{-1}\left(\frac{a}{b}\right)$$

이다.

그림 3.6과 그림 3.7은 각각 $a = b = 1$인 경우와 $a = 2,\ b = 1$인 경우에 대하여 구간 $\theta_{\min} \le \theta \le \theta_{\max}$에서 $A(\theta)$의 그래프를 보여준다. 첫 번째 경우에서 $\theta = 45°$일 때 $A_{\min} = 0.125$인 대칭적인 그래프를 보여주며, 두 번째 경우에서 $A_{\min} = 0.2144$이다.

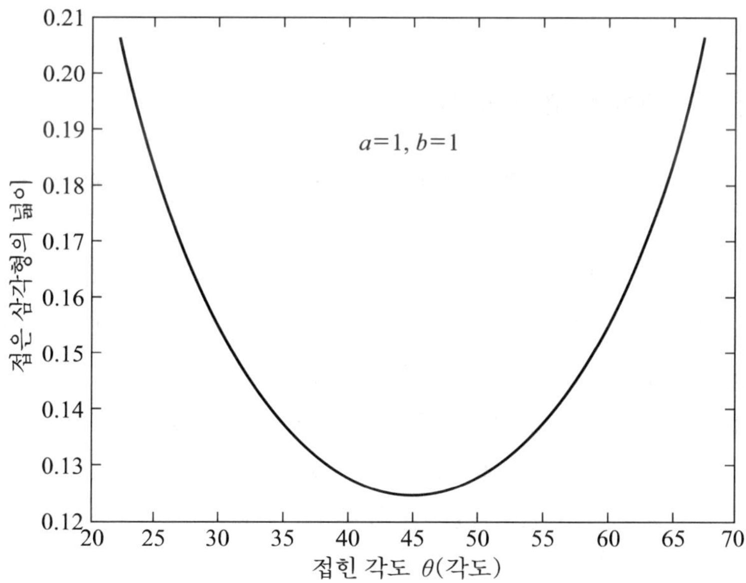

그림 3.6 $a = 1,\ b = 1$로 접힌 각도에 대비하여 접은 삼각형의 넓이

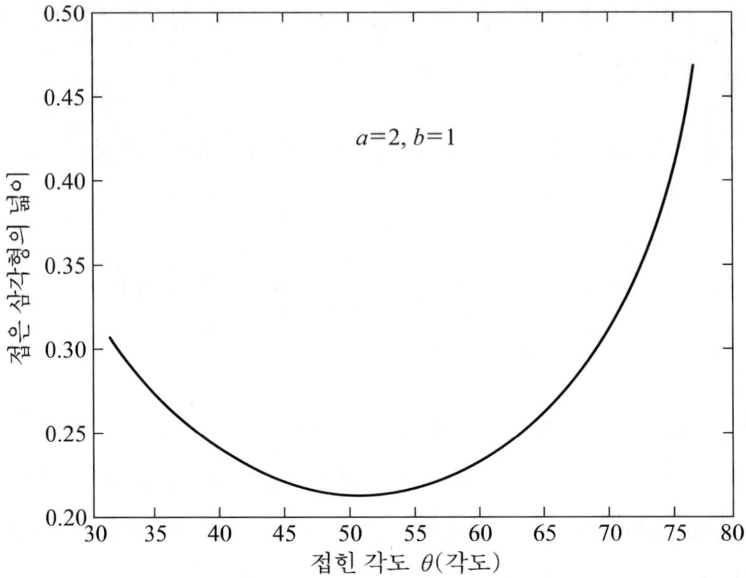

그림 3.7 $a=2,\ b=1$로 접힌 각도에 대비하여 접은 삼각형의 넓이

3.4 ▌ 파이프 코너 문제

긴 원기둥 파이프를 수평 상태로 시작하여 두께가 a인 터널로 통과시키려고 한다.

그림 3.8의 터널 코너(점 A)에서 파이프가 이동하는 동안, 파이프가 두 번째 터널의 왼쪽 벽(점 B가 움직임)을 따라 미끄러지려면 첫 번째 터널의 두께는? 이 문제는 미적분 교과서에서 흔히 볼 수 있다. 파이프의 반지름을 0으로 줄이면, 간단해진다. 즉 그림 3.8에서 파이프의 길이는 l이고, 두께를 $w(=0)$이라 하면, y의 최댓값을 구하기 쉽다.

파이프 안에 무언가를 넣을 수 있을까? 즉 0이 아닌 반지름을 가질 수 있을까! 그림 3.8의 그림을 보면

$$d_1 + d_2 = l$$

이고

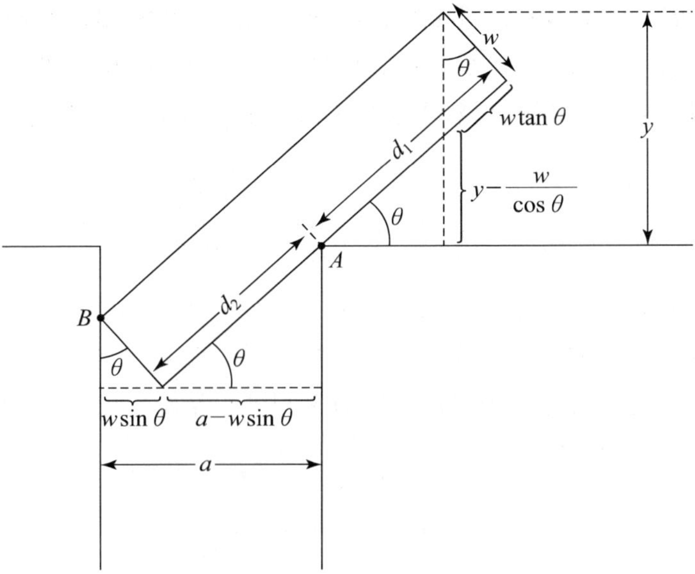

그림 3.8 파이프 코너 문제

$$\frac{y - \dfrac{w}{\cos\theta}}{d_1 - w\tan\theta} = \sin\theta, \quad \frac{a - w\sin\theta}{d_2} = \cos\theta$$

이다. d_1과 d_2에 대하여 정리한 식을 $d_1 + d_2 = l$에 대입하면 θ(축(pivot)이 이루는 각)에 대한 함수 y로 구할 수 있다.

$$y = l\sin\theta - a\tan\theta + \frac{w}{\cos\theta}$$

y가 최대일 때 θ의 값을 $\hat{\theta}$이라 하자. $\hat{\theta}$값이 $0°$와 $90°$ 사이에 존재함은 물리적으로 분명하다. 신입생에게 미적분을 가르치듯이(뒷장에서 논의될 것이다) 해석학적으로 $\hat{\theta}$값을 결정하기 위해, θ에 대한 y의 미분을 0과 같다고 두면 $l\cos^3\hat{\theta} - a + w\sin\hat{\theta} = 0$이다. 하지만 이 식으로 $\hat{\theta}$를 구하기 쉽지 않다. 물론 이 식의 좌변을 그래프로 그리고, θ축과의 교점이 $\hat{\theta}$이므로 $\hat{\theta}$값을 y에 다시 대입하면 된다. 하지만 왜 시도

하지 않는가? 곡선의 그래프를 컴퓨터로 그릴 수 있다. 그래프에서 y의 최댓값을 직접적으로 관찰하지 않는가? 다음 과정을 살펴보자.

a의 단위가 문제의 단위와 같으므로, 정규(normalized) 방정식

$$\frac{y}{a} = \left(\frac{l}{a}\right)\sin\theta - \tan\theta + \frac{\left(\frac{w}{a}\right)}{\cos\theta}$$

을 다룰 것이다. 즉 a의 단위로 파이프의 반지름과 길이가 주어졌을 때, a의 단위로 y의 최댓값을 구할 것이다. 예를 들어, 파이프의 길이가 100피트, 반지름은 1피트이고, 첫 번째 터널의 두께가 $a = 10\ (\mathrm{ft})$이라 할 때, 정규방정식은

$$\frac{y}{a} = 10\sin\theta - \tan\theta + \frac{1}{10\cos\theta}$$

이다. 이 방정식은 그림 3.9처럼 그려지며, 이것은 $\frac{y}{a}$의 최댓값이 7.168

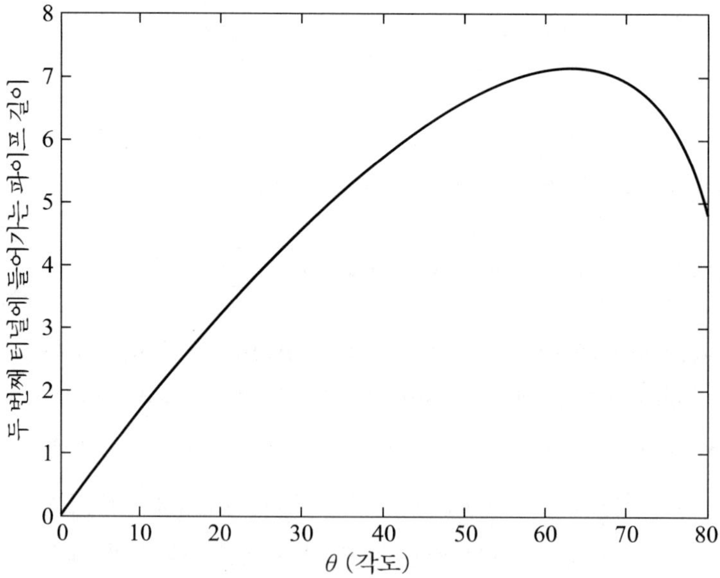

그림 3.9 반지름의 길이가 0이 아닌 파이프가 돌아갈 때

임을 보여준다. 이와 같이 두 번째 터널은 적어도 71.68피트의 두께가 되어야 한다.

$w=0$이라는 간단한 모델을 택한다면,

$$\hat{\theta}=\cos^{-1}\left\{\sqrt[3]{\frac{a}{l}}\right\}=\cos^{-1}\left\{(0.1)^{\frac{1}{3}}\right\}=1.0881\ (\text{라디안})$$

이다. 이것을 y에 대입하면

$$y_{\max}=100\sin\hat{\theta}-\tan\hat{\theta}=69.49\ (\text{ft})$$

인 더 작은 결과를 얻게 될 것이다. 2피트의 차이가 중요할까? 거실의 소파를 방으로 옮길 때, (2피트보다 훨씬 작은 양인) 반 인치 때문에 소파를 옮기지 못하는 상황을 생각한다면, 작은 양인 2피트가 중요하게 생각될 것이다.

3.5 ▎돌아온 레기오몬타누스

순수 수학자들은 극값 문제에 컴퓨터를 이용하는 것을 선호하지 않을 것이다. 순수 수학자들은 현대 컴퓨터로는 몇몇 전제(premise)가 참인지 거짓인지 보여주기엔 충분하나, 어떤 명제나 추측이 참인지 거짓인지 밝혀주지 못한다고 주장한다. 예를 들어, 소수를 발견하기 위한 에라토스테네스(Eratosthenes)의 체는 컴퓨터를 사용하기에 완벽하지만, 왜 소수의 개수가 무한개인지 밝히지는 못한다(그리고 체는 쌍둥이 소수의 무한성이 미해결이란 것도 알려주지 않는다).

새로운 세대의 수학자들이 컴퓨터를 포함한 많은 도구들(직선 자와 컴퍼스도 포함)을 많이 활용하길 바란다. 유명한 극값 문제 두 개가 12세기 후반에 컴퓨터로 해결되었다. 헤일스(Tomas Hales)[17]는 (1611년

17) 제2장에서 언급한 벌집 추측으로 유명한 수학자이다.

부터 존재했던) 케플러 구 쌓기 추측(the Kepler Sphere Packing Conjecture)을 1998년에 컴퓨터를 이용하여 참임을 보였다. 이 문제는 (식료품 가게에 오렌지가 쌓여 있는 것처럼) 동일한 구들을 면심입방 구조[18]로 쌓았을 때 밀도가 최대란 것이다.

그리고 일리노이 대학의 하켄(Wolfgang Haken, 1928~)과 아펠(Kenneth Appel, 1932년생이며 현재 뉴햄프셔 대학에 있다)은 1976년에 컴퓨터 프로그램의 도움으로 (1852년부터 유래된) 사색 문제(the Four-Color Conjecture)가 참임을 보였다. 이 문제는 평면 지도(planar map)에서 경계가 인접한 나라를 서로 다른 색으로 칠할 때, 최소한 네 가지 색이 필요하다는 것이다.

레기오몬타누스 문제와 토성 문제는 매우 기발하고 분명하다는 점과 기하적으로 해결한 점에서 고대의 등주 문제와 같다. 이것이 극값 문제에서 진일보한 미적분 발달이 1세기나 늦춰진 이유이다. 오늘날 많은 학생들은 뉴턴의 이름을 미적분의 발달로만 연결짓는다. 사실 프랑스 법률가이자 아마추어 수학자인 페르마(Pierre de Fermat)는 극값 문제에서 해석학적 기법을 처음 도입하였다. 다음 장에서는 페르마의 연구가 중심이 될 것이다. 페르마를 살펴보기 전에, 레기오몬타누스 문제와 컴퓨터의 활용을 살펴보자. 다음 아이디어는 탠(A, Tan)과 카스틸로(O. Castillo)가 1983년 10월에 쓴 《수학 선생(*Mathematics Teacher*)》의 '그림을 확대하기(Maximizing Paintings, p. 472)'에 기초한 것이다.

그림 3.10에서처럼 그림의 가로의 길이가 존재하지만, 3.1절의 그림은 수직(세로) 방향으로만 그림을 살펴볼 수 있는 1차원으로 제시되었다. 그림의 크기는 가로의 길이가 $2b$, 세로의 길이가 a이고, 그림 밑부분은 바닥으로부터 c만큼 떨어져 있다. 관람객은 그림이 걸린 수직 벽으로부터 x만큼 떨어져서 그림의 중앙에 바로 서 있다.

탠과 카스틸로가 제시한 것처럼, 관람객의 눈과 그림에 의해 만들어

---

18) 면심입방 구조 : 입방체의 각 꼭짓점과 각 면의 중심에 각각 한 개씩 원자가 배열된 결정 구조.

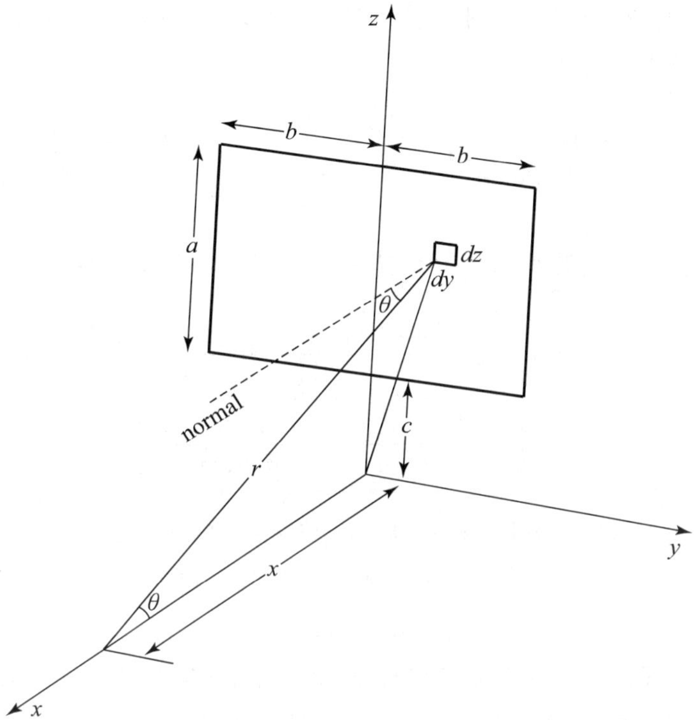

그림 3.10 레기오몬타누스의 벽에 걸려 있는 그림(2차원)

지는 화각(solid angle) θ가 최대가 되려면 어떻게 해야 할까? 이를 해결하려면 이중적분(double integral) 계산이 필요하다. 그림 3.10에 나타난 것처럼 좌표축 $(y,\ z)$에 임의의 패치를 붙인다면, 그 미분은 $dA = (dy)(dz)$이고, 관람객의 눈으로부터의 dA의 거리는 피타고라스 정리를 두 번 적용하여 $r = (x^2 + y^2 + z^2)^{\frac{1}{2}}$이다.

이제 θ가 dA에 대한 관람객의 화각(solid angle)이라 하면, $\cos\theta = \frac{x}{r}$이다. 그리고 관람객의 눈에서 dA에 의해 만들어진 (미분한) 화각은

$$d\Omega = \frac{dA\cos\theta}{r^2} = \frac{x\,dA}{r^3} = \frac{x\,(dy)(dz)}{(x^2 + y^2 + z^2)^{\frac{3}{2}}}$$

이다. 정의된 모든 y, z에 대한 적분으로써 총 화각을 구할 수 있다. 따라서 다음과 같다.

$$\Omega = \iint_{\text{전체 그림}} d\Omega = \int_{z=c}^{a+c}\int_{y=-b}^{b} \frac{x(dy)(dz)}{(x^2+y^2+z^2)^{\frac{3}{2}}}$$

적분 계산 과정을 생략하고 결과만 제시하면 다음과 같다.

$$\Omega = \sin^{-1}\left\{\frac{(b^2-x^2)[x^2+(a+c)^2]-2x^2b^2}{(b^2+x^2)[x^2+(a+c)^2]}\right\}$$
$$-\sin^{-1}\left\{\frac{(b^2-x^2)(x^2+c^2)-2x^2b^2}{(b^2+x^2)(x^2+c^2)}\right\}$$

대수적으로 더 간단히 정리할 수 있지만(사실, 탠과 카스틸로의 공식은 덜 복잡하다), 더이상 정리하지 않으려고 한다. 다음 과정은 x에 대한 Ω의 미분식을 0이라 두고, x를 구하는 것이다. 탠과 카스틸로의 식은 (나의 식도) 보기 싫은 형태이다! 공식이 복잡해서 보기 실은 형태일지라도 탠과 카스틸로는 "Ω가 최대일 때의 x값을 구할 수 있다."라는 결론을 강력하게 주장하고 있다.

3.1절에서 다루었던 레기오몬타누스 문제의 x에 대한 Ω 그래프가 그림 3.11에 있다. 레기오몬타누스 문제는 다음과 같다. 바닥에 있는 벌레가 벽에 걸린 그림을 보고 있으며, 이 그림의 가장 아랫부분은 바닥에서 8피트 떨어져 있고, 그림의 가장 윗부분은 바닥에서 20피트 떨어져 있다(나는 처음에 Ω가 최대일 때의 x값에 대한 결과와 탠과 카스틸로의 결과를 비교하였다). 즉 그림 3.10에서 $a=12$ (피트)이고 $c=8$ (피트)이다. 사각형의 그림($b=6$)이라 가정했을 때, 그래프는 벌레가 벽에서 $x=8.58$ (피트)만큼 떨어졌을 때 Ω가 최대임을 보여주고 있다. 이것은 그림이 오직 수직으로만 봤을 때보다 $x=12.65$ (피트)보다 상당히 가까운 거리이다. 그림의 폭이 매우 커질 때($b\to\infty$) 화각은 1차원 그림의 화각 값으로 근사하게 된다.

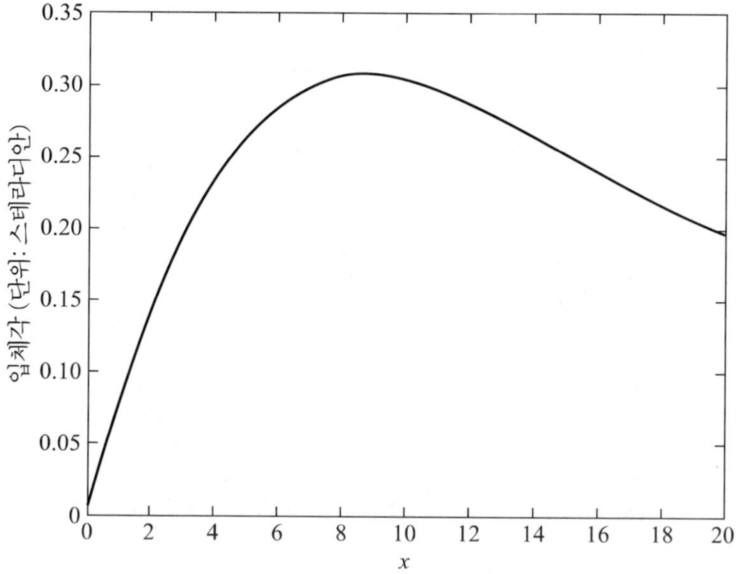

그림 3.11[19] 벌레의 화각의 최대화

3.6 ▌ 진흙 바퀴 문제

마지막 문제를 해결하기 위해 그림 3.12를 관찰하자. 이 그림은 많은 중세시대 수학자들이 많이 다루었던 마차 바퀴가 진흙탕을 굴러가는 상황을 보여준다. 반지름이 R인 바퀴는 진흙으로 두껍게 덮여 있고, 가장자리의 모든 점에서 계속 진흙이 떨어져 나가고 있다. 튀는 진흙이 도달할 수 있는 가장 높은 높이는 지면으로부터 얼마일까? 답은 마차에 앉아 있을 때만큼이나 흥미롭다! 이 문제를 해결하기 위해 중세 수학자들에게는 알려지지 않았던 수학 · 물리적 방법을 이용하려고 한다. 이 방법의 역사 발달과정은 다음 제4장과 제5장에서 다룰 것이다. 이 방법들이 진흙 바퀴 문제를 얼마나 간단하게 만들었는가를 보는 것은 중

19) 스테라디안: 입체각의 크기를 나타내는 SI단위계의 보조단위이다. 기호는 sr이다. 스테라디안은 반지름이 r인 구의 표면에서 r^2인 넓이에 해당하는 입체각이다. 따라서 구 전체의 입체각은 $4\pi(sr)$이다.

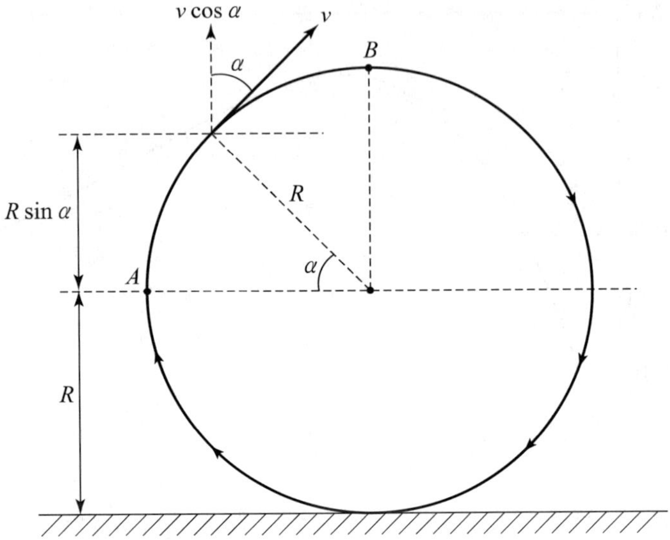

그림 3.12 진흙 바퀴 문제

세 수학과 현대 수학이 얼마나 다른지를 보여준다.

튀어나온 진흙의 최대 높이는 분명히 바퀴가 돌아가는 속력에 의해 결정된다. 그리고 가장자리의 모든 점의 진흙들은 일정한 속력 v로 움직이고 있다. 이와 같이 진흙이 가장자리를 막 떨어져 나올 때, 가장자리에 접하면서 속력 v로 움직인다. 도로에서 최대 높이에 도달한 진흙이라면, 그림 3.12처럼 점 A와 B 사이의 어느 가장자리 지점에서 떨어져 나와야만 한다. 바퀴의 중심에서 사분원의 어느 점까지의 반지름이 지평선과 각 α를 이룬다고 하자. 튀어나온 진흙의 속력에 대한 수직 성분은 $v\cos\alpha$이며, 진흙에 의해 도달할 수 있는 높이를 결정한다. 따라서 튀어나는 순간(이 순간 시간을 $t=0$이라 하자), 진흙은 도로 위로 $R+R\sin\alpha$ 높이에 있다.

이제 튀어나온 진흙이 날아갈 때, 수직 속력은 중력에 의해 연속적으로 줄어드므로, $v\cos\alpha - gt$이다. 여기서 g는 중력가속도이다. 진흙의 높이는 속력의 적분과 같다. 즉 $(v\cos\alpha)t-\frac{1}{2}gt^2$이다. 진흙의 수직 속력이 0이 되었을 때, 최대 높이이다. 이와 같이 $t=T$가 최대 높이에

도달할 때까지 걸린 시간이라면,

$$v\cos\alpha - gT = 0 \text{ 또는 } T = \frac{v}{g}\cos\alpha$$

이다. 따라서 진흙이 도달할 수 있는 지면으로부터의 최대 높이 $h(\alpha)$는

$$h(\alpha) = R + R\sin\alpha + v\cos\alpha\frac{v}{g}\cos\alpha - \frac{1}{2}g\frac{v^2}{g^2}\cos^2\alpha$$

또는

$$h(\alpha) = R + R\sin\alpha + \frac{v^2}{2g}\cos^2\alpha$$

이다.

높이의 최댓값인 H를 구하기 위해 $h(\alpha)$가 최대일 때의 α를 구하려면, $\frac{dh}{d\alpha} = 0$라 두면,

$$R\cos\alpha - \frac{v^2}{g}\cos\alpha\sin\alpha = 0 \text{ 또는 } \sin\alpha = \frac{Rg}{v^2}$$

임을 알 수 있다. 물론 이것은 $Rg \le v^2$일 때 성립한다(왜냐하면 실수 α에 대하여 $|\sin\alpha| \le 1$이기 때문이다). 지금부터 이 조건을 만족한다고 가정하자(이 절의 마지막에 $Rg > v^2$의 의미를 살펴볼 것이다). 따라서

$$\cos^2\alpha = 1 - \sin^2\alpha = 1 - \frac{R^2g^2}{v^4}$$

이므로,

$$H = R + R\frac{Rg}{v^2} + \frac{v^2}{2g}\left(1 - \frac{R^2g^2}{v^4}\right) = R + \frac{R^2g}{v^2} + \frac{v^2}{2g} - \frac{R^2g}{2v^2}$$

또는

$$H = R + \frac{v^2}{2g} + \frac{R^2 g}{2v^2}$$

이다.

$v^2 \geq Rg$라 가정했으므로, 결과는

$$H \geq R + \frac{Rg}{2g} + \frac{Rv^2}{2v^2} = 2R$$

이다. 즉 $v^2 \geq Rg$을 만족하는 한, 진흙은 항상 바퀴의 맨 윗부분 이상으로 항상 튀어오를 것이다(물론, v^2이 Rg를 많이 초과할수록, 더 많은 진흙들이 튕겨져 나갈 것이다. 아마 그런 마차 옆을 지나간다면 옷에도 튈 것이다).

하지만 만일 $v^2 < Rg$이면 어떻게 될까? 조건 $\sin\alpha = \frac{Rg}{v^2}$이 성립하지 않으므로 미분하기 전의 식 $h(\alpha)$로 되돌아가보자.

$$h(\alpha) = R\left[1 + \sin\alpha + \frac{v^2}{2Rg}\cos^2\alpha\right]$$

이므로

$$h(\alpha) < R\left[1 + \sin\alpha + \frac{1}{2}\cos^2\alpha\right]$$

이다. $f(\alpha) = 1 + \sin\alpha + \frac{1}{2}\cos^2\alpha$라 정의하면, $h(\alpha) < Rf(\alpha)$이다.

$$\frac{df}{d\alpha} = \cos\alpha - \cos\alpha\sin\alpha = \cos\alpha\,[1 - \sin\alpha]$$

이고, 모든 α에 대하여 $\sin\alpha \leq 1$이고, $0° \leq \alpha \leq 90°$에 대하여 $\cos\alpha \geq 0$이므로($v^2 \leq Rg$일 때 성립하지 않고, $v^2 < Rg$일 때 α는 $90°$가 될 수 없다)

$$\frac{df}{d\alpha} > 0, \quad 0° \leq \alpha < 90°$$

이다. $f(\alpha)$의 도함수는 점 α에서의 접선의 기울기이므로, α가 $90°$에 다가갈 때, 반폐구간(the semiclosed interval) $0° \le \alpha < 90°$ 위에서 $f(\alpha)$는 최댓값에 다가간다고 할 수 있다. 즉 그 구간에서 α가 $90°$에 다가갈 때, $f(\alpha)$는 최댓값 2를 갖는다. 이와 같이 $v^2 < Rg$일 때, H의 값은 (바퀴의 맨 윗부분인) $2R$ 미만이다. (수직 속력이 없는) 바퀴의 맨 윗부분에서 튀어나온 진흙은 자동적으로 높이 $2R$에 도달한다. 하지만 $v^2 < Rg$이라면 어떠한 진흙도 바퀴 위로 던져질 수 없다.

17세기 초반에는 이것을 해결할 수학자가 없었으나 17세기 후반에는 많았다. 1세기 동안의 발전과정(극값에 대한 수학의 이런 혁신적인 방식)이 다음 장의 중요한 주제이다.

3.1절의 문제에 대한 해답

레기오몬타누스 문제의 바지/거울 버전의 답은 남자는 거울로부터 $\frac{1}{2}\sqrt{h(h-l)}$만큼 떨어져 서 있어야만 한다는 것이다(핵심은 그가 거울 앞에 서 있을 때, 거울보다 훨씬 뒤에 그의 바지가 나타난다는 것이다). 이것은 정확한 수학적 결과이지만, 정말 그럴까? 예를 들어, 내가 31인치 바지를 입고, 내 눈은 바닥으로부터 70인치 위에 있다. 하지만 내가 남성복 매장에서 바지를 입으려고 할 때, $\frac{1}{2}\sqrt{70(70-31)} = 26.1$ (인치)보다 훨씬 뒤에 선다. 화각을 최대화하는 것은 '최고의 장면(best view)'이라고 뜻하는 것을 실제로 담아내지 못한다.

제4장
데카르트와 페르마의 잊혀진 전쟁

The Forgotten War of Descartes and Fermat

4.1 ▌ 대립하는 두 수학자

미분을 처음 공부하는 학생들은 영국 수학자 아이작 뉴턴(1642~1727)과 독일 수학자 라이프니츠(1646~1716)가 동시에 독립적인 발명을 했다는 것을 알게 된다. 뉴턴과 라이프니츠가(그들 각각의 추종자들이) 지적 우선권을 두고 장기간의 험악한 논쟁을 하였으며 심지어 뉴턴은 라이프니츠 사망 후 본인이 사망할 때까지 이 전쟁을 계속하였다는 사실이 알려져 있다. 그러나 뉴턴과 라이프니츠와 다르게, 반세기 전에 발생했던 두 프랑스 수학자들 간의 전쟁에 대해서는 알지 못할 것이다.

페르마(1601~1665)와 데카르트(1596~1650)는 아주 다른 사람이었다. 페르마는 가정적인 사람이였으며 변호사 교육을 받았다. 취미로 수학을 좋아했고, 프라이버시를 중요시 여겨 (그의 사후에도 역시) 거의 논문을 발표하지 않았다. 이탈리아어, 스페인어, 라틴어, 그리스어에 능통한 학자였을 뿐만 아니라 고대 수학자들의 저서에 통달했다. 데카르트 역시 변호사 교육을 받았으나, 그는 대중적 명성을 얻었고 그의 논문을 널리 발표하였으며 추상적 지식만을 추구한 사람이다. 가정이 방해가 될까봐 데카르트는 결혼조차 하지 않았다(그러나 1635년 그는 하인과의 사이에 딸이 있었다).

페르마와는 달리 데카르트는 이전 학자들의 업적을 다루지 않았다. 적어도 그의 저서에서 다른 사람을 언급하는 경우가 드물었다. 간혹 그가 다른 학자를 언급할 때는 불쾌한 방식으로 하였다. 데카르트는 비평가를 "두세 마리의 하루살이들", "이성적 동물 이하인 것", "하찮은 강아지" 또는 "몹시 경멸스런 놈" 등으로 지칭했다. 다른 사람들의 업적을 "화장지"로 쓰기에 적합하다든가, 페르마의 경우에는 "똥"과 같다는 등 믿기 힘들 정도로 공격적인 비판을 하였다.

데카르트는 그의 철학적 저서와 대수와 기하를 결합한 해석기하의 업적으로, 페르마는 확률과 정수론에서의 업적과 유명한 페르마의 마지막 정리로 기억된다. 그러나 두 학자의 논쟁은 이 업적들이 아니라, 처음에는 물리 문제로 시작되었으며 그 다음에는 극값 문제를 기하(geometry)가 아니라 해석(analysis)을 통해서 해결하는 문제로 시작되었다.

두 학자 사이의 갈등은 데카르트의 1637년 《방법 담론(*Discourse on method*)》의 부록인 〈광학(La Dioptrique)〉에서 나타난다. 그 책의 부록에는 빛의 반사 후, 빛의 굴절에 대한 현상을 다루고 있다(빛의 굴절에 대한 그의 관심은 무지개 연구의 동기가 되었다. 데카르트와 그 이전의 학자들은 작은 물방울에 의한 빛의 산란으로 무지개가 발생한다고 믿고 있었다. 데카르트는 산란을 수학적으로 설명하기 위해 굴절법칙이 필요했다. 다음 장에서 무지개 문제를 다룰 것이다). 반사와 굴절이라는 두 현상은 아주 다른 본질(또한 제6장에서 논의할 변분법(calculus of variations) 문제 중 하나의 해가 굴절법칙에 사용된다)을 지닌 극값 문제와 관련되어 있다. 그 문제를 설명하기 위해 다음의 짧은 여담을 보자.

"그리고 신은 '빛이 있을지어다'라고 말했다. 그리고 빛이 있었다. … 그러나 천사 같은 건축가는 좀더 자세히 질문할 수 있다. '빛은 P지점에서 Q지점으로 갈 때 어떤 경로를 따라 가나요?' 그리고 '그렇게 자세히 내게 물어 보지 말라. 최소 시간이 걸리는 여행을 보면 알 수 있다'라는 답을 얻게 될지 모른다. 이 최소(minimal) 원리로부터 입사각과 굴절각이 동일하다는 반사 원리를 찾을 수 있다. 반면 접점에서 입사각의 사인과 굴절각의 사인의 비율이 두 매체 속도의 비율과 같다는 것으로 굴절의 원리를 찾을 수 있다."

"그리고 신은 빛을 좋은 것으로 보았다."

– 아서 번하트(Arther Bernhart)의 《수학 성문법(*Scritpa Mathematica*, 1958, p. 206)》

그러나 번하트 교수는 속도의 비율을 형성하는데 두 방법이 있다고 언급했을 것이다. 데카르트는 그것을 잘못 적용하였으나 다음에서 보듯이 페르마는 올바르게 적용하였다.

4.2 ❙ 스넬의 법칙

현재까지 널리 알려진 빛의 반사법칙을 처음(기원 3세기)으로 기록한 사람은 유클리드(Euclid)이다. 빛의 반사법칙에 의하면, 거울을 향해 광선을 비추면, 평면거울 또는 곡면거울(곡면거울의 경우에는 반사점 R에서의 접선에 대하여 입사각과 반사각을 측정함)에 상관없이 입사각과 반사각은 같다(그림 4.1에서 $\theta_i = \theta_r$).

그러나 알렉산드리아의 헤론(Heron)은 기원후 1세기에 거울에 관한 그의 저서 《반사(*Catoptrica*)》에서 반사법칙을 광선경로 ARB가 최소 길이 경로(minimum length path)라고 최초로 언급하였다. 즉 광선이 거울을 향해 비춰질 때, 거울 위의 점 R에서 입사각과 반사각이 다르다면 광선의 전체 경로는 더 길어질 것이다. A에서 B까지의 확실한 최단 거리는 두 점을 잇는 선분이다. 모든 방향으로 빛을 비추는 전구가 A에 있다면 B에서 받는 빛은 두 경로 ARB와 AB가 된다. 헤론에 의해 수리물리학에서의 최소 원리가 처음으로 발견되었다. 이 원리는 근

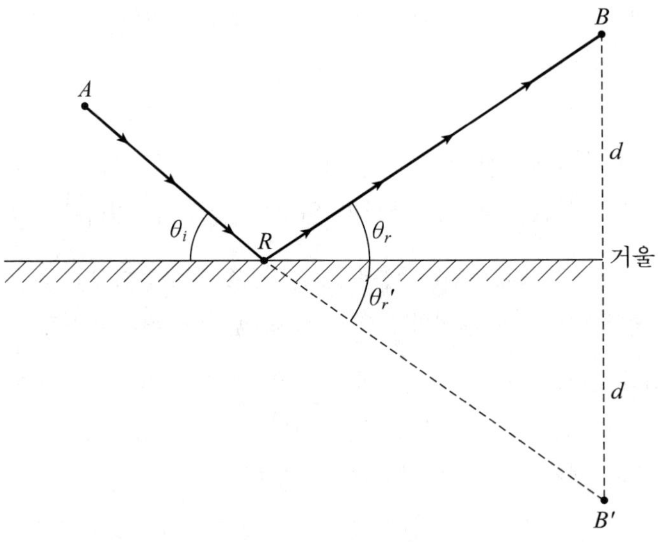

그림 4.1 헤론의 반사법칙의 기하학적 구조

대 이론물리에 중요한 역할을 하였다. 헤론이 최소 원리로부터 반사법칙을 어떻게 유도했는지 살펴보자.

만약 점 B가 거울 위로 d만큼 떨어져 있다면 B의 반사점 B'은 거울 아래로 d만큼 떨어져 있다. 따라서 RB와 RB'은 합동인 두 직각삼각형들의 빗변으로써 길이가 같고, 다시 그림 4.1을 참고하면 θ_r과 $\theta_r{}'$은 같게 된다. 이제 총 광선의 길이는 $AR+RB=AR+RB'$이며, $AR+RB'$는 A에서 B'까지의 길이이다. A에서 B'까지의 최단 경로(최단 반사 경로와 같음)는 직선이므로 $\theta_r{}'=\theta_i$가 되며, 이것은 $\theta_i=\theta_r$, 즉 반사법칙을 의미한다.

다음으로 굴절에 대해 논의하자. 굴절이란 그림 4.2와 같이 광선이 하나의 투명 매질과 다른 매질(예를 들면 공기에서 물 또는 유리)의 경계를 통과할 때 겪는 빛의 방향 변화 현상을 말한다. 오래전 프톨레마이오스(Ptolemaeos)에 의해 굴절에 관한 수학적 공식화 시도가 있었으며, 1611년 독일의 천문학자 케플러(Johannnes Kepler)에 의해 처음으로 굴절에 관한 수학적 결과가 나왔다. 하지만 이 결과는 네덜란드의 물리학자 스넬(Willebrord Snell, 1580~1626)의 실험에서 명확하게 굴

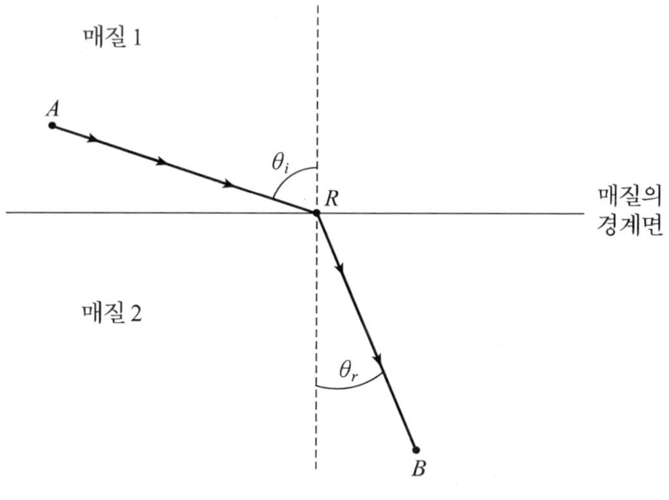

그림 4.2 스넬의 반사법칙의 기하학적 구조

절법칙으로 증명되었다. 스넬의 굴절법칙은 우리가 빛을 측정할 때 수직선(그림 4.2의 점선)에 대하여 입사각 θ_i와 굴절각 θ_r 사이의 관계를 나타난 법칙이다. 이 법칙은 약 1621년에 발견되었으며, 스넬의 법칙(Snell's law)에서 l이 두 개인 것은 라틴 형태의 이름 'Snellius'에서 유래된 것이다. 스넬의 굴절법칙은 다음과 같다.

$$\frac{\sin(\theta_i)}{\sin(\theta_r)} = \text{상수}$$

여기에서 '상수'는 두 매질의 성질에 따라 결정된다. 매질 2가 매질 1보다 밀도가 크다면(빛이 공기에서 물속으로 비출 경우) '상수'는 1보다 크게 된다. 따라서 $\sin(\theta_i) > \sin(\theta_r)$이므로 $\theta_i > \theta_r$가 되고 광선이 물속으로 들어갈 때 수직선 쪽으로 휘게 된다.

스넬의 실험 메모는 1662년 이후 사라졌으며, 그 실험 메모를 보았던 사람들을 통해서만 알 수 있을 뿐이다. 널리 알려지지는 않았으나 이 법칙과 관련된 실험연구를 영국의 수리물리학자인 해리오트(Thomas Hariot, 1560~1621)가 스넬보다 먼저 수행한 바 있다. 해리오트는 1585년 버지니아 식민지 원정 시기에 과학담당관으로 활동 중 흡연중독으로 코에 암이 발생하여 세상을 떠났다. 따라서 그의 과학적 연구는 스넬의 연구보다 3년 앞선, 1618년에 멈추게 된다. 그러나 역사의 기록을 보면 공식적으로 굴절법칙에 관한 이론을 《굴절광학(*La Dioptrique*)》에 최초로 발표하고, '상수'에 대해 설명한 사람은 프랑스의 데카르트(Descartes)다. 많은 역사학자들은 데카르트가 스넬의 실험연구를 알게 되었고, 빛의 성질에 관한 물리적 가정들을 설명하기 위하여 스넬의 지식을 사용했다고 믿고 있다. 이에 대해 동의하지 않은 역사학자들도 있지만, 1600년 말엽에는 한동안 데카르트의 표절에 관한 나쁜 소문이 과학 단체에 회자되었다. 과거에 데카르트를 찬미했던 호이겐스(Christiaan Huygens)는 데카르트가 자신의 아버지를 만나면서 알게 되었지만 표절을 의심하는 사람들 중의 한 사람이다. 이 문제는 여전히 해결되지 않은 사건이다.

1637년 페르마는 스넬의 법칙에 관한 데카르트의 유도과정에 대해

가치가 없다고 판단하여 데카르트를 아는 기자에게 자신의 의견을 말했었다. 페르마의 회의적인 의견은 데카르트에게 전달되었고, 전쟁이 발발하였다. 그래서 데카르트가 어떻게 스넬의 법칙을 유도했는지, 그리고 페르마는 왜 데카르트의 유도과정에 의문을 가졌는지 19세기 중반 이후 모든 현대 물리학자들도 함께 의견을 나누지 않았을까?

데카르트는 빛의 입자설을 채택함으로써, 입사각이 θ_i인 테니스공이 장벽에 부딪히는 과정으로 문제를 생각하였다. 데카르트는 장벽이 수평 방향으로는 공에 어떠한 저항도 주지 않기 때문에, 수직 방향으로만 공의 속도가 줄어들 것이라고 하였다. 따라서 공의 수평방향의 속력은 변하지 않을 것이다. 수학적으로 표현하기 위해 그림 4.3과 같이 공이 장벽에 부딪히기 전의 속력을 v_1, 그리고 장벽을 만난 후의 속력을 v_2라고 하자. 장벽 위(매질 1)에서의 공의 수평방향 속력성분은 $v_1 \sin(\theta_i)$이고, 이 값은 장벽 아래(매질 2)에서의 공의 수평방향 속력성분, 즉 $v_2 \sin(\theta_r)$와 같게 된다. 따라서

$$v_1 \sin(\theta_i) = v_2 \sin(\theta_r)$$

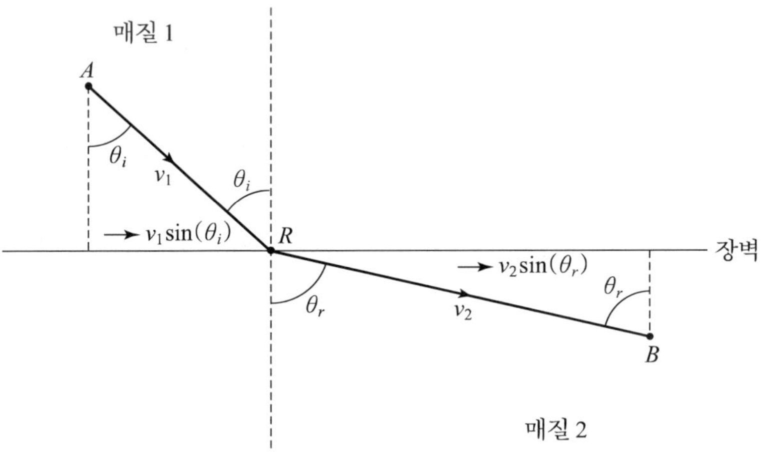

그림 4.3 데카르트의 반사법칙

또는

$$\frac{\sin(\theta_i)}{\sin(\theta_r)} = \text{상수} = \frac{v_2}{v_1}$$

이 성립한다.

등식의 첫 부분은 스넬의 법칙(sin값의 비율이 상수)이지만, 데카르트는 이것 때문에 큰 난관에 부딪치게 되었다. 스넬은 상수가 무엇인지에 대해서 설명을 하지 않았지만, 데카르트는 상수가 두 매질에서의 공의 속력의 비라고 하였다. 만약 공과 빛의 상사법칙(즉 입자 또는 미립자설)을 따른다면, $v_2 < v_1$(공이 장벽에 부딪힐 때 속력을 잃게 됨)이 성립하고, 스넬 법칙의 데카르트 버전은 다음 식을 의미하기 때문에 오류이다.

$$\frac{\sin(\theta_i)}{\sin(\theta_r)} < 1, \quad \text{즉 } \theta_i < \theta_r$$

즉 공(광선 입자)이 밀도가 큰 매질로 들어가면 수직선에서 멀어져간다. 그러나 앞에서 언급했듯이 빛은 정반대로 관찰되고 있다. 그의 결과를 실험과 일치시키기 위해서 데카르트는 상사법칙을 중도에 그만두어야 했다. 또한 그는 빛이 장벽을 침투할 때 속도가 증가한다($v_2 > v_1$)고 결론을 내렸다. 그리하여 데카르트는 빛의 속력이 밀도가 높은 매질에서 더 크다고 결론을 내릴 수밖에 없었다. 데카르트 시대에 어떤 매질에서의 빛의 속력을 측정하는 실험은 없었으므로, 아무도 그가 옳거나 틀리다고 말할 수 없었다. 물론 그런 의문을 해소할 수 있는 유일한 방법은 실험이다. 그렇지 않으면 철학자가 되는 것이다. 데카르트는 빛이 공기에서 물속으로 통과할 때 어떻게 빛의 속도가 증가하는지를 설명하기 위하여 아리스토텔레스식(실험방법보다 사고방법에 의한 물리학)으로 설명하였다. 오늘날에 보면 참 터무니없는 논쟁이다.

우주에 대한 데카르트의 견해에 의하면 우주는 비어 있는 공간이 없으며, 진공은 불가능하며, 육안으로 비어 있는 공간은 볼 수 없는 '무엇'으로 채워져 있다. 이러한 견해는 오랫동안 유지되었으며, 19세기 말 아인슈타인(Einstein)까지 모든 물리학자들은 빛이 진행하기 위해서는 그 '무엇'이 필요하다고 믿었다. 그들은 그 '무엇'을 에테르(ether)라고 불렀으며, 데카르트의 용어는 아니지만 그의 결론을 설명해주고 있다. 또한 데카르트는 빛은 그 '무엇'을 통해서 무한히 빨리(일부 역사학자들은 데카르트가 무한히 빨리가 아니라 매우 빨리라고 했다고 주장한다) 이동하는 '압력(pressure)'이라고 믿었다. 빛은 공기보다 물에서 더 빨리 이동한다는 주장과 논리적으로 상충하는 견해이다. 빛의 유한 속력 측정(1675년 목성의 월식 시기에 기초하여 덴마크의 천문학자 뢰머(Olaus Roemer)가 실행한 천문학 실험)이 처음으로 이뤄지기 전에 페르마와 데카르트는 세상을 떠났다. 그리고 두 세기가 지난 1850년에 프랑스 물리학자인 피조(Hippolyte Fizeau)와 푸코(Jean Foucault)에 의해 빛의 물속 속력을 측정할 수 있는 기술이 개발되어 물속보다 공기에서 빛의 속력이 더 빠르다는 것이 증명되었다. 빛의 입자설보다 호이겐스가 주창한 파동설을 따른다면 물속에서 빛의 속력저하에 의한 스넬의 법칙을 유도할 수 있게 된다(대학 신입생 물리 교과서 참조). 실제로, 피조와 푸코의 결과에 따르면 빛은 입자가 아닌 파동 현상임이 밝혀졌다. 이것은 양자 전자 역학(quantum electrodynamics) 책의 주제이다.

데카르트와 그의 과오가 내재된 광학물리에 관한 많은 자료들을 찾아볼 수 있다. 기술적 수준에서의 논문으로 〈데카르트, 뉴턴, 스넬의 법칙〉[20]을 들 수 있다. 역사가 수준에서의 서적으로 《수와 운동의 마법》[21]과 《빛의 이론》[22]을 들 수 있다. 특히 두 번째 책에서는 스넬의 법칙의 유도를 반박한 페르마에 대해 데카르트의 쓰라린 감정이 잘 기술되어 있다. 문헌 《탄성충돌 문제를 푼 젊은 호이겐스》[23]에서도 데카

20) W.B. Joyce and Alice Joyce, *Descartes, Newton, and Snell's law*, Journal of the Optical Society of America, January 1976, pp. 1~8.

21) William R. Shea, *The magic of Numbers and Motion: The Scientific Career of René Descartes*, Science History Publications, 1991.

22) A. I. Sabra, *Theories of Light: From Descartes to Newton*, Cambridge University Press, 1981.

르트의 물리적인 오류를 많이 발견할 수 있다. 마지막으로 논문 〈스넬 법칙의 초기 실험 결과〉[24]에는 해리오트의 굴절실험에 대해 자세히 설명되어 있다.

페르마는 《굴절광학(*La Dioptrique*)》을 읽었을 때 대단하다고 생각하지 않았으며, 앞에서 언급했듯이 비판을 하였다. 그가 쓴 글의 일부를 보면 다음과 같다.

> "빛의 운동을 해석하기 위한 많은 방법 중에서 데카르트는 결론에 유용한 방법만을 취해 사용했다. 그는 방법을 자기의 목표에 맞추었다. 그리고 데카르트의 주제에 대해서 잘 모르겠다."

이와 같은 신랄한 비판에 대해 어떻게 대응해야 할지 데카르트는 알고 있었을 것이다. 그리고 그는 실험이 의미하는 바를 알 때까지 물리적 가정에 대해서 고민했다. 다시 말하자면, 스넬의 굴절법칙에 대한 데카르트의 유도는 논리적 오류에 지나지 않는다(내가 대학생이었을 때 화학실험의 가짜 실험보고서를 'dry lab'이라 했고, 반면에 실제 실험을 하고 쓴 보고서를 'wet lab'이라고 하였다. 페르마는 데카르트의 유도를 'dry lab'이라고 생각한 것이다). 뿐만 아니라 빛의 속력이 무한하다는 것과 빛은 공기 속에서보다 물속에서 더 빠르다는 것이 터무니없다고 페르마는 생각하였다. 페르마에 의하면 빛은 공기 중에서 (매우 빠른) 유한 속력으로 이동하고, 물과 같이 밀도가 높은(저항이 큰) 매질을 통해서 이동할 때에는 속력이 줄어든다.

초기에 페르마는 데카르트의 유도가 불안정하기 때문에 'sin의 비는 상수이다.'라는 결과는 틀렸다고 생각했다. 결국 페르마는 그 공식이 실험으로 증명될 수 있었기 때문에 사실로 받아들였다. 페르마는 매우 어리둥절하게 되었다. 데카르트가 잘못된 논거로부터 올바른 굴절법칙을

---

23) Herman Erlichson, *The Young Huygens Solves the Problem of Elastic Collisions*, American Journal of Physics, February 1997, pp. 149~54.

24) W. Shirley, *An Early Experimental Determination of Snell's Law*, American Journal of Physics, December 1951, pp. 507~8.

유도해냈을까? 페르마는 물리적으로 올바른 굴적법칙을 유도하는 일에 매진하였다. 그 법칙이 수학적으로 데카르트의 sin의 비와는 다를 것이라고 믿었으나 거의 같은 수치결과를 얻었으며 데카르트의 결과와 일치하는 실험결과를 얻었다. 후에 '최소 시간 원리(principle of least time)'라는 위대한 발견을 함으로써 페르마는 1658년에 성공적으로 탐구를 마쳤다. 본 장의 끝부분에서 언급하겠지만 페르마를 깜짝 놀라게 하는 대전환이었다.

빛의 굴절에 최소 시간 원리를 적용하기 위하여 페르마는 자신이 창안한 새로운 수학적 기술인 함수의 미분을 사용했다. 케플러의 관찰에 자극받아(본 절의 뒷부분에 있는 박스 참조) 페르마는 케플러의 통찰을 수학으로 바꾸어놓았다. 즉, 최대 또는 최소인 극값에서 x값의 작은 변화에 대해 함수 $f(x)$는 크게 변하지 않는다. 페르마는 그의 발견을 1629년에 완성하여 1637년에 《곡선의 최댓값, 최솟값, 접선을 구하는 방법(*Method for Determining Maxima and Minima and Tangents to Curved Lines*)》이라는 제목으로 발표하였다. 여기서 페르마의 발표날짜를 주목할 필요가 있다. 페르마가 데카르트의 굴절법칙에 관한 유도를 비판 후 데카르트는 페르마의 글을 보았기 때문에, 데카르트는 페르마의 성과에 대해 문제점을 적어 서신으로 보냈다. 데카르트는 자신의 이론에 동의하지 않는다는 이유만으로 페르마의 이론에 동의하지 않았다. 데카르트는 페르마의 방법을 자신의 연구에 대한 부록으로 보았다. 페르마가 하려던 것을 이미 했다고 생각했으며, 페르마는 자신의 연구를 개선했을 뿐이라고 데카르트는 생각하였다.

이 모든 아이러니들은 참 재미있는 일이다. 페르마가 데카르트의 굴절법칙에 관한 유도를 거부했듯이 데카르트도 페르마의 최대 최소에 관한 성과를 거부하였다. 그런데 페르마는 자신의 최대/최소 이론을 사용해서 굴절법칙을 올바르게 유도하였으며, 스넬의 법칙에 나오는 상수에 대해서도 설명을 하였다. 계속해서 페르마의 수학에 대해 살펴보자.

공학자와 과학자들은 케플러(Johannes Kepler, 1571~1603)와 함께 유명한 세 가지 행성운동법칙(three laws of planetary motion)을 떠올린다. 그러나 그의 또다른 업적은 미분 및 적분의 초기발전에 기여한 점이다. 특히 재미있는 일은 케플러가 이런 연구를 하게 된 동기이다. 1613년 두 번째 결혼 직후, 새 살림을 준비하는 과정에서 그는 와인상인들이 와인통의 부피를 어떻게 구하는지 알게 되었다. 와인상인들은 와인통의 모양과는 상관없이 와인통 윗부분 가장자리에 있는 구멍에 긴 막대기를 집어넣어 바닥까지의 대각선 길이로 와인통의 부피를 측정하였다. 물론 케플러와 같은 수학적 재능이 있는 사람에게는 이해할 수 없는 일이었다. 그래서 그는 어떻게 하면 다양한 모양을 가진 와인통의 부피를 측정할 수 있을지 생각하기 시작했다. 케플러는 1615년에 연구결과를 《와인통에 대한 새로운 기하학(*Stereometria doliorum vinariorum*)》이란 제목으로 발표하였다. 여기서 특히 흥미로운 결과가 있다. 똑같은 대각선을 갖고 있는 모든 원기둥 중에서 최대 부피를 갖는 것은 지름과 높이의 비가 $\sqrt{2}$(정유공장에서 기름을 보관하는 저장탱크 같은 다소 땅딸막한 모양)인 원기둥이다. 이 결과는 다음 장에서 뉴턴과 라이프니츠의 새로운 미적분학 예에서 계산해보자.

4.3 ▌ 페르마, 접선과 극값

제1장에서 완전제곱을 이용하여 해결한 문제는 다음과 같다. 두 수의 합이 상수 C일 때 두 수의 곱이 최대가 되도록 두 수를 구하면? 두 수를 x와 $C-x$라고 하면 그 곱은 $M=x(C-x)$이다. 페르마는 이 문제를 새로운 방법으로 접근하여 해결하였다. 등식 $M=x(C-x)$를 전개하면

$$x^2 - Cx + M = 0$$

이다. x를 구하면

$$x = \frac{C \pm \sqrt{C^2 - 4M}}{2}$$

이다. 그는 M이 최대일 때 x의 값은 유일하다고 하였다. 따라서 제곱근호 안의 식이 0이 되어야 한다. 그러면

$$M = \frac{1}{4}C^2$$

이 되어, 다음 등식을 얻는다.

$$x^2 - Cx + \frac{1}{4}C^2 = 0 = \left(x - \frac{1}{2}C\right)^2 = 0$$

이므로 $x = \frac{1}{2}C$에서 M이 최대이다.

페르마는 곡선 위의 한 점에서의 접선을 그리는 문제에도 '이중근' 아이디어를 적용하였다. 예를 들면, 그림 4.4에서 포물선 $x = -y^2$ 위의 점 $B(-s, \sqrt{s})$ (단, $s \geq 0$)에서 접선의 방정식은

$$y = mx + b$$

이다. 여기서 m은 기울기이고 b는 상수이다. 이제 이 직선과 포물선의 교점은 다음 방정식의 해이다.

$$x = -(mx + b)^2$$

이차방정식은 해는 다음과 같다.

$$x = \frac{-(2mb + 1) \pm \sqrt{(2mb + 1)^2 - 4m^2b^2}}{2m^2}$$

접선과 곡선의 교점이 하나만 존재하므로

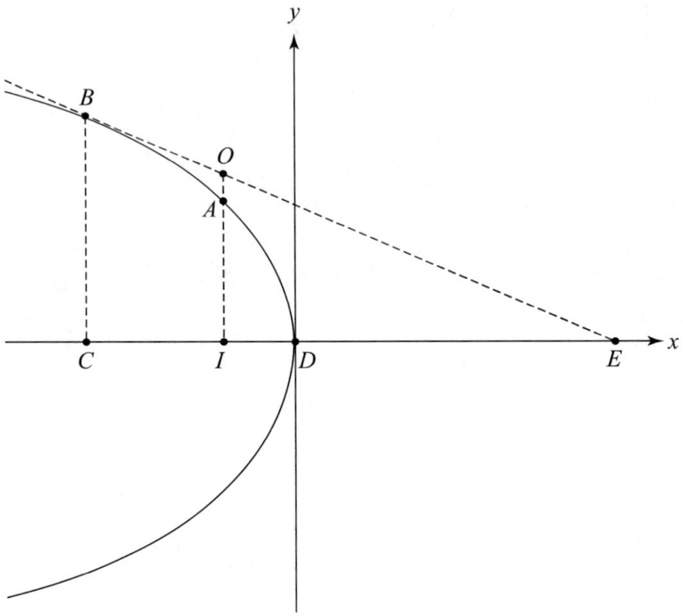

그림 4.4 포물선의 접선 작도

$$(2mb+1)^2 - 4m^2b^2 = 0$$

을 얻는다. 이 방정식을 풀면

$$b = -\frac{1}{4m}$$

이다. 그러므로 점 B는 접선 위의 점이므로 다음 방정식이 성립한다.

$$\sqrt{s} = -ms - \frac{1}{4m}$$

방정식의 해는

$$m = -\frac{1}{2\sqrt{s}} \quad (\text{그리고 } b = \frac{1}{2}\sqrt{s})$$

이다. 따라서 접선의 방정식은

$$y = -\frac{1}{2\sqrt{s}}x + \frac{1}{2}\sqrt{s}, \quad s \geq 0$$

이다.

접선을 작도하기 위해 그림 4.4처럼 접선과 x축과의 교점인 점 E만 구하면 된다. $y=0$이라 하면 점 E의 x좌표는 $x=s$이다. 그러면 포물선 $x=-y^2$의 한 점 B에서의 접선문제는 페르마에 의하면 다음과 같이 4단계로 이루어진다.

1. 점 B에서 x축에 내린 수선과 x축과의 교점을 점 C라 하자. (그림 4.4 참조)
2. 선분 $CD=s$의 길이를 구한다. 여기서 D는 좌표축의 원점이 된다.
3. 선분 DE의 길이, 역시 s가 되어 점 E를 구할 수 있다.
4. 점 B와 점 E를 직선으로 연결한다.

페르마는 나중에 그의 '이중근' 방법을 일계도함수를 0으로 두고 함수의 극값을 구하는 방법으로 수정하였다. 이 절의 처음에 시작한 예를 다시 보자. x를 두 수의 곱이 최대가 되는 값이라 하고 E를 '아주 작은' 양이라 하자. 그러면 $\hat{x}$나 $\hat{x}+E$를 사용해서 계산하면 거의 같은 결과가 된다. 즉

$$\hat{x}^2 - C\hat{x} + M \approx (\hat{x}+E)^2 - C(\hat{x}+E) + M$$

이 되어, $E\to 0$로 보내면 이 근사식은 등식이 된다. 양변을 전개하여 같은 양을 소거하면

$$0 \approx 2\hat{x}E + E^2 - CE$$

이다. 이 근사식에서 E가 아직 0이 아니기 때문에 E로 나누면

$$0 \approx 2\hat{x} + E - C$$

이다. 여기서 E로 나누는 것이 필요하다. 그렇지 않다면 $E \to 0$로 둬도 참이지만(흥미도 없고 물론 유용하지 않은) 항진 명제 $0=0$을 얻게 되기 때문이다. 나눈 후에 $E \to 0$로 두면 다음 등식

$$0 = 2\hat{x} - C$$

을 얻게 되어 $\hat{x} = \frac{1}{2}C$가 된다.

페르마는 이 방법을 $f(x) = ax^2 - x^3$ (a는 상수)처럼 더 복잡한 함수의 극값을 구하는 문제를 해결하는데 적용했다. x에서 f가 극값을 가지고 E를 '아주 작은 값'이라고 하자. 그러면

$$f(\hat{x}) \approx f(\hat{x} + E)$$

즉

$$f(\hat{x}) - f(\hat{x} + E) \approx 0$$

이다. 이 근사식은 $E \to 0$이면 등식이 된다. 따라서

$$[a\hat{x}^2 - \hat{x}^3] - [a(\hat{x} + E)^2 - (\hat{x} + E)^3] \approx 0$$

을 얻는다. 이 근사식을 전개하여 E로 나누면

$$-2a\hat{x} - aE^2 + 3\hat{x}^2 + 3\hat{x}E + E^2 \approx 0$$

이다. 그 다음 $E \to 0$을 사용하면, 이 근사식은 등식이 되어

$$-2a\hat{x} + 3\hat{x}^2 = 0 = \hat{x}(-2a + 3\hat{x})$$

이다. $\hat{x} = 0$과 $\hat{x} = \frac{2a}{3}$가 방정식의 두 근이다.

$$f(\hat{x} = 0) = 0\text{과 } f\left(\hat{x} = \frac{2a}{3}\right) = \frac{4a^3}{27}$$

을 주목하라. 그림 4.5를 참고하면 이 결과는 $\hat{x} = \frac{2a}{3}$에서 $a > 0$일 때

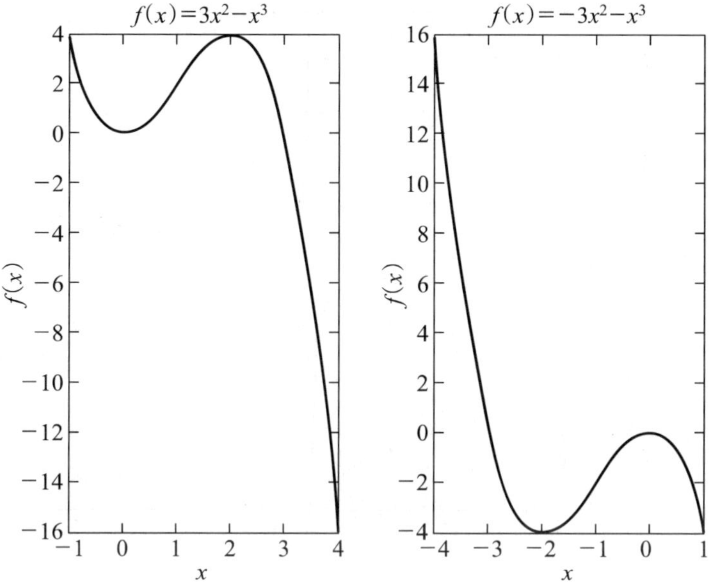

그림 4.5 극대

극댓값(왼쪽 그래프 $a=3,\ \hat{x}=2$)이 되고 $a<0$일 때 극솟값(오른쪽 그래프 $a=-3,\ \hat{x}=-2$)이 된다. 해 $\hat{x}=0$는 $a>0$이면 극솟값, $a<0$이면 극댓값이 된다. 두 $\hat{x}$의 값에 대해 a의 부호와 관계없이 $f(x)$가 $x\to\pm\infty$일 때, 최솟값과 최댓값은 없다.

$f(x)$의 극값이 국소적이라는 것을 강조하는 이유는 극값 근방에서 함수의 양상이 완전히 다르기 때문이다. 예를 들면 극솟값이 극댓값보다 큰 함수가 가능하다. 그림 4.6에서 나타난 바와 같이 함수 $f(x)=x+\dfrac{1}{x}$ (물론 $x=0$에서 불연속)는 $x=1$에서 극솟값 $f(1)=2$는 $x=-1$에서 극댓값 $f(-1)=-2$보다 크다.

페르마의 방법보다 더 복잡한 예는 파포스의 《수학집성》(정리 61)의 기하 문제에서 볼 수 있다. 이 문제를 대수적으로 나타내면 두 다항식의 비

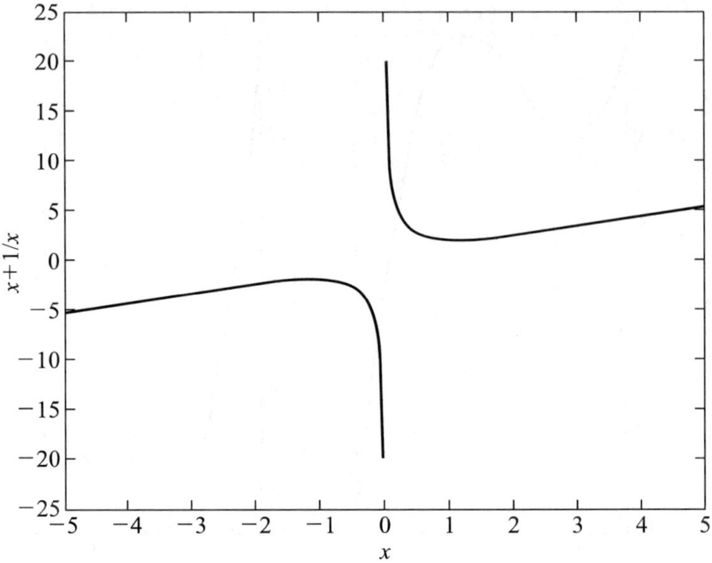

그림 4.6 '상대적인 최소>상대적인 극대'인 함수

$$\frac{(a-x)(b+x)}{x(c-x)}$$

의 최솟값을 구하는 것이다. 여기서 a, b, c는 상수이다. 이것은 쉬운 문제가 아니다! 알렉산더 존스의 번역서 《모음집(*Collection*)》 7권(Springer-verlag, 1986, p. 186)에서 원래의 기하 문제를 찾을 수 있다.

4.4 ▌ 도함수의 탄생

페르마가 오늘날 일계도함수

$$\lim_{E\to 0}\frac{f(x+E)-f(x)}{E}=\frac{dy}{dx}=f'(x)$$

라고 부르는 극한을 계산했다는 것은 분명하다(오늘날의 교과서는 이 정의에서 E 대신에 ε이나 Δx를 쓰고 있다). 이 정의는 체코의 수학자

볼차노(Bernard Bolzano, 1781~1848)에 의해 1817년에 도입하기 전에는 수학에 나타나지 않았으나 이 아이디어는 1817년 이전에 페르마의 연구에서 찾아 볼 수 있다. 사실 페르마의 방법이 출간된 1637년은 뉴턴 탄생 5년 전이며 라이프니츠 탄생 9년 전이다(두 사람은 미분의 창시자로 알려져 있다). 이 정의로부터 예를 들면 상수함수의 미분은 $df=0$(상수가 변하지 않는다!)이므로 0이 된다는 것을 알 수 있다. 물론 미분의 개념에 기여한 많은 수학자들이 있다. 예를 들어 네덜란드 수학자 요한 후드(Johann Hudde, 1628~1704)는 1659년에 다항식의 미분과 극값을 구하였다. 미분 개념의 진화에 대한 역사는 그래비너의 논문 〈변화의 변하는 개념: 페르마부터 바이어슈트라스의 도함수〉[25]에서 찾을 수 있다. 그래비너는 "도함수는 먼저 사용된 다음 발견되었고, 그 다음에는 탐색되고 발전되어 최종적으로 정의되었다."라는 말로 시작하고 있다.

도함수에 극한 정의를 사용한 예를 다음 절에서 살펴볼 것이다. x에 대한 함수 $g(x)$를 미분하는 방법을 알고자 할 때, 예를 들면 $g(x)=x$나 x^2이면 도함수는 각각 1과 $2x$이다(두 결과는 도함수의 정의로부터 구할 수 있다. 시도해보라!). 그러면 c가 상수일 때, $h(x)=\sqrt{c+g(x)}$의 도함수는 무엇인가?

도함수의 정의를 사용하면 다음과 같다.

$$\frac{dh}{dx}=\lim_{\varepsilon\to 0}\frac{h(x+\varepsilon)-h(x)}{\varepsilon}=\lim_{\varepsilon\to 0}\frac{\sqrt{c+g(x+\varepsilon)}-\sqrt{c+g(x)}}{\varepsilon}$$

이제

$$\frac{dg}{dx}=\lim_{\varepsilon\to 0}\frac{g(x+\varepsilon)-g(x)}{\varepsilon}$$

즉 근사적으로 ε은 0이 아니고 0에 '매우 근접'한다.

---

25) Judith V. Grabiner, *The Changing Concept of Change: The Derivative from Fermat to Weiestrass*, Mathematics Magazine, 1983. 9., 195~206.

$$\varepsilon\frac{dg}{dx}+g(x)\approx g(x+\varepsilon)$$

따라서

$$\begin{aligned}\frac{dh}{dx}&=\lim_{\varepsilon\to 0}\frac{\sqrt{c+g(x)+\varepsilon\frac{dg}{dx}}-\sqrt{c+g(x)}}{\varepsilon}\\&=\lim_{\varepsilon\to 0}\frac{\sqrt{\{c+g(x)\}\left\{1+\frac{\varepsilon}{c+g(x)}\frac{dg}{dx}\right\}}-\sqrt{c+g(x)}}{\varepsilon}\\&=\sqrt{c+g(x)}\lim_{\varepsilon\to 0}\frac{\sqrt{1+\frac{\varepsilon}{c+g(x)}\frac{dg}{dx}}-1}{\varepsilon}\end{aligned}$$

이다. 마지막으로 u가 '작을 때' 근사식 $\sqrt{1+u}\approx 1+\frac{1}{2}u$을 사용하면, 다음 등식을 얻는다.

$$\begin{aligned}\frac{dh}{dx}&=\sqrt{c+g(x)}\lim_{\varepsilon\to 0}\frac{1+\frac{1}{2}\frac{\varepsilon}{c+g(x)}\frac{dg}{dx}-1}{\varepsilon}\\&=\sqrt{c+g(x)}\,\frac{1}{2}\frac{1}{c+g(x)}\frac{dg}{dx}=\frac{1}{2}\frac{1}{\sqrt{c+g(x)}}\frac{dg}{dx}\end{aligned}$$

시간 t에 대한 함수 $x(t)$의 일계도함수 $\frac{dx}{dt}$와 이계도함수 $\frac{d^2x}{dt^2}$와 같은 도함수의 현대적 표기는 라이프니츠의 업적이다. 뉴턴의 표기법은 $\dot{x}(t)$과 $\ddot{x}(t)$이다. 뉴턴의 점 표기법은 오늘날 여전히 사용되고 있으나 일반적으로 공식적이진 못하다. 라이프니츠의 표기는 미분 dx, dt를 대수적 양으로 사고할 수 있는 유용한 도구이다. 예를 들면 다음 절에서 연쇄법칙을 형식적으로 유도할 때, 뉴턴의 표기가 아니라 라이프니츠의 표기를 사용할 것이다. $u(t)$와 $v(t)$를 독립변수 t에 대한 두 함수라 할 때 $f(t)=u[v(t)]$가 되어

$$\frac{df}{dt} = \frac{du}{dv}\frac{dv}{dt}$$

가 되는데 이 '이유'는 우변의 미분 dv를 소거할 수 있기 때문이다.

심지어 용어에 있어서도 뉴턴의 용어는 무시되었다. '시간의 흐름'(그의 《원리(프린키피아)》에선 흐르는(flowing) 시간이라고 쓰여 있다)에 따라 어떤 양이 변하는 정도를 측정하기 위해 뉴턴은 $x(t)$를 흐르는 양, 혹은 '유량(fluent)'이라고 지칭하고, $x(t)$가 시간에 따라 변화하는 비율(즉 $x(t)$의 미분)을 '유율(fluxion)'이라고 명명했다. 미적분학(calculus)이라는 용어의 사용도 뉴턴의 유율 방법보다는 1680년 전인 라이프니츠로 인해 시작되었다. 뉴턴 자신은 1691년경에 라이프니츠의 용어를 차용하였다.

페르마의 연구가 인정을 받지 못하는 이유는 데카르트가 페르마의 저서 《방법》의 진가를 평가하지 못한 비판 탓이라고 볼 수 있다. 이것이 모든 수학자가 미분의 발명에 대한 페르마의 기여를 인정하지 않는다는 것은 아니다. 변분법(calculus of variation)을 현대적 접근방법으로 개발한 이탈리아 태생의 프랑스 수학자 조셉 라그랑주(1736~1813)는 "페르마가 새 미적분학의 최초 발명자라 할 수 있다."라고 하였다. 프랑스의 천재 수학자 라플라스(1749~1827)는 "페르마를 미분법의 진정한 발견가로 인정함이 마땅하다."하고 주장했다. 그러나 현재 역사학자들은 뉴턴이나 라이프니츠가 광범위하게 미적분법을 개발했으며, 그들이 복잡한 함수의 미분에 대한 일반적인 공식을 발견하는데 반해, 페르마의 계산은 범위 면에서 꽤 제한적이었다는 것을 지적하면서, 라그랑주와 라플라스의 견해에 반대하고 있다. 그럼에도 불구하고 트렌차드(Lewis Trenchard)가 1934년에 발간한 뉴턴의 전기에서 공개되지 않은 뉴턴의 편지에 뉴턴이 미분의 발명을 페르마의 공로로 돌리고 있다는 것을 발견하였다고 저술하였다. 즉 185쪽에 "나는 접선을 그려 방정식을 이용하는 페르마의 방법에서 힌트를 얻어 그것을 일반화했다."라고 쓰여 있다.

뉴턴이 왜 이런 말을 사용했는지 알기 위해 우리는 그림 4.4에 나타난 포물선 $x=-y^2$을 다시 살펴보자. 페르마가 점 B에서의 접선을 그릴 때 점 B를 지나면서 x축과의 교점을 점선으로 표시했음을 떠올려보자. 점 B에서 x축에 수선을 내리면 점 C와 만나게 되고 이제 접선을 그리는 문제는 점 E의 위치를 구하는 문제, 즉 선분 CE의 길이를 구하는 문제가 된다. 이 문제를 해결하기 위한 페르마의 방법(그의 '이중근' 방법 다음에 개발된)은 접선의 점(점 B와 점 E 사이) O를 택하여 점 O에서 x축에 수선(점 I)을 그린다. 점 A를 이 수선과 포물선과의 교점이라 하자. 이 곡선의 방정식(점 D는 원점)으로부터 다음과 같은 거리 관계식을 얻을 수 있다.

$$\overline{CD}=(\overline{BC})^2,\quad \overline{ID}=(\overline{AI})^2$$

그리고

$$\frac{(\overline{BC})^2}{(\overline{AI})^2}=\frac{\overline{CD}}{\overline{ID}}$$

$\overline{OI}>\overline{AI}$이므로

$$\frac{(\overline{BC})^2}{(\overline{OI})^2}<\frac{\overline{CD}}{\overline{ID}}$$

이다.

닮은 삼각형이므로 다음이 성립한다.

$$\frac{\overline{BC}}{\overline{CE}}=\frac{\overline{OI}}{\overline{IE}}$$

또는

$$\frac{(\overline{BC})^2}{(\overline{OI})^2}=\frac{(\overline{CE})^2}{(\overline{IE})^2}$$

따라서

$$\frac{(\overline{CE})^2}{(\overline{IE})^2} < \frac{\overline{CD}}{\overline{ID}}$$

이다. 이제 $\overline{CD}=d$, $\overline{CE}=a$, $\overline{CI}=e$라 하자. 점 B(따라서 점 C)가 주어졌으므로 페르마는 d의 값을 알 수 있었으나, 페르마가 계산하려고 했던 값은 a이다. 반면 e의 값은 O(I가 결정되므로 $\overline{CI}$가 결정된다)의 선택에 따라 달라진다. 어떤 경우라도 $\overline{ID}=\overline{CD}-\overline{CI}=d-e$와 $\overline{IE}=\overline{CE}-\overline{CI}=a-e$를 얻게 된다. 따라서

$$\frac{a^2}{(a-e)^2} < \frac{d}{d-e}$$

또는

$$a^2(d-e) < d(a-e)^2$$

이다. 이를 정리하면 다음과 같다.

$$2ade < a^2e + de^2$$

페르마는 점 O를 점 B에 접근시키면 점 I가 점 C로 접근하게 되어 $e \to 0$이 된다. 하지만 $e \neq 0$이므로 e로 나누면 다음 부등식을 얻는다.

$$2ad < a^2 + de$$

$e \to 0$일 때, 이 부등식은 등식이 되어(그림 4.4로부터 자명하다) $2ad = a^2$, 즉 $d(=\overline{CD}) = \frac{1}{2}a\left(=\frac{1}{2}\overline{CE}\right)$이다. 물론 이것은 페르마가 이중근 방법을 이용한 결과와 같으며, 뉴턴에게 영감을 준 바로 그 방법이다.

그러나 이 방법이 일반적이 아니라고 생각한 데카르트에게 영감을 주지 못했다. 그는 $y=y(x)$로 표현 가능한 경우에만 성립한다고 믿었다. 페르마(및 다른 학자)에게 페르마의 방법이 포물선 이외의 더 복잡한 곡선의 경우에는 적용할 수 없을 것이라는 것을 납득시키기 위해, 1638년에 데카르트는 페르마에게 곡선 $x^3+y^3=3axy$(a는 양의 상수)에

적용해보라고 하였다. 이 방정식의 x와 y를 $y=y(x)$꼴로 분리할 수 없음에 주목하자. 부언하면 데카르트는 이 곡선에 접선을 올바르게 그리지 못했다는 사실과 더불어, 페르마가 이 곡선의 접선을 쉽게 그렸다는 사실은 놀라운 것이다. 오늘날 이 곡선은 '데카르트의 엽선(folium)'으로 알려져 있다.

4.5 ▌ 변화율과 접선

함수 $f(x)$의 도함수와 곡선 $y=f(x)$의 접선 사이의 밀접한 연관성은 뉴턴에 의해 방정식 $f(x)=0$의 해를 계산하는 데 사용되었다. 잘 알려져 있듯이, $f(x)$가 5차 이상의 방정식이면 해석적 해가 일반적으로 존재하지 않는다. '뉴턴의 방법'이라고 불리는 것은 방정식의 차수와 관계없이 $f(x)$가 무한 차수의 다항식, 예를 들어 $f(x)=x-\cos x$인 경우에도 신속하게 $f(x)=0$의 해를 찾을 수 있는 반복적인 수치적 방법이다. 뉴턴은 1671년 그의 저서 《*Methodus fluxionum et serierum infinitarum*》에서 이 방법의 발견에 대해 기술하고 있다. 그러나 이 책은 1736년에야 비로소 출판되었다. 한편, 1690년 영국의 수학자 요셉 라프슨(Joseph Raphson, 1648~1715)은 그의 《*Analysis aequationum universalis*》를 통해 동일한 방법을 발표하였다. 현대의 미적분 교재에서 뉴턴과 라프슨 두 사람을 모두 기리기 위해 이 방법을 뉴턴-라프슨 방법이라고 명명한다.

뉴턴-라프슨 방법 이면에 존재하는 기하적 아이디어를 이해하기 위해, 뉴턴이 《유율법(*Method of Fluxions*)》에서 사용했던 연속함수 $f(x)=x^3-2x-5$를 살펴보자. 여기서 $f(2)$와 $f(3)$이 서로 반대 부호를 가지므로 2와 3 사이에 $f(\hat{x})=0$이 되는 $x=\hat{x}$가 존재할 것이다. $f(x)$의 그래프를 나타내는 그림 4.7을 보면, $\hat{x}$가 실제로 2와 2.5 사이에 존재한다. 하지만 여기서 우리는 $\hat{x}$을 훨씬 정확하게 구하려고 한다

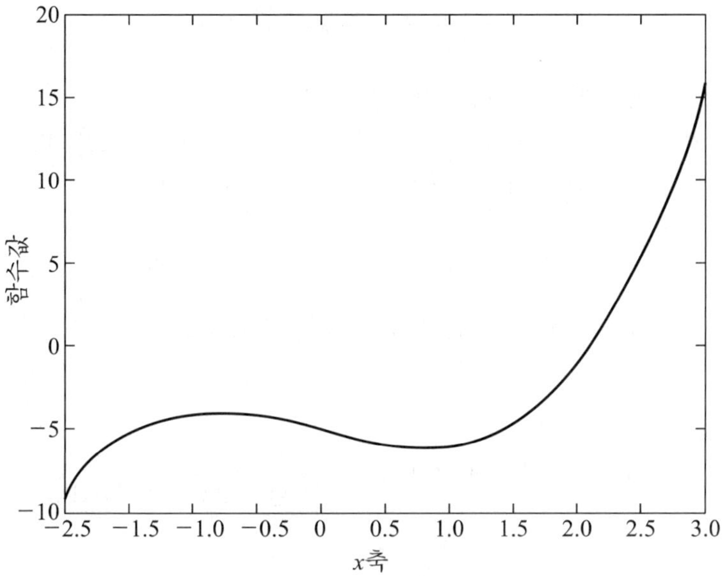

그림 4.7 뉴턴의 함수

면 어떻게 해야 할까?

뉴턴-라프슨 방법은 그 극한이 $\hat{x}$이 되는 x_n $(n=1,\ 2,\ 3,\ \cdots)$값의 수열을 만들어 낸다. 즉 뉴턴-라프슨 방법은 x_k값이 주어졌을 때, $\hat{x}$에 좀더 가까운 x_{k+1}을 계산해준다. 뉴턴-라프슨 방법은 x_{k+1}을 이용하여 x_{k+2}을 계산하고 원하는 정확도에 도달할 때까지 이 과정을 되풀이한다. 다음은 이 방법에 대한 설명이다.

$x=x_n$에서 $f(x)$의 도함수는 $f'(x_n)$이고, 이것은 $x=x_n$에서 $y=f(x)$에 접하는 직선의 기울기이다. 따라서 이 접선은 다음과 같은 방정식으로 표현할 수 있다.

$$y=f'(x_n)x+b \quad (b\text{는 상수})$$

이때, $x=x_n$에서 $y=f(x_n)$이므로 $f(x_n)=f'(x_n)x_n+b$이고, 따라서 $b=f(x_n)-f'(x_n)x_n$이다. 결국 접선의 방정식은 다음과 같다.

$$y = f'(x_n)x + f(x_n) - f'(x_n)x_n$$

이 접선은 $\hat{x}$에 대한 다음 번 근사값인 $x = x_{n+1}$에서 x축과 만난다(대부분의 경우 근사값에서의 오차는 줄어들지만 항상 그런 것은 아니다[그림 4.8의 (a)와 (b) 참조]). 따라서 다음과 같다.

$$0 = f'(x_n)x_{n+1} + f(x_n) - f'(x_n)x_n$$

또한 x_{n+1}에 대해 풀면, 다음의 결과를 얻게 된다.

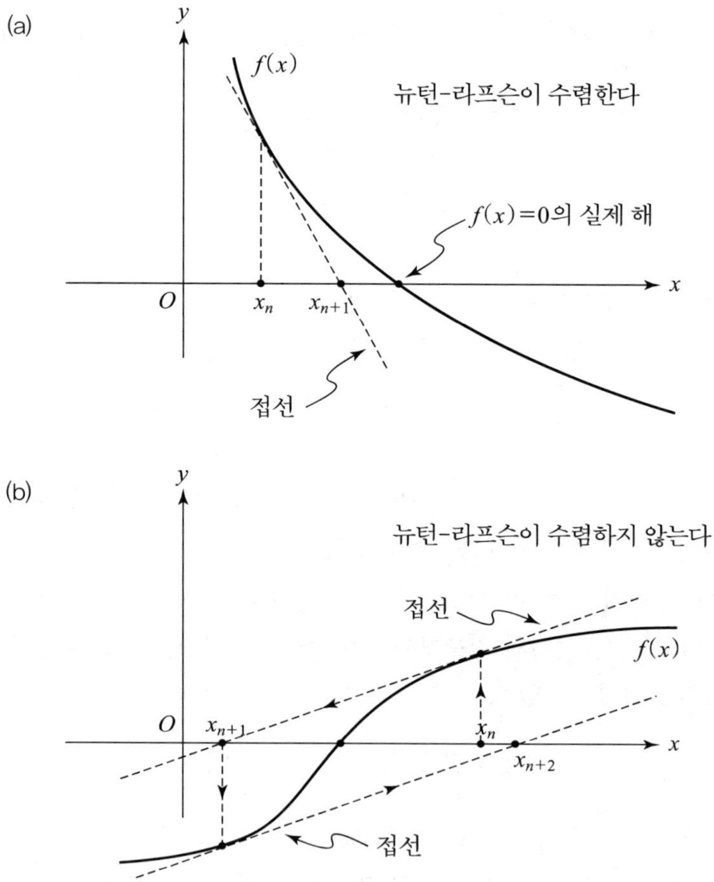

그림 4.8 뉴턴-라프슨 방법의 기하

$$x_{n+1} = x_n - \frac{f(x_n)}{f(x_{n+1})}$$

위에 제시한 뉴턴의 예에서, $f'(x) = 3x^2 - 2$이므로 $f(x) = 0$의 해를 구하기 위한 귀납적 관계식은 다음과 같다.

$$x_{n+1} = x_n - \frac{x_n^3 - 2x_n - 5}{3x_n^2 - 2} = \frac{2x_n^3 + 5}{3x_n^2 - 2}$$

이제 이 알고리즘을 사용하기 위해 필요한 것은 수열 x_n의 초기값, 즉 x_0이다. 앞에서 $f(2)$와 $f(3)$이 반대부호라는 사실을 언급하였으므로 적당한 초기값으로 2를 선택할 수 있다. 이 초기값으로 위의 알고리즘에 의해 만들어지는 일련의 값들은 다음과 같다.

$$\begin{aligned}
x_1 &= 2.1 \\
x_2 &= 2.09456812110419 \\
x_3 &= 2.09455148169820 \\
x_4 &= 2.09455148154233 \\
x_5 &= 2.09455148154233
\end{aligned}$$

위의 알고리즘을 이용하여 네 번째 근사값만 구해도 이미 10^{-10}보다 오차가 작은 $\hat{x}$의 근사값을 구할 수 있다. 뉴턴-라프슨 방법 그 자체는 단순히 산술적이지만, 그 방법은 근본적으로 주어진 함수의 도함수와 함수의 접선 사이의 연관성에 기초한다.

비교적 최근의 학설에 따르면, 이 방법은 뉴턴이나 라프슨의 이름을 따라서는 안 된다. 지금 예시한 방법은 반복적이며 변화율 개념을 사용하고 있다. 3차식의 해를 구하는 뉴턴의 계산방법에는 이 가운데 어떤 특징도 반영되어 있지 않으며, 라프슨의 방법은 회귀적이나 변화율을 사용하지 않는다. 사실 이 현대적 알고리즘은 영국의

수학자 심프슨(Thomas Simpson, 1710~1761)이 1740년에 발표하였다. 현대의 교재에 실리지 않은 수학사에 대한 흥미로운 이야기에 대해 좀더 알기 원하면 콜러스트롬(Nick Kollerstrom)의 《토마스 심프슨과 '뉴턴의 근사방법': 계속되는 신화》[26]를 참조한다.

페르마는 실제로 발견을 하지는 못했지만 변화율의 발견에 매우 근접하였다. 매우 근소한 차이로 발견을 놓쳤지만, 미적분학의 발견자로 인정받기에 충분한 업적을 이룩하였다. 페르마가 최종적으로 스넬의 법칙을 유도하여 완성하는 방법을 다루는 다음 절에서 예시하듯이, 페르마 역시 그 마지막 단계를 거칠 수 있었다.

변화율과 접선 사이의 관련성에 대한 마지막 예로써, 함수 $f(x) = \ln(x)$의 도함수를 계산하는 문제를 생각하자. 페르마의 아이디어를 이용하여, 다음과 같이 쓸 수 있다.

$$\frac{df}{dx} = \lim_{\Delta x \to 0} \frac{\ln(x+\Delta x) - \ln(x)}{\Delta x} = \lim_{\Delta x \to 0} \frac{\ln\left(\dfrac{x+\Delta x}{x}\right)}{\Delta x}$$
$$= \lim_{\Delta x \to 0} \frac{1}{\Delta x} \cdot \ln\left(1 + \frac{\Delta x}{x}\right) = \lim_{\Delta x \to 0} \ln\left(1 + \frac{\Delta x}{x}\right)^{\frac{1}{\Delta x}}$$

$\lim\limits_{s \to \infty}\left(1 + \left(\dfrac{a}{s}\right)\right)^s = e^a$임을 상기하자. 만일 이 관계식이 기억나지 않는다면, 이항정리를 이용하여 유도하는 방법이 엘리 마오(Eli Maor)의 《e: 수 이야기》[27]에 소개되어 있다. 따라서 $s = \dfrac{1}{\Delta x}$이고 $a = \dfrac{1}{x}$라고 하면, 다음이 성립한다.

---

26) Nick Kollerstrom, *Thomas Simpson and 'Newton's Method of Approximation': An enduring myth*, The British Journal for the History of Science, September 1992, pp. 347~54.

27) Eli Maor, *e: The story of a number*, Princeton University Press, 1994, p. 35.

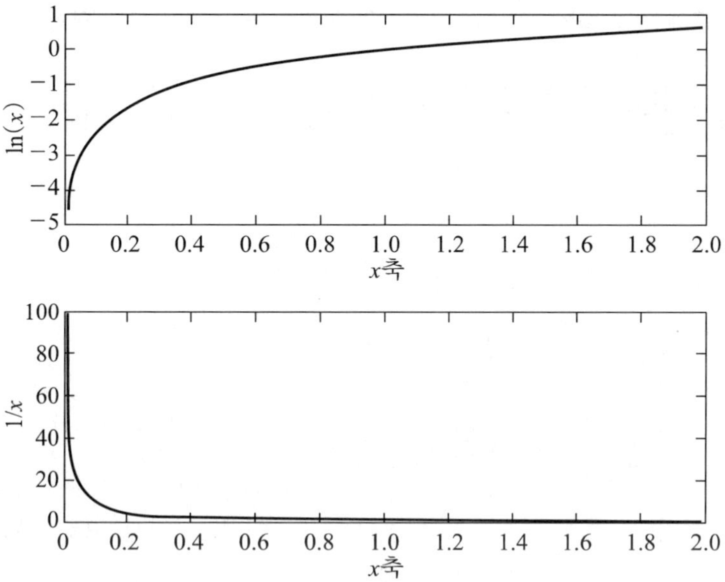

그림 4.9 자연로그 함수와 그 도함수

$$\frac{d}{dx}\ln(x) = \lim_{\Delta x \to 0} \ln\left(1+\frac{\Delta x}{x}\right)^{\frac{1}{\Delta x}} = \lim_{s\to\infty}\ln\left(1+\frac{\frac{1}{x}}{s}\right)^{s}$$
$$= \ln\left(e^{\frac{1}{x}}\right) = \frac{1}{x}$$

그림 4.9는 $\ln(x)$와 $\frac{1}{x}$의 그래프를 보여주는데 그래프로부터 '$\frac{1}{x}$이 $\ln(x)$의 기울기처럼 보인다'는 것이 분명하다. 이 결과를 이용하여 다음 장의 시작 부분에서 유명한 '수학 퍼즐 문제'의 답을 구할 수 있을 것이다.

미분 규칙으로부터 알 수 있는 귀중한 것 가운데 하나는 합성함수를 미분하는 방법이다. 예를 들어, $\ln(x)$의 도함수를 배웠는데, $v(x)=x$가 아닌 임의의 함수에 대해 $\ln\{v(x)\}$의 도함수는 무엇인가? 예를 들어, $\ln\{\ln(x)\}$의 도함수는 무엇인가? 변화율의 정의는 답하는 데 중요한 역할을 한다. $u=u(x)$이고 $v=v(x)$라고 가정하고, $u(x)$와 $v(x)$

는 미분가능하다고 하자. $u\{v(x)\}$의 도함수를 구하는 식은 다음과 같다.

$$\frac{du}{dv}=\lim_{\Delta v\to 0}\frac{u(v+\Delta v)-u(v)}{\Delta v} \text{과} \quad \frac{dv}{dx}=\lim_{\Delta x\to 0}\frac{v(x+\Delta x)-v(x)}{\Delta x}$$

또는

$$\begin{aligned}&\frac{d}{dx}u\{v(x)\}\\&=\lim_{\Delta x\to 0}\frac{u\{v(x+\Delta x)\}-u\{v(x)\}}{\Delta x}\\&=\lim_{\Delta x\to 0}\frac{u\{v(x+\Delta x)\}-u\{v(x)\}}{v(x+\Delta x)-v(x)}\cdot\frac{v(x+\Delta x)-v(x)}{\Delta x}\end{aligned}$$

이제 정의에 의해 $\Delta v=v(x+\Delta x)-v(x)$이고, 따라서 $v(x+\Delta x)=v(x)+\Delta v$가 되어 위의 식을 다음과 같이 바꿀 수 있다.

$$\begin{aligned}&\frac{d}{dx}u\{v(x)\}\\&=\lim_{\Delta x\to 0}\frac{u\{v(x)+\Delta v)\}-u\{v(x)\}}{\Delta v}\cdot\frac{v(x+\Delta x)-v(x)}{\Delta x}\end{aligned}$$

$\Delta x\to 0$일 때, $\Delta v\to 0$이므로, 흔히 라이프니츠가 1676년 발견한 연쇄법칙이라고 불리는 다음의 결과를 얻게 된다.

$$\begin{aligned}&\frac{d}{dx}u\{v(x)\}\\&=\lim_{\Delta v\to 0}\frac{u(v+\Delta v)-u(v)}{\Delta v}\cdot\lim_{\Delta x\to 0}\frac{u(x+\Delta x)-v(x)}{\Delta x}\\&=\frac{du}{dv}\cdot\frac{dv}{dx}\end{aligned}$$

이 규칙은 제1장에서 최소 탈출 속도문제를 해결할 때 사용한 바 있고, 다음 장에서 1686년에 제기된 유명한 문제를 해결하는데 적용할 것이다.

이제, $\ln\{v(x)\}$를 미분하는 방법에 대한 원래의 질문으로 돌아가서, $u=\ln(v)$이고 $v(x)=\ln(x)$라고 하면,

$$\frac{d}{dx}\ln\{v(x)\} = \frac{d}{dv}\ln(v)\cdot\frac{dv}{dx} = \frac{1}{v}\frac{dv}{dx}$$

이다. 예를 들어, $v(x)=\ln(x)$라고 하면

$$\frac{d}{dx}\ln\{\ln(x)\} = \frac{1}{\ln(x)}\cdot\frac{1}{x} = \frac{1}{x\ln(x)} \quad (x>1)$$

이 된다.

그리고 마지막으로 위의 결과로부터, $f(x)=e^x$의 도함수를 구할 수 있다. 즉 $x=\ln f(x)$이면

$$\frac{d}{dx}x = 1 = \frac{d}{dx}\ln\{f(x)\}$$

이다. 그러나 합성함수에 대한 결과에 따르면

$$\frac{d}{dx}\ln\{f(x)\} = \left\{\frac{d}{df}\ln(f)\right\}\cdot\left\{\frac{df}{dx}\right\} = \frac{1}{f}\frac{df}{dx}$$

이므로 $1=\frac{1}{f}\frac{df}{dx}$이다. 또는 $\frac{df}{dx}=f$, 즉 $\frac{d}{dx}e^x=e^x$이다. 지수함수는 자기 자신이 도함수가 된다.

이와 같은 지수함수의 독특한 성질로부터 즉각적으로 얻을 수 있는 유용한 결과 두 가지는 쌍곡함수의 도함수이다. 따라서 상수 A에 대해

$$f(x) = \cosh(Ax) = \frac{e^{Ax}+e^{-Ax}}{2}$$
$$g(x) = \sinh(Ax) = \frac{e^{Ax}-e^{-Ax}}{2}$$

이면,

$$\frac{df}{dx} = \frac{d}{dx}\cosh(Ax) = \frac{Ae^{Ax}-Ae^{-Ax}}{2} = A\sinh(Ax)$$

$$\frac{dg}{dx} = \frac{d}{dx}\sinh(Ax) = \frac{Ae^{Ax} + Ae^{-Ax}}{2} = A\cosh(Ax)$$

이다. 이 공식들은 제6장에서 유용하게 쓰일 것이다.

4.6 ▍ 스넬의 법칙과 최소 시간의 원리

굴절에 관한 스넬의 법칙을 물리적으로 정확하게 유도하는 방법을 찾는 페르마의 풀이는 굴절의 법칙에 대한 헤론의 유도방법을 일반화하는 것에서 기인한다. 헤론의 최소 경로 길이에 대한 기준은 굴절의 경우에 적용되지 않는다. 그 이유는 헤론의 최소 경로는 그림 4.10에서 보는 바와 같이 A와 B를 직선으로 잇는 경우에 해당하기 때문이다. 페르마의 일반화는 반사와 굴절 모두를 설명할 수 있는 정확한 경로가 최소 시간의 경로라는 것을 주장하는 것이다. 빛이 항상 동일한 매질 속에서

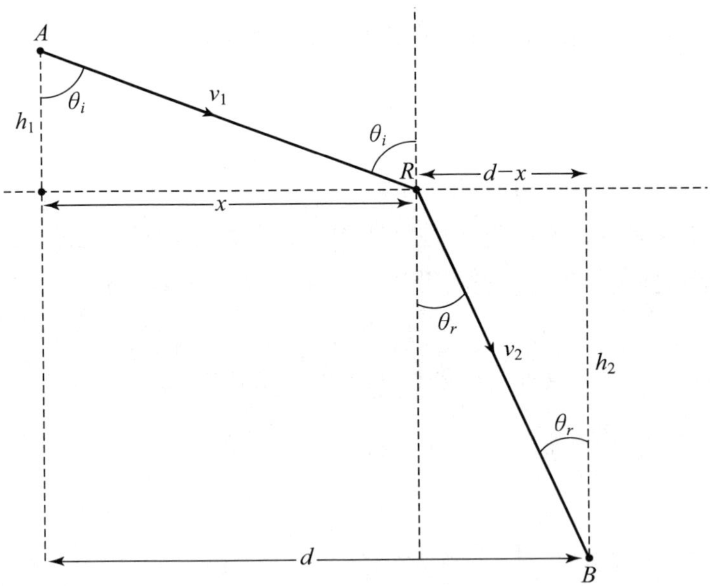

그림 4.10 스넬의 법칙의 기하

반사되는 경우 최소 길이를 만드는 경로와 최소 시간을 만드는 경로는 동일하다. 그러나 굴절의 경우, 두 경로는 달라지며 최소 시간 경로가 실제 경로가 된다. 그렇다면 그림 4.10에서, A부터 B까지 총 이동시간은

$$T = \frac{\sqrt{h_1^2 + x^2}}{v_1} + \frac{\sqrt{h_2^2 + (d-x)^2}}{v_2}$$

이다.

페르마의 수학적 문제는 T를 최소화하는 $x = \hat{x}$를 결정하는 것이다. 페르마가 미분학의 창시자로 인식되지 않는 이유 가운데 하나는 '작은' E에 대해 $f(\hat{x}+E) \approx f(\hat{x})$이라는 그의 기본적 아이디어를 다항식보다 복잡한 함수(예를 들어, 공식 T에 나타나는 제곱근)에 적용하여 규칙을 발견하는 것에 실패했기 때문이다. 그러나 페르마는 독특한 대수적 조작을 통해 이 문제를 해결할 수 있었다. 다음이 그 방법이다.

그림 4.10에서 다음 관계를 관찰하는 것으로부터 출발하자.

$$\sin(\theta_1) = \frac{x}{\sqrt{h_1^2 + x^2}}$$
$$\sin(\theta_r) = \frac{d-x}{\sqrt{h_2^2 + (d-x)^2}}$$

그러면 '거의 0에 가까운' E에 대해 $T(\hat{x}) - T(\hat{x}+E) \approx 0$이라는 사실을 이용하여, 다음을 알 수 있다.

$$\left[\frac{\sqrt{h_1^2 + \hat{x}^2}}{v_1} + \frac{\sqrt{h_2^2 + (d-\hat{x})^2}}{v_2}\right] - \left[\frac{\sqrt{h_1^2 + (\hat{x}+E)^2}}{v_1} + \frac{\sqrt{h_2^2 + (d-\hat{x}-E)^2}}{v_2}\right] \approx 0$$

이제 두 번째 괄호 안의 첫 번째 항에 있는 제곱근에 주목한다. E가 '거의 0'이므로 E^2은 '0에 더 가깝다'이다. 따라서 다음과 같이 쓸 수 있다.

$$\begin{aligned}\sqrt{h_1^2+(\hat{x}+E)^2} &= \sqrt{h_1^2+\hat{x}^2+2\hat{x}E+E^2} \approx \sqrt{h_1^2+\hat{x}^2+2\hat{x}E} \\ &= \sqrt{(h_1^2+\hat{x}^2)\left(1+\frac{2\hat{x}E}{h_1^2+\hat{x}^2}\right)} \\ &= \sqrt{1+\frac{2\hat{x}E}{h_1^2+\hat{x}^2}}\sqrt{h_1^2+\hat{x}^2}\end{aligned}$$

u가 '작을 때', 근사식 $\sqrt{1+u} \approx 1+\frac{1}{2}u$이므로

$$\sqrt{h_1^2+(\hat{x}+E)^2} \approx \left[1+\frac{\hat{x}E}{h_1^2+\hat{x}^2}\right]\sqrt{h_1^2+\hat{x}^2}$$

이고, 이 과정을 두 번째 근호에서 반복하면 ($\sqrt{1-u} \approx 1-\frac{1}{2}u$를 이용하여) 다음의 결과를 얻는다.

$$\sqrt{h_2^2+(d-\hat{x}-E)^2} \approx \left[1-\frac{(d-\hat{x})E}{(d-\hat{x})^2+h_2^2}\right]\sqrt{h_2^2+(d-\hat{x})^2}$$

따라서

$$\begin{aligned}T(\hat{x})-T(\hat{x}+E) &= \left[\frac{\sqrt{h_2^2+\hat{x}^2}}{v_1}-\frac{\sqrt{h_1^2+(\hat{x}+E)^2}}{v_1}\right] \\ &\quad+\left[\frac{\sqrt{h_2^2+(d-\hat{x})^2}}{v_2}-\frac{\sqrt{h_2^2+(d-\hat{x}-E)^2}}{v_2}\right] \\ &\approx \frac{\sqrt{h_1^2+\hat{x}^2}}{v_1}\left[1-\left\{1+\frac{\hat{x}E}{h_1^2+\hat{x}^2}\right\}\right] \\ &\quad+\frac{\sqrt{h_2^2+(d-\hat{x})^2}}{v_2}\left[1-\left\{1-\frac{(d-\hat{x})E}{(d-\hat{x})^2+h_2^2}\right\}\right] \\ &= \frac{\sqrt{h_2^2+(d-\hat{x})^2}}{v_2}\cdot\frac{(d-\hat{x})E}{(d-\hat{x})^2+h_2^2}-\frac{\sqrt{h_1^2+\hat{x}^2}}{v_1}\cdot\frac{\hat{x}E}{h_1^2+\hat{x}^2} \\ &\approx 0\end{aligned}$$

이다. 그 다음(위의 식이 정확히 0이 되지는 않지만)으로 위의 등식 양변을 E로 나누어 E가 소거되었다고 가정하면 다음 등식을 얻게 된다.

$$\frac{\sqrt{h_2^2+(d-\hat{x})^2}}{v_2}\cdot\frac{(d-\hat{x})}{(d-\hat{x})^2+h_2^2}=\frac{\sqrt{h_1^2+\hat{x}^2}}{v_1}\cdot\frac{\hat{x}}{h_1^2+\hat{x}^2}$$

또는

$$\frac{1}{v_2}\cdot\frac{d-\hat{x}}{\sqrt{h_2^2+(d-\hat{x})^2}}=\frac{1}{v_1}\cdot\frac{\hat{x}}{\sqrt{h_1^2+\hat{x}^2}}$$

이 된다. 그러나 이 등식은 바로

$$\frac{1}{v_2}\sin(\theta_r)=\frac{1}{v_1}\sin(\theta_i)$$

또는, 드디어

$$\frac{\sin(\theta_i)}{\sin(\theta_r)}=\frac{v_1}{v_2}=\text{상수}$$

라고 정리할 수 있다. 이미 익숙한 스넬의 법칙이지만 페르마가 올바른 상수를 구했다는 것을 알 수 있다. 스넬의 법칙에서 상수가 1보다 크기 때문에 데카르트는 자신이 발견한 상수 $\frac{v_2}{v_1}$(이 상수는 페르마가 발견한 상수 $\frac{v_1}{v_2}$의 역수이다.)에 적용하여 v_2(물 속에서의 빛의 속도)$> v_1$(공기 중에서의 빛의 속도)라고 결론내렸다. 하지만 이 결론은 $v_2 < v_1$인 페르마의 결론과 반대이다.

페르마는 최소시간의 원리를 발견한 것에 매우 놀라워하면서도 기뻐했는데 그 이유는 최소 시간의 원리를 통해 데카르트의 결과가 어떻게 자신의 실험과 일치하는지 설명할 수 있었으며, 동시에 다른 매질에서의 빛의 속도에 대하여 데카르트와 다르다는 것을 알 수 있었기 때문이다. 하지만 스넬의 법칙을 발견하기 위해서 T의 도함수가 0과 같다는 방법을 사용하지 않은 페르마의 계산 방법은 현대의 학생들에게 매우 당혹스러울 것이다. 페르마가 왜 그랬을까? 앞서 언급했듯이 페르마는 도함수를 0과 같다고 하는 방법을 몰랐기 때문이다. 하지만 페르마의 계산 방법은 이와 매우 비슷하였다.

실제로, 페르마의 문제에 대한 일반적인 미분 공식을 전개하는 것은 어렵지 않으며, 1682년 6월에 라이프니츠는 다음의 분석을 행하였다. c_1과 c_2가 상수일 때, 그 형식은 다음과 같다.

$$g(x) = c_1 + (c_2 - x)^2$$
$$h(x) = \sqrt{c + g(x)}$$

4.4절에서 $h(x)$를 어떻게 미분하는지 보았다. $g(x)$를 미분하기 위해 (페르마의 기본 아이디어를 이용하여) 다음과 같이 현대적 표기로 나타낼 수 있다.

$$\frac{dg}{dx} = \lim_{\varepsilon \to 0} \frac{g(x+\varepsilon) - g(x)}{\varepsilon}$$

따라서

$$\begin{aligned}
\frac{dg}{dx} &= \lim_{\varepsilon \to 0} \frac{[c_1 + \{c_2 - (x+\varepsilon)\}^2] - [c_1 + (c_2 - x)^2]}{\varepsilon} \\
&= \lim_{\varepsilon \to 0} \frac{[c_1 + c_2^2 - 2c_2(x+\varepsilon) + (x+\varepsilon)^2] - [c_1 + c_2^2 - 2c_2 x + x^2]}{\varepsilon} \\
&= \lim_{\varepsilon \to 0} \frac{-2c_2(x+\varepsilon) + (x+\varepsilon)^2 + 2c_2 x - x^2}{\varepsilon} \\
&= \lim_{\varepsilon \to 0} \frac{-2c_2 x - 2c_2\varepsilon + x^2 + 2x\varepsilon + \varepsilon^2 + 2c_2 x - x^2}{\varepsilon} \\
&= \lim_{\varepsilon \to 0} \frac{-2c_2\varepsilon + 2x\varepsilon + \varepsilon^2}{\varepsilon} = \lim_{\varepsilon \to 0}(-2c_2 + 2x + \varepsilon) \\
&= -2(c_2 - x)
\end{aligned}$$

이다. 4.4절로부터 다음을 구할 수 있다.

$$\frac{dh}{dx} = \frac{1}{2} \cdot \frac{1}{\sqrt{c+g(x)}} \cdot \frac{dg}{dx}$$

이 공식들을 이용하여 T를 구할 수 있다.

$$T = \frac{\sqrt{h_1^2 + x^2}}{v_1} + \frac{\sqrt{h_2^2 + (d-x)^2}}{v_2}$$

그리고 라이프니츠가 했듯이 다음과 같이 쓸 수 있다.

$$\begin{aligned}\frac{dT}{dx} &= \frac{1}{2} \cdot \frac{1}{v_1} \cdot \frac{1}{\sqrt{h_1^2 + x^2}}[2x] \\ &\quad + \frac{1}{2} \cdot \frac{1}{v_2} \cdot \frac{1}{\sqrt{h_2^2 + (d-x)^2}}[-2(d-x)] \\ &= 0\end{aligned}$$

또는 다음과 같이 된다.

$$\frac{x}{v_1\sqrt{h_1^2 + x^2}} - \frac{d-x}{v_2\sqrt{h_2^2 + (d-x)^2}} = 0$$

$\sin(\theta_i)$와 $\sin(\theta_r)$에 관한 관계식으로부터, 위의 식은 $\frac{\sin(\theta_i)}{\sin(\theta_r)} = \frac{v_1}{v_2}$라는 스넬의 법칙으로 환원될 수 있다.

페르마의 최소 시간 원리는 많은 사람들에게 수학 외적인 문제로 인식되었고, 아마도 물리 외적인 문제로 생각되었을 것이다. 물론 최소 거리의 원칙으로부터 굴절의 법칙을 유도한 헤론, 역시 동일한 비판의 대상이 되었다. 그리고 명백히 최소 거리는 동일한 매질 속에서 최소 시간과 동등한 것이므로 헤론이 발견한 원리는 페르마가 발견한 원리의 특별한 경우에 불과하다. 학생들은 항상 어떻게 빛이 출발하는 순간에 어떤 경로로 최소 거리(시간)가 됨을 '아는지' 그 방법을 알기 원한다. 이는 빛에 선견지명이 있기를 요구하는 것 같아 보인다. 빛이 어떻게 '아는지'를 설명하는 양자 역학이 발달하기 이전에, 페르마의 원리는 민음에 기초하여 받아들여져야 했고, 이는 많은 사람들에게 지나친 요구였다. 페르마 자신은 빛이 출발하기 전에 이미 어디로 가야 할지 알고 있어야 한다는 가정하에 최소 시간 원리를 받아들였다. 페르마는 자신의 발견에 대한 비판으로 다음과 같이 답하였다. "나는 내가 자연의 비밀스러운 움직임에 참여하는 것처럼 가장하지 않는다. 자연은 난해하고 숨겨진 길을 통해 일한다…."

사실, 최소 시간에 대한 페르마의 원리가 항상 정확한 것은 아니다. 페르마의 원리를 현대적으로 진술한다면 빛이 따르는 경로는 고정되어 있다고 할 수 있고, 이는 빛의 경로에서 사소한 편차가 경과시간을 변화시키지 않음을 의미한다. 빛의 경로는 실제로 최소 시간의 경로로 이어질 수 있지만, 또 다른 가능성은 최대 시간이 소요되는 경로이다! 그런 일이 어떻게 생길 수 있는지 보기 위해, 그림 4.11에서처럼 타원체 거울의 중심에 있는 빛의 근원을 상상해보자. 거울 주위를 따라 빛을 중심 O로 반사시키는 네 점(A, B, C, D)이 있다. 그 중 두 점 A와 B는 최소 시간 경로이고, 다른 두 점 C와 D는 최대 시간 경로이다.

최소 시간 원리에 대해 페르마가 받은 비판은 모페르튀(Pierre Louis Moreau de Maupertuis, 1698~1759)의 최소 작용의 원리에 쏟아진 비판에 비하면 경미한 것이었다. 옛날 사람들은 (페르마 그리고 헤론보다 훨씬 이전 사람들) 신이 창조한 우주는 완벽하며 따라서 효율적으로 작동해야 한다고 생각했다. 예를 들어, 매우 뛰어난 수학자는 아니었지만

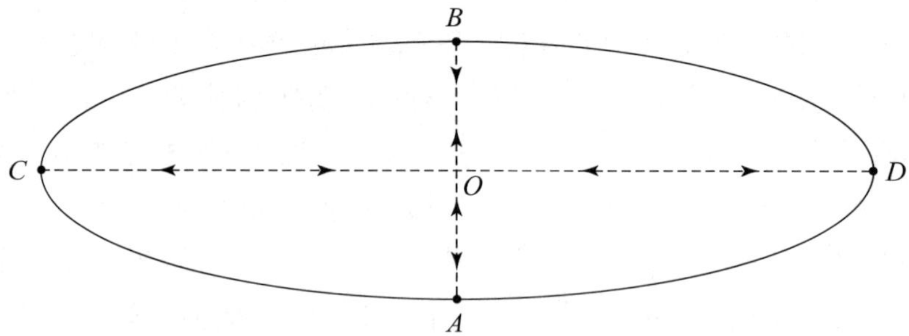

그림 4.11 최소 시간과 최대 시간이 걸리는 경로는 고정된 경로이다.

사려 깊은 지성인이었던 레오나르도 다빈치는 "자연이 취한 모든 행동은 가장 최단의 방식으로 이루어진다."라고 주장하였다. 그러나 그는 그 말이 정확히 무엇을 뜻하는지 설명하는데 실패하였다. 페르마는 빛의 경우에 대한 설명을 부가하였지만, 모페르튀는 작용을 정의하고 '최소 작용'이 보편적으로 적용 가능함을 주장함으로써 그보다 훨씬 앞서 갔다.

> "우주에서 진행되는 모든 변화 속에서, 물체가 움직인 거리와 속도의 곱을 합한 값은 가능한 값 가운데 최소가 된다."

모페르튀는 베를린 과학원의 원장으로 선출된 후, 이 결과를 1746년에 발표하였다. 최소 작용은 후에 오일러, 해밀턴, 라그랑주 등과 같은 대가들에 의해 더 정확하게 개념화되었고 그 결과 물리학(양자역학)과 생물학(자기조절 생체 시스템)과 같은 다양한 분야에서 매우 유용하게 응용되고 있다.

그러나 수리물리학보다는 신학적 사고에 따른 모페르튀에게 있어서 최소 작용은 어리석은 재앙을 초래하였고 그 가운데 최악의 것은 그의 친구 볼테르로부터 시작되었다. 최소 작용에 대한 논쟁은 역사상 가장 심한 험담이 되었다. 이 논쟁은 첫째로 모페르튀의 발견이 틀렸고, 둘째로 모페르튀는 이 원리를 라이프니츠의 출판되지 않은 1707년 편지에서 도용했다는 코니히(Konig)의 주장에서 시작되었다(코니히에 대해 더 알기 원하면 본 책의 부록 C를 참조할 것). 오일러는 모페르튀의 발견이 옳다고 선언하였지만, 수학에 문외한인 볼테르의 독기어린 주장에는 대적하지 못했다. 오일러와 모페르튀는 이 싸움에서 패했다. 오늘날 우리는 누가 옳았고 옳지 않은지 좀더 잘 알고 있지만, 이는 고인에게 아무 의미가 없다. 《다윈의 선조》[28]에 실린 벤틀리 글래스(Bently Glass, 1745~1859)의 글 '모페르튀, 발생학과 진화론의 선구자'는 이와 같은 신랄한 논쟁에 대해 기술하고 있다.

---

28) Bently Glass, *Fererunners of Darwin*, The Johns Hopkins University Press, 1959.

4.7 ▎유명한 교과서 문제

빛의 굴절과 페르마의 최소 시간 원리는 다음 문제와 같이 많은 미적분 교재의 문제에 영감을 제공하였다. 그림 4.12에 예시되었듯이, 한 사람이 호수에서 동력으로 움직이는 배 안에 있다. 호수 위의 한 점 A는 배와 호숫가 사이의 직선거리가 최단거리 d가 되는 위치이다. 배에 탄 사람은 배를 운전하여 호숫가의 점 C로 여행하려고 한다. 점 A로부터 점 C까지의 거리는 l이다. 즉 그는 배를 운전하여 점 A로부터 x만큼 떨어진 호수가의 한 점 B에 도착한 뒤 B에서 C까지 달려갈 것이다. 총 소요시간이 최소일 때 x의 값은? 즉 B가 어디에 있을 때 총 소요시간이 최소가 되는가? 최대한 일반적인 수준에서 이 문제를 다루기 위해, $v_1 < v_2$인 경우와 $v_1 > v_2$인 경우 모두 고려하자. 제1장의 마지막 부분에 제시한 유사 문제에 비하면 훨씬 덜 복잡하지만, 이 문제는 간과하기 쉬운 주제를 포함하므로 주목할 가치가 있다.

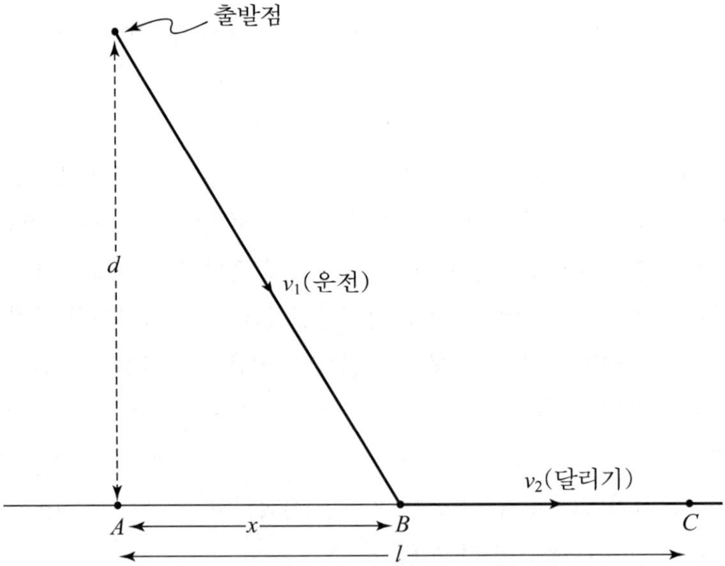

그림 4.12 또 다른 최소 횡단 시간 문제의 기하

전체 여행시간 T를 다음과 같이 x의 함수로 표현할 수 있다.

$$T(x) = \frac{\sqrt{d^2 + x^2}}{v_1} + \frac{l - x}{v_2}$$

T의 최솟값을 구하기 위해 $T(x)$의 도함수를 0으로 놓는다.

$$\frac{dT}{dx} = \frac{1}{2} \cdot \frac{1}{\sqrt{d^2 + x^2}} \cdot 2x \cdot \frac{1}{v_1} - \frac{1}{v_2} = 0$$

계산하면 다음을 구할 수 있다.

$$x = \frac{\left(\frac{v_1}{v_2}\right)d}{\sqrt{1 - \left(\frac{v_1}{v_2}\right)^2}}$$

B의 위치, 즉 x에 대한 이 형식적 결과가 l과 무관하다는 것이 다소 의외이다. 따라서 이 결과가 정확한지 의심할 수도 있다. 아마도, 정확할 수도 있지만 반드시 그렇지도 않다. 그 이유는 다음과 같다.

만약 $\frac{v_1}{v_2} > 1$이라면, 즉 배의 속도가 달리기 속도보다 빠르다면, x의 분모가 허수가 되므로 실근이 존재하지 않는다. 이 경우의 물리적 해석은 단순히 $x = l$, 즉 배를 C까지 직선거리로 몰고 간다는 것이다. 만일 배의 속도보다 달리기 속도가 크다면, 최소의 여행시간은 최단의 거리를 최대의 속도로 주행함으로써 도달할 수 있으므로, 이는 명백한 사실이다.

그러나 $\frac{v_1}{v_2} < 1$ (이 경우 x는 실근을 갖게 된다)이라고 해도, x가 항상 정확한 해는 아니다. 그 이유는 어떠한 v_1, v_2에 대해서도 x는 구간 $0 \leq x \leq l$에 국한되기 때문에 물리적으로 자명하다. 결국 $x > l$이나 $x < 0$인 경우는 다시 C로 되돌아가게 되므로 의미가 없다. 이제 x가 이 구간에 속하기 위한 필요충분조건은 $0 \leq \frac{v_1}{v_2} \leq m$이고, 여기서 m은 $x = l$이 되게 하는 $\frac{v_1}{v_2}$의 유한값이다. 조건 $\frac{v_1}{v_2} = 0$은 $x = 0$이라는 극단적인 경우다. 관계식

$$\frac{\left(\frac{v_1}{v_2}\right)d}{\sqrt{1-\left(\frac{v_1}{v_2}\right)^2}} = l$$

을 m에 대해 풀면 다음과 같다.

$$\left(\frac{v_1}{v_2}\right)_{\max} = m = \frac{1}{\sqrt{1+\left(\frac{d}{l}\right)^2}}$$

따라서 $v_1 < v_2$이라고 해도, A에서 C로의 직선 경로가 최소 시간 경로가 될 가능성이 있다.

형식적 결과가 시사하듯, 이 문제에 대한 답은 실제로 l과 무관하지 않다. 즉

$$\text{만약 } 0 \le \frac{v_1}{v_2} \le \frac{1}{\sqrt{1+\left(\frac{d}{l}\right)^2}} \text{이면 } x = \frac{\left(\frac{v_1}{v_2}\right)d}{\sqrt{1-\left(\frac{v_1}{v_2}\right)^2}}$$

이 되고, 그 외의 경우에는 $x = l$이 된다.

교훈은 명백하다. 최소화 문제의 해는 도함수를 0으로 놓으면 구해지기도 하지만 그렇지 않을 수도 있다! 이 중요한 결론이 잊혀졌다.

4.8 ❙ 스넬의 법칙과 무지개

물리학자들이 스넬의 법칙을 표현하는 방식은 지금까지 우리가 진공 상태에서 빛의 속도 c를 이용하여 스넬의 법칙을 표현한 방식과는 다소 차이가 난다.

$$\frac{\sin(\theta_i)}{\sin(\theta_r)} = \frac{v_1}{v_2} = \frac{\frac{c}{v_2}}{\frac{c}{v_1}} = \frac{n_2}{n_1}$$

여기서 $n_1 = \dfrac{c}{v_1}$, $n_2 = \dfrac{c}{v_2}$는 매질 1과 2 각각에서의 굴절지수라고 불린다. 즉 한 매질에서의 굴절지수는 매질에서의 빛의 속도에 대한 진공 상태에서의 빛의 속도의 비이다. 물론 그 대표적인 경우는 굴절지수가 1보다 큰 양수인 경우이다. 공기, 물, 유리와 같은 평범한 매질에서 각각의 굴절지수는 대체로 1, 1.333, 1.5이지만 이 값들은 단지 대표적인 값일 뿐이다. 한 매질의 굴절지수는 하나의 값으로 정해지기보다는 빛의 진동수(파장 길이)의 함수이다. 예를 들어, 물의 굴절지수는 파장이 증가함에 따라 감소한다. 전자기 스펙트럼의 가시적 부분에서 빛은 보라색으로부터 파랑색, 초록색, 노랑색, 주황색, 빨강색에 이르기까지 변화하면서, 굴절지수는 1.344에서 1.331까지 변화한다.

매질의 굴절지수가 빛의 진동수에 따라 변화한다는 사실은 백색광이 굴절에 의해 다양한 색으로 분해되어 보이는 이유를 설명해준다. 백생광을 형성하는 각 색깔의 빛은 스넬의 법칙에서 약간 다른 각도로 굴절되고 따라서 다른 파장을 갖는 다른 색깔의 빛으로 분리된다. 산란이라고 불리는 이 효과는 데카르트와 페르마가 사망한 후 1666년 뉴턴의 유명한 유리분광기 실험에서 발견되었다.

스넬의 법칙

$$\sin(\theta_r) = \frac{n_1}{n_2}\sin(\theta_i)$$

에서, 만일 (공기 중의 빛이 수면에 투사되는 경우에서와 같이) $n_2 > n_1$이라면 $\theta_r < \theta_i$이다. 즉 굴절된 빛은 정상적인 방향으로 휘게 된다. 그러나 θ_r이 양수이기 때문에, 굴절된 빛은 정상적인 수준 이상으로 휘어지지는 않는다. 휘어진 빛은 투사된 빛으로부터 정상적인 경우의 반대면인 수면 속으로 들어간다. 자연에서 절대로 관찰할 수 없는 반대의 경우는 $\theta_r < 0$임을 의미하며 따라서 굴절지수가 음수여야 한다. 그러나 그런 경우가 있을 수 있을까?

1960년대 후반, 소련에서 행해진 이론적 연구는 음의 지수 매질이 매우 이상하기는 하지만 물리학의 기본 법칙을 위배하지 않음을 입증하였다. 실제로 2001년, 샌디에이고 캘리포니아 대학의 미국 물리학자들은 10.2에서 10.6 GHz 사이의 진동수를 갖는 초극단파 속에서 음의 굴절지수를 갖는 '구조화된 초물질'을 제조하였다. 이는 여러 기준에서 극단적으로 높은 주파수이다. AM 라디오 주파수 대의 중간값이 0.001 GHz이다. 그러나 10 GHz는 500,000 GHz의 차수에 대한 최적 주파수에 비하면 매우 낮은 주파수이다. 그리고 음의 지수를 갖는 광학 주파수 장치를 만들 수 있는지 여부는 아직 열린 문제로 남아 있다. 셸비(R. A. Shelby) 외 《*Experimental verification of a negative index of refraction*》[29]를 참조하라.

여기서 굴절에 관한 물리학을 상세히 다룬 이유는 데카르트가 스넬의 법칙과 최댓값 논법을 이용하여, "왜 비바람 후에 햇빛이 비치면 원호 모양의 아름다운 빛의 띠가 나타나는가?"라는 무지개에 관한 첫 번째 불가사의를 설명했기 때문이다. 데카르트가 이 질문을 어떻게 해결하는지, 그리고 데카르트는 사용하지 않았지만 미적분학이 무지개 연구에 얼마나 완벽한 도구인지 다음 장에서 보일 것이다. "왜 단순히 흰 색 원호가 아닌 다양한 빛의 원호가 나타나는가?"라는 무지개의 두 번째 불가사의는 데카르트도 풀지 못했다. 왜냐하면, 데카르트는 빛의 산란을 몰랐고 물(공기 중의 물방울)의 굴절지수를 하나의 수로 표현하였기 때문이다. 데카르트는 분명히 색에 대한 '설명'은 하였지만 스넬의 법칙 자체에 대한 그의 유도와 마찬가지로, 그것은 물리학적 넌센스이다. 빛에 대한 굴절의 물리학을 논의한 두 번째 이유는 1696년 스위스의 수학자 요한 베르누이가 스넬의 법칙을 이용하여 물리학의 최소화 문제를 해결하였다는 것이다(이에 관한 논의는 제6장에 제시된다). 이는 미적분학을 넘어선 고등수학으로의 도약을 위한 출발점인 변분법의 시초가 된다.

---

29) R. A. Shelby, *Experimental verification of a negative index of refraction*, Science, April 6, 2001, pp. 77~79.

제5장

미적분학의 진보

Calculus Steps Forward, Center Stage

5.1 ▌ 도함수: 논란과 승리

일반적인 미분 공식의 발달 과정 속에서 미적분학은 변화율에 거의 근접하였던 페르마와 그에 이은 뉴턴, 라이프니츠와 그 외의 수학자들의 업적에서 출발하여 1700년까지 (뒷장에서 보게 되듯이 모두 그런 것은 아니지만) 많은 최적화 문제를 해결하는 수학이 되어 갔다. 그러나 모든 수학자가 수학에서 충분한 도약이 이루어졌다고 확신한 것은 아니다. 예를 들어, 1734년경 영국의 철학자 버클리(George Berkeley, 1685~1753)는 그의 저서 《분석가(*The Analyst: or a discourse addressed to an infidel mathematician*)》에서 미적분학의 논리적 기초를 합당하게 비판하였다. 그러나 그의 비판 동기는 수학적이라기보다는 신학적이다. 그 해 주교로 임명되면서, 버클리는 기독교적 신앙에서 벗어나 수학과 과학의 이성을 옹호하게 된 이들에 대한 항변으로 《분석가》를 저술하였다. 버클리 주교는 그들의 관점이 잘못 인도되었다고 생각하면서 다음과 같이 항변하였다. "2계 또는 3계 도함수를 소화할 수 있는 사람은 신성함에 대해 까다로울 필요가 없다." 저서 내용 중에서 유명한 버클리의 비평은 미적분학을 종교만큼이나 초자연적인 것으로 비유하는 것이다. "그리고 도함수란 무엇인가? 무한히 작은 구간에서의 속도는 무엇인가? 그들은 유한한 값도 아니고, 매우 작은 값도 아니고, 0도 아니다. 그들을 원칙으로부터 이탈된 양의 유령이라고 부르는 것이 부당한가?" 미적분학에 치명적인 결함이 있음을 보이려고 노력한 버클리 주교의 노력은 결국 실패로 돌아갔지만, 그의 비판은 수학자들이 미적분학의 논리적 기초를 다지는 중요한 과제로 되돌아가도록 하는 결과를 낳았다.

18세기 초부터 미적분학은 하나의 눈부신 성취로부터 다음 단계로 비약하게 되었고 지금까지 계속해서 고등학교 과정의 수학에서 소위 심화수학에 이르는 통과의례로 자리잡게 되었다. 미적분학에 대한 이와 같은 평판은 미적분학 없이는 해결불가능한 문제들을 성공적으로 해결할 수 있도록 한다는 것에서 기인한다. 이 장에서는 그와 같은 문제들

가운데 수학적으로 흥미로우며 역사적으로 중요한 문제들을 몇 가지 소개하려고 한다. 우선, 수학 교수조차도 절망을 느끼게 한 것으로 알려진 다음 미적분학 개론에서의 퍼즐을 생각해보자.

당신 배가 좌초되어 무인도에 도착했다고 하자. 당신이 가진 것은 백사장에 글씨를 쓸 수 있는 막대기 하나뿐이다. 당연히 로그표나 계산기 같은 것은 없다. 만일 "3^4과 4^3 가운데 어떤 것이 더 큰가?"라는 문제가 주어졌을 때는 쉽게 모래 위에 막대기로 다음과 같이 풀 수 있다.

$$3^4 = 3 \cdot 3 \cdot 3 \cdot 3 = 81 > 4^3 = 4 \cdot 4 \cdot 4 = 64.$$

이 경우는 3과 4가 작은 수이므로 간단히 해결할 수 있다. 그러나 만일 문제가 "e^π와 π^e 가운데 어떤 것이 더 큰가?"라면 어떨까? e와 π 모두 초월수이므로 문제는 복잡해진다. 즉 e를 π번 또는 π를 e번 곱하는 것을 어떻게 적을 것인가? e와 π 모두 3에 가까우므로 두 값이 거의 같은 값이 될 걸이라는 것을 추측할 수 있을 것이다. 그러나 추측은 어떤 값이 더 큰지 결정하는 데는 부족하다. 어떻게 해야 할까? 도함수를 이용하면, 쉽게 해결된다(만일 옳은 접근법을 생각해낸다면, 문제는 항상 쉽다).

우선 함수 $h(x) = \left(\dfrac{\ln x}{x}\right)$를 정의하자(이 부분이 문제의 어려운 부분이다). $h(x) = \dfrac{f(x)}{g(x)}$인 $f(x)$와 $g(x)$ 두 함수에 대해, 기본적인 미분공식을 적용하면 다음의 식을 얻게 된다.

$$\frac{d}{dx}h(x) = \frac{d}{dx}\left\{\frac{f(x)}{g(x)}\right\} = \frac{g(x)\dfrac{df}{dx} - f(x)\dfrac{dg}{dx}}{g^2(x)}$$

예를 들어, $\tan x = \dfrac{\sin x}{\cos x}$이고 $\left(\dfrac{d}{dx}\right)\sin x = \cos x$, $\left(\dfrac{d}{dx}\right)\cos x = -\sin x$이므로, 미분의 기본적인 정의에 의해 다음의 결과를 얻을 수 있다.

$$\frac{d}{dx}\tan x = \frac{\cos x \dfrac{d}{dx}\sin x - \sin x \dfrac{d}{dx}\cos x}{\cos^2 x}$$

$$= \frac{\cos^2 x + \sin^2 x}{\cos^2 x} = \frac{1}{\cos^2 x}$$

이제 $f(x) = \ln x$이고 $g(x) = x$이므로, 지난 장에서 얻은 결과로부터 다음을 계산할 수 있다.

$$\frac{dh}{dx} = \frac{x \dfrac{d}{dx}\ln x - \ln x}{x^2} = \frac{x \cdot \dfrac{1}{x} - \ln x}{x^2} = \frac{1 - \ln x}{x^2}$$

따라서 도함수는 $1 - \ln x = 0$, 즉 $x = e$일 때 0이 된다. 그러나 $x = e$일 때 어떤 최적값이 주어지는가? 그 최적값은 최솟값인가, 최댓값인가? 그림 5.1에서 $h(x)$의 그래프를 보면 그 값이 최대임을 확신할 수 있다.

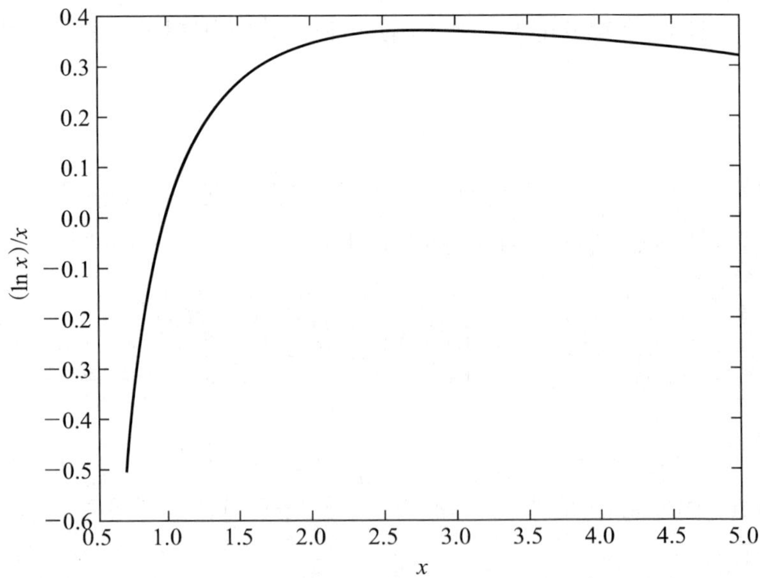

그림 5.1 함수는 $x = e(= 2.718\cdots)$에서 최댓값을 갖는다.

그러나 우리가 관심을 갖고 있는 함수가 어떻게 움직이는가를 쉽게 볼 수 있는 상황에서 기하적 주장과 그래프는 한계가 있다. 더욱 일반적으로 최댓값과 최솟값을 구별할 수 있는 분석적 방법이 필요하고, 그러한 방법은 이계도함수에 의해 제공된다. 이러한 사실을 최초로 인식한 수학자는 뉴턴이다. 그리고 모순되게도 상황을 물리적 관점에서 바라보면 이 분석적 방법 이면의 기본적 아이디어는 직관적으로 명백하다. 좀더 구체적으로, $h(t)$가 위로 던져진 공의 시간 t에서 높이를 나타낸다고 하자. 그러면 $\dfrac{dh}{dt}$는 공의 속력이고 $\dfrac{dh}{dt}=0$은 공이 최고의 높이에서 순간 속도가 0이 된다는 것, 즉 위로 움직이기(양의 속력)를 멈추고 다시 땅으로 떨어지기(운동의 방향이 바뀌므로 음의 속력) 시작하려는 순간임을 의미한다.

이계도함수 $\dfrac{d^2h}{dt^2}$는 속력의 변화율, 즉 (전적으로 중력에 의한) 공의 가속도이다. 그러나 그 힘은 항상 지구의 중심, 즉 $h(t)$가 증가하는 방향의 반대편인 지구의 중심을 향한다. 이는 극댓값에 대한 이계도함수 검사 방법을 적용할 수 있다. 만일 $\dfrac{d^2h}{dt^2}<0$이고 $\dfrac{dh}{dt}=0$이면, $h(t)$는 극댓값을 갖는다. 만일 $\dfrac{d^2h}{dt^2}>0$이고 $\dfrac{dh}{dt}=0$이면, $h(t)$는 극솟값을 갖는다.

앞서 언급한 바와 같이, 버클리 주교는 일계도함수의 논리적 기초에 대해 매우 고심하였다. 이계도함수에 대한 그의 두려움은 쉽게 짐작할 수 있다. 실제로, 버클리 주교는 《*The Analyst*》에 다음과 같이 적고 있다. "그러나 만일 내가 틀리지 않았다면, 속도의 속도, 2계, 3계, 4계, 5계 속도 등등은 인간이 이해할 수 있는 범주를 벗어난다. 이 도망자 같은 아이디어를 분석하고 추구할수록 점점 더 혼란에 빠지고 당황하게 될 것이다."

위의 논의에서 t(시간)는 독립변수이지만 그것은 별다른 중요성이 없다. 이계도함수 검사 방법은 함수의 독립변수가 무엇이건 상관없이 적용된다. 따라서 우리의 원래 문제에도 적용할 수 있고, 이에 원래 함수의 이계도함수를 계산하면 다음과 같다.

$$\frac{d^2h}{dx^2} = \frac{x^2\left(-\frac{1}{x}\right) - [1 - \ln x]2x}{x^4} = \frac{-x - 2x + 2x\ln x}{x^4}$$

그리하여,

$$\left.\frac{d^2h}{dx^2}\right|_{x=e} = \frac{-3e + 2e\ln e}{e^4} = \frac{-3e + 2e}{e^4} = -\frac{1}{e^3} < 0$$

즉 그림 5.1에서 보는 바와 같이 함수 $h(x)$는 $x = e$에서 최댓값을 갖는다.

최댓값이 의미하는 바에 의해 $x = \pi$와 같이 $x \neq e$인 모든 값에 대해 그보다 작은 $h(x)$값이 나타난다. 따라서 원래의 함수 $h(x)$에 대해

$$\frac{\ln e}{e} = \frac{1}{3} > \frac{\ln \pi}{\pi}$$

또는

$$\pi > e\ln\pi = \ln\pi^e$$

따라서

$$e^\pi > e^{\ln\pi^e} = \pi^e$$

이제 문제가 해결되었다. 실제로 계산기로 계산해보면 $e^\pi = 23.14069$가 근소한 차이로 $\pi^e = 22.45915\cdots$보다 크다.

분수식에 대한 미분 공식 역시 간단하게 곱에 대한 미분 공식

$$\frac{d}{dx}\{f(x)u(x)\} = ?$$

을 유도하는데 사용된다. 만일 $u(x) = \frac{1}{g(x)}$로 정의하면, 앞의 공

식으로부터 다음을 얻게 된다.

$$\frac{d}{dx}\left\{\frac{f(x)}{g(x)}\right\}=\frac{g\dfrac{df}{dx}-f\dfrac{dg}{dx}}{g^2}=\frac{\dfrac{1}{u}\dfrac{df}{dx}-f\dfrac{d}{dx}\left(\dfrac{1}{u}\right)}{\dfrac{1}{u^2}}$$

분수식에 대한 미분 공식을 $\left(\frac{d}{dx}\right)\left[\left(\frac{1}{u}\right)\right]$에 적용하면서, 상수함수의 도함수가 0임을 이용하면, 다음의 결과를 얻는다.

$$\frac{d}{dx}\left(\frac{1}{u}\right)=\frac{-\dfrac{du}{dx}}{\dfrac{1}{u^2}}$$

따라서

$$\begin{aligned}\frac{d}{dx}\{f(x)u(x)\}&=\frac{\dfrac{1}{u}\dfrac{df}{dx}-f\left[\dfrac{-\dfrac{du}{dx}}{u^2}\right]}{\dfrac{1}{u^2}}\\&=u\frac{df}{dx}+f\frac{du}{dx}\end{aligned}$$

이다. 분수식과 곱의 미분공식은 1677년 라이프니츠에 의해 알려졌다.

곱의 미분 공식은 적분의 중요한 결과 가운데 하나, 즉 부분적분 공식의 유도에 즉시 적용되었다. 라이프니츠 미분 기호의 장점을 활용하여 dx를 '속으로 집어넣어 곱한다면', 다음의 관계식을 얻는다.

$$d(fu)=udf+fdu$$

또는

$$udf=d(fu)-fdu$$

이고, $x=a$에서 $x=b$까지 적분하면 다음이 성립한다.

$$\int_a^b u(x)\,df = \{f(x)\,u(x)\}\,|_a^b - \int_a^b f(x)\,du$$

이 결과는 제6장에서 변분법의 핵심인 오일러-라그랑주 미분방정식을 유도하는 중요한 시점에서 사용할 것이다.

$h'(x) = \dfrac{dh}{dx} = 0$일 때, $h''(x) = \dfrac{d^2h}{dx^2} = 0$인 경우는 어떤 의미를 갖는가? $h''(x)$가 0보다 큰지 작은지 판별하는 이계도함수 검사 방법은 $h''(x) = 0$인 경우 정확한 결과를 주지 못한다. 이 경우 $h(x)$는 극값을 가질 수도 있고 아닐 수도 있다. 두 경우 모두를 포함하는 예시를 살펴보자. $f(x) = x^3$이라고 하자. 그러면 $f'(x) = 3x^2$, $f''(x) = 6x$이다. 두 도함수 모두 $x = 0$에서 0이 되는데, 그림 5.2의 첫 번째 그래프(a)에서

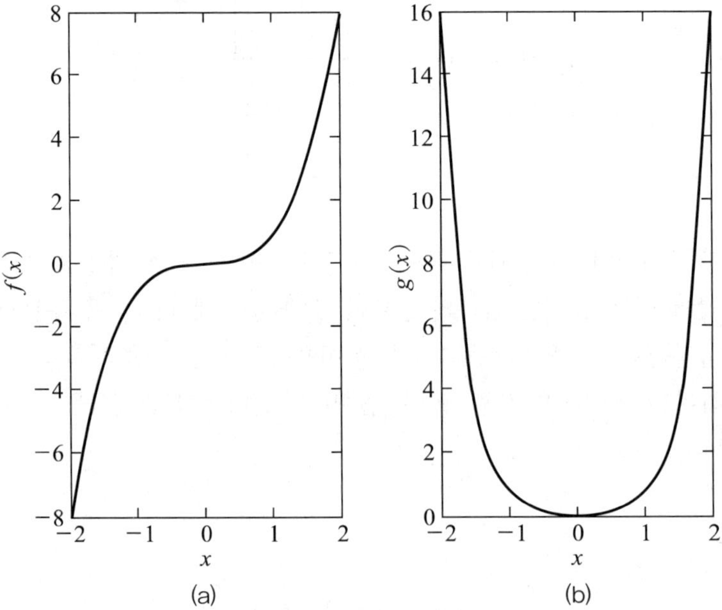

그림 5.2 (a) 이계도함수의 근: 극값을 가지지 않는 경우
(b) 이계도함수의 근: 극값을 가지는 경우

보는 바와 같이, $x=0$에서는 극값이 생기지 않는다. 그러나 만일 $g(x)=x^4$이라면, $g'(x)=4x^3$, $g''(x)=12x^2$이 되어 $x=0$에서 두 도함수의 값이 모두 0이 되는데 이 경우는 그림 5.2의 두 번째 그래프(b)에서 보는 바와 같이 $x=0$에서 극솟값을 갖게 된다. 극값의 주위에서는 $h''(x)$의 부호가 변하지 않는 반면(실제로, $12x^2$은 부호가 변하지 않는다), 극값이 생기지 않으면 $h'(x)=0$인 x값을 중심으로 $h''(x)$의 부호가 변화한다($6x$는 $x=0$ 근처에서 부호가 변화한다). 마지막 경우에, 우리는 $h(x)$가 변곡점을 갖는다고 한다.

독자가 직접 풀어볼 수 있도록, 앞에서 소개한 모든 아이디어들을 활용하며 역사적으로 관심사를 가졌던 작은 미분 문제를 소개한다. (제2장의 등주 문제에서 언급한 바 있는) 19세기 스위스 수학자 슈타이너(Jacob Steiner)에 의해 제기된 x의 x번째 제곱근이 최댓값을 갖게 되는 x값을 찾는 문제이다. 즉 $f(x)$를 다음과 같이 정의했을 때, $f(x)$값이 가장 커지는 x는 무엇이며 그 최댓값은 얼마인가?

$$f(x)=\sqrt[x]{x}=x^{\frac{1}{x}},\quad x>0$$

분석을 시작하기 전에, x가 0에서부터 증가함에 따라 $f(x)$는 증가하다가 감소하므로 $f(x)$는 실제로 최댓값을 갖게 된다. 풀이는 이 장의 마지막에 제시되어 있다.

5.2 다시 그림 문제로, 그리고 케플러의 포도주통

도함수를 이용하면, 3.1절에서 소개했던 벽에 걸린 그림으로부터 얼만큼 떨어져야 최적인지 묻는 문제는 단순 계산 문제가 된다. 그림 3.2의 표기법에서, 이 문제는 다음 식의 θ를 최대화하는 x를 결정하는 것이다.

$$\tan\theta = \frac{(b-a)x}{x^2+(b-h)(a-h)}$$

$\tan\theta$는 θ가 증가함에 따라 함께 증가하므로, 우변을 최대화하는 것은 단순히 θ를 최대화하는 것이 된다. 제3장에서 우리는 미적분학과 관계없이 편법 같은 접근방법을 사용하였다. 그러나 이제 다음과 같이 쓸 수 있다.

$$\frac{d}{dx}\tan\theta = \frac{d}{dx}\left\{\frac{f(x)}{g(x)}\right\} = 0$$

이때, $f(x)=(b-a)x$, $g(x)=x^2+(b-h)(a-h)$로 놓고 풀면 된다. 앞절에서 다룬 분수식에 대한 미분공식으로부터 이 문제는 다음 식을 푸는 것과 같음을 알 수 있다.

$$g(x)\frac{df}{dx} = f(x)\frac{dg}{dx}$$

즉

$$\left[x^2+(b-h)(a-h)\right](b-a) = (b-a)x(2x)$$

을 푸는 것이다. 이 방정식으로부터 간단히 $x=\sqrt{(b-h)(a-h)}$를 구할 수 있는데, 이는 우리가 제3장에서 발견한 것이다.

도함수를 이용하여 간단히 해결되는 또다른 역사적 문제는 앞장에서 언급한 바 있는 케플러의 포도주통 문제이다. 이 문제는 대각선의 길이가 l인 직각 원기둥 가운데 부피가 최대인 것을 찾는 것이다. 도함수를 이용하면, 이 문제는 미적분학 개론을 수강하는 학생들을 위한 표준적인 수학사 활용 문제가 된다. 그림 5.3에 나타난 기호에 따라, 다음 식을 구할 수 있다.

$$l^2 = (2r)^2 + h^2 = 4r^2 + h^2$$
$$V = \pi r^2 h$$

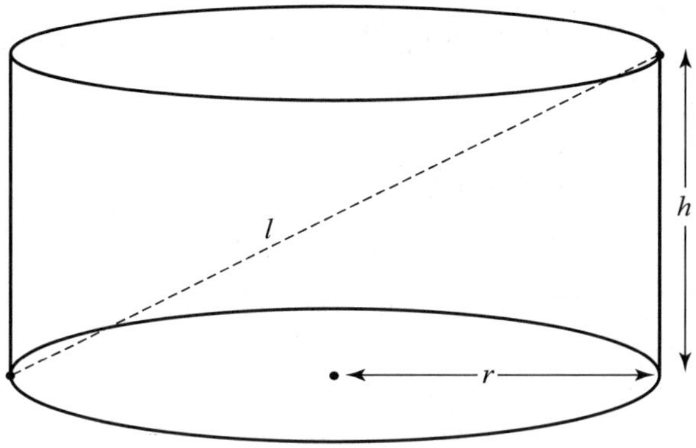

그림 5.3 케플러의 포도주통

따라서

$$r^2 = \frac{l^2 - h^2}{4}$$

이다. 그리하여

$$V = \pi \frac{l^2 - h^2}{4} h = \frac{\pi}{4}(l^2 h - h^3)$$

이다. 변수 h 하나만으로 표현된 부피 V에 대해, 다음의 도함수를 이용하여 V의 극값을 구할 수 있다.

$$\frac{dV}{dh} = 0 = \frac{\pi}{4}(l^2 - 3h^2)$$

즉 $h^2 = \frac{1}{3} l^2$이다. 그러므로

$$l^2 = (2r)^2 + \frac{1}{3} l^2$$

또는, $d = 2r$일 때

$$l^2 = d^2 + \frac{1}{3} l^2$$

또는 $d^2 = \frac{2}{3}l^2$이다. 즉 제4장의 후반에서 진술한 바와 같이,

$$\frac{d^2}{h^2} = \frac{\frac{2}{3}l^2}{\frac{1}{3}l^2} = 2, \quad \text{즉} \ \frac{d}{h} = \sqrt{2}$$

이고, 포도주통의 실제 최대 부피는 다음과 같다.

$$V_{\max} = \pi r^2 h = \pi\left(\frac{d}{2}\right)^2 h = \frac{\pi}{4}d^2 h = \frac{\pi}{4} \cdot \frac{2}{3}l^2 \cdot \frac{l}{\sqrt{3}}$$

$$= \frac{\pi}{6\sqrt{3}}l^3 = 0.3023\,l^3$$

5.3 ▌ 배달 가능한 우편물에 관한 역설

최근에 제기된 흥미로운 최대화 문제는 배달 가능한 우편물의 역설을 제기한다. UPS(United Parcel Service)로 소포를 보낼 때, 만족시켜야 하는 몇 가지 물리적 제한점이 있다. 이 제한점은 세월에 따라 변화하지만, 허용 가능한 최대 길이는 108인치이고, 최대 크기(UPS에서 최대 크기는 길이와 소포의 최대 둘레길이의 합으로 정의한다)는 130인치이다. 길이 위의 임의의 점에서 둘레는 그 점에서 길이에 수직이 되도록 자른 단면의 둘레이다. 크기를 결정하는 데 사용되는 것은 최대 둘레이므로, 소포의 부피를 최대화하기 위해 동일한 둘레에 대한 단면을 모두 고려해야 한다. 주어진 단면의 둘레에 대해, 원형의 단면이 최대의 넓이를 가지므로, 직각 원기둥이 최대 부피를 갖는 소포의 형상이 된다는 사실을 알 수 있다(그리고 곧 보게 되겠지만, 최대 부피의 소포는 구가 되지 않는다).

이 독특한 크기의 정의(길이+최대 둘레)는 구하기가 쉽고 신속하므로 부피처럼 더 명백한 값 대신 사용된다. 필요한 것은 잘 구부러지는 줄자뿐이며, 덧셈 이외에 복잡한 계산은 요구되지 않는다. 그러나 이와

같은 정의의 편리성에 대한 대가가 있다. 그것은 때로 역설적 결과에 이르게 된다는 것이다. 즉 우체국 직원에게 두 개의 소포를 만들어서 제시하였을 때, 최대인 것은 받아들이고 최소인 것은 거부하는 것이 가능하다. 미적분학을 이용하면, 이 괴상한 상황을 쉽게 이해할 수 있다.

반지름이 r, 길이 x, 부피가 v인 최대 부피를 갖는 원기둥 모양 소포를 생각하자. S가 허용된 최대 크기를 나타낸다고 하면,

$$v = \pi r^2 x, \quad S = x + 2\pi r$$

그리하여

$$r = \frac{S-x}{2\pi}, \ v = \pi\left(\frac{S-x}{2\pi}\right)^2 x = \frac{1}{4\pi}(xS^2 - 2Sx^2 + x^3)$$

이다. $\frac{dv}{dx} = 0$, 즉 $S^2 - 4Sx + 3x^2 = 0$일 때, 부피의 최댓값이 생긴다. 방정식을 풀면 $x = S$ 또는 $x = \frac{1}{3}S$이다. 첫 번째 경우는 $r = 0$이 될 때, 당연히 0이라는 최소의 부피를 가지게 되므로 배제한다. 따라서 최대의 부피는 $x = \frac{1}{3}S$인 경우에 생기며, 이때 $x = \frac{1}{3} \cdot 130'' < 108''$이므로, UPS가 허용하는 규격이다($x = \frac{1}{3}S$일 때, $\frac{d^2v}{dx^2} < 0$이 되어 최댓값을 갖게 된다는 사실을 입증하는 것은 독자에게 맡긴다). 따라서 최대 부피를 갖는 원기둥 모양 소포는 다음의 부피를 갖는다.

$$\pi\left(\frac{S - \frac{1}{3}S}{2\pi}\right)^2 \cdot \frac{S}{3} = \frac{S^3}{27\pi} = 0.0117893\, S^3$$

이 값은 최대 부피를 갖는 구 모양 소포보다 훨씬 큰 값이다. 그 이유는 구의 원형 단면의 둘레는 일정한 최댓값을 유지하지 않기 때문이다. 그렇게 되는 이유는, 만일 구의 지름이 x라면 그 반지름은 $\frac{1}{2}x$이고 최대 둘레는 $2\pi\left(\frac{1}{2}x\right) = \pi x$이기 때문이다. 따라서 UPS 크기는

$$x + \pi x = x(\pi + 1)$$

이고, 부피는

$$v = \frac{4}{3}\pi\left(\frac{1}{2}x\right)^3 = \pi\frac{x^3}{6}$$

이다. 명백히 x를 최대화함으로써 v를 최대화한다. 이는 최대 크기 S를 $\pi+1$로 나누면 나오는 값이다. 따라서 배달 가능한 최대 구 모양 소포의 부피는 다음과 같다.

$$\pi\frac{\left(\frac{S}{\pi+1}\right)^3}{6} = 0.0073705\,S^3$$

이 값은 배달 가능한 최대 원기둥 모양 소포 부피의 63%에 못 미치는 값이다.

이제 소포의 단면이 모두 동일하지만 반드시 원형이 아니라면 어떻게 될까? 이 경우는 다소 놀라운 결과에 도달하게 된다. 동일한 단면이 각각 넓이 A와 둘레 P를 갖는다고 하자. 만일 단면의 모양을 고정시키고 P값을 변화시키면, $A = kP^2$ (k는 주어진 모양에 따라 결정되는 양의 상수)임이 명백하다. 따라서 x가 소포의 길이라면, 소포 부피와 크기는 다음과 같다.

$$v = kP^2x, \quad S = x + P$$

그러므로

$$x = S - P, \quad v = kP^2(S-P) = kSP^2 - kP^3$$

이다. v를 최대화하는 P를 구하기 위해, 다음 식을 세운다.

$$\frac{dv}{dP} = 0 = 2kSP - 3kP^2$$

또는 방정식을 풀어서 $P = \frac{2}{3}S$를 구할 수 있다(또한 $P = \frac{2}{3}S$일 때

$\dfrac{d^2v}{dP^2} < 0$, 즉 v가 최대임을 확인해야 한다). 따라서 $x = S - P = \dfrac{1}{3}S$이고, 바로 앞에서와 같이 상수에 대해 원형 단면이다. 즉 소포의 단면 모양과 상관없이 모든 곳에서 단면이 동일하면, 최대 부피의 소포는 길이 $\dfrac{1}{3}S$, 즉 특정 최대 크기의 $\dfrac{1}{3}$이 된다.

마지막으로, 역설에 대해 생각해보자. 모서리의 길이가 $\dfrac{5S}{24}$인 정육면체 모양의 소포를 상상하자. 그 크기는 다음에서 볼 수 있듯이 허용가능한 최댓값을 초과한다.

$$\underbrace{\frac{5S}{24}}_{\text{길이}} + 4 \cdot \underbrace{\frac{5S}{24}}_{\text{둘레}} = \frac{25S}{24} > S$$

따라서 이 소포는 배달하지 못한다. 그러나 그 정육면체 소포의 부피는

$$\left(\frac{5S}{24}\right)^3 = 0.0090422\,S^3$$

가 되어 원형 소포의 최대 부피보다 훨씬 작다. 따라서 UPS 직원은 더 큰 원기둥 모양 소포의 부피를 배달 가능한 무게로 보지만, 작은 정육면체 소포는 너무 크다는 이유로 거부하게 된다. 아, 현대적인 삶의 복잡성이다!

5.4 ▌ 중력계에서 포물체 운동

지구의 중력계에서 일어나는 포물체 운동 연구에서 도함수의 고전적 방법을 볼 수 있다. 이 절에서는 먼저 몇몇 운동 경기에 도함수를 적용하는 간단한 경우를 살펴보고, 다음 절에서는 1686년으로 거슬러 올라가서 도함수와 관련된 군대에서의 사례를 살펴볼 것이다.

우선 포환던지기와 원반던지기뿐 아니라 창던지기와 골프에 능한 운동선수가 있다고 가정하자. 이 종목들은 그 세부적인 측면에서 다르지

만, (가장 근본적인 수준에서는) 모두 '지상으로부터 높이 h에서 초기 속도 v_0, 지상과의 각도가 θ_0를 이루도록 포물체 던지기'라는 한 가지 공통된 수학적 모델을 통해 설명될 수 있다. 결국, 포물체는 던진 점으로부터 거리 R만큼 떨어진 지상으로 낙하할 것이다. h와 v_0값은 운동선수에 따라 주어진다고 가정한다. 여기서 우리의 문제는 R을 최대화하는 각 θ를 구하는 것이다.

그림 5.4의 기하(원점은 포물체가 던져진 지점을 나타낸다)에서, $x = R$인 지점에 포물체가 떨어질 때 $y = -h$임을 알 수 있다. g가 중력가속도를 나타내며, 포물체 속도의 수직 성분만이 중력의 영향을 받는 사실을 인정할 때, 시간 t에서 포물체 속도의 수평성분과 수직성분을 다음과 같이 표현할 수 있다.

$$\frac{dx}{dt} = v_0 \cos\theta$$

$$\frac{dy}{dt} = v_0 \sin\theta - gt, \quad t \geq 0$$

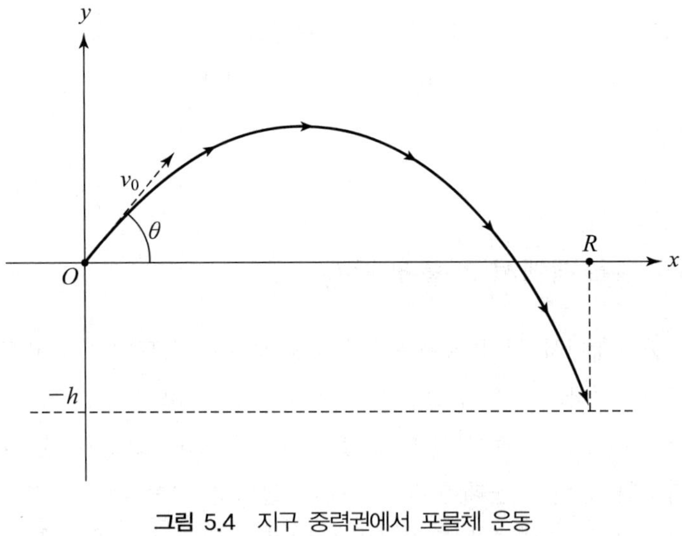

그림 5.4 지구 중력권에서 포물체 운동

(여기서 두 도함수를 제시하는 이유는 극값 계산 때문이 아니라 문제에 관련된 물리학 때문이다) $x(0)=y(0)=0$이므로, 두 미분방정식을 쉽게 적분하여 다음의 해를 구할 수 있다.

$$x(t)=v_0 t\cos\theta$$
$$y(t)=v_0 t\sin\theta-\frac{1}{2}gt^2$$

첫 번째 방정식을 t에 대해 풀면, 즉

$$t=\frac{x}{v_0\cos\theta}$$

이고, 이 관계식을 두 번째 방정식에서 치환하여 풀면 다음을 얻게 된다.

$$y=x\tan\theta-x^2\frac{g}{2v_0^2\cos^2\theta}$$

즉 y는 x의 이차함수이며, 따라서 주어진 값 v_0와 θ에 대해 포물체의 경로는 포물선이 된다는 잘 알려진 결과를 얻게 된다.

$y=-h$일 때, $x=R$이므로, 포물체가 $t=\hat{t}$에서 지면에 떨어질 때, 다음 관계식을 얻는다.

$$v_0\hat{t}\cos\theta=R$$
$$v_0\hat{t}\sin\theta-\frac{1}{2}g\hat{t}^2=-h$$

따라서 첫 번째 방정식으로부터

$$\hat{t}=\frac{R}{v_0\cos\theta}$$

이다. 그리하여 두 번째 방정식으로부터

$$\frac{R\sin\theta}{\cos\theta}-\frac{1}{2}g\frac{R^2}{v_0^2\cos^2\theta}=-h$$

또는

$$R\,v_0^2 \cos\theta \sin\theta - \frac{1}{2} g R^2 + h v_0^2 \cos^2\theta = 0$$

이다. 삼각함수의 배각 공식 $\sin 2\theta = 2\sin\theta\cos\theta$를 이용하면, 마지막 등식은 다음과 같이 된다.

$$\frac{1}{2} R v_0^2 \sin 2\theta - \frac{1}{2} g R^2 + h v_0^2 \cos^2\theta = 0$$

또는 다음의 매우 중요한 공식으로 유도된다.

$$\boxed{R v_0^2 \sin 2\theta - g R^2 + 2 h v_0^2 \cos^2\theta = 0}$$

운동선수의 목적이 R을 최대화하는 θ값을 선택하는 것이므로, 수학적 이유에서 도함수를 도입해야 할 듯하다. 구체적으로, 5.1절에서 유도한 곱에 대한 미분법을 적용하여 각 항별로 θ에 대해 미분하자면 다음과 같다.

$$R v_0^2\, 2\cos 2\theta + v_0^2 \sin 2\theta \frac{dR}{d\theta} - 2 g R \frac{dR}{d\theta} - 2 h v_0^2\, 2\cos\theta \sin\theta = 0$$

극댓값(R의 최댓값)에서 $R'(\theta) = 0$이므로, 다음의 식을 구할 수 있다.

$$2 R v_0^2 \cos 2\theta - 4 h v_0^2 \cos\theta \sin\theta = 0$$

그리고 위의 배각 공식을 다시 한 번 적용하면, 이 등식은 다음과 같이 바꾸어 쓸 수 있다.

$$2 R v_0^2 \cos 2\theta - 2 h v_0^2 \sin 2\theta = 0$$

또는

$$R = h \tan 2\theta$$

그러나 여기서 우리가 찾는 것은 주어진 v_0와 h에 대해 R을 최대화하는 특정 θ가 무엇인지 찾는 것이 아니다. 하지만 이 결과가 쓸모없다는 뜻도 아니다. 최적값이 나타나는 $\theta=\hat{\theta}$의 값을 구하면, $R_{\max}=h\tan 2\hat{\theta}$에서 구한 실제 거리를 알 수 있게 된다. 먼저 $\hat{\theta}$은 무엇인가? $R_{\max}=h\tan(2\hat{\theta})$를 모든 θ에 대해 성립하는 식 $Rv_0^2\sin 2\theta-gR^2+2hv_0^2\cos^2\theta=0$에 대입하여 $\hat{\theta}$를 구할 수 있다.

$$hv_0^2\tan 2\hat{\theta}\sin 2\hat{\theta}-gh^2\tan^2 2\hat{\theta}+2hv_0^2\cos^2\hat{\theta}=0$$

또는

$$v_0^2\tan 2\hat{\theta}\sin 2\hat{\theta}+2v_0^2\cos^2\hat{\theta}=gh\tan^2 2\hat{\theta}$$

또는

$$v_0^2\left[\frac{\sin^2 2\hat{\theta}}{\cos 2\hat{\theta}}+2\cos^2\hat{\theta}\right]=gh\frac{\sin^2 2\hat{\theta}}{\cos^2 2\hat{\theta}}$$

삼각함수 공식에 의하면

$$\cos^2\hat{\theta}=\frac{1}{2}[1+\cos 2\hat{\theta}]$$

이고, 마지막 결과는

$$v_0^2\left[\frac{\sin^2 2\hat{\theta}}{\cos 2\hat{\theta}}+1+\cos 2\hat{\theta}\right]=gh\frac{1-\cos^2 2\hat{\theta}}{\cos^2 2\hat{\theta}}$$

또는

$$\begin{aligned}v_0^2\left[\frac{\sin^2 2\hat{\theta}+\cos 2\hat{\theta}+\cos^2 2\hat{\theta}}{\cos 2\hat{\theta}}\right]&=v_0^2\,\frac{1+\cos 2\hat{\theta}}{\cos 2\hat{\theta}}\\&=gh\,\frac{[1+\cos 2\hat{\theta}]\,[1-\cos 2\hat{\theta}]}{\cos^2 2\hat{\theta}}\end{aligned}$$

이다. 따라서 소거를 하고 나면

$$v_0^2 \cos 2\hat{\theta} = gh[1 - \cos 2\hat{\theta}]$$

또는 이 방정식을 $\cos 2\hat{\theta}$에 대해 풀면

$$\cos 2\hat{\theta} = \frac{gh}{v_0^2 + gh} = \frac{g}{g + \dfrac{v_0^2}{h}} = \frac{g}{g+\alpha}, \quad \alpha = \frac{v_0^2}{h}$$

이다. 매개변수 α는 각 운동선수마다 높이 h와 힘(던지는 순간 포물체의 속도 v_0)에 따라 특정하게 정해지는 값이다. 그러므로 드디어 θ의 최적값을 구하게 되었다.

$$\hat{\theta} = \frac{1}{2} \cos^{-1}\left\{\frac{g}{g+\alpha}\right\}$$

으로부터

$$R_{\max} = h \tan 2\hat{\theta}$$

이다.

예외적인 경우가 골프에서 발생한다. 포환던지기, 창던지기, 원반던지기에서와 같이 골프에서는 h가 선수의 높이가 아니다. 그보다 h는 골프공을 받치고 있는 티[30)]의 높이인데 그 값을 0이라고 하자. 따라서 v_0와 독립적으로, $\alpha = \infty$이고 $\hat{\theta} = \frac{1}{2}\cos^{-1} 0 = 45°$, 즉 모든 골프선수들은 그들의 개인적 힘과 무관하게, 최적의 각도로 스윙을 하면 된다. 물론 그 결과 구한 실제 거리는 v_0의 영향을 받는다.

흥미롭게도, 골프의 경우 $R_{\max} = h \tan 2\hat{\theta}$는

$$R_{\max} = 0 \cdot \infty = ???$$

---

30) [역자 주] 티: 골프에서 제1타를 칠 때 올려놓는 대.

가 되어 R_{max}가 결정되지 않는다. $h=0$인 골프의 경우에 대해 R_{max}를 결정하기 위해, θ에 대해 미분하기 전에 앞의 박스 속 결과로 돌아가자.

$$Rv_0^2 \sin 2\theta - gR^2 + 2hv_0^2 \cos^2\theta = 0$$

$\theta = \hat{\theta} = 45°$에 대해, $R = R_{max}$가 되고 $h=0$이므로

$$R_{max} v_0^2 - gR_{max}^2 = 0$$

또는

$$R_{max} = \frac{v_0^2}{g}$$

이다. 힘이 센 골프선수는 골프공을 $v_0 = 160\,(\text{feet/second})$로 칠 수 있을 것이고, 따라서 이 결과는 최대 거리가 다음과 같을 것이라고 예상할 수 있다.

$$R_{max} = \frac{(160\ \text{ft/sec})^2}{32.2\ \text{ft/sec}^2} = 795\ \text{ft}$$

실제로 이는 매우 긴 드라이브지만, 종종 실제로 관찰되는 것이기도 하다.

이제 마지막으로 물리학자나 공학자가 $\hat{\theta}$에 대한 값이 R의 최솟값이 아니라 최댓값이 되는 것은 물리적으로 자명하다고 주장할 것이다. $\theta > \hat{\theta}$일 때, 포물체는 그 대부분의 시간을 수평이 아닌 수직으로 움직이는데 소비한다. $\theta < \hat{\theta}$일 때, 중력이 포물체를 '매우 빠르게' 땅으로 끌어당긴다. 그러나 수학자는 이계도함수 검사 방법을 적용하는 것을 원할 것이고, 이 과정은 독자에게 좋은 연습문제가 될 것이다. ($R'(\theta)=0$이라고 놓기 전에) 일차도함수의 결과로부터 시작하여 그것을 다시 미

분한다. 그런 뒤 $R'(\theta)=0$이라 놓고 최적의 경우에 대한 두 결과

$$R = h\tan 2\hat{\theta}\text{와 } \cos\theta = \frac{gh}{(v_0^2+gh)}$$

를 적용하면 최적값 R이 실제로 최댓값임이 입증된다.

5.5 완벽한 농구슛

앞절의 분석 결과에 대한 흥미로운 (곧 보게 되겠지만 역사적으로 중요한) 상황이 농구 경기에서도 발견될 수 있다. 한 선수가 농구골대 바로 앞에 서서 자유투를 준비하고 있다고 가정하자. 만일 출발점(즉 공이 선수의 손을 떠나는 곳)에 원점이 놓이는 좌표계를 구성한다면, 그림 5.5에 나타난 기하적 상황을 얻게 된다. 골대의 둥근 테를 통과할 목적으로 공은 시간 $t=0$일 때 원점으로부터 θ의 각도로 초기 속도 v_0로 던져져서 공이 포물궤적을 그리며 떨어지는 부분($x=l,\ y=h$)에 위치한 둥근 테를 지나도록 한다. 이 절에서는 이 목적에 적합한 최소의 v_0값

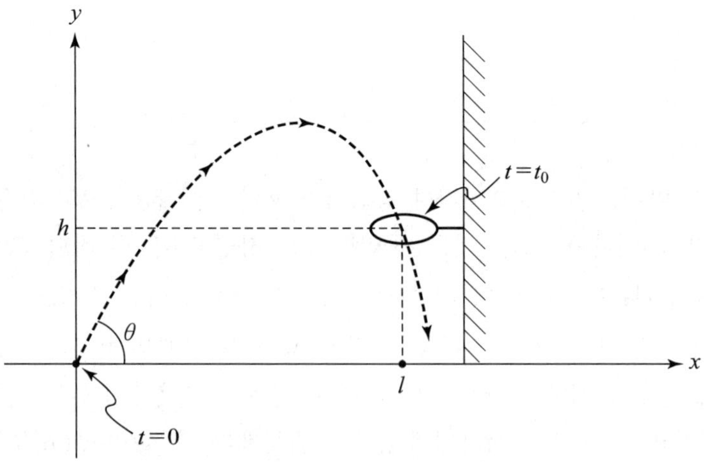

그림 5.5 농구 슈팅의 기하적 상황

을 결정하는데 미적분학을 이용하는 방법을 소개한 뒤, 이 문제가 농구가 발명되기 훨씬 전인 300년 전에 어떻게 (그리고 왜) 진술되었고 해결되었는지 설명할 것이다(그 설명은 시간여행과 상관없다). 다음에 이어지는 내용의 많은 부분은 그뢰츄(C. W. Groetsch)의 에세이 《헬리의 포격 규칙》[31)]에서 영감을 얻은 것이다.

만일 공이 $t = t_0$일 때 골대의 둥근 테를 통과했다면, 앞절로부터 $x(t_0) = l$, $y(t_0) = h$임을 알 수 있다. 여기서

$$x(t) = v_0 t\cos\theta, \quad y(t) = v_0 t\sin\theta - \frac{1}{2}gt^2$$

즉 다음과 같이 요구된다.

$$l = v_0 t_0 \cos\theta, \quad h = v_0 t_0 \sin\theta - \frac{1}{2}gt_0^2$$

따라서

$$t_0 = \frac{l}{v_0\cos\theta}$$

이다. 그리하여

$$h = l\frac{\sin\theta}{\cos\theta} - \frac{1}{2}g\frac{l^2}{v_0^2\cos^2\theta}$$

즉

$$h = l\tan\theta - \frac{1}{2}\frac{gl^2}{v_0^2}\sec^2\theta$$

이다. v_0^2에 대해 풀면, 다음과 같이 좀 복잡한 식으로 정리된다.

31) C. W. Groetsch, *Halley's Gunnery Rule*, The College Mathematics Journal, January 1997, pp. 47~50.

$$v_0^2 = \frac{\frac{1}{2} g l^2 \sec^2\theta}{l \tan\theta - h}$$

이 결과로부터 둥근 테의 위치와 공의 발사 각도가 주어졌을 때, 골대를 향한 공의 초기 속도가 무엇인지 알 수 있다.

이제 농구공이 점 (l, h)를 지날 때 최소의 초기 속도가 존재함을 보여주는 v_0^2에 대한 흥미로운 수학적 조건을 유도할 수 있다. 물론 이는 물리학적으로 의미가 있다. 무엇보다도, 만일 골대가 선수로부터 수평으로 25피트 떨어져 있고 둥근 테가 경기장 바닥으로부터 10피트 떨어져 있다면, 수학에 문외한인 사람조차도 초기 속도 $v_0 = 1$ (foot/second)로는 득점 가능성이 없다는 것을 알 것이다! 간단한 대수를 이용하여 l과 h로 최소의 발사 속도를 표현하는 수식을 구할 수 있다(이는 최소 에너지를 활용한 투구를 묻는 것과 같다).

$\sec^2\theta = 1 + \tan^2\theta$이므로,

$$v_0^2 = \frac{\frac{1}{2} g l^2 [1 + \tan^2\theta]}{l \tan\theta - h}$$

또는

$$\frac{1}{2} g l^2 + \frac{1}{2} g l^2 \tan^2\theta = v_0^2 l \tan\theta - v_0^2 h$$

또는

$$\frac{1}{2} g l^2 \tan^2\theta - v_0^2 l \tan\theta + \frac{1}{2} g l^2 + v_0^2 h = 0$$

최종적으로 $\tan\theta$에 관한 이차식은 다음과 같다.

$$\tan^2\theta - \frac{2v_0^2}{gl}\tan\theta + 1 + \frac{2v_0^2 h}{gl^2} = 0$$

근의 공식을 이용하여 $\tan\theta$를 구하면, 다음과 같다.

$$\tan\theta = \frac{v_0^2}{gl} \pm \frac{1}{2}\sqrt{\frac{4v_0^4}{g^2 l^2} - 4 - \frac{8v_0^2 h}{gl^2}}$$

결과가 물리적으로 의미를 갖기 위해 $\tan\theta$는 실수, 즉 음이 아닌 양의 제곱근을 포함해야 한다. 따라서

$$\frac{4v_0^4}{g^2 l^2} - 4 - \frac{8v_0^2 h}{gl^2} \geq 0$$

이고, 식은 다음과 같이 간단히 할 수 있다.

$$v_0^4 - 2ghv_0^2 - g^2 l^2 \geq 0$$

부등식의 좌변은 v_0^2의 이차식이 되므로 근의 공식을 이용하여 이차부등식을 해결하면 다음과 같다.

$$v_0^2 \geq gh \pm g\sqrt{h^2 + l^2}$$

그러나 v_0^2가 양수이므로 음수근은 부적절하다. 따라서 다음과 같이 쓸 수 있다.

$$v_0^2 \geq g\left(h + \sqrt{h^2 + l^2}\right)$$

$l = 25$ (피트)이고 둥근 테가 바닥으로부터 10피트라는 앞의 예로부터, 6피트 높이에서 공을 던지는 선수는 $h = 4$ (피트)이고, 다음 결과를 얻는다.

$$v_0^2 \geq 32.2(4 + \sqrt{16 + 625}) = 944 \left(\frac{\text{ft}^2}{\text{sec}^2}\right)$$

(25, 4)에 위치한 둥근테를 지나는 공에 대해, $v_0 \geq 30.7$ (feet/sec), 즉 최소 속도가 $v_0 = 30.7$ (feet/sec)가 되어야 한다. 그러나 이 결과는 선수가 최소한 사용할 수 있는 에너지로 점수를 얻기 위해 무엇을

해야 하는지 명확하게 알려주지 못한다. 그러기 위해서는 발사 각도를 결정해야 한다.

최소한의 힘으로 공을 던지는 경우의 각을 구하기 위해, 앞서 네모칸의 $\tan\theta$ 식에서 최소 발사 속도 v_0에 대한 4차 부등식이 방정식($v_0^4 - 2ghv_0^2 - g^2l^2 = 0$)이 되고, 따라서

$$\tan\theta = \frac{v_0^2}{gl}$$

또는

$$\theta = \tan^{-1}\left(\frac{v_0^2}{gl}\right) = \tan^{-1}\left[\frac{944}{(32.2)(25)}\right] = 49.54\ (°)$$

이다. 그러나 아직도 끝나지 않았다. 지금까지 공이 둥근 테 속으로 떨어진다는 조건을 구체적으로 언급하지 않았다(공이 둥근 테를 지나는 또다른 방법은 그 궤도의 상향 부분에 있는 경우이며, 이는 명백히 농구 경기에서 허용되지 않는 경우이다!). 이 주제는 탐구할 필요가 있다.

시간 $t = t_0$일 때 필요한 수학적 조건은

$$\left.\frac{dy}{dt}\right|_{t = t_0} < 0$$

이며, 공이 둥근 테를 지날 때 그 수직 속도가 음의 값이라는 것, 즉 공이 아래를 향해 떨어지고 있다는 것이다. 이는 공이 둥근 테를 지나 떨어지는 것을 뜻한다. 일반적으로 $\frac{dy}{dt} = v_0\sin\theta - gt$이므로 $t = t_0$일 때, 다음과 같이 나타낼 수 있다.

$$v_0\sin\theta - gt_0 < 0$$

이는

$$v_0 < \frac{gt_0}{\sin\theta} = \frac{g\dfrac{l}{v_0\cos\theta}}{\sin\theta} = \frac{gl}{v_0\sin\theta\cos\theta}$$

임을 의미한다. 즉 $v_0^2 < \dfrac{gl}{\sin\theta\cos\theta}$이다. 이 부등식과 v_0^2에 대한 앞의 결과를 결합하면, 다음 관계식을 얻을 수 있다.

$$\frac{\frac{1}{2}gl^2\sec^2\theta}{l\tan\theta - h} < \frac{gl}{\sin\theta\cos\theta}$$

양변을 gl로 나누고 각 항의 분모를 이항하여 곱하면, 위의 부등식은 다음과 같이 된다.

$$\frac{1}{2}l\sin\theta\cos\theta\sec^2\theta < l\tan\theta - h$$

또는 $\sin\theta\cos\theta\sec^2\theta = \tan\theta$이므로, 다음 결과를 얻는다.

$$\frac{1}{2}l\tan\theta < l\tan\theta - h$$

그리하여

$$h < \frac{1}{2}l\tan\theta$$

이고, 둥근 테를 지나 떨어지는 공에 의한, 발사 각도에 대해 성립하는 다음의 부등식을 구할 수 있다.

$$\theta > \tan^{-1}\left(\frac{2h}{l}\right)$$

이제 생각해야 하는 질문은 다음과 같다. 최소 속도를 수반하는 θ는 무엇인가? 즉 최소의 에너지로 공을 던지는 경우 θ는 앞의 부등식을 만족하는가? 만일 그렇다면, 공은 실제로 둥근 테를 통과하며 떨어진다.

그렇지 않다면, 공은 둥근 테를 통과하면서 상승해야 하고 이는 원래 문제의 상황에 비추어 볼 때, 합법적인 투구가 아니다. 따라서 구체적인 수치를 예로 들었듯이, 171쪽 네모 칸에 든 $\tan\theta$ 방정식으로 돌아가서 v_0^2의 최솟값에 대한 일반적인 관계식을 대입해보자. 수치적 예에서와 같이, 네모 칸에 든 $\tan\theta$ 방정식에서 제곱근은 0이며 요구되는 발사 각도는 다음과 같다.

$$\tan\theta = \frac{v_0^2}{gl} = \frac{g(h+\sqrt{h^2+l^2})}{gl} = \frac{h+\sqrt{h^2+l^2}}{l}$$
$$= \frac{h}{l} + \sqrt{\left(\frac{h}{l}\right)^2 + 1} > 2\left(\frac{h}{l}\right)$$

그리하여 최소의 발사 속도를 이용한다면, 공이 둥근 테 속으로 '떨어지기' 위한 θ의 조건이 만족된다.

최소 속도(최소 에너지) 발사 각도는 매우 흥미로운 기하적 의미가 있다. 그림 5.6에서 밑각이 θ가 되는 직각삼각형을 그리고, 그 밑변을 l로 놓고 직각 높이의 길이를 하나는 길이가 h이고 나머지는 $\sqrt{h^2+l^2}$인 두 부분으로 나누었다. 이 직각삼각형은 두 개의 삼각형으로 나누어지는데, 편의상 위쪽 삼각형과 아래쪽 삼각형이라고 부를 것이다. 아래 삼각형의 빗변 길이는 $\sqrt{h^2+l^2}$이므로, 위쪽 삼각형은 이등변삼각형이 되고, 그림 5.6에 나타난 이등변삼각형의 밑각을 같은 크기의 각 β라 하자. 아래쪽에 그려진 삼각형의 위쪽 각을 α라 하자.

초보적 기하로부터 다음이 성립함을 알 수 있다.

(a) $\theta + \beta = 90°$ 또는 $\theta = 90° - \beta$

(b) $\alpha + \tan^{-1}\left(\frac{h}{l}\right) = 90°$ 또는 $\alpha = 90° - \tan^{-1}\left(\frac{h}{l}\right)$

(c) $2\beta + (180° - \alpha) = 180°$ 또는 $\beta = \frac{1}{2}\alpha = 45° - \frac{1}{2}\tan^{-1}\left(\frac{h}{l}\right)$

β에 관한 위의 수식을 (a)의 θ에 관한 식으로 치환하면, 다음의 결과를 얻는다.

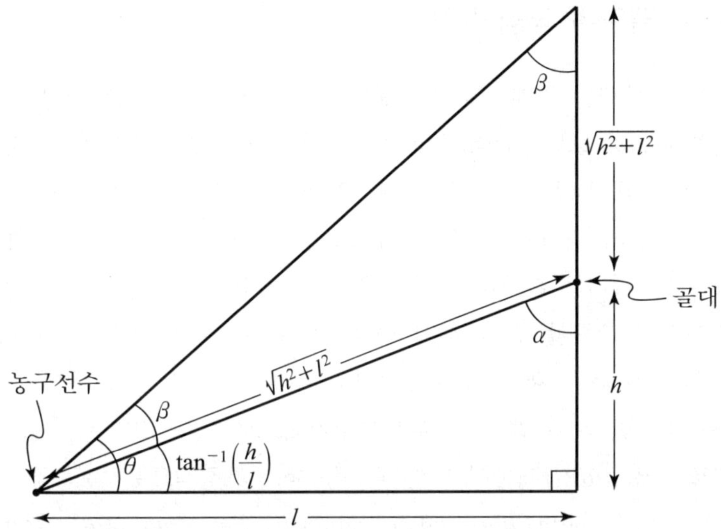

그림 5.6 최소 에너지 발사 각도의 기하적 상황

$$\begin{aligned}\theta &= 90° - \left[45° - \frac{1}{2}\tan^{-1}\left(\frac{h}{l}\right)\right] \\ &= 45° + \frac{1}{2}\tan^{-1}\left(\frac{h}{l}\right) \\ &= \frac{90° + \tan^{-1}\left(\frac{h}{l}\right)}{2}\end{aligned}$$

따라서 최소 발사에너지를 갖는 투구는 선수가 둥근 테를 바라보는 시각을 나타내는 각의 평균에 의해 주어진다. 예를 들어, $l = 25\ (\mathrm{ft})$, $h = 4\ (\mathrm{ft})$인 수치적 예로 돌아가보면 둥근 테를 바라보는 시선의 각은 $\tan^{-1}\left(\frac{4}{25}\right) = 9.09°$이고 따라서 최소 속도(에너지)의 투구를 위한 발사각은 $\theta = \frac{90° + 9.09°}{2} = 49.54°$이다. 이는 앞서 수치적 예에서 계산한 결과와 같다.

5.6 | 핼리의 포격 문제

앞의 농구 문제는 원래 1686년 해결되었고, 1688년 영국학술원의 철학회보(Philosophical Transactions)에 게재된 논문에 제시되었다. 저자는 핼리(Edmond Halley, 1656~1742)였다(그는 편집자로서 이 결과를 1686년 손쉽게 출판할 수 있었다). 그 당시 농구가 등장하지 않았다는 사실로부터 핼리는 분명히 농구 이외의 무언가에 의해 동기가 유발되었을 것이라고 추측할 수 있다. 오늘날 핼리는 두 가지 이유로 기억된다. 첫째, 그의 이름을 따라 지은 혜성이 있는데 그 이유는 그 혜성이 태양 주위로 기다란 타원 궤도를 그리며 주기적으로 돌고 있다는 것을 핼리가 최초로 발견했기 때문이다. 둘째, (정신적 · 재정적으로) 뉴턴의 《자연철학의 수학적 원리(*Philosophiae Naturalis Principia Mathematica*)》를 1687년 출간하는데 힘이 되었다(핼리는 또한 '비기독교도'였다. 그는 기독교 신앙이 꾸며낸 이야기라고 믿었고, 《*The Analyst*》에 소개된 버클리 주교의 미적분학 논리에 대한 비판에 대해 언급하였다). 그러나 핼리는 그 자신 또한 많은 업적을 쌓은 과학자이고 수학자였다. 그리고 '농구공 문제'에 대한 그의 풀이는 최고 수준의 지성을 보여준다.

핼리의 논문에서 긴 제목의 마지막 구절은 그의 동기에 대한 단서를 준다. 〈물체낙하와 포물체 운동이 간단히, 그러나 충분히 다루어진 담화: 포격에서 사용되는 중요한 문제의 풀이와 함께〉. 이 논문에서 핼리는 목표물이 총구보다 높은 곳에 있는 경우, 예를 들어 산 위에 있는 마을로 대포를 쏘는 경우 최적의 경로를 결정하는 문제를 해결했다. 1695년 핼리가 그의 두 번째 논문(이 논문은 시선과 수직각의 평균으로써 최소 에너지의 발사각을 유도하는 것을 포함한다)에 서술했듯이, 모든 것을 대포가 제공할 수 있는 힘에 의지하는 것은 현명한 것이 아니다. 그 이유는 굉장히 강력하게 발사되어 목적지에 너무나 빠른 속도로 도달하면 "땅속 깊이 파묻혀서 의도한 피해를 입히지 못할 것이다. 이는 마을에 포위되었던 주민들이 감사할 일이다."라는 것이다.

그리하여 핼리는 높은 위치에 있는 목표물을 향해 폭탄을 적절하게 발사하는 방법은 폭탄이 목표지에 최소한의 운동에너지를 가지고 떨어지도록 조정하는 것이다. 이제 대포알이 포환, 원반, 농구공 또는 골프공보다 훨씬 빠른 속도로 공중을 가로질러 간다고 해도 핼리는 앞서 농구공 문제에서 한 것처럼 공기저항의 영향을 무시하였다. 즉 에너지는 보존되며 따라서 모든 순간에 포물체의 운동에너지와 위치에너지도 보존되어 일정하게 유지될 것이라고 가정할 것이다.

발사 순간 포물체는 운동에너지만 가지고 위치에너지는 0이다. 폭발하는 순간, 포물체는 목표물의 높이로 인한 위치에너지와 그 순간 운동에 의한 운동에너지를 갖는다. 여기서 운동에너지는 최소가 되어야 한다. 물론 목표물의 높이에 의한 위치에너지를 우리가 통제할 수는 없다. 그리고 폭파 당시의 운동에너지를 최소화하기 위해서는 발사(운동)에너지, 즉 발사속도를 최소화해야 한다. 따라서 농구가 발명되기 훨씬 오래전에 핼리가 농구공 문제를 생각할 수 있었던 것이다. 이 결과가 직접적으로 뜻하는 것은 포물체를 목적지로 보내기 위해 필요한 화약의 양 역시 최소화되어야 한다는 것이다. 의심할 바 없이 국가의 재정을 운영하는 이들은 관심을 가질 것이다. 여기서 생긴 의문은 최소의 에너지를 가지고 높은 곳에 위치한 목표물에 포물체를 보내는데 필요한 화약의 양이 얼마인지에 관한 것이다. 핼리는 이 의문도 해결하였다.

5.4절의 골프공에 관한 예에서 유도한 바와 같이, 초기 속도 v_0와 45° 각도로 친 공은 평지에서 최대 수평거리 $\frac{v_0^2}{g}$에 도달한다. 평지에서 포구를 45° 각도로 올려서 대포알을 발사하면, 골프공에 대해 성립하는 것이 (공기의 저항을 무시할 경우) 대포알의 경우에도 성립한다. 최소 에너지로 발사한 경우 $v_0^2 = g(h + \sqrt{h^2 + l^2})$이므로, $\frac{v_0^2}{g}$의 값은 $h + \sqrt{h^2 + l^2}$이고 이 값은 핼리의 포구수정규칙을 뜻한다. 즉, 최소의 운동에너지로 포물체를 목표물 지점 (l, h)에 도달하도록 보내는데 필요한 화약의 양은 포구를 45°로 올려진 상태에서 동일한 포물체가 $h + \sqrt{h^2 + l^2}$의 거리를 갈 수 있도록 발사하는 화약의 양과 같다. 주어진 대포알과 포물체를 이용한 연속 시험발사를 통해 화약의 양에 대한 투사거리표를 얻

을 수 있을 것이다. 물론 l과 h의 값이 다른 두 목표물에 대해 동일한 화약의 양이 필요할 수 있다. 예를 들어, (2000, 1000)의 위치에 있는 목표물은 (2690, 500)의 위치에 있는 목표물과 같은 화약의 양을 필요로 한다. 포격을 하는 사람에게 남겨진 일은 핼리의 각도 공식을 이용하여 포구의 각도를 구하는 것이다. 예를 들어, 위의 두 목표물에 대해 포구의 각도는 각각 다음과 같다.

$$\frac{90^\circ + \tan^{-1}\left(\dfrac{1{,}000}{2{,}000}\right)}{2} = 58.3^\circ, \quad \frac{90^\circ + \tan^{-1}\left(\dfrac{500}{2{,}690}\right)}{2} = 50.3^\circ$$

적당한 포구의 각도는 특별한 최소화 특성을 가지고 있는데, 이 점 역시 매우 실제적인 목적하에 핼리에 의해 발견되었다. 포격을 하는 사람이 사소한 실수로 발포각도를 잘못 맞추었다고 가정하자. 그 실수가 포격의 정확도에 주는 영향은 무엇인가? 즉 포격을 하는 사람이 정확한 θ값으로부터 $\Delta\theta$만큼의 작은 변화를 주었다면, 효과에서 어느 정도의 변화가 있겠는가? 여기서 실수는 θ에서만 일어났다고 하자. 즉 화약의 양, 따라서 v_0는 정확하게 설정했다는 것이다.

앞절에서 얻은 다음 결과에서부터 시작하도록 하자.

$$\tan^2\theta - \frac{2v_0^2}{gl}\tan\theta + 1 + \frac{2v_0^2 h}{gl^2} = 0$$

여기서 h는 목표물의 높이므로 상수지만 l(포물체가 높이 h에 있을 때 포물체의 영역)은 θ에 종속된다. 만일 l이 목표물까지의 거리라고 한다면, 정의에 따라, 포물체와 목표물이 일치하므로 θ는 정확히 정해진다. 그와 관련된 식을 간단히 하면 다음과 같이 정의하자.

$$u = \tan\theta,$$
$$a = \frac{h}{l},$$

$$p = \frac{2v_0^2}{g}$$

그러면 $u^2 - \frac{p}{l}u + 1 + p\frac{a}{l} = 0$이고, 이 방정식은 l에 대해 쉽게 정리된다.

$$l = \frac{p(u-a)}{u^2+1}$$

θ의 값이 조금 변화할 때 l의 변화를 살펴보기 위해, 연쇄법칙을 사용할 수 있다. 도함수의 정의로부터, $\Delta\theta$가 θ에서의 작은 변화라고 한다면, l에서의 변화는 Δl이고, 다음과 같이 표현할 수 있다.

$$\Delta l \approx \Delta\theta \frac{dl}{d\theta}$$

연쇄법칙에 따라

$$\frac{dl}{d\theta} = \frac{dl}{du} \cdot \frac{du}{d\theta} = \frac{dl}{du} \cdot \frac{d}{d\theta}[\tan\theta] = \frac{1}{\cos^2\theta} \cdot \frac{dl}{du}$$

이다. 이제

$$\begin{aligned}\frac{dl}{du} &= \frac{d}{du}\left[\frac{p(u-a)}{u^2+1}\right] = p\frac{d}{du}\left[\frac{u-a}{u^2+1}\right] \\ &= p\frac{(u^2+1)\left(1-\frac{da}{du}\right)-(u-a)2u}{(u^2+1)^2} \\ &= p\frac{u^2+1-2u^2+2au-(u^2+1)\frac{da}{du}}{(u^2+1)^2} \\ &= p\frac{1+2au-u^2-(u^2+1)\frac{da}{du}}{(u^2+1)^2}\end{aligned}$$

이고, h가 상수이므로 다음이 성립한다.

$$\frac{da}{du} = \frac{d}{du}\left(\frac{h}{l}\right) = \frac{l\frac{dh}{du} - h\frac{dl}{du}}{l^2} = -\frac{h}{l^2} \cdot \frac{dl}{du} = -\frac{a}{l} \cdot \frac{dl}{du}$$

따라서

$$\frac{dl}{du} = p\frac{1+2au-u^2+(u^2+1)\frac{a}{l} \cdot \frac{dl}{du}}{(u^2+1)^2}$$

이다. 이 방정식을 정리하면, 다음과 같다.

$$\frac{dl}{du} = \left\{\frac{pl}{[l(u^2+1)-ap](u^2+1)}\right\}\{(1+2au-u^2)\}$$

우변의 두 인수 가운데 두 번째 것은 0이고 첫 번째 것은 유한하다. 이를 확인하기 위해 다음을 생각해보자.

포병의 목적은 각 θ를 정확히 설정하여 다음이 성립하게 하는 것이다.

$$\tan\theta = u = \frac{h}{l} + \sqrt{\left(\frac{h}{l}\right)^2+1} = a + \sqrt{a^2+1}$$

(앞절에서 보인 바와 같이) 그러면 다음을 구할 수 있다.

$$\begin{aligned} 1+2au-u^2 &= 1+2a[a+\sqrt{a^2+1}\,]-[a+\sqrt{a^2+1}\,]^2 \\ &= 1+2a^2+2a\sqrt{a^2+1} - [a^2+2a\sqrt{a^2+1}+a^2+1] \\ &= 0 \end{aligned}$$

따라서 $\frac{dl}{du}$의 두 번째 인수는 0이 된다.

$\frac{dl}{du}$의 첫 번째 인수의 경우, $u^2 - \left(\frac{pu}{l}\right) + 1 + p\left(\frac{a}{l}\right) = 0$이므로 $lu^2 + l = pu - ap$를 이용하면

$$1 + l(u^2+1) - ap = lu^2 + l - ap = pu - ap - ap = pu - 2ap$$

이고, $\frac{dl}{du}$의 첫 번째 인수는 다음에 비례한다.

$$\frac{pl}{pu-2ap} = \frac{l}{u-2a} = \frac{l}{a+\sqrt{a^2+1}-2a} = \frac{l}{\sqrt{a^2+1}-a} > 0$$

즉 첫 번째 인수는 양이며, 더 중요한 점은 유한하다는 것이다. 따라서 포병의 조준이 정확하다면, 다음이 성립한다.

$$\frac{dl}{du} = 0$$

이는 다음을 의미한다.

$$\frac{dl}{d\theta} = \frac{1}{\cos^2\theta} \cdot \frac{dl}{du} = 0$$

그래서 각이 정확히 설정되었을 때, $\frac{dl}{du} = 0$이다. 이는 조준이 그다지 정확하지 않아도 정확한 각의 근방으로 설정한 경우, 다음이 성립한다.

$$\Delta l \approx \Delta\theta \frac{dl}{d\theta} \approx 0$$

핼리는 이 마지막 결과를 포함하여 그의 최솟값 결과를 다음과 같이 정리하였다. "이 규칙은 목적한 지점에 포탄을 보내는데 필요 이상의 화약을 사용하지 않아도 될 뿐만 아니라 목표물의 고도와 관련된 작은 오차가 포탄의 낙하 지점에 큰 차이를 발생시키지 않으므로 더 많은 확실성을 가지고 발포할 수 있다는 점에서 모든 포병에게 유용할 것이다." 따라서 핼리는 300년 전에 군사무기분석에 기여한 세계 최초의 현대적 이론가 가운데 한 사람이다.

5.7 로피탈과 도르래 문제 그리고 새로운 최소화 원리

신기하게도 뉴턴의 《프린키피아(*Principia*)》가 뉴턴의 공동 발명품인 미적분학을 사용하는 현대 학생들에게 보편적으로 제공되는 과목인 현대물리학의 시조이지만, 《프린키피아》는 미적분을 사용하지 않는다. 대신, 뉴턴은 유클리드 기하라는 '구식 수학'을 이용하여 새로운 물리학을 제시하고 있다. 그 결과 현대적인 접근법을 취하는 것보다 훨씬 학문의 표현이 어려웠다. 분명 뉴턴이 오늘날 우리가 사용하는 미적분학을 발명했고 그 지식을 가지고 있었음에도 불구하고 활용하지 않은 이유는 무엇일까? 거의 분명하게 그 답은 뉴턴이 독자들이 미적분학에 정신이 팔려 물리학으로부터 벗어나는 것을 원하지 않았기 때문이라는 것이다. 《프린키피아》에서 뉴턴의 목적은 수학이 아닌 물리학을 옹호하는 것이었다.

세계 최초의 미적분학 저서 출판에 대한 인정은 뉴턴이 아닌 다른 사람에게 돌아갔다. 그 영광의 저자는 시력이 악화되어 퇴역할 때까지 기병장교였던 프랑스의 수학자 로피탈(Michel de L'Hospital, 1661~1704)이었다. 그는 매우 빠른 속도로 학습하여 다른 수학자들의 발견을 바로 흡수하였고, 폭넓은 청중에게 일관된 방법으로 그 지식을 제시하였다. 수학적 명상은 영민하지만 근시안적인 신사에게 완벽한 소일거리였다.

초보적인 미적분 기술이 처음으로 발견되고 있던 로피탈의 시대에, 가르치기 위한 자료는 흔치 않았다. 따라서 로피탈은 라이프니츠의 가장 우수한 제자 베르누이(Bernoulli, 1667~1748)를 고용하여 이 새로운 수학을 배웠다(다음 장에서 베르누이로부터 비롯된 가장 유명한 최소화 문제에 대해 다룰 것이다). 로피탈은 베르누이에게 많은 보수를 지급하였고, 새로운 결과에 대한 값을 치르었으므로 베르누이의 성취물은 자신의 것이라고 믿었다. 그와 같은 지적재산에 대한 권리의 구매는 오늘날 소위 자서전을 저술해주는 유령작가를 고용할 경우에 허용될 수 있는 것이다. 즉 그 자체가 원저에 대한 의문을 제기할 수 있는 경계선 위에 있는 행동이다.

1696년까지 로피탈은 베르누이로부터 《무한소 분석(*Analysis des Infiniment Petits*)》이라는 책을 출판하는데 충분한 자료를 얻었다고 생각했다. 로피탈 자신의 생각은 하나도 담고 있지 않았지만, 그 책은 잘 서술되었고 곧 유명해졌다. 그러나 그 책에는 뉴턴, 라이프니츠, 베르누이의 형 야콥을 비롯하여 베르누이의 발견 결과가 포함되어 있다. 이에 대해 로피탈이 베르누이 형제에 대해 전혀 언급하지 않았다고 하는 이도 있고 언급했다고 주장하는 이도 있다. 사실 로피탈은 매우 짧게 언급하였다. 다음과 같은 두 문장이 서문에 나타날 뿐이다. "나는 베르누이 형제들이 제공한 많은 훌륭한 아이디어에 감사한다. 특히, 이제 교수가 된 동생 베르누이에게 많은 감사를 한다. 나는 그들이 발견한 사실들을 대가 없이 사용하였다." 사실, 베르누이 형제의 기여에 대한 로피탈의 표현은 매우 간략한 것이다. 로피탈 사후, 베르누이는 《무한소 분석》에 서술된 수학적 발견이 자신에 의한 것임을 주장하기 시작했다. 처음에 수학자와 역사가들은 베르누이의 주장을 받아들이지 않았다. 그러나 1922년, 베르누이가 제네바에서 강의했던 미분학의 강의노트 사본이 발견되었다. 로피탈의 책보다 5년 앞서 쓰인 이 노트의 구성과 내용은 사실상 로피탈의 책과 동일하였다.

로피탈이 전유한 베르누이의 연구는 그 유명한 불확정적인 극한을 계산하는 규칙이다. 같은 독립변수(x라고 부르도록 하자)를 갖는 두 함수에 대하여 x가 0에 다가갈 때 두 함수의 비의 값을 계산하는 경우다. 즉 다음과 같은 극한을 계산하는 경우다.

$$R = \lim_{x \to 0} R(x) = \lim_{x \to 0} \frac{g(x)}{h(x)}$$

계산은 대체로 쉽게 이루어진다. 예를 들어,

$$R = \lim_{x \to 0} R(x) = \lim_{x \to 0} \frac{3x+8}{2x+4} = \frac{8}{4} = 2$$

은 분명하다. 그러나

$$R = \lim_{x \to 0} R(x) = \lim_{x \to 0} \frac{\sin x}{x}$$

와 같이 $x = 0$이라고 할 때 $\frac{0}{0}$꼴의 부정 형태가 되는 경우는 어떻게 할 것인가?

$$R = \lim_{x \to 0} R(x) = \lim_{x \to 0} \frac{g'(x)}{h'(x)}$$

이므로

$$R = \lim_{x \to 0} R(x) = \lim_{x \to 0} \frac{\sin x}{x} = \lim_{x \to 0} \frac{\cos x}{1} = \lim_{x \to 0} \cos x = 1$$

을 증명한 것은 베르누이다. 그러나 이 공식은 오늘날 베르누이의 법칙이 아니라 로피탈의 정리로 알려져 있다.

$g(x) = R(x)h(x)$이므로 양변을 미분하면

$$g'(x) = R(x)h'(x) + R'(x)h(x)$$

이 된다. $\lim_{x \to 0} h(x) = 0$이므로 $R(x)$가 $x \to 0$일 때 극한을 갖는다고 가정한다면, 즉 $\lim_{x \to 0} R(x) = R$이라고 한다면,

$$\begin{aligned} \lim_{x \to 0} g'(x) &= \lim_{x \to 0} R(x)h'(x) + \lim_{x \to 0} R'(x)h(x) \\ &= R \lim_{x \to 0} h'(x) + \lim_{x \to 0} R'(x) \lim_{x \to 0} h(x) \end{aligned}$$

이다. $\lim_{x \to 0} h(x) = 0$이므로 마지막 항은 0이 된다. 그리고 $\lim_{x \to 0} R(x) = R$이므로 $\lim_{x \to 0} R'(x) = 0$이다. 즉 $y = R(x)$ 곡선은 $x \to 0$일 때 기울기가 0인 직선 $y = R$으로 다가간다. 따라서

$$\lim_{x \to 0} g'(x) = R \lim_{x \to 0} h'(x)$$

이고, 로피탈의 법칙을 얻게 된다.

매우 이상한 일이지만 로피탈은 꽤 훌륭한 수학자였다. 따라서 왜 그가 그런 행동을 했는지는 약간 수수께끼이다. 베르누이는 그의 수학 강의에 지급된 다소 거금의 대가에 대한 보상으로 침묵을 지킬 것이라고 로피탈과 약속하였으므로 1704년까지 침묵을 지켰다. 이런 독특한 계약에 베르누이 스스로 연루되었다는 사실 역시 놀라운 것이다. 로피탈의 저서와 관련된 윤리적 문제가 무엇이든 간에, 그것은 몇 가지 흥미로운 수학적 문제를 포함한다. 특히 그 가운데 하나는 미분학을 보여주는 것뿐만 아니라, 페르마의 최소 시간 원칙과 유사한 새로운 최소 원리의 효과를 보여주었다는 것이다[Alexander J. Hahn의 《미적분학의 두 가지 역사적 응용》[32]참고].

쉽게 시각화할 수 있는 이 문제는 그림 5.7에 예시되어 있다. 천장의 점 A에 길이가 r인 무게가 없는 이상적인 줄을 달았다. 이 줄의 다른

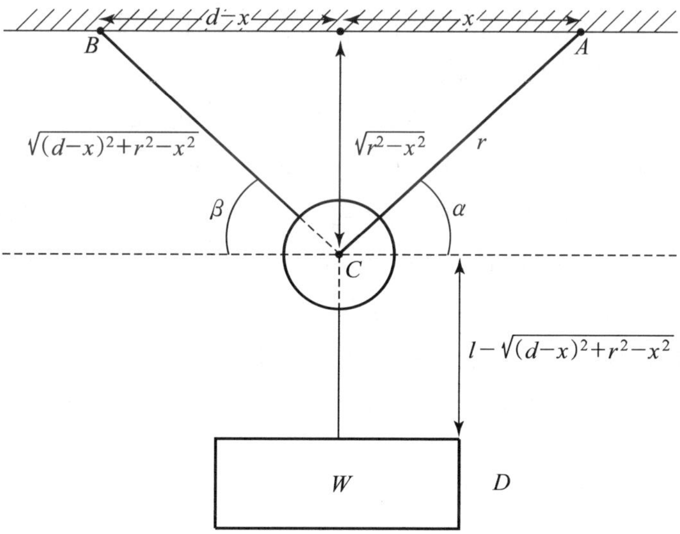

그림 5.7 로피탈의 도르래 문제의 기하학적 구조

32) Alexander J. Hahn, *Two Historical Applications of Calculus*, The College Mathematics Journal, March 1998, pp. 93~103.

쪽 끝은 무게가 없는 도르래의 중심축에 달았다. 그리고 점 A로부터 거리가 d인 천장의 점 B에 도르래를 지나는 길이가 l인 두 번째 줄을 매달았다. 이 줄의 다른 쪽 끝에는 무게가 W인 벽돌을 하나 매달았다. 그런 뒤에 줄, 도르래, 추로 이루어진 이 체계를 중력의 영향하에서 더 이상 움직이지 않는 상태로 만든다. 이때 도르래의 최종 위치를 점 C로 나타내자.

$r < d$라면 최종적인 평형상태는 그림과 같이 C가 A와 B 사이의 아래쪽에 있고, 추는 C 바로 아래 점 D에 있다는 것이 물리적으로 분명하다. 이것은 또한 수학적으로도 흥미로운데, 그 이유는 만일 $r > d$라면 그 추가 B 아래 수직으로 매달려 있을 것이라는 것이 분명하기 때문이다. 즉 무게가 없는 도르래는 추가 매달려 있는 줄을 따라 도르래가 똑바로 당겨질 때까지 미끄러질 것이다(또는 만일 $r > \sqrt{l^2 + d^2}$라면 추 위에서 멈출 것이다). 따라서 만일 $r > d$라면, 추는 B 바로 아래 천장으로부터의 거리 l이 되는 곳에 매달려 있을 것이고, 이 상태는 이 체계의 평형 상태를 완벽하게 묘사한다.

물리학적으로 그리고 수학적으로 훨씬 더 재미있는 것은 $r < d$인 경우이다. 이때 이 체계의 평형 상태는 어떻게 될까? 즉 도르래는 어디서 멈출 것인가? 이 질문에 대한 분석을 시작하기 위해 점 C는 A의 왼쪽으로 거리가 x인 지점(점 B의 오른쪽으로 거리가 $d - x$인 지점)이라고 하자. 분명히 $0 \le x \le r$이다. 피타고라스의 정리를 두 번 적용하면, 그림 5.7에 예시한 것처럼 천장 아래부터 추가 매달린 곳까지의 거리는 다음과 같이 주어지는 x의 함수(이 함수를 $f(x)$라고 하자)가 된다.

$$f(x) = \sqrt{r^2 - x^2} + l - \sqrt{(d - x)^2 + r^2 - x^2}$$

그러나 $f(x)$를 이용하여 C의 위치를 찾는 방법은 분명하지 않을 수 있다. 사실 풀이를 계속하기 위해 이제 앞서 언급했던 새로운 최소 원리를 도입할 필요가 있다. 그러나 그러기 전에, 이 문제를 미적분학을 이용하지 않는 완전히 다른 방법으로 먼저 해결해보자. 그 후에 $f(x)$로 다시 돌아와 미적분학을 적용했을 때, 같은 답이 나오는지를 확인할 수 있을 것이고, 미적분학 방법이 사용하기 쉽다는 것을 알 수 있다.

로피탈의 도르래 문제는 실제로 물리학과 공학에서 정역학(움직이지 않는 체계에 관한 물리학)을 배울 때 1학년 과정에서 학생들이 흔히 접하는 문제 유형이다. 중요한 물리학적 관찰은 줄, 도르래, 추가 마지막의 안정된 상태에서 움직이지 않는다는 것이다. 특히, 도르래는 움직이지 않는다. 뉴턴 물리학에서는 이때 도르래에 작용하는 힘이 0이 된다고 한다. 그렇지 않으면 도르래는 가속도를 가질 것, 즉 움직일 것이다. 따라서 안정된 또는 평형 상태의 모습은 도르래에 작용하는 모든 수평력의 합이 0이 되도록, 마찬가지로 도르래에 작용하는 모든 수직력의 합이 0이 되도록 하여 찾을 수 있다. 이 힘들은 두 줄의 장력으로부터 온다. 추에 붙어 있는 줄은 장력 W를 갖는다. 그 줄의 수직부분에 대해서는 줄의 장력이 W라는 것이 분명하다. 그리고 장력은 줄을 따라 모두 동일하게 작용해야 하므로 (만일 그렇지 않다면, 줄 어딘가에 힘이 0이 되지 않는 부분이 있고 그 부분이 움직이게 되는데, 이것은 줄이 정지 상태에 있다는 점에 모순된다) 장력은 줄에서 수직이 되지 않는 부분을 포함한 모든 부분에서 W가 된다. 장력의 수평 요소는 왼쪽을 향하며 그 값은 $W\cos\beta$이다. 나머지 줄의 장력을 T라고 한다면, 그 줄의 수평 장력은 $T\cos\alpha$이며 오른쪽을 향하는 힘이다. 따라서

$$W\cos\beta - T\cos\alpha = 0$$

또는

$$T = W\frac{\cos\beta}{\cos\alpha}$$

이다. 이제 도르래에 작용하는 수직력의 합은 다음과 같다.

$$W\sin\beta + T\sin\alpha - W = 0$$

여기서 T에 대한 식을 대입하면

$$W \sin\beta + W \frac{\cos\beta \sin\alpha}{\cos\alpha} - W = 0$$

또는

$$\sin\beta + \cos\beta \tan\alpha - 1 = 0$$

이다. 그림 5.7로부터, 다음과 같이 말할 수 있다.

$$\sin\beta = \frac{\sqrt{r^2 - x^2}}{\sqrt{(d-x)^2 + r^2 - x^2}}$$

$$\cos\beta = \frac{d-x}{\sqrt{(d-x)^2 + r^2 - x^2}}$$

$$\tan\alpha = \frac{\sqrt{r^2 - x^2}}{x}$$

그리하여

$$\frac{\sqrt{r^2 - x^2}}{\sqrt{(d-x)^2 + r^2 - x^2}} + \frac{d-x}{\sqrt{(d-x)^2 + r^2 - x^2}} \cdot \frac{\sqrt{r^2 - x^2}}{x} - 1 = 0$$

이다. 위의 식을 대수적으로 정리하면 다음 식이 된다.

$$2x^2 d - r^2 x - r^2 d = 0$$

x에 대한 이차식은 쉽게 해결되므로 점 C, 즉 도르래의 위치를 구하는 문제도 해결된다.

이제, 앞에서 구했던 함수 $f(x)$는 천장으로부터 추의 위치까지 거리를 나타내는 함수이다. 앞서 언급했던 새로운 최소 원리, 즉 한 체계가 안정된 평형상태일 때는 위치에너지가 최소일 때라는 원리를 적용할 것이다(다음 장에서도 이와 같은 주장을 사용하여 이보다 훨씬 더 유명한 문제를 해결할 것이다). 즉 안정된 평형상태는 추가 천장으로부터 가장 멀리 떨어져 있을 때 발생하며, 이때 $f(x)$는 최대가 된다. 따라서 여기서 해야 할 것은 $f(x)$의 도함수가 0이라고 놓은 뒤 x를 구하는 것이다. 즉

$$\frac{df}{dx} = \frac{-2x}{2\sqrt{r^2 - x^2}} - \frac{-2(d-x) - 2x}{2\sqrt{(d-x)^2 + r^2 - x^2}} = 0$$

이다. 다시 한번 이 식을 간단히 하면 정역학 분석에서 구했던 다음 이차식을 구할 수 있다.

$$2x^2 d - r^2 x - r^2 d = 0$$

도르래 문제를 해결하려면, 이차방정식의 근을 구하면 된다. 물론 근은 두 개가 존재할 것이다.

$$x = \frac{r^2 \pm \sqrt{r^4 + 8d^2 r^2}}{4d} = \frac{r}{4d}[r \pm \sqrt{r^2 + 8d^2}\,]$$

x가 0보다 작을 수 없다는 것은 물리학적으로 분명하므로 음수 해는 버릴 것이다. 따라서 도르래의 위치는 다음 식으로 표현된다.

$$x = \frac{r}{4d}[r + \sqrt{r^2 + 8d^2}\,]$$

이 식에서 $x < r$이라는 조건이 만족된다는 것을 주목하라. 그 이유는

$$x = \frac{1}{4}r\left[\frac{r}{d} + \sqrt{\left(\frac{r}{d}\right)^2 + 8}\,\right]$$

이고, $\frac{r}{d} < 1$이므로, 다음 결과를 얻을 수 있기 때문이다.

$$x < \frac{1}{4}r[1 + \sqrt{1+8}\,] = r$$

로피탈의 도르래 문제에 대한 마지막 논평으로 x값의 해는 추의 무게 W나 추에 붙어 있는 줄의 길이 l의 영향을 받지 않는다는 점을 주목하라. (나를 비롯한 많은 사람들에게 이 점은 직관적으로 분명하지 않다!) 도르래에 연결되어 있는 줄의 길이(r)와 천장과의 연결 거리(d)만이 도르래의 위치를 결정하는데 관여한다. 물론, 추와 천장 사이의 거리

인 $f(x)$의 실제 값은 l에 의해 결정된다.

5.8 미분과 무지개

이 장의 마지막 절에서는 미적분학이 물리적인 문제를 해결하는 데 응용되는 또 다른 예를 살펴보기 위해 스넬의 법칙을 다시 고려해보자. 이를 위해 당신은 그림 5.8과 같이 태양을 등지며 넓은 평지에 서 있다고 가정하자. 이때 태양과 지평선과의 각도는 φ이고 당신이 바라다보는 방향으로, 예를 들어 스프레이에 고정된 호스로 정원의 잔디에 물을 주고 있기 때문에, 공기에 물방울이 가득 차 있다고 가정하자. 그러면 태양 광선은 물방울에 의한 내부 반사와 굴절에 의해 산란될 것이고 광선의 진로와 반대방향 아래쪽으로 굽어져 당신의 눈으로 들어올 것이다. 이것이 바로 가장 아름다운 자연 현상 중 하나인 무지개다(구체적인 색깔에 대해서는 나중에 더 설명할 예정이다).

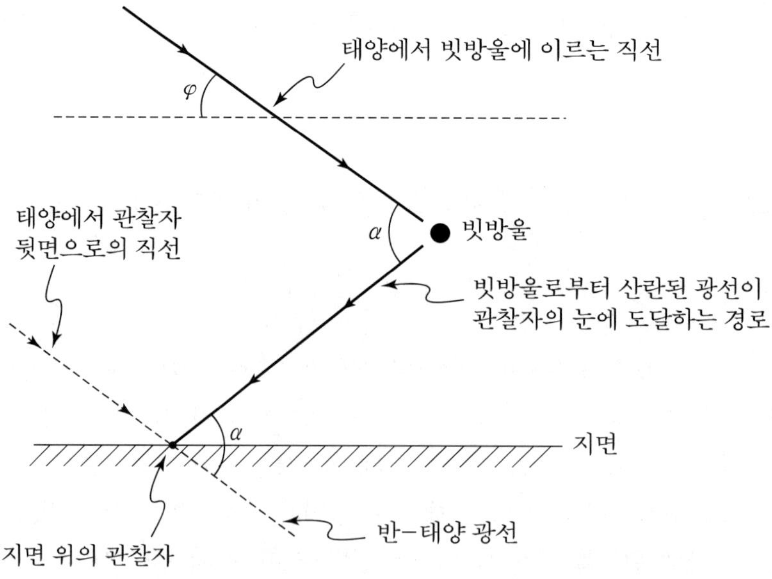

그림 5.8 무지개는 물방울에 의해 흩어뿌려진 햇빛이다.

그림 5.8과 같이 태양으로부터 관찰자를 지나 지면 안까지 선(반-태양광선, anti-solar line)을 이으면 첫 번째 무지개는 반사광선으로부터 위로 약 42도에 이르는 각 α를 이루고 있다(그 이유를 곧 바로 알아볼 예정이다). 이런 사실 때문에 하늘에서 무지개를 관찰하기 위해서는 태양이 충분히 낮은 위치에 놓여 있어, 반사광선과 지평선이 42도 정도의 각도를 이루어야 하늘에 무지개가 보인다. 따라서 태양이 지평선과 42도보다 큰 각을 이룰 정도로 높은 위치에 있으면, 무지개를 볼 수 없다. 이런 이유 때문에 무지개를 아침이나 오후에는 볼 수 있지만 정오 즈음에는 볼 수 없다.

무지개가 생기는 원인을 알아내기 위한 시도는 아리스토텔레스의 저서에서 발견된 근거 없는 주장으로부터 시작해서 아주 오래전부터 있었다(아리스토텔레스는 무지개가 각각의 물방울보다는 전체 구름의 반사에 의해 생긴다고 잘못 생각하였다). 사실 수천 년 전에 소나기 속에서 무지개를 보았을 때 아리스토텔레스나 현재의 우리들만큼이나 원시인들도 경외로움을 느꼈을 것이 분명하다. 사실 때때로 반사광선으로부터 위로 약 52° 근처에서는 빛은 약간 덜 밝고 색깔의 순서는 첫 번째 무지개와 반대로 배열된 두 번째 무지개를 발견할 수 있는 경우가 종종 있다. 그렇다면 그 이유는 무엇이고, 또 다른 여러 개의 무지개가 나타날 수 있을까? 사람들은 그런 질문에 답하기 위해 여러 세기 동안 고민해왔다. 이에 대한 확실한 역사는 수학자 보이어(Carl Boyer)의 책 《무지개, 신화에서 수학까지》[33](초판은 1959년에 출판됨)에서 찾을 수 있다. 또한 무지개에 대한 덜 수학적이지만 많은 신기한 그림을 포함하고 있는 아름다운 두 권의 책이 있는데, 하나는 그린리어(Robert Greenlear)의 《*Rainbow, Halos, and Glories*》[34](그는 보이어의 Princeton 판에서 새롭게 소개하는 글을 작성)이고, 다른 하나는 린치(David K. Lynch)와 리빙스턴(Williams Livingston)의 《*Color and Light in Nature*》[35]이다.

---

33) Carl Boyer, *The Rainbow: From Myth to Mathematics*, Princeton University Press, 1987.
34) Robert Greenlear, *Rainbow, Halos, and Glories*, Cambridge University Press, 1980.
35) David K. Lynch and Williams Livingston, *Color and Light in Nature*, Cambridge

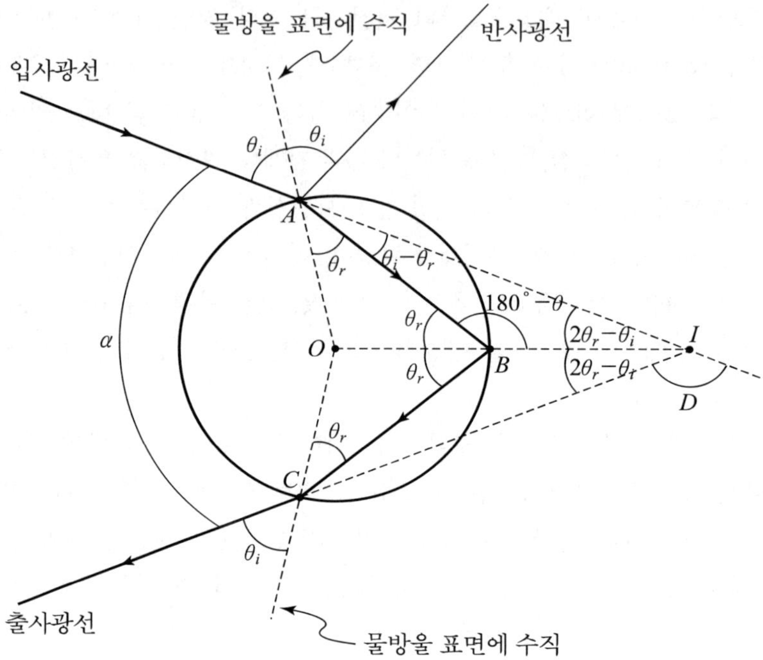

그림 5.9 첫 번째 무지개의 자세한 기하학적 원인

좀더 본격적으로 무지개를 분석하기 위해서는 하늘에 떠있는 구모양으로 가정된 물방울에 빛이 도달할 때 빛의 경로에 무슨 일이 일어나는지에 대한 자세한 모델을 나타낼 필요가 있다. 사실 그림 5.8에서 물방울을 너무나 작게 그렸지만 그림 5.9는 우리가 찾는 모델을 잘 나타내 주고 있다.

1. 광선이 물방울 표면에 있는 점 A에 도달했을 때, 그것의 일부는 표면 밖으로 반사되고 나머지는 물방울 안쪽으로 굴절된다. 입사각과 반사각을 제4장에서와 같이 각각 θ_i와 θ_r이라 하자.

2. 물방울 안쪽으로 굴절된 광선은 물방울 표면의 점 B까지 진행하고 B에 도달한 광선의 일부는 다시 공간 속으로 굴절되며

University Press, 2001.

나머지는 내부로 반사되어 물방울 표면의 점 C까지 진행된다. 선분 OA와 OB의 길이가 같기 때문에 삼각형 OAB는 이등변삼각형이고, 따라서 내부굴절각 역시 θ_r이다.

3. 내부로 반사된 광선의 일부분은 물방울과 공기와의 간섭을 일으키며 물방울 내부에서 굴절과 반사를 계속한다. 그림 5.9는 점 B에서 반사된 후에 점 C에서 밖으로 나오는 광선의 굴절된 부분만을 나타내고 있다. 나중에 두 번째 무지개를 설명할 때, 물방울 내부로 반사된 광선으로 인해 더 재미있는 현상을 보게 될 것이다.

광선과 물방울 및 공기가 일으키는 간섭과정에서 얼마나 많은 양의 광선이 굴절되고 반사되는지의 문제는 그리 간단하지 않다. 그에 대한 해답은 실제 입사각 및 광선의 전자기적 성질 등과 밀접한 관계를 가지고 있다. 다행히 현 단계에서는 심오하게 빛에 관한 물리학을 공부할 필요가 없고, 단지 어떤 광선들은 우리가 볼 수 있는 각도로 나타난다는 것만 알면 된다. 다른 곳으로 진행해가는 광선은 우리가 볼 수 없지만 그에 대한 심오한 계산에 관심이 있는 독자는 워커(Jearl D. Walker)의 아름다운 논문 〈*Multiple Rainbows from Single Drops of Water and Other Liquids*〉[36]을 참고하길 바란다.

이제 단지 한 번의 내부 반사와 두 번의 굴절을 한 뒤 점 C에서 나가는 광선에 대해서만 고려하기 위해 그림 5.9와 같이 점 I에서 만나기까지 입사광선과 출사광선을 그리자. 그러면 이것은 광선이 물방울에 입사한 뒤 물방울을 떠날 때까지의 광선의 변화각 D를 정의해준다. 그림 5.8과 5.9에서 보는 바와 같이 입사광선과 출사광선 사이의 각도 변

36) Jearl D. Walker, *Multiple Rainbows from Single Drops of Water and Other Liquids*, American Journal of Physics, May 1976, pp. 421~33.

환 α를 편향각도라 할 때

$$\alpha = 2(2\theta_r - \theta_i)$$

이다. 따라서 D는

$$D = 180° - \alpha = 180° + 2\theta_i - 4\theta_r$$

이다.

이제 공기와 물의 굴절 계수를 n_1, n_2라 할 때, 우리가 잘 알고 있는 스넬(Snell)의 법칙을 적용하면 다음 식을 얻는다.

$$\frac{\sin(\theta_i)}{\sin(\theta_r)} = \frac{n_2}{n_1} = n$$

따라서

$$\theta_r = \sin^{-1}\left\{\frac{1}{n}\sin(\theta_i)\right\}$$

이고

$$D = 180° + 2\theta_i - 4\sin^{-1}\left\{\frac{1}{n}\sin(\theta_i)\right\}$$

이다. 특히, 입사광선이 물방울의 중심 O를 지난다면 입사각 θ_i는 0도이고 변화각 α도 0도가 된다. 따라서 변화각 D는 180도가 된다. 즉 광선은 들어왔던 경로와 같은 경로를 따라 물방울 밖으로 다시 반사된다. 중심을 통과하는 광선을 하나의 분명한 기본축으로 생각할 수 있다.

물론 태양이 아주 멀리 떨어져 있기 때문에 태양을 향하고 있는 물방울의 표면에 광선이 평행하게 입사한다고 가정해도 아무런 무리가 없다. 이때 기본축 위와 아래로 들어가는 광선이 있고 그림 5.9는 기본축 위로 입사하는 광선이 기본축 아래로 나감을 나타내주고 있다. 대칭성에 의해 기본축 아래에서 입사하는 광선은 기본축 위로 나갈 것이다. 따라서 지표면에 있는 관찰자는 물방울의 위쪽 부분에서 반짝이면서 입

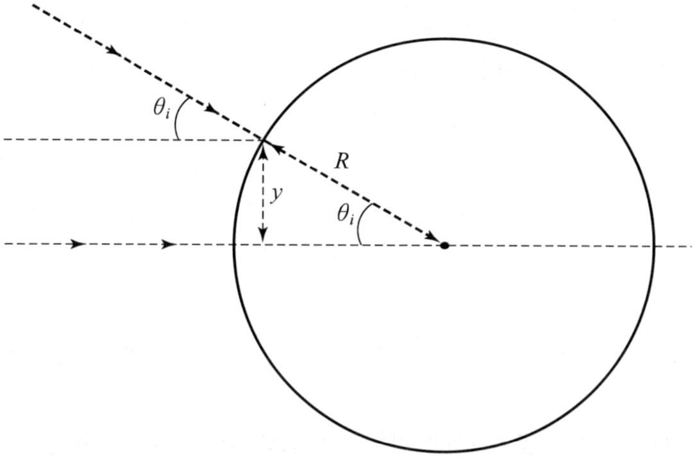

그림 5.10 물방울의 반짝임

사하는 광선으로 인해 물방울의 아래 부분에서 나오는 광선을 보게 되는 것이다.

이때 관찰된 광선은 물방울에 입사하는 위치에 따라 다양한 α를 가지게 된다. 따라서 α를 광선이 물방울에 입사하는 위치에 따른 함수로 나타낼 수 있다. 이에 대한 것은 그림 5.10에서 자세히 볼 수 있는데, 쉽게 그리기 위해 중심을 통과하는 광선을 수평의 기준축으로 하여 물방울로 입사하는 일반적인 광선을 기준축 위에 그리고 있다. 입사각 θ_i는 다음 식

$$\sin(\theta_i) = \frac{y}{R}, \quad 0 \le y \le R$$

을 이용하여 구할 수 있는데, 여기서 R은 구면 모양의 물방울의 반지름이고 y는 기본 축으로부터 광선이 입사하는 지점까지의 수직거리이다. 이와 같은 방식으로 수식을 만드는 이유는 균질한 태양광 속에 있는 물방울에 대해 어떤 특수한 y값으로 치우치는 경향이 없기 때문이다. 약간 확률적 용어를 사용하여 다시 말하면 물방울에 부딪히는 모든 광선들 중에서 임의로 택해진 광선이 특정 y값을 가지는 가능성은 다른 y

값을 가질 가능성과 같다. 하지만 θ_i는 0도부터 90도 사이에 균등하게 분포되어 있지 않기 때문에 y에 관한 위의 주장은 성립하지 않는다.

스넬의 법칙에 의해 θ_r은

$$\theta_r = \sin^{-1}\left\{\frac{1}{n}\sin(\theta_i)\right\} = \sin^{-1}\left\{\frac{1}{n}\cdot\frac{y}{R}\right\}$$

이고, 따라서

$$\alpha = 4\theta_r - 2\theta_i = 4\sin^{-1}\left(\frac{y}{nR}\right) - 2\sin^{-1}\left(\frac{y}{R}\right), \quad \theta \le y \le R$$

이다. 그림 5.11은 공기 중에 있는 물방울의 굴절 계수 n이 $\frac{4}{3}$라 하고, $\frac{y}{R}$가 0부터 1까지 움직일 때 각도 α의 변화를 나타내는 그래프로 α가 분명히 약 42도 근처에서 최댓값을 가짐을 알 수 있다(각도는 이 절의 처음에서 말했던 것으로 독자들은 이 각도의 물리적 중요성을 거의

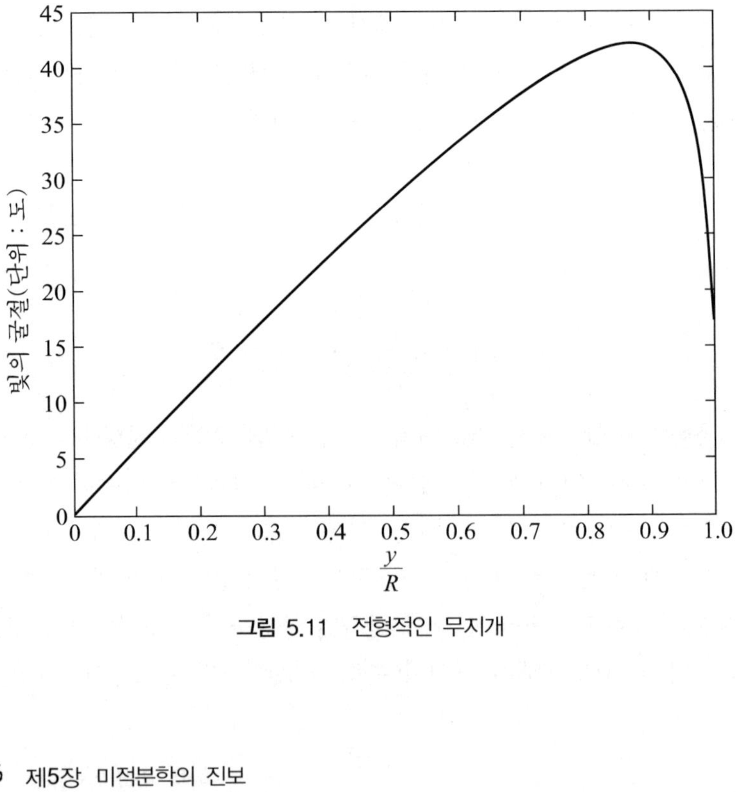

그림 5.11 전형적인 무지개

이해했을 것이다). 이런 관찰은 정말 흥미롭지만 더욱 더 흥미로운 점은 광선이 α가 42도 근방에 거의 모두 모여 있다는 사실이다. 예를 들어 방출되는 광선의 20% 정도($0.75 \le \frac{y}{R} \le 0.95$)가 40도부터 42도의 좁은 사이의 구간에 있는 각도에 들어 있다. 방출되는 각도의 다른 80% 정도는 더 넓은 0도부터 40도 구간에 거의 균등하게 분포되어 있다.

미적분학을 이용하면 최대가 되는 α를 바로 구할 수 있는데,

$$\alpha = 2(2\theta_r - \theta_i) = 4\theta_r - 2\theta_i$$

이기 때문에

$$\frac{d\alpha}{d\theta_i} = 4\frac{d\theta_r}{d\theta_i} - 2$$

이다. 따라서 α의 최댓값에서 미분계수가 0이 된다는 사실을 이용하면

$$\frac{d\theta_r}{d\theta_i} = \frac{1}{2}$$

이다. 이제 θ_i에 관해 스넬의 법칙을 미분하면 다음 식을 얻는다.

$$\cos(\theta_i) = n\cos(\theta_r)\frac{d\theta_r}{d\theta_i} = \frac{1}{2}n\cos(\theta_r)$$

따라서

$$\cos^2(\theta_i) = \frac{1}{4}n^2\cos^2(\theta_r)$$

이고 $\cos^2(\theta_r) = 1 - \sin^2(\theta_r)$을 이용하면

$$\cos^2(\theta_i) = \frac{1}{4}n^2[1 - \sin^2(\theta_r)] = \frac{1}{4}n^2\left[1 - \frac{1}{n^2}\sin^2(\theta_i)\right]$$
$$4\cos^2(\theta_i) = n^2 - \sin^2(\theta_i)$$

이다. $\sin^2(\theta_i) = 1 - \cos^2(\theta_i)$을 이용하면 위의 식은

$$4\cos^2(\theta_i) = n^2 - 1 + \cos^2(\theta_i)$$

이다. α가 최대일 때, θ_i는

$$\theta_i = \cos^{-1}\left\{\sqrt{\frac{n^2-1}{3}}\right\}$$

이므로

$$\alpha = 4\theta_r - 2\theta_i = 4\sin^{-1}\left[\frac{1}{n}\sin(\theta_i)\right] - 2\theta_i$$

을 이용하면

$$\alpha_{\max} = 4\sin^{-1}\left[\frac{1}{n}\sin\left\{\cos^{-1}\left(\sqrt{\frac{n^2-1}{3}}\right)\right\}\right] - 2\cos^{-1}\left\{\sqrt{\frac{n^2-1}{3}}\right\}$$

을 얻는다. 이때, $n = \frac{4}{3}$라 하면 그림 5.11과 같이 $\alpha_{\max} = 42.03\,(^\circ)$이고 이 값은 데카르트 시대 이전에 직접 관찰에 의해 알려져 왔다.

α의 값이 넓은 구간에 걸쳐 분포되어 있다는 것을 발견한 사람은 데카르트이다. 그는 유리로 만든 구면 형태의 거대한 인공 물방울 모형과 스넬의 법칙을 이용하여 많은 입사광선을 추적하는 힘든 과정을 통해 물방울에서 나오는 광선이 $\alpha = 42\,(^\circ)$ 근처에 분포되어 있다는 사실을 발견했다. 그는 1637년 《방법서설(*Discours de la Méthode*)》의 또 다른 부록인 〈기상학(*Les Météores*)〉에서 다음과 같이 서술하고 있다.

> "나는 펜을 들고 두 번의 굴절과 한 번 또는 두 번의 반사 뒤에 광선이 어떤 각도로 우리의 눈에 들어오게 되는지 알아보기 위해 물방울의 다양한 위치에서 광선들을 계산했다. 그 결과 한 번의 반사와 두 번의 굴절 뒤에 대부분의 광선은 다른 각도보다도 41도와 42도 근처에서 관찰되었고 42도보다 큰 각도에서 전혀 관찰되지 않았다(이것이 바로 첫 번째 무지개이다). 그런 다음 두 번의 반사와 두 번의 굴절 뒤에 관찰된 대부분의 광선은 51도와 52도에서 관찰되었고 그보다 작은 각도에서는 관찰되지 않았다(이것이

바로 곧 알게 될 두 번째 무지개이다)."

물론 α의 극점 주위에 광선이 모여 있는 현상은 극점이 가지고 있는 성질을 정확히 나타내주고 있다. 즉 α_{max}와 α각을 이루는 좌우의 광선은 거의 동일한 α각을 갖는다. 이제 우리는 "왜 무지개는 원호 모양으로 나타나는가?"를 이해할 수 있다.

다음은 무지개에 대해 두 번째 질문인 "무지개는 왜 하늘에 원형의 호를 그리면서 나타나는가?"에 대한 이해를 해보자. 이에 대한 질문은 무지개의 기하적인 성질을 이해하면 쉽게 해결될 수 있다. 그림 5.8은 지평선에 있는 관찰자의 눈에 들어오는 광선을 산란시키는 물방울을 보여주고 있다. 그 그림에서는 물방울, 관찰자 그리고 물방울에 평행하게 입사하는 광선이 모두 하나의 평면에 표시되어 있다. 그러나 실제로는 관찰자, 물방울 그리고 물방울에 평행하게 입사하는 광선을 포함하는 무한히 많은 평면이 존재하고 반-태양광선(anti-solar line) 주위로 그림 5.8과 5.9를 회전시켜도 그 모습과 기하적 성질은 보존된다. 따라서 그 주위에 있는 무한히 많은 물방울로부터 반사된 광선 역시 관찰자의 눈으로 들어오게 된다. 즉 관찰자의 눈으로 광선을 반사시키는 물방울들은 반사선을 중심축으로 가지는 대략 84도 정도의 중심각(즉 42도의 반지름각)을 가진 원뿔의 표면에 있게 된다. 따라서 무지개는 관찰자에게 동그란 호 모양으로 보이게 되는 것이다.

여기서 관찰자의 눈으로부터 특정 물방울까지의 거리는 중요하지 않다. 원뿔의 표면에 있는 모든 물방울은 광선을 아래로 산란시켜 관찰자의 눈에 도달하게 만든다. 물방울들은 몇 마일씩 서로 떨어져 있을 수도 있고 몇 인치씩 떨어져 있을 수도 있다. 따라서 물방울의 위치 때문에 무지개가 하늘에서 어떤 특별한 위치에 놓여 있지는 않다. 또한, 원뿔도 관찰자에 따라 다를 수 있다. 다시 말해서 각각의 관찰자는 서로 다른 물방울로부터 산란된 빛을 받기 때문에, 두 관찰자는 서로 다른 무지개를 보게 된다. 좀더 정확하게 말하면 관찰자의 두 개의 눈은 서로 다른 무지개를 보고 있는 것이다. 따라서 무지개라고 하는 것(the rainbow)은 영묘함에 걸맞은 문자 그대로 어디에도 존재하지 않고 일반적으로 모든 곳에 있으며 사실 '바로 관찰자의 눈'에 있는 것이다.

"왜 무지개는 여러 가지 색깔을 가지고 있는 것일까?"에 대한 두 번째 질문은 단순히 기하적인 고려만으로는 해결할 수 없다. 이런 이유 때문에 데카르트와 그 이전의 사람들이 질문에 대답을 할 수 없었다고 생각된다. 그 이유는 굴절상수 n이 일반적으로 상수가 아니라는 사실을 알면 쉽게 이해할 수 있다. α의 최댓값을 계산하기 위해 이용했던 $n = \frac{4}{3} = 1.333$은 단순히 가시광선에 있는 물의 전형적인 굴절률을 나타낸다. 앞 장의 말미에 언급했듯이 n은 광선의 파장(즉 색깔)에 의존한다. 가시광선의 두 끝색인 보라색은 $n = 1.344$이고 빨간색은 $n = 1.331$이다. 따라서 각각의 색깔에 따라 다른 α의 최댓값을 가지게 되어 분명히 다르지만 인접한 무지개색을 형성하게 된다. 보라색과 빨간색에 해당하는 굴절률 n을 이용하면 α의 최댓값은 각각 40.5도와 42.37도이다. 빨간색의 최댓값이 보라색의 최댓값보다 크기 때문에 무지개의 빨간색이 보라색보다 하늘의 더 높은 위치에서 보이며 무지개의 양끝 색을 형성하게 되는 것이다.

이제 그림 5.9에서 보여진 물방울 안에 있는 광선 중에서 어떤 광선이 한 번의 반사만으로는 물방울을 빠져나가지 못하고 두 번의 반사 뒤에야 관찰자의 눈에 도달하게 되는 것일까? 그림 5.12는 그런 광선 중에서 지면을 향해 아래 방향으로 빠져나오는 광선은 물방울의 아래 부분에서 입사한 뒤 위 부분으로 빠져나와야 하는 경우를 보여주고 있다. 그림 5.12는 첫 번째 무지개의 경우를 나타내는 그림 5.9와 정확하게 정반대의 경우로 두 번째 무지개의 상황을 나타내고 있다. 그림 5.12에서 α와 D는 입사광선과 출사광선 사이의 각도와 광선이 물방울에 입사한 뒤 빠져나갈 때까지 광선의 변화각을 각각 나타내고 있다. 그림 5.12로부터 $D = 180° + \alpha$, 즉 $\alpha = D - 180°$이다. 하지만 그림 5.9에서는 단일 반사의 경우에 $\alpha = D - 180°$였다.

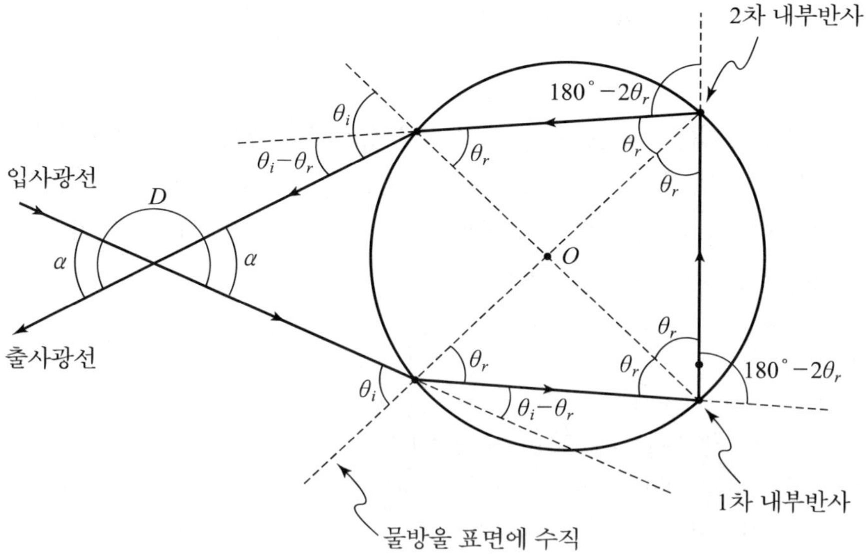

그림 5.12 2차 무지개의 세부적인 기하학적 근원

반사선으로부터 두 번째 무지개까지 위로 측정된 α를 구체적으로 계산하기 위해 먼저 D를 구하고 180도를 빼서 계산해보자. 그림 5.12에서 입사광선이 물방울에 굴절하면서 입사할 때는 초기의 $\theta_i - \theta_r$의 변화각을 가지고 있으며, 각각의 내부 반사를 할 때마다 각 $180° - 2\theta_r$가 더 더해진다. 따라서 빠져나오는 광선은 두 번째 굴절을 한 뒤에는 $\theta_i - \theta_r$의 최종 굴절이 있게 된다(사실 그림 5.9를 다시 보면 실제적으로 이용되는 방식보다는 이와 같은 방법으로 첫 번째 무지개의 변화 D를 계산할 수도 있었다). 따라서 두 번의 반사 뒤에 D는

$$
\begin{aligned}
D &= (\theta_i - \theta_r) + 2(180° - 2\theta_r) + (\theta_i - \theta_r) \\
&= 360° + 2\theta_i - 6\theta_r
\end{aligned}
$$

이고

$$\alpha = D - 180° = 180° + 2\theta_i - 6\theta_r$$

$$\alpha = 180° - 2(3\theta_r - \theta_i)$$

이다.

앞에서 했듯이 y는 수평으로 중심을 통과하는 기본광선에 관한 입사광선의 수직 위치를 나타내고 R은 물방울의 반지름을 나타낼 때, 균질의 태양광선 속에 있는 물방울의 α를 $\frac{y}{R}$의 함수로 그려 보자. 따라서 앞에서와 같이 스넬의 법칙으로부터

$$\theta_r = \sin^{-1}\left(\frac{1}{n} \cdot \frac{y}{R}\right)$$

$$\theta_i = \sin^{-1}\left(\frac{y}{R}\right)$$

이고, 따라서

$$\alpha = 180° - 2\left[3\sin^{-1}\left(\frac{1}{n} \cdot \frac{y}{R}\right) - \sin^{-1}\left(\frac{y}{R}\right)\right], \quad 0 \le \frac{y}{R} \le 1$$

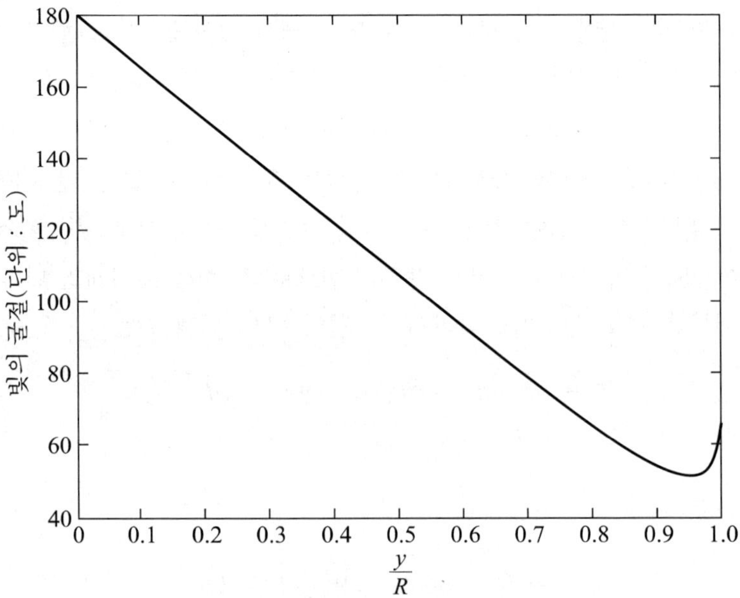

그림 5.13 2차 무지개

이다. 그림 5.13은 $n = \frac{4}{3}$의 경우에 대한 결과를 보여주고 있다. 이때 α는 첫 번째 무지개에서 얻었던 최댓값이라기보다는 약 52도 근처에서 데카르트가 구했던 α의 최솟값임을 보여주고 있다. 따라서 하늘에서 첫 번째 무지개보다 10도 정도 높은 위치에서 두 번째 무지개를 관찰하게 된다. 이는 물방울 내에서 광선이 더 많은 굴절을 통해 밝기가 약해졌으므로 첫 번째 무지개보다 약 43% 정도의 밝기만 가지고 있다. 앞에서와 같이 n에 따른 함수로 α를 조사해보면 α의 최솟값 $\alpha_{\min}$은 색깔마다 다르지만 이번에는 두 번째 무지개의 색깔 배열이 첫 번째 무지개와 정반대라는 새로운 사실이 나타난다. 즉 빨간색 무지개가 보라색 무지개보다 하늘의 낮은 위치에서 보이고 따라서 빨간색은 두 번째 무지개의 마지막 안쪽 색이 되고 보라색은 마지막 바깥쪽 색이 될 것을 예측할 수 있으며 실제로 하늘에서 정확히 이렇게 보여진다.

두 번째 무지개는 종종 소설 작품에 등장한다. 예를 들어, 《신비한 끌개(*Strange Attractors*)》(Viking, 1993)라는 소설에서 레베카 골드스타인(Rebecca Goldstein)은 두 개의 무지개를 관찰하기 위해 야외로 달려가는 한 무리의 수학자들을 묘사하면서 그녀의 이야기를 끝마친다. 그녀의 글은 아주 사랑스럽지만 두 번째 무지개를 하늘의 잘못된 위치에 묘사하는 실수를 범하고 있다.

> 그리고 야외에서 모든 수학자들이 젖은 풀밭에 모여 서쪽 하늘을 바라보며 서 있다. 그 쪽에는 아주 희귀한 현상인 두 개의 무지개가 나타나고 있다. 첫 번째 무지개는 아주 밝고 아래쪽에 약간 희미하지만 색깔 배열이 뒤집힌 두 번째 무지개가 있다. 그리고 수학자들은 모두 조용히 서 있으며 그들의 얼굴은 모두 아주 전형적인 축복의 표정이다.

데카르트는 어떤 이유에서인지 무지개에 관한 다른 사람들의 선행 연구를 인정하지 않았다. 사실 첫 번째 무지개에 나타나는 각도가 42도라는 것은 영국의 철학자이자 프란체스코 수사인 로저 베이컨(Roger Bacon)의 《대저작(*Opus Majus*)》(1267)에서 이미 발견된다. 몇 세기 뒤인 1304년에 독일 수사인 디트리히 폰 프라이버그(Dietrich von Freiberg, 1250~1310)는 무지개를 각각의 물방울에 대한 광선의 산란 현상으로 바르게 설명하였다. 또한, 그의 결과는 각각의 관찰자가 다른 물방울로부터 빠져나오는 각각의 다른 무지개를 보고 있다고 결론을 내리고 있다. 그뿐만 아니라 물로 가득 채워진 투명한 용기를 인공 물방울로 보고 광선의 경로를 추적하기 위해 실험을 한 사람이 바로 영국문학에서 일반적으로 불리는 프라이버그의 테모도릭이다. 첫 번째 무지개에서는 두 번의 굴절과 한 번의 반사가 생기고, 두 번째 무지개에서는 두 번의 굴절과 두 번의 반사가 생김을 처음으로 밝힌 사람도 데카르트가 아니라 프라이버그였다. 그의 조그만 책 《*De iride et radialibus impressionibus*》(On the Rainbow과 Radiant Impressions)에서 이 모든 기본적인 생각을 발견할 수 있지만 〈*Les Meteores*〉에서는 그 어느 한 가지도 발견할 수 없다. 선행된 업적에 비해 데카르트만의 독특한 업적은 관찰된 무지개 각도에서 무지개의 광선이 집중되어 있다는 점을 발견했다는 것이다.

첫 번째(두 번째) 무지개는 두 번의 굴절과 한 번(두 번)의 내부 반사한 결과이다. 만일 물방울에 입사된 광선이 세 번의 내부 반사를 한다면 다른 세 번째 무지개를 만들까? 만일 N번의 내부 반사를 한다면 N번째 무지개를 만들까? 이렇게 여러 번 반사된 광선은 밝기가 희미하지만 존재한다면 아주 예민한 눈에는 관찰될 수 있다. 이와 같이 여러 번 특히 세 번 반사되어 관찰되는 무지개는 여러 세기 동안 풀리지 않은 문제였고 실제로 발견하기 위해 많은 사람들이 노력했다. 수학적으로 관찰될 수 있는 위치는 두 번째 무지개 위가 되고 첫 번째 무지개보다 약 10도 정도 위가 될 것이다. 그러나 세 번째 무지개를 보았다는 주장에도 불구하고 아무도 지금까지 관찰하지 못했고 분명히 존재함에도 불구하고 앞으로도 영영 볼 수 없을 것이다. 미적분학은 대략 1670년경 뉴턴에 의해 처음 시도된 계산을 통해 이처럼 명백한 역설을 설명할 수 있다.

광선이 물방울 표면에 도달한 뒤 빠져나갈 때까지 광선의 총 변화각 D에 대한 분석을 좀더 해보면

$$\begin{aligned} D &= (\theta_i - \theta_r) + N(180° - 2\theta_r) + (\theta_i - \theta_r) \\ &= 2(\theta_i - \theta_r) + N(180° - 2\theta_r) \end{aligned}$$

이다. 여기서 N은 내부 반사가 일어나는 횟수를 나타낸다. 특히, 두 번째 무지개의 경우에는 $N=2$이다. $N=1$에 대해 두 번째 무지개는 $D = 180° + 2\theta_i - 4\theta_r$로 줄어들고, 이 값은 이 절의 앞부분에 구한 값과 일치한다. 처음 두 개의 무지개에서와 같이 모든 무지개는 D의 극점 근처에 생긴다. 따라서 D를 θ_i에 관해 미분하면

$$\frac{dD}{d\theta_i} = 2 - 2\frac{d\theta_r}{d\theta_i} - 2N\frac{d\theta_r}{d\theta_i}$$

이다. 이때 D가 극점을 갖는 경우로 위의 식이 0인 경우에

$$\frac{d\theta_r}{d\theta_i} = \frac{1}{1+N}$$

이다.

스넬의 법칙을 미분하여 얻었던 결과로부터

$$\cos(\theta_i) = n\cos(\theta_r)\frac{d\theta_r}{d\theta_i}$$

을 얻고

$$\frac{d\theta_r}{d\theta_i} = \frac{1}{n}\frac{\cos(\theta_i)}{\cos(\theta_r)} = \frac{1}{1+N}$$

이다. 대입하여 곱셈하고 양변을 제곱하면

$$(N+1)^2 \cos^2(\theta_i) = n^2 \cos^2(\theta_r)$$

이고, 삼각함수의 성질과 스넬의 법칙으로부터

$$\cos^2(\theta_r) = 1 - \sin^2(\theta_r) = 1 - \frac{1}{n^2}\sin^2(\theta_i)$$

이다. 따라서

$$\begin{aligned}(N+1)^2\cos^2(\theta_i) &= n^2 - \sin^2(\theta_i) = n^2 - [1-\cos^2(\theta_i)] \\ &= n^2 - 1 + \cos^2(\theta_i)\end{aligned}$$

이다. 이것은 N번째 무지개가 만족하는 조건인 뉴턴 방정식

$$\boxed{\cos(\theta_i) = \sqrt{\frac{n^2-1}{N(N+2)}}}$$

을 구할 수 있다. 그렇다면 세 번째 무지개는 어디에 위치하는가? $n=\frac{4}{3}$라 하고 $N=3$을 위의 식에 대입하면

$$\cos(\theta_i) = \sqrt{\frac{\left(\frac{4}{3}\right)^2 - 1}{(3)(5)}} = \frac{1}{3}\sqrt{\frac{7}{15}}$$

이고 $\theta_i = 76.84°$ 이다. 따라서 스넬의 법칙을 이용하여

$$\sin(\theta_r) = \frac{1}{n}\sin(\theta_i) = \frac{3}{4}\sin(76.84°)$$

이다. 따라서 $\theta_r = 46.91\,(°)$이고 $D = 318.4\,(°)$이다.

이 값의 의미를 이해하기 위해 $N=3$인 내부 반사를 나타내는 그림 5.14를 보자. 그림 5.14로부터 광선은 물방울의 아래 부분에서 입사한 뒤 물방울 내부를 거의 한 바퀴만큼 반사한 후 물방울의 아래 부분으로 빠져나간다. 따라서 광선은 물방울의 앞쪽 아래 부분으로 산란된다. 즉

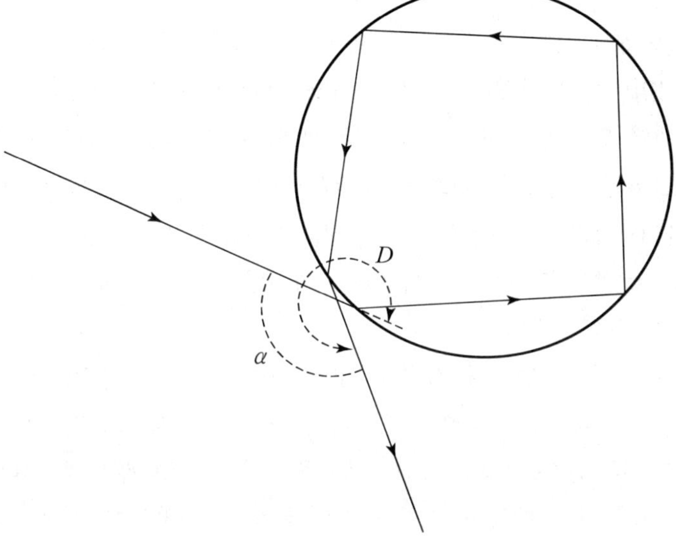

그림 5.14 3차 무지개의 기하학적 근원의 세부화

지평선에 서 있는 관찰자가 이와 같이 산란된 빛을 보기 위해서는 뒤로 한 바퀴 돌아야 한다. 태양과 관찰자 사이에 물방울이 있다면 세 번째 무지개는 바로 이곳에 있고, 두 번째 무지개보다 더 높은 곳에 위치하게 된다. 사실 이 위치는 관찰자의 바로 머리 위보다 더 높은 곳이다. 뉴턴의 계산이 있기 전까지 사람들은 태양을 등지고서 잘못된 위치인 앞부분의 두 번째 무지개 바로 위에서 세 번째 무지개를 찾았다. 그러나 사실 세 번째 무지개를 관찰하기 위해 관찰자가 뒤로 돌았어도 다음 글이 보여주고 있듯이 근처에 있는 태양광선의 강렬함 때문에, 밝기에 있어서 첫 번째 무지개의 24%인 세 번째 무지개를 관찰하지 못했을 것이다. 이것이 바로 자연에 존재하는 세 번째 무지개를 보지 못한 이유이다. 태양의 역할을 하는 레이저 광선을 이용하여 인공적으로 무지개를 생성하면 최소한 $N=20$까지의 무지개를 관찰할 수 있는데 이것은 뉴턴의 $\cos(\theta_i)$에 관한 식과 일치한다.

세 번째 무지개는 그 모양에 있어서 다시 한 번 우리를 놀라게 한다. 저명인사인 마릴린 폰 사반트(Marilyn von Savant)는 세 번째 무지개의 위치에 관한 독자의 질문에 답할 때 실수를 범했다. 2002년 8월 4일자 《파라다이스 매거진(*Parade Magazine*)》의 "마릴린에게 물어보세요" 코너에서 그녀는 세 번째 무지개는 "두 번째 위에 호 모양으로 있다."라고 대답했다. 하지만 실제는 그렇지 않다. 그 이유는 다음과 같다.

첫 번째와 두 번째 무지개가 태양을 등지고 섰을 때 반사선을 중심으로 회전대칭으로 놓여 있듯이, 세 번째 무지개는 관찰자가 태양을 향할 때 생기는 축을 중심으로 회전대칭인 위치에 있게 된다. 그림 5.15와 같이 태양과 관찰자 사이에 있는 물방울에 의해 산란된 광선은 이 축에 관해 약 41.6도의 각도를 이룬다. 따라서 회전대칭성 때문에 산란된 광선은 41.6도의 각도를 가지는 원뿔의 곡면 위에 있는 물방울로부터 관찰자에게 도달된다. 즉 세 번째 무지개는 태양 주위로 원형을 그리게 된다.

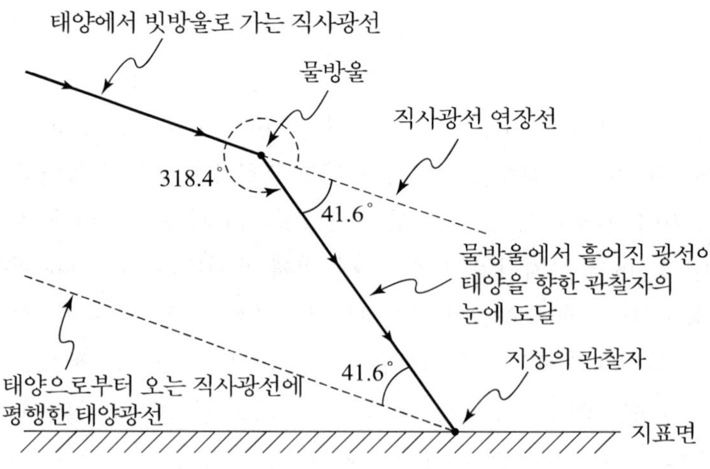

그림 5.15 하늘에 있는 3차 무지개의 위치

세 번째 무지개가 하늘의 어느 위치에 놓여 있는가에 관한 발견은 역사적으로 아주 흥미로운 과정이었다. 1669년말 뉴턴이 26세의 나이로 케임브리지 대학 수학과의 석좌교수직(지금은 유명한 이론물리학자 스티븐 호킹이 재직하고 있음)에 임명된 후, 그는 1670년부터 1672년 동안 연속해서 취임강연을 했다. 강연은 그 당시에 출판되지 않았지만 《*The Optical Papers of Isaac Netwon*》이란 책을 통해 현재의 독자들에게 알려져 있고, 뉴턴의 유명한 1704년 책 《광학(*Optics*)》의 기초가 되었다. 강연에서 뉴턴은 두 번째 무지개 외의 다른 무지개에 대한 계산을 소개하였다. 세 번째 무지개가 가지고 있는 특수한 각도를 실제적으로 계산하기 위해 일반적인 결과들을 이용했는지는 알려지지 않았기 때문에 분명하지 않다. 다만 그는 《광학》에서 "두 번의 굴절과 세 번 또는 그 이상의 반사 뒤에 물방울을 통과한 광선은 눈이 감지할 정도의 강한 빛이 아니다."라 쓰고, 세 번째 무지개보다 더 강한 태양광선에 대한 어떤 언급도 하지 않았다. 그 뒤 베르누이(Johann Bernoulli)는 뉴턴의 일반적인 접근법을 재현했지만, 그 역시 세 번째 무지개의 위치를 정확히 계산하지는 못했다. 그는 뉴턴과 비슷하게 세 번째 무지개는 독수리나 스라소니에게는 보일 수 있지만 인간에게는 보이지 않는다는 취지의 함축적인 말만을 했을 뿐이다. 세 번째 무지개의 위치에 관한 논문이 1700년 《왕립사회회보(*Philosophical Transactions of the Royal Society*)》라는 잡지에 드디어 출판되었다. 논문 저자는 뉴턴의 친구로 이 장의 처음에 등장했던 포격 전문가인 핼리였다.

그리고 마지막으로 천체물리에 대한 이 장을 마무리하기 위해 '아주 가까운 미래에는 무지개가 어떤 모양이 될까'에 관해 생각해보자. 앞으로 태양은 지금보다 더 오래되고 덜 뜨거워지며 그 파장도 현저히 길어질 것이기 때문에, 이 질문은 독자가 생각하는 것만큼 현실과 동떨어진 것이 아니다. 과연 이런 상황에서도 무지개는 생길까? 물론 무지개는 하늘에 있지만 아마도 변화된 주파수 영역에 익숙해진 존재(아마도 인간이 아닌?)에게만 보일 것이다. 사실 현재도 하늘에는 적외선 무지개가 존재하며 이는 사진으로 관찰된다. 이는 로버트 그린레어(Robert Greenlear)의 논문 〈적외선 무지개(*Infrared Rainbow*)〉(Science, 1771년 9월호, pp. 1231~32)에서 구체적으로 자세히 알 수 있다. 그린레어 교수는 그의 시적인 문구에서 "이 지구상에 인간이 살기 이전부터 있어 온 적외선 무지개를 처음 보았을 때의 흥분"이라 적고 있다. 그는 또한 이 장에서 수학적으로 예측하고 있는 위치가 정확하다는 것을 확인하고 있다.

5.1절의 슈타이너 문제의 해답

슈타이너의 함수를

$$f(x)=x^{\frac{1}{x}}=e^{\ln\left(x^{\frac{1}{x}}\right)}=e^{\frac{1}{x}\ln x}=e^{g(x)}$$

라고 표현하면, $g(x)=\dfrac{1}{x}\ln x$이 된다. 이제 합성함수를 미분하는 방식을 설명하는 4.5절의 결과를 이용하여

$$\begin{aligned}\frac{df}{dx}&=\left(\frac{d}{dg}e^{g}\right)\cdot\frac{dg}{dx}=e^{g}\left[\frac{1}{x^2}-\frac{1}{x^2}\ln x\right]\\&=\frac{x^{\frac{1}{x}}}{x^2}[1-\ln x]\end{aligned}$$

이다. 모든 $x>0$에 관해 $\dfrac{x^{\frac{1}{x}}}{x^2}>0$이므로 $1-\ln x=0$, 즉 $x=e$일 때, $f'(x)=0$이다.

이제 두 번 미분하여 $x=e$가 최댓값임을 보일 수 있지만, 좀더 직접적으로 다음을 관찰하여 얻을 수도 있다. 즉

$$\begin{aligned}&f(1)=1\\&f(2)=2^{\frac{1}{2}}>f(1)\\&f(3)=3^{\frac{1}{3}}>f(2)\end{aligned}$$

$$f(4) = 4^{\frac{1}{4}} = (2^2)^{\frac{1}{4}} = 2^{\frac{1}{2}} = f(2) < f(3)$$

이므로 $f(1) < f(2) < f(3) > f(4)$이다. 따라서 $f(x)$가 2와 4 사이에서 최댓값을 가짐을 예상할 수 있다. $e = 2.718\cdots$이 이 조건을 만족하고 최댓값은

$$f(e) = e^{\frac{1}{e}} = 1.444667861\cdots$$

이고, 이 수는 종종 슈타이너의 수라고도 불린다.

제6장

미적분학을 넘어서

Beyond Calculus

6.1 ❙ 갈릴레오의 문제

갈릴레오 갈릴레이(Galileo Galilei, 1564~1642)의 이야기와 그가 피사의 사탑에서 다양한 무게를 가진 물체를 떨어뜨리는 물리 실험은 여기서 반복할 필요가 없을 정도로 유명하다. 그 이야기에서 세세한 부분의 진실이 무엇이든 이 이탈리아 천문학자가 중력하에서 물체가 어떻게 운동하는가에 관해 많은 관심이 있었던 점은 부인할 수 없다. 이와 같은 호기심 덕에, 뉴턴과 라이프니츠의 미적분학을 넘어서는 다음 큰 단계인 변분법에서 최초로 최소화 문제가 해결된다. 그 문제의 최초 형태에 대한 갈릴레오 성공 여부는 논란의 여지가 많으며, 사실 역사가들 사이에서는 현재까지도 많은 논란이 존재한다.

갈릴레오는 지동설에 관한 그의 믿음으로 인해 그의 인생에서 가장 힘들었던 말년에 소위 '강하에 필요한 최소 시간(minimum time for descent)' 문제의 최종 버전을 만드는 업적을 이룩하였다. 지동설은 지구를 포함해서 모든 천체는 태양 주위를 돌고 있으며 지구도 이와 같이 움직이고 있음을 말한다. 성경문구와 직접적으로 모순되는 그런 믿음은 교회와의 충돌을 피할 수 없었다. 1632년에 그의 책 《두 주요 체계에 대한 대화(*Dialogue Concerning the Two Chief World Systems*)》가 출판된 후 종교적인 믿음과 다른 주장을 하고 있었기 때문에 이교도라는 의심을 받았고 1633년 로마에 소환되었다. 그는 그 당시 병상에 있었기 때문에 소환에 응하지 않았다. 하지만 오랜 친구였던 교황이 그가 계속 소환을 거부할 경우 그를 쇠사슬에 묶어 로마로 압송할 수도 있음을 언급했을 때, 자신이 얼마나 위태로운지 처음으로 깨달았던 것 같다. 따라서 소환에 응했고 재판은 당연하게도 하나의 연극에 불과했다.

그로 인해 그의 전 인생이 불안정한 상태에 놓이게 되었지만 다행히도 《두 주요 체계에 대한 대화》가 금지된 책들의 목록에 포함되고 그 책을 다시는 출판하지 않으며 그의 주장을 철회한다고 약속함으로써 투옥되는 것만으로 모든 게 끝났다(그는 나중에 평생 동안 보호관찰을 받으며 체포된 채로 집과 감옥을 오갔다). 매우 아프고 거의 앞을 볼 수 없는 상황에서도 갈릴레오는 종교재판소의 암살단원보다 더 강인했다. 즉 그는 잔혹한 감금 기간에 한 권의 책 《새로운 두 과학에 관한 논의와 수학적 논증(*Discourses and Mathematical Demonstrations Concerning Two New Sciences*)》을 집필하였다. 이 책은 데카르트와 페르마가 스넬의 법칙에 관해 프랑스에서 논쟁을 벌이고 있던 1638년에 이탈리아로부터 몰래 빼내어 네덜란드에서 출판되었다. 그 업적에는 중력이 작용할 때 물체가 어떻게 낙하하는가에 관한 갈릴레오의 획기적인 생각이 묘사되어 있다.

구슬에 있는 구멍에 쇠줄을 끼워, 쇠줄을 따라 아무런 마찰 없이 구슬이 미끄러진다고 가정하자. 그리고 반지름 L인 원호 모양을 만든 쇠줄 끝이 수직선의 원점에 위치하게 된다고 하자. 그림 6.1에서 구슬은 수직선과 각도가 α인 위치 D에 있다. 이제 구슬을 놓으면, 위치 C에서 쇠줄의 가장 아래 부분을 지나게 된다. 즉, 구슬은 중력의 영향 때문에 원호를 그리면서 내려간다. 그렇다면 자연스럽게 강하하는 데 얼마나 많은 시간이 걸릴까하는 의문이 생길 것이다. 이에 대한 답은 갈릴레오 시대의 수학으로는 해결할 수 없었지만 그의 접근법은 독특한 기

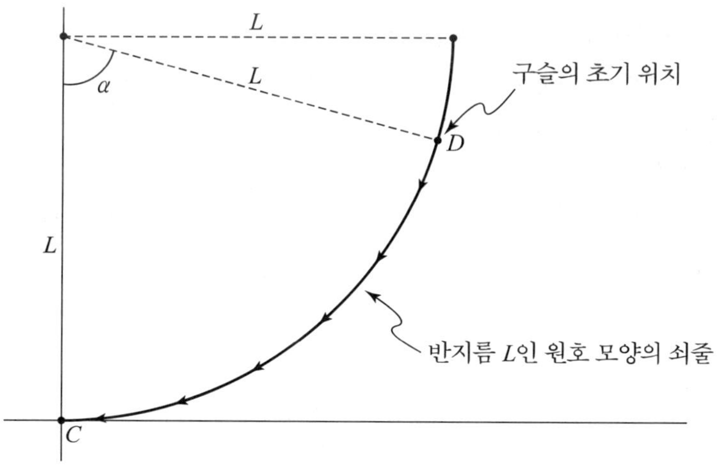

그림 6.1 중력에 의해 수직, 원형 곡선을 따라 미끄러져 내려오는 구슬

하적인 작도를 이용하는 것이었다. 오늘날에는 그 답을 구체적으로 계산할 수 있다. T를 강하 시간이라 하고 v를 중력가속도라 하면

$$T=\sqrt{\frac{L}{g}}\int_{0}^{\frac{\pi}{2}}\frac{d\beta}{\sqrt{1-k^{2}\sin^{2}\beta}},\quad k=\sin\left(\frac{1}{2}\alpha\right)$$

이다(자세한 계산은 부록 E를 참조하기 바란다). 이런 표현은 갈릴레오뿐만 아니라 17세기 초의 수학자들에게는 별 의미가 없었을 것이다. 대신 갈릴레오는 강하시간의 근사값을 구하기 위해 원호에 대한 근사평면으로 기울어진 평면을 이용했다. 갈릴레오의 생각은 매우 기하학적이고 섬세한 것이었지만, 다음은 그의 생각을 현대적인 관점에서 해석한 것이다. 독자는 에릭슨(Herman Erlichson)의 논문 〈*Galileo's Work on Swiftest Descent from a Circle and How He Almost Proved the Circle Itself Was the Minimum Time Path*〉[37)]에서 갈릴레오만의 기하학적 접근법을 알 수 있을 것이다.

에릭슨 교수가 그 전에 쓴 논문 〈*Galileo's Pendulums and Planes*〉[38)]에서 지적했듯이 갈릴레오가 수직으로 된 원호를 따라 강하하는 시간에 대한 질문에 관심을 가진 원래 이유는 진자 운동에 관심을 가졌기 때문이었다. 즉 교회 천장에 매달려 있는 전등은 지진에 의해 원호를 그리면서 진동했다. 따라서 그런 진동의 주기는 $4T$로 주어진다. 갈릴레오는 이 값이 진자의 진폭인 각도 α와 관계없는 것으로 잘못 생각했지만, 이것은 아주 크게 잘못된 것은 아니었다.

원호를 따른 강하에 대한 첫 번째 그리고 가장 정확하지 못한 근사는 D와 C를 연결하는 하나의 선분(또는 갈릴레오가 생각했듯이 기울어진 평면)이 될 것이다. 그 다음 조금 더 정확한 근사는 그림 6.2와 같이 D

37) Herman Erlichson, *Galileo's Work on Swiftest Descent from a Circle and How He Almost Proved the Circle Itself Was the Minimum Time Path,* American Mathematical Monthly, April 1998, pp. 338~47.

38) Herman Erlichson, *Galileo's Pendulums and Planes*, Annals of Science, May 1994, pp. 263~72.

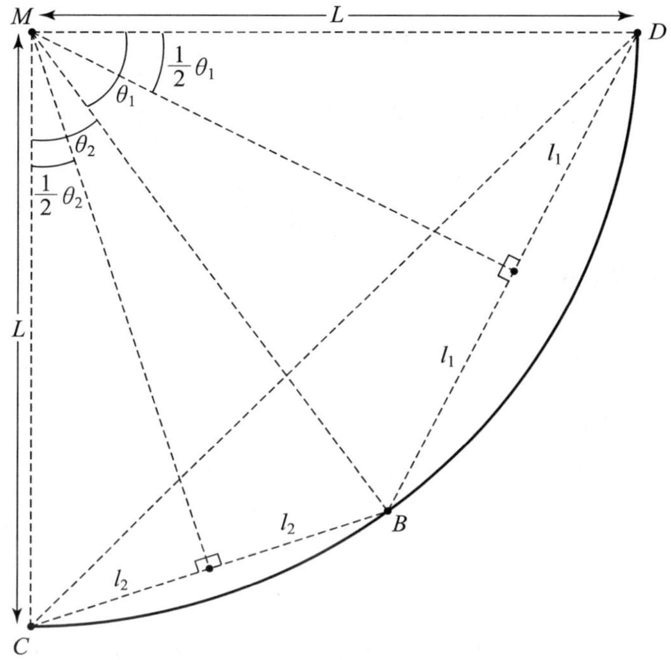

그림 6.2 갈릴레오의 원형 곡선의 근사

에서 B 그리고 B에서 C로 가는 구부러진 선분을 따른 강하이다. 그림과 같이 호 DBC는 중심이 M이고 반지름이 L인 원의 4분의 1이다. 여기서 점 B는 임의의 위치에 있고 반지름 MB와 MD가 이루는 각도를 θ_1이라 하자. 그 다음 단계로 구슬이 중력의 영향에서 D에서 C로 선분 DC를 따라 굴러가는 시간과 구부러진 선분 DB 그리고 BC를 따라 굴러가는 시간인 T_D와 T_B를 구해보자.

T_D를 구하는 것은 구슬이 D에서 강하속력이 $v_D = 0$이고 강하하는 동안 선형적으로 증가하여 C에서 $v_C = \sqrt{2gL}$ 임을 알면 쉽게 구할 수 있다. 여기서 얻어진 1차식은 D에서 C로 가는 직선 경로를 따라 구슬의 가속도가 일정하며 v_C는 D에서 C로 구슬이 이동할 때 마찰은 없고 에너지는 보존되기 때문에 위치에너지와 운동에너지가 같다는 사실을 이용하면 얻을 수 있다. 즉 구슬의 질량이 m이라 하면

$$\frac{1}{2}mv_C^2 = mgL$$

이고, $v_C = \sqrt{2gL}$ 이다. 따라서 구슬이 강하할 때의 평균속력은

$$\frac{(v_C + v_D)}{2} = \frac{1}{2}\sqrt{2gL}$$

이고, 그 경로의 길이는

$$\sqrt{L^2 + L^2} = L\sqrt{2}$$

이다. 그러므로

$$T_D = \frac{L\sqrt{2}}{\frac{1}{2}\sqrt{2gL}} = 2\sqrt{\frac{L}{g}}$$

이다.

부록 E에서 볼 수 있듯이 α가 90도이면 4분원을 따라 강하하는 데 걸리는 시간은 $T = 1.8541\sqrt{\frac{L}{g}}$ 이다. 따라서 위에서 구한 T_D는 T보다 약 8% 정도 더 길다. 즉

$$\frac{T_D}{T} = \frac{2\sqrt{\frac{L}{g}}}{1.8541\sqrt{\frac{L}{g}}} = 1.0787$$

이다. 갈릴레오는 이것을 알지 못했지만 T_D에 관한 놀라운 사실 한 가지를 알고 있었다. 그것은 바로 T_D는 D의 위치에 상관이 없다는 사실이었다. 위의 논의에서 우리는 D를 4분원의 끝으로 택했지만 만일 4분원 아래에 각도 θ에 위치하는 D를 택해도 같은 강하 시간은 동일하다. 이 사실은 자명하지 않지만 증명하기에 그리 어려운 사실은 아니다.

이번에는 구슬의 처음 위치가 수직으로 $h = \sin\theta$만큼 줄어든 D라 하면 강하하는 동안 구슬의 위치 변화는 $L - L\sin\theta$이다. 따라서 C에서 구슬의 속력은

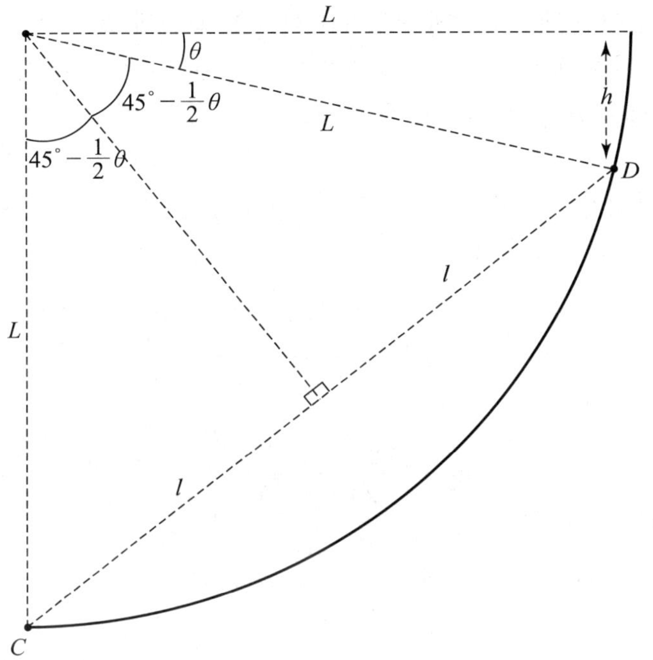

그림 6.3 시간의 감소는 D에 독립적이다.

$$v_C = \sqrt{2gL(1-\sin\theta)}$$

이고, 평균속력은 앞의 경우와 같은 방식으로 $\frac{1}{2}v_C$이다. 이 경우 직선 경로의 길이는

$$2l = 2L\sin\left(45° - \frac{1}{2}\theta\right)$$

이기 때문에 강하 시간 T_θ는

$$T_\theta = \frac{2L\sin\left(45° - \frac{1}{2}\theta\right)}{\frac{1}{2}\sqrt{2gL(1-\sin\theta)}} = 2\sqrt{\frac{L}{g}}\,\sqrt{2}\,\frac{\sin\left(45° - \frac{1}{2}\theta\right)}{\sqrt{1-\sin\theta}}$$

$$= T_D\left[\sqrt{2}\,\frac{\sin\left(45° - \frac{1}{2}\theta\right)}{\sqrt{1-\sin\theta}}\right]$$

이다. 이 식은 매우 복잡해 보이지만 사실 괄호 안에 있는 식의 값은 모든 θ에 관해 항상 1이다. 이것은 다음과 같은 sin에 관한 삼각함수공식을 이용하면 쉽게 설명할 수 있다.

$$\begin{aligned}\sqrt{2}\,\frac{\sin\left(45^\circ - \frac{1}{2}\theta\right)}{\sqrt{1-\sin\theta}} &= \sqrt{2}\,\frac{\sin(45^\circ)\cos\left(\frac{1}{2}\theta\right) - \cos(45^\circ)\sin\left(\frac{1}{2}\theta\right)}{\sqrt{1-\sin\theta}}\\ &= \sqrt{2}\,\frac{\frac{1}{\sqrt{2}}\cos\left(\frac{1}{2}\theta\right) - \frac{1}{\sqrt{2}}\sin\left(\frac{1}{2}\theta\right)}{\sqrt{1-\sin\theta}}\\ &= \frac{\cos\left(\frac{1}{2}\theta\right) - \sin\left(\frac{1}{2}\theta\right)}{\sqrt{1-\sin\theta}}\end{aligned}$$

이고, 위의 마지막 식을 제곱한 뒤 $\sin\alpha\cos\beta = \frac{1}{2}\{\sin(\alpha+\beta)+\sin(\alpha-\beta)\}$를 이용하여 위의 식이 1임을 보일 수 있다. 따라서 $\theta = 0$ (°)인 경우뿐만 아니라 놀랍게도 임의의 θ에 관한 $T_\theta = T_D$임을 알 수 있다.

그 다음은 그림 6.2와 같이 굽은 경로 DBC를 따른 강하 시간 T_B를 계산해보자. 앞에서와 같이 D에서 $v_D = 0$이다. B까지 도달하기 위해 구슬 위치가 $L\sin(\theta_1)$만큼 변해야 한다. 따라서 $v_B = \sqrt{2gL\sin(\theta_1)}$이다. 앞서 언급했듯이 강하의 마지막에서는 속력이 $v_C = \sqrt{2gL}$이다. 또한 경로 DB와 BC에서 가속도는 일치하지 않지만, 각각 일정한 값을 가지고 있기 때문에 각각의 경로를 따라 속력은 처음 속력에서 마지막 속력까지 선형적으로 증가한다. 따라서 DB에서 평균속력은

$$\frac{1}{2}\sqrt{2gL\sin(\theta_1)}$$

이고, BC에서 평균속력은

$$\frac{1}{2}\left(\sqrt{2gL} + \sqrt{2gL\sin(\theta_1)}\right)$$

이다. 두 경로 DB와 BC의 길이는 각각

$$\overline{DB} = 2l_1 = 2L\sin\left(\frac{1}{2}\theta_1\right)$$

이고

$$\overline{BC} = 2l_2 = 2L\sin\left(\frac{1}{2}\theta_2\right)$$

이므로 D에서 C로 가는 굽은 경로를 따라 강하하는데 걸리는 시간 T_B는

$$T_B = 2\sqrt{2}\sqrt{\frac{L}{g}}\left[\frac{\sin\left(\frac{1}{2}\theta_1\right)}{\sqrt{\sin(\theta_1)}} + \frac{\sin\left(\frac{90° - \theta_1}{2}\right)}{1+\sqrt{\sin(\theta_1)}}\right]$$

이다. 이때, T_B와 T_D를 서로 비교하기 위해 두 값의 비율을 θ_1의 함수의 생각하면

$$R = \frac{T_B}{T_D} = \sqrt{2}\left[\frac{\sin\left(\frac{1}{2}\theta_1\right)}{\sqrt{\sin(\theta_1)}} + \frac{\sin\left(\frac{90° - \theta_1}{2}\right)}{1+\sqrt{\sin(\theta_1)}}\right]$$

을 얻는다. R의 그래프는 그림 6.4에 주어져 있고 0부터 90도 구간에서 R은 1보다 작거나 같음을 알 수 있다. 이것은 구슬이 직선 경로보다는 경로의 길이가 더 긴 굽은 경로를 따라 강하할 때 항상 더 적은 시간이 걸림을 뜻한다. θ_1이 0과 90도인 경우에는 직선경로와 굽은 경로가 일치하기 때문에 분명히 $R = 1$이어야만 한다. R의 그래프는 강하시간이 아주 정확하지는 않지만 $\theta_1 = 25\,(°)$ 근처일 때 가장 작음을 보여주고 있다. 좀더 자세하게 그래프를 살펴보면 R의 최솟값은 0.9313이고 이때 T_B는 $0.9313\,T_D$이다. $T_D = 1.0787\,T$이므로 그림 6.4의 최솟값에서 $T_B = (0.9313)(1.0787)\,T = 1.0046\,T$이다. 강하시간은 단지 두 개의 선분으로 원호를 근사한 경우 원호를 따른 강하시간보다 더 걸리지만 그 차이는 원호를 따른 강하시간의 0.5%보다 적은 시간이다.

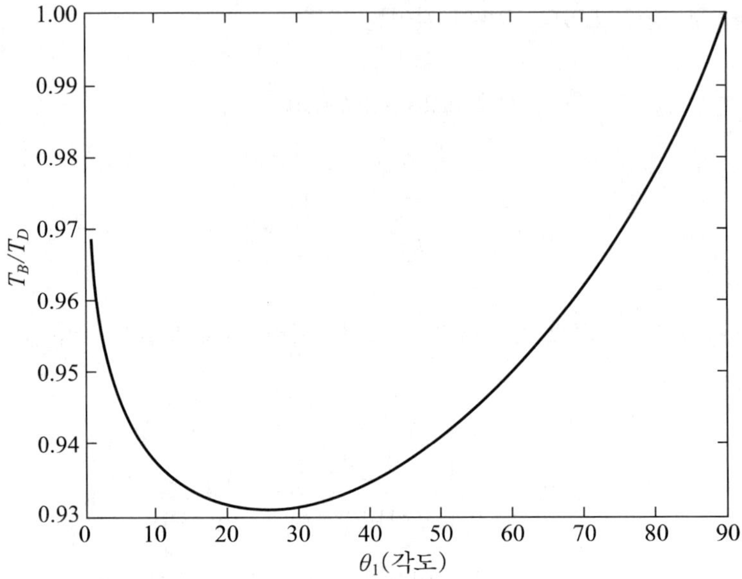

그림 6.4 갈라진 두 선분은 거의 원만큼 빠르다.

'$T_B < T_D$'라는 결과를 얻은 후에 갈릴레오는 그의 첫 번째 실수를 범하게 된다. 그림 6.5와 같이 구슬이 두 번 굽은 경로 $DBEC$를 따라 강하하면 T_B보다 더 작은 시간이 걸린다고 주장했다. 결론은 맞는 것이지만 그의 추론에 문제가 있었다. 그는 시간으로만 생각할 때 한 번 굽은 경로 DBC에서 시간은 $DC > DB + BC$를 만족하고, 한 번 굽은 경로 BEC에서 시간은 $BC > BE + EC$라고 주장했다. 여기서 첫 번째 주장 $DC > DB + BC$는 앞에서 유도했듯이 맞지만 두 번째 주장은 B에서의 속력이 0이 아니기 때문에 앞에서 유도하지 않았다. 갈릴레오는 원호를 계속 더 작게 분할해서 D에서 C까지 구슬이 강하하는 데 걸리는 시간이 가장 짧은 시간이 걸리는 경로는 원호라는 결론을 이끌어냈다. 이 결론은 맞지만 추론은 잘못된 것이다. 어떤 역사학자들에 따르면 갈릴레오가 정말 주장하고자 했던 것은 굽은 경로의 모든 굽은 점이 원호 위에 있다면 원호가 가장 짧은 경로라는 것이다. 또 다른 역사학자들은 갈릴레오가 D에서 C로 가는 모든 경로 중에서 원호가 가장

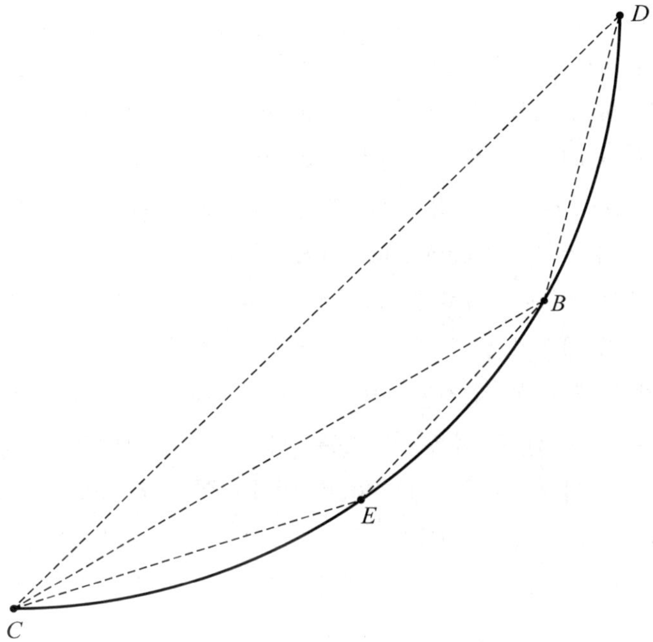

그림 6.5 갈릴레오의 실수

빠른 경로라고 주장했다고 생각하고 있다. 하지만 그 주장은 다음 절에서 볼 수 있듯이 사실이 아니다.

6.2 ▍ 최단강하선 문제

갈릴레오의 문제가 중력 강하에 관한 일반적인 것에 초점을 맞추고 있는 반면, 독자들은 무엇이 가장 빠른 곡선인가에 대해 저절로 궁금해질 것이다. 위대한 수학자였던 베르누이 형제, 뉴턴 그리고 라이프니츠는 갈릴레오의 분석에서 최단 시간이 걸리는 곡선이 원호임을 보이지 않고 있음을 알았다. 그들은 만일 강하 곡선에 대한 근사 곡선의 굽은 점들이 항상 원호 위에 있어야 한다는 조건이 없다면 어떻게 될까 궁금해했고 아마도 이런 경우에 더 빨리 강하하는 곡선이 존재할 수도 있음을 예측했다.

이것이 바로 1696년 요한 베르누이가 “전 세계에서 가장 명민한 수학자들”에게 제시한 최단강하선(brachistochrone) 문제이다[그 이름은 그리스어 ‘brachistos(가장 짧은)’과 ‘chronos(시간)’의 합성어로 베르누이가 만들었다. 라이프니츠는 이 문제를 ‘tachystos(가장 빠른)’과 ‘piptein(강하)’의 합성어인 “tachystoptote”라고 부르기를 원했지만 용어에 관해서는 베르누이에게 양보했다]. 일상적으로 다루는 미적분학의 문제에서는 주어진 변수에 관한 함수를 최소화하는 변수의 값을 구하는 것이 보통이지만 이 문제는 그런 종류의 문제가 아니었다. 그보다는 오히려 독립변수가 주어진 두 점을 연결하는 모든 곡선들로 이루어진 집합에서 값을 가지는 어떤 함수를 최소화하는 범함수(특별한 전체 곡선)를 찾는 문제이다(최단강하선 문제에서 다른 함수는 바로 시간을 의미한다). 이 문제는 완전히 다른 종류의 최소화 문제로 그것의 해를 찾는 과정은 변분법이라는 수학의 새로운 분야를 만들게 했다.

최단강하선 문제에 대한 요한 베르누이의 도전은 그 시대의 몇몇 위대한 수학자들에 의해 옳은 것으로 받아들여졌지만, 페르마의 최소 시간 원리와 스넬의 법칙을 이용한 베르누이의 풀이는 가장 아름답고 설득력 있는 것이었다. 1697년 편지에서 요한 베르누이는 최단강하에 관한 갈릴레오의 업적을 전에는 알지 못했다고 주장했고, 아마도 그는 그때 정직하게 말하고 있었을지도 모른다. 하지만 그가 정말로 갈릴레오의 업적을 모를 수 있었을까 하는 생각이 든다(갈릴레오가 이름없는 잡지에 그의 분석 결과를 출판한 것은 아니었다). 사실 《담화(*Discourses*)》는 아주 유명한 잡지였고, 특히 요한 베르누이는 특이할 정도로 질투심이 강한 사람이었으며, 다른 사람과 수학적인 업적을 공유하기를 원치 않은 사람으로 유명하다. 우리는 로피탈 법칙의 저작권 문제에서 이미 그의 그런 면모를 보았으며, 자수성가한 수학자인 그의 아들 다니엘(Daniel)과의 매우 좋지 못한 일화에서도 나중에 또다시 보게 될 것이다. 다니엘의 중요한 저서인 《유체동역학(*Hydrodynamica*)》는 1738년 출판되었는데, 바로 그때 비슷한 제목을 가진 그의 아버지의 저서 《유체동역학(*Hydraulica*)》도 출판되었다. 그는 아들을 자랑스러워하는 대신 아들이 벌써 몇 년 전에 그 책을 완성했음을 알았음에도 불구하고 먼저 그 책을 완성했다고 주장했다. 요한이 아들의 업적을 인정하지 않은 것으로 보건데, 최단강하선 문제의 동기를 아주 오래전에 죽은 갈릴레오의 업적에서 얻었음을 인정하지 않은 것은 당연한 것 같다.

요한 베르누이의 지적 정직성에는 분명히 심각한 문제가 있었지만, 그가 천재였음만을 부정할 수 없다. 최단강하선 문제에 관한 그의 풀이 하나만으로도 그는 수학적 명성을 얻게 되었다. 이제 그의 방법을 설명하면 다음과 같다. 페르마의 최소 시간 원리를 유도할 때 설명된 스넬의 법칙으로부터 그림 6.6과 같이 위와 아래 매질의 속력이 각각 v_1과 v_2라 할 때 B에서 A로 두 개의 매질을 통과하는 빛에 대해 다음이 성립한다.

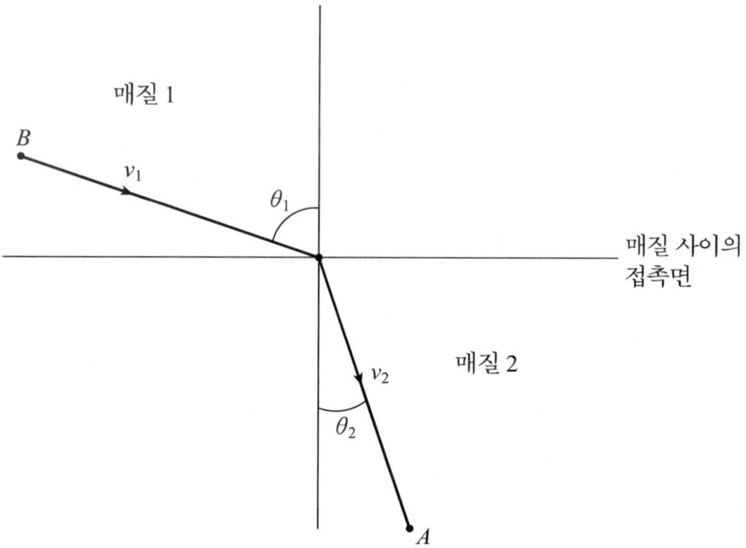

그림 6.6 스넬의 굴절 기하구조

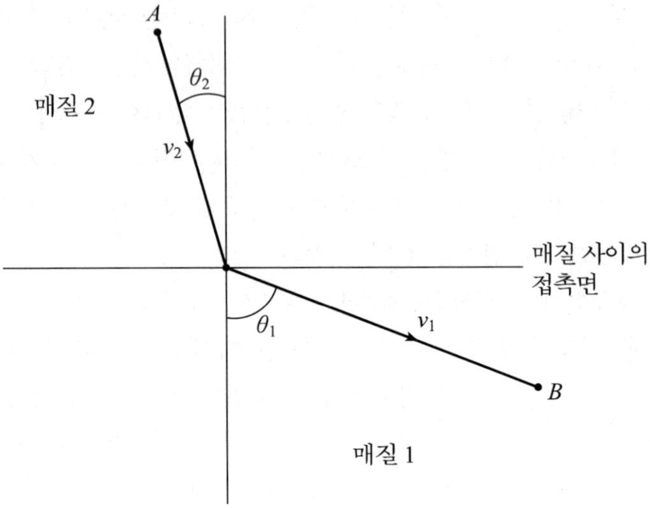

그림 6.7 뒤집어진 스넬의 굴절 기하구조

$$\frac{\sin(\theta_1)}{v_1} = \frac{\sin(\theta_2)}{v_2} = \text{상수}$$

그림 6.6은 그림 4.10과 비슷하지만, 여기서는 θ_i와 θ_r을 각각 θ_1과 θ_2로 표현하였고, 공기와 물의 경우와 같이 위의 매질 1이 아래 매질 2보다 덜 조밀하여 $v_2 < v_1$라고 가정할 수 있다. 하지만 그림 6.7을 얻기 위해서는 단순히 그림 6.6을 뒤집으면 되고 스넬의 법칙은 그림 6.7에서도 계속 성립한다.

다음 단계는 그림 6.7과 같이 두 개의 층 대신에 항상 위층보다 덜 조밀한 아주 많은 여러 개의 층이 있다고 가정하자. 그러면 빛의 광선은 아래층으로 진행해 감에 따라 속력이 더 증가하고 광선은 그림 6.8과 같이 수직선으로부터 더 심하게 굽는다. 이제 층의 개수를 무한히 증가시킴에 따라 광선의 경로는 부드러운 곡선이 되고 이 곡선의 각 점에서 다음 식이 성립한다.

$$\frac{\sin\theta}{v} = \text{상수}$$

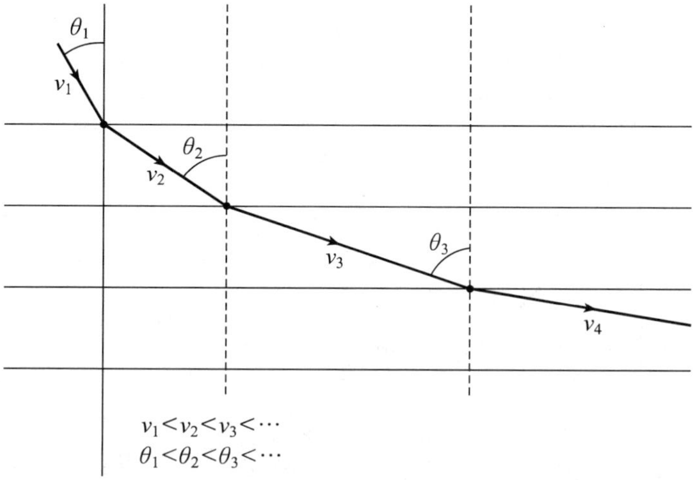

그림 6.8 광매체의 변화 밀도에 대한 층별 근사

최단강하시간 문제 해결 방법에 대한 베르누이의 이런 독특한 생각이 결국 앞의 식을 해결하는 문제로 바꾸어 놓았다. 즉 위의 식을 해결하면 최단강하를 하는 곡선을 구할 수 있을 것이다.

그림 6.9에 B에서 A로 가는 최단강하 시간을 갖는 곡선을 그렸고, θ는 곡선 위의 점 (x, y)에서 곡선의 접선과 수직선 사이의 각도를 나타낸다. 여기서 강하 문제를 다루고 있기 때문에 양의 y축이 아래로 향하고 있음을 유의하기 바란다. 임의의 점 (x, y)에서 곡선을 따라 강하하는 구슬의 속력은 v이다. 갈릴레오의 분석처럼 질량이 m인 구슬이 점 B에서 속력 0으로 강하할 때 에너지 보존 법칙에 의해 위치에너지의 손실과 운동에너지의 증가가 일치함을 말해주기 때문에, 수직으로 y만큼 강하했을 때 구슬의 속력은

$$v = \sqrt{2gy}$$

이다. 따라서 최단강하선 문제에 관한 베르누이의 천재적인 접근법은 단순히 다양한 밀도를 가진 매질에서 빛의 속도가 $\sqrt{2gy}$이고, 빛은 항

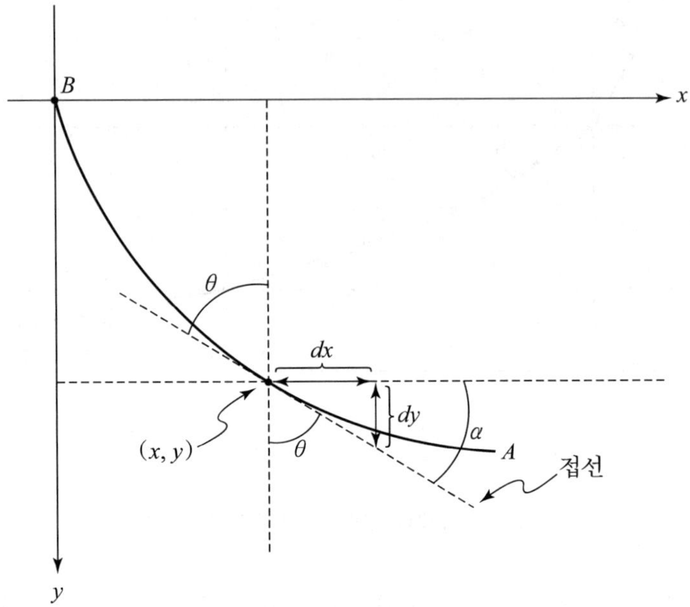

그림 6.9 베르누이 해의 기하학적 구조

상 최소의 시간이 걸리는 경로로 진행한다는 것이다. 이것은 수학과 물리학을 잘 알고 있는 사람은 누구나 생각할 수 있는 풀이이다. 하지만 수학만으로는 해결하지 못했을 것이다. 1696년 6월 15일 로피탈이 베르누이에게 보낸 편지에서 "최단강하 시간에 관한 문제는 지금까지 알려진 문제 중에서 가장 신기하고 아름다운 문제 중 하나이다. 따라서 나의 모든 노력을 기울이고 싶지만 물리에는 익숙하지 않기 때문에 이 문제를 순수한 수학적인 문제로 바꾸어 주길 바란다."라고 썼다.

그림 6.9의 그림으로부터 분명히

$$\begin{aligned}\sin\theta = \cos\alpha &= \frac{1}{\sec\alpha} = \frac{1}{\sqrt{1+\tan^2\alpha}} \\ &= \frac{1}{\sqrt{1+\left(\dfrac{dy}{dx}\right)^2}} = \frac{1}{\sqrt{1+(y')^2}}\end{aligned}$$

이다. 따라서

$$\frac{\sin\theta}{v} = 상수 = \frac{\frac{1}{\sqrt{1+(y')^2}}}{\sqrt{2gy}}$$

이다. 두 번째 등식을 제곱하면

$$2gy[1+(y')^2] = 상수$$

이고, C를 상수라 하면 최단강하 시간에 관한 다음 미분방정식을 얻는다.

$$y\left[1+\left(\frac{dy}{dx}\right)^2\right] = C$$

비선형 미분방정식은 일반적으로 분석적인 해결이 힘들지만 이 문제는 다음과 같이 y에 관해 해를 구할 수 있다. 뉴턴보다는 라이프니츠의 기호를 이용하여 dx와 dy를 대수적인 양으로 간주하고 dx를 다음과 같이

$$dx = dy\sqrt{\frac{y}{C-y}}$$

라 놓자.

$$\tan\varphi = \sqrt{\frac{y}{C-y}} = \frac{\sin\varphi}{\cos\varphi}$$

를 만족하는 φ로 변수변환하면

$$\frac{y}{C-y} = \frac{\sin^2\varphi}{\cos^2\varphi},$$

$$y\cos^2\varphi = C\sin^2\varphi - y\sin^2\varphi,$$

$$y\cos^2\varphi + y\sin^2\varphi = y = C\sin^2\varphi$$

을 얻는다. 위의 마지막 식을 φ에 관해 미분하면

$$\frac{dy}{d\varphi} = 2C\sin\varphi\cos\varphi$$

이므로

$$\begin{aligned} dx &= 2C\sin\varphi\cos\varphi\sqrt{\frac{y}{C-y}}\,d\varphi \\ &= 2C\sin\varphi\cos\varphi\tan\varphi\, d\varphi \end{aligned}$$

이고, $\cos\varphi\tan\varphi = \sin\varphi$과 2배각 공식을 이용하면

$$\begin{aligned} dx &= 2C\sin^2\varphi\, d\varphi \\ &= C[1-\cos(2\varphi)]d\varphi \end{aligned}$$

임을 알 수 있다.

이 마지막 식을 적분하면 C_1을 적분 상수라 할 때,

$$\begin{aligned} x &= C\left[\varphi - \frac{\sin(2\varphi)}{2}\right] + C_1 \\ &= \frac{1}{2}C[2\varphi - \sin(2\varphi)] + C_1 \end{aligned}$$

임을 보일 수 있다. 또한 강하를 시작하는 점, 즉 $x = y = 0$(또는 $x = \varphi = 0$)인 점 B에서의 좌표를 대입하여 C_1의 값을 결정할 수 있다. 따라서 C_1은 분명히 0이고

$$x = \frac{1}{2}C[2\varphi - \sin(2\varphi)]$$

이다.

앞에서 $y = C\sin^2\varphi = C(1-\cos^2\varphi)$이므로 2배각 공식을 이용하면

$$y = \frac{1}{2}C[1-\cos(2\varphi)]$$

이다.

마지막 단계로 가능한 식을 간단히 표현하기 위해 상수 $\frac{1}{2}C$를 a라 하고 $\beta=2\varphi$라 하면, 소위 말해서 최단강하 시간을 갖는 매개변수가 시간인 곡선을 다음과 같이

$$\boxed{\begin{aligned} x &= a(\beta - \sin\beta) \\ y &= a(1 - \cos\beta) \end{aligned}}$$

구할 수 있다. 이 결과에 베르누이는 매우 놀랐다. 왜냐하면 이 방정식은 1599년 갈릴레오가 이름을 붙여 거의 한 세기 전에 알려진 사이클로이드 식을 표현하고 있었기 때문이다. 사이클로이드는 x축을 굴러가는 반지름이 a인 원호에 있는 점의 자취를 나타내는 곡선이다. 비록 고대의 수학자들이 이 곡선에 주위를 기울이지 않았다는 것이 믿어지지 않지만 문서상으로 처음 논의되기 시작한 것은 1501년 프랑스 수학자 찰스 보벨리(Charles Bouvelles, 1470~1553)의 업적에서이다. 그 외에 화이트만(Whiteman)의 논문 〈사이클로이에 대한 역사적 설명〉[39]에서 더 구체적인 논의를 찾을 수 있다.

사이클로이드 방정식은 x와 y를 직접적으로 연관시키지 않지만 매개변수 β를 통해 서로 연관되어 있다. 따라서 β를 변화시키면서 x와 y의 그래프를 그릴 수 있다. 그림 6.10은 $a=1$이고 $0 \le \beta \le 2\pi$일 때 그려진 그래프이다. 그림에서 a가 작아지거나 커지면 그래프는 줄어들거나 팽창함을 알 수 있다. 상수 a를 적절히 조정함으로써 원점에서 출발한 사이클로이드가 x, y가 모두 양수인 점 $(x,\ y)$를 지나도록 조정하는 것이 가능하고, 이러한 a의 값은 항상 유일하다. 따라서 두 점을 잇는 최단강하선은 유일하고 사이클로이드의 한 호를 거꾸로 놓은 모양을 하고 있다.

39) Whiteman, *Some Historical Notes on the Cycloid*, American Mathematical Monthly, May 1943, pp. 309~15.

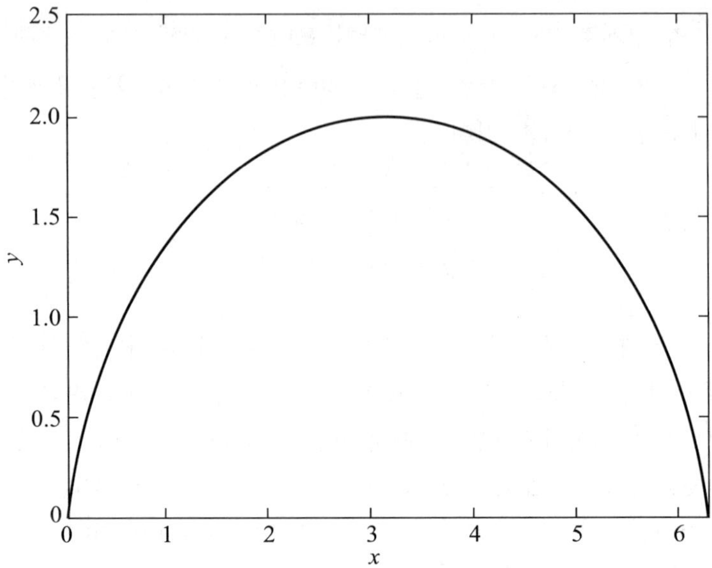

그림 6.10 $a=1$일 때 사이클로이드

어떤 곡선의 매개변수 표현을 양함수 표현보다 덜 유용하다거나 덜 바람직한 것으로 여기지 말아야 한다. 예를 들어, 사이클로이드의 임의의 점에서의 기울기를 구하고자 할 때 단순히 연쇄법칙을 적용하면

$$\frac{dy}{dx}=\frac{dy}{d\beta}\cdot\frac{d\beta}{dx}=\frac{dy}{d\beta}\Big/\frac{dx}{d\beta}=\frac{\sin\beta}{1-\cos\beta}$$

을 얻을 수 있다. 사실 매개변수 표현이 어떤 문제를 표현하는 유일한 방식일 수도 있다. 예를 들어, 부록 F에서 서로 교차하지 않는 닫힌 곡선으로 둘러싸인 넓이를 구하는 식을 유도하는 방법을 발견할 수 있다. 즉 곡선 C가 매개화된 표현 $x=x(t)$, $y=y(t)$로 주어진 경우 C에 의해 둘러싸인 넓이는 매개변수 t가 $t=0$에서 $t=T$까지 C를 따라 시계 방향으로 움직여 제자리로 돌아오는 경우,

$$C\text{에 의해 둘러싸인 영역의 넓이} = \frac{1}{2}\int_0^T \left(y\frac{dx}{dt} - x\frac{dy}{dt}\right)dt$$

이다. 이 표현은 제2장에서 논의된 고대의 등주 문제(일정한 길이의 줄이 있을 때 이 줄에 의해 둘러싸인 넓이가 최대가 되는 모양은 무엇인가?)에서 아주 중요하게 이용되는 식으로 이 장에서 마침내 문제를 해결할 수 있다.

요한 베르누이의 형인 야콥(1654~1705), 라이프니츠 그리고 뉴턴 역시 요한의 문제에 대한 답을 제시하였다. 특히, 뉴턴에 대한 베르누이의 도전은 전혀 호의적이지 않았다. 베르누이는 미적분학의 발견에 관한 논쟁에서 라이프니츠의 편을 들었고, 라이프니츠와 자신이 해결한 문제를 뉴턴이 해결하지 못하자 뉴턴을 당황하게 하기 위해 이 문제를 제시했다. 베르누이는 최단강하선 문제에 관한 강연에서 "이 같은 특이한 문제를 해결한 사람은 거의 없는데 그 중에는 기하의 가장 심오한 비밀을 이해하고 아주 놀라운 방식으로 기하의 영역을 확장했던 방법을 자랑했으며 그들의 탁월한 정리가 누구에게도 알려져 있지 않았다고 믿었지만 그것은 이미 오래전에 출판된 결과였던 사람들도 포함되어 있다."라고 말했다.

뉴턴은 이것에 대해 기분이 좋지 않았다. 그가 나중에 말했듯이 "나는 수학적인 것에 익숙지 않은 사람들에 의해 조롱당하고 괴롭힘을 당하는 것을 원치 않는다." 뉴턴은 재빨리 베르누이의 문제를 해결하려고 노력했고 소문에 의하면 그 당시에 알려져 있지 않았던 방법을 이용하여 하룻밤 만에 그 문제를 해결하였다(6.4절 마지막에 제시된 오일러-라그랑주 미분방정식을 보아라). 그러나 뉴턴의 해는 최단강하선 문제의 해가 사이클로이드라는 결론에 어떻게 도달했는지에 관해 설명하지 않고 단순히 최단강하선인 사이클로이드를 구성하는 방법에 대해서 설명만 하고 있을 뿐이었다. 이 설명은 1697년 1월 《왕립사회회보

(*Phliosophical Transactions of the Royal Society*)》에 익명으로 출판되었는데, 출판된 날짜는 뉴턴이 1697년 2월 24일에 왕립학회 모임에서 처음으로 그의 '해'에 대해 말했기 때문에 뉴턴의 친구이자 편집자인 핼리에 의해 실제 날짜보다 소급하여 매겨진 것이다.

이 익명의 출판에 관한 유명한 일화가 있다. 요한은 출판된 결과를 읽은 뒤 "그의 발톱을 통해 사자를 알 수 있었으므로"에 의해 익명의 저자가 뉴턴이었음을 알았다고 주장했다. 요한은 뉴턴에 대한 편견에도 불구하고 그의 인생에 있어서 딱 한번, 아마도 그가 먼저 시작했기 때문에, 똑같은 문제를 다루고 있는 경쟁적인 수학자에게 호의적인 태도를 보였다(하지만 베르누이의 경쟁자에 대한 좀더 측은한 관점을 오래되었지만 아주 귀중한 Constantin Carathéodory의 논문 〈The Beginning of Research in the Calculus of Variations〉[40]에서 찾을 수 있다).

최단강하선은 최단강하의 시간이 걸리는 곡선이라는 사실 외에 다음과 같은 두 번째 중요한 성질을 만족하고 있다. 1656년 네덜란드 수리물리학자 호이겐스(Christiaan Huygens, 1629~1695)는 진자 운동의 진폭에 거의 의존하지 않는 진자시계를 성공적으로 만들어냈다. 진폭에 완전히 의존하지 않는 등시성(isochronous) 진자시계를 만들기 위해, 그는 유연한 끝의 양 측면에 추의 역할을 하는 금속곡면을 연결하였다. 이 금속은 진자의 운동이 진폭에 의존하지 않는 주기를 갖도록 하기 위해 진자가 앞뒤로 움직일 때, 진자의 줄이 직선운동을 하지 못하도록 하는 역할을 했다. 그는 1673년 거작인 진자시계(Horologiun Oscillatoriun)에서 금속의 굽은 형태는 사이클로이드의 호의 형태가 되어야 함을 보였다(사실 그는 1659년 말에 이미 이 사실을 알고 있었다). 따라서 호이겐스가 만든 진자는 사이클로이드의 호를 그리게 되고(수학자들은 사이클로이드의 신개선은 다시 사이클로이드가 된다고 말할 것이다), 사이클로이드 곡선을 따라 중력강하하는 구슬은 강하를 시작한 위치에 관

40) Constantin Carathéodory, *The Beginning of Research in the Calculus of Variations*, Oriris, 1938, pp. 224~40.

계없이 곡선의 밑점까지 같은 시간이 걸리는 등시성 운동을 하는 것으로 알려져 있다(이 사실은 다음 절에서 자세히 알게 된다). 이 사실은 최단강하선이 'tauto(같은)'과 'chronous(시간)'의 합성어인 'tautochrone' 임을 알 수 있고, 이 사실을 발견한 한 뒤 호이겐스는 "나에게 찾아온 가장 큰 행운의 발견"이라고 말할 정도로 무척 기뻐했다. 그러나 실제로 굽은 곡면과 진자의 줄 사이의 마찰 때문에 진폭에 의존하는 진자보다 더 많은 오차를 발생시켰다.

전에 언급했듯이 베르누이는 최단강하선이 사이클로이드임을 알고 무척 고무되었다. 따라서 1697년 1월에 그의 미분론을 발표했을 때 그는 첫 번째로 호이겐스의 사이클로이드와 그것이 만족하는 등시곡선(tautochrone)의 성질을 언급했다. 이때 그는 "당신들은 내가 호이겐스의 사이클로이드가 우리가 찾고 있던 최단강하선임을 말할 때 정말 놀라워 할 것이다. … 자연은 항상 가장 단순한 방식으로 작용하려는 경향이 있으며(베르누이가 그의 해를 구하기 위해 페르마의 최소 작용의 원리를 이용했기 때문에 반드시 이 말을 했을 것이다), 따라서 여기서 하나의 곡선이 두 개의 역할을 할 수 있는 것이다."라고 말했다.

6.3 갈릴레오와 베르누이를 비교하기

최단강하 곡선의 해석적인 식을 구했으므로 갈릴레오의 원호를 따른 강하와 비교하여 얼마나 빠른지 비교해보자. 6.1절을 보면, 반지름이 L인 사분원 위에서 구슬이 강하하는 데 걸리는 시간 T는

$$T = 1.8541\sqrt{\frac{L}{g}}$$

이다. 갈릴레오는 사실 이 값을 계산하지 않고 근사값만을 구했으므로 지금부터 T를 T_G로 표현할 것이다. 그런 다음 계산하고자 하는 값은 점 $(0, 0)$으로부터 점 (L, L)까지 최단강하선을 따라 강하하는 데 걸

리는 시간 T_B이다(이 T_B는 6.1절에서 이미 나온 T_B가 아님을 유의하자). 지금까지 논의된 바에 의하면 $T_B < T_G$임을 알 수 있다. 그렇다면 얼마나 작을까?

s가 원점으로부터 곡선의 임의의 점 (x, y)까지의 거리라 하면 에너지 보존법칙에 의해

$$v = \frac{ds}{dt} = \sqrt{2gy}$$

이다. 이때 피타고라스 정리를 이용하면 곡선을 따른 미분작용소는 $ds = \sqrt{(dx)^2 + (dy)^2}$ 이고, 따라서

$$v = \frac{\sqrt{(dx)^2 + (dy)^2}}{dt} = \frac{dx\sqrt{1+\left(\frac{dy}{dx}\right)^2}}{dt}$$

이다. 또한

$$dt = \frac{dx\sqrt{1+\left(\frac{dy}{dx}\right)^2}}{v} = \frac{dx\sqrt{1+\left(\frac{dy}{dx}\right)^2}}{\sqrt{2gy}}$$

이다. 이때 t가 0부터 T_B까지 움직일 때 x는 0부터 L까지 움직이고, 따라서

$$T_B = \int_0^{T_B} dt = \int_0^L \sqrt{\frac{1+\left(\frac{dy}{dx}\right)^2}{2gy}}\, dx$$

이다.

이제 y와 x의 연관관계를 이용하면 다음과 같이 위의 적분을 바로 계산할 수 있다. 하지만 사실 알고 있는 y와 x에 관한 관계식을 사용하지 않고 위의 적분식(범함수)을 알 수 있다. 다음 절에서 설명할 변분법의 일반적인 접근법은 x와 y의 관계식에 대한 정보가 필요하지 않고, 그 대신 시간 범함수를 최소로 하는 함수 $y(x)$를 결정함으로써 최단강

하선을 유도한다. 하지만 여기서는 T_B를 구체적으로 구해보자.

바로 앞 절의 최단강하선의 매개식을 이용하면

$$\frac{dx}{d\beta} = a(1-\cos\beta), \quad \frac{dy}{d\beta} = a\sin\beta$$

이다. β의 정의에 의해 $x=0$일 때 $\beta=0$이고, $x=L$일 때 $\beta=\hat{\beta}$라 하자. 그러면

$$\begin{aligned} T_B &= \int_0^L \sqrt{\frac{1+\left(\frac{dy}{dx}\right)^2}{2gy}}\,dx = \int_0^L \sqrt{\frac{(dx)^2+(dy)^2}{2gy}}\,dx \\ &= \int_0^{\hat{\beta}} \sqrt{\frac{a^2(1-\cos\beta)^2+a^2\sin^2\beta}{2ga(1-\cos\beta)}}\,d\beta \\ &= \int_0^{\hat{\beta}} \sqrt{\frac{2a^2(1-\cos\beta)}{2ga(1-\cos\beta)}}\,d\beta \\ &= \hat{\beta}\sqrt{\frac{a}{g}} \end{aligned}$$

이다. 분명히 0보다 큰 $\hat{\beta}$와 a를 구하기 위해 최단강하선은 그림 6.6과 같이 점 (L, L)이 최단강하선의 끝점이란 사실을 이용하자. 이때 아래로 향한 수직선을 양의 y축으로 생각한다. 따라서

$$\begin{aligned} L &= a(\hat{\beta}-\sin\hat{\beta}) \\ L &= a(1-\cos\hat{\beta}) \end{aligned}$$

이므로

$$a = \frac{L}{\hat{\beta}-\sin\hat{\beta}} = \frac{L}{1-\cos\hat{\beta}}$$

이다. 두 번째 식은 다음 방정식의 해를 구하는 것과 같다.

$$f(\beta) = \beta + \cos\beta - \sin\beta - 1 = 0$$

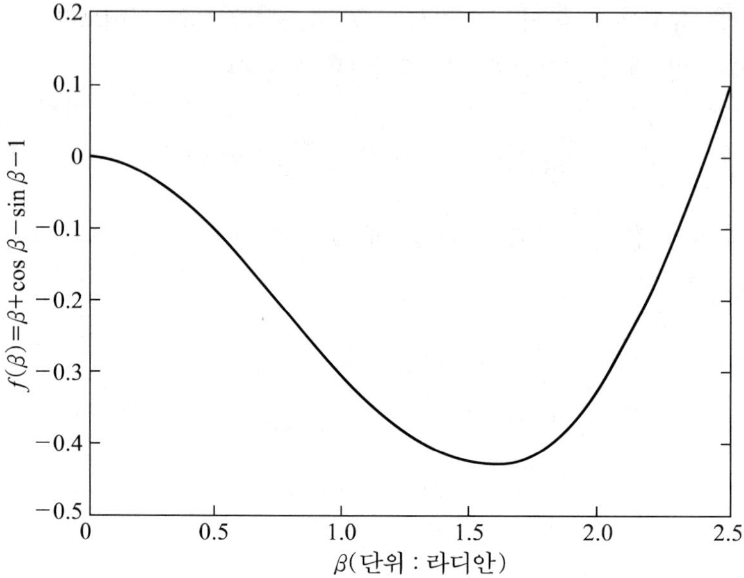

그림 6.11 $x=L$일 때, β 추측하기

그림 6.11에는 $f(\beta)$의 그래프가 그려져 있고, 이로부터 $f(\beta)=0$을 만족하는 유일한 양의 해가 존재함을 알 수 있다. 4.5절에서 소개된 뉴턴-라프슨 반복법을 이용하여 그 해를 구할 수 있는 데 $\hat{\beta}=2.412$ (라디안)임을 알 수 있다. 따라서

$$a=0.5729L$$

이고

$$T_B=2.412\sqrt{\frac{0.5729\,L}{g}}=1.8257\sqrt{\frac{L}{g}}$$

이다. 이 값은 정말로 T_G보다 작은 데 많아야 1.5% 정도 작음을 알 수 있다. 따라서 갈릴레오의 사분원은 최단강하선에 매우 근접한 해임을 알 수 있다.

다음은 사이클로이드가 시작점에 관계없이 일정한 시간 내에 강하하

는 등시성(isochronous)을 만족함을 설명한 것이다. 점 $(0,\ 0)$에서 출발하여 사이클로이드의 가장 아래 점에서 끝나는 경로에 대해 앞에서와 같은 방법으로 $\hat{\beta}$를 가장 아래 점에서의 β값이라 할 때

$$T = \hat{\beta}\sqrt{\frac{a}{g}}$$

임을 알 수 있다. 사이클로이드의 매개방정식을 이용하여 $\hat{\beta} = \pi$임을 알 수 있고, 가장 바닥점에서는 $x = \pi a$이고 $y = 2a$이다(그림 6.10을 다시 보자). 따라서 구슬이 꼭대기에서 바닥점까지 미끄러져 강하하는 데 걸리는 시간은

$$T = \pi\sqrt{\frac{a}{g}}$$

이다. 그러나 만일 구슬이 사이클로이드를 따라 점 $(0,\ 0)$과 다른 점 $(x_0,\ y_0)$에서 출발하여 강하한다면 점 $(x,\ y)$에서 강하하는 구슬의 속력은

$$v = \sqrt{2g(y - y_0)}$$

이다. 따라서 바닥에 도달하는 시간은

$$T' = \int_{x_0}^{\pi a}\sqrt{\frac{1 + \left(\dfrac{dy}{dx}\right)^2}{2g(y - y_0)}}\,dx$$

이다. 호이겐스에 의해 발견된 등시성에 따르면 $T = T'$이 되어야 한다. 그 이유는 무엇일까?

dx와 dy를 β의 함수로 치환한 뒤, β에 관해 적분구간을 적당히 변환하면 ($(x_0,\ y_0)$에서 $\beta = \beta_0$라 하자) 다음 식이 성립한다.

$$T' = \int_{x_0}^{\pi a}\sqrt{\frac{(dx)^2 + (dy)^2}{2g(y - y_0)}}\,dx$$

$$= \int_{\beta_0}^{\pi} \sqrt{\frac{a^2(1-\cos\beta)^2 + a^2\sin^2\beta}{2g[(a-a\cos\beta)-(a-a\cos\beta_0)]}}\, d\beta$$

$$= \sqrt{\frac{a}{g}} \int_{\beta_0}^{\pi} \sqrt{\frac{1-\cos\beta}{\cos\beta_0 - \cos\beta}}\, d\beta$$

이제 반각 공식

$$\sin\left(\frac{1}{2}\beta\right) = \sqrt{\frac{1-\cos\beta}{2}}, \quad \cos\left(\frac{1}{2}\beta\right) = \sqrt{\frac{1+\cos\beta}{2}}$$

을 이용하여

$$T' = \sqrt{\frac{a}{g}} \int_{\beta_0}^{\pi} \frac{\sqrt{2}\sin\left(\frac{1}{2}\beta\right)}{\sqrt{\cos\beta_0 - \cos\beta}} d\beta$$

$$= \sqrt{\frac{a}{g}} \int_{\beta_0}^{\pi} \frac{\sqrt{2}\sin\left(\frac{1}{2}\beta\right)}{\sqrt{2\cos^2\left(\frac{1}{2}\beta_0\right) - 1 - 2\cos^2\left(\frac{1}{2}\beta\right) + 1}} d\beta$$

$$= \sqrt{\frac{a}{g}} \int_{\beta_0}^{\pi} \frac{\sin\left(\frac{1}{2}\beta\right)}{\sqrt{\cos^2\left(\frac{1}{2}\beta_0\right) - \cos^2\left(\frac{1}{2}\beta\right)}}\, d\beta$$

이고, $u = \dfrac{\cos\left(\frac{1}{2}\beta\right)}{\cos\left(\frac{1}{2}\beta_0\right)}$ 로 변수변환을 하면

$$\frac{du}{d\beta} = \frac{\sin\left(\frac{1}{2}\beta\right)}{2\cos\left(\frac{1}{2}\beta_0\right)}$$

이다. 따라서

$$T' = \sqrt{\frac{a}{g}} \int_{1}^{0} \frac{-2\cos\left(\frac{1}{2}\beta_0\right)}{\sqrt{\cos^2\left(\frac{1}{2}\beta_0\right) - u^2\cos^2\left(\frac{1}{2}\beta_0\right)}} du$$

$$= 2\sqrt{\frac{a}{g}} \int_{0}^{1} \frac{du}{\sqrt{1-u^2}}$$

이다. 마지막으로 적분 공식을 이용하면 위의 마지막 식이 앞에서 구한 것처럼

$$T' = 2\sqrt{\frac{a}{g}}\,[\sin^{-1} u]_0^1$$

$$= 2\sqrt{\frac{a}{g}}\left(\frac{\pi}{2} - 0\right) = \pi\sqrt{\frac{a}{g}} = T$$

임을 알 수 있다.

미분에 관한 연쇄법칙에 익숙하다면 위의 적분을 적분 공식을 이용하지 않고 쉽게 유도할 수 있다. 그림 6.12에서 각도 φ가 $\sin\varphi = u$를 만족하도록 직각삼각형을 그렸다. 따라서

$$\frac{d}{du}\sin^{-1} u = \frac{d\varphi}{du}$$

이다. 연쇄법칙과 그림을 이용하여

$$\frac{d}{du}\sin\varphi = \cos\varphi\,\frac{d\varphi}{du} = \sqrt{1-u^2}\,\frac{d\varphi}{du}$$

이다. 그러나 물론

$$\frac{d}{du}\sin\varphi = \frac{du}{du} = 1$$

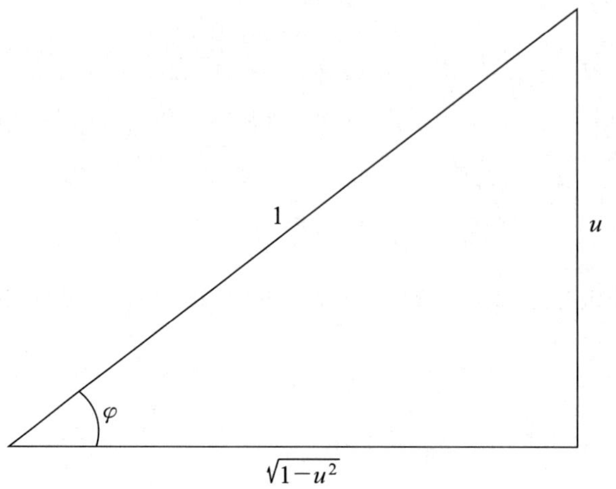

그림 6.12 사인 역함수의 미분하기

이다. 따라서

$$1 = \sqrt{1-u^2}\,\frac{d\varphi}{du}$$

이다. 즉

$$\frac{d}{du}\sin^{-1}u = \frac{1}{\sqrt{1-u^2}}$$

이고, 양변을 적분하면 다음 식을 얻는다.

$$\int \frac{du}{\sqrt{1-u^2}} = \sin^{-1}u$$

베르누이가 말했듯이 수학자가 아닌 사람들조차 사이클로이드에 매료되었다. 예를 들어 동시간 성질은 모든 곳에서 발견될 수 있는 데, 허먼 벨빌(Herman Melville)의 1851년 소설 작품으로 고전적인 고래잡이 이야기인 《모비딕(*MobyDick*)》에서도 발견된다. 그 소설에서 그를 "이

스마엘(Ishmael)이라 불러주오."라고 요청하고 있는 서술자가 96장("The Try-Works")에서 고래의 지방을 액체 기름으로 만들기 위한 커다란 피쿼드(Pequod)호의 철제 가마솥을 묘사하고 있다. 그런데 이 장에서 다음과 같은 문장을 발견할 수 있다.

> … 미국의 포경선은 외관상 지방 액체를 만드는 철제 가마솥으로 유명하다. … 철제 가마솥은 갑판의 가장 넓은 부분인 선수와 큰 돛대 사이에 위치하고 있다. 가마솥을 받치고 있는 목재는 가로 10피트, 세로 8피트 그리고 높이 5피트인 회반죽이 묻은 벽돌로 구성된 사각형 모양의 무게를 견딜 수 있을 정도로 튼튼하다. 그 토대는 갑판으로 가라앉지 않고 사방을 감싸면서 아래에 놓여 있는 목재에 나사못으로 고정된 철로 된 묵직한 굽은 재목에 의해 표면에 단단히 고정되어 있다. 측면은 나무로 둘러싸여 있고 윗부분은 크게 경사져 보강된 승강구에 의해 덮여 있다. 이 덮개를 제거하면 몇 배럴의 용량을 가진 두 개의 커다란 가마솥이 모습을 드러난다. 사용하지 않을 때는 아주 깨끗하게 보관되어 있다. 종종 그것들을 은으로 만든 그릇과 같이 빛을 발할 때까지 동석과 모래로 닦는다. 몇몇 냉소적인 늙은 선원들은 밤에 보초 임무를 설 때 그 안으로 기어들어가 잠을 청하곤 한다. 그것을 닦기 위해 각각의 가마솥에 한 명이 고용되고 그들 사이에서 은밀한 소식이 전해진다. **이것은 또한 심오한 수학적 명상을 하게 하는 장소이다. 기하에서 사이클로이드를 따라 내려가는 예를 들어, 동석과 같은 모든 물체는 출발하는 점에 상관없이 같은 시간이 걸린다는 위대한 사실에 처음으로 놀란 것은 열심히 동석으로 닦고 있던 피쿼드의 왼쪽 가마솥에서였다.**

가장 빠른 강하 곡선을 결정하는 문제는 비단 역사적인 흥미만 있는 것이 아니다. 그것은 다양한 형태로 수 세기에 걸쳐 현대에까지 나타나고 있으며(예를 들어, 그것은 이제 막 수직 강하를 시작하는 빠른 롤러

코스터가 최고점에 있는 순간을 의미한다), 계속해서 상상의 나래를 펼치게 한다. 예를 들어, 1966년 공업 수학자인 폴 쿠퍼(Paul W. Cooper)는 미국물리학저널(American Journal of Physic)의 1월호, pp. 68~70에 짧은 논문 〈*Through the Earth in Forty Minutes*〉을 발표했다. 그의 논문에서 지구 내부의 중력장은 지구 표면의 임의의 두 점을 연결하는 마찰이 없고 곧은 터널을 통해 통과하는데 항상 42.2분이 걸린다고 말하고 있다. 쿠퍼는 "지구의 도시를 선으로 연결하고 출발시간은 항상 정각이며 도착시간은 43분 뒤인 시간표가 없는 교통체계"를 상상했다. 보스톤(Boston)과 워싱턴(Washington D.C.) 사이의 이런 선은 최대로 대략 50마일 정도 뚫고 지나가야만 한다(좀더 현실적인 터널 교통체계에 관해서는 에드워즈(Edwards)가 그 전에 쓴 〈*High-Speed Tube Transportation*〉[41]이라는 논문을 보기 바란다).

그러나 직선 터널은 가장 빠른 시간 여행을 의미하지 않는다. 쿠퍼는 "사실 실제적인 최단시간을 갖는 경로를 원할 수도 있다. 이것은 중력장이 직각이 아니고 광선 모양이며 균일하지 않은 지구 안에서는 전통적인 최단강하선 문제보다 더 복잡하다." 예를 들어, 로스엔젤레스와 뉴욕을 연결하는 최단강하 터널은 단지 28분의 시간이 필요하지만 또한 너무나 많은 비용이 필요하다. 굽은 터널은 표면으로부터 1000마일 밑까지 파야 한다. 이에 대해 프러싱(Prussing)의 논문 〈*Brachis to chrone-tautochrone Problem in a Homogeneous Sphere*〉[42]를 보기 바란다.

직선 터널에 관한 쿠퍼의 논문은 타임지(1966년 2월 11일자, pp. 42~43)에서 다시 다루어졌고, 대중들에게 공상과학과 같은 뉘앙스를 주었다. 이것은 많은 물리학자들이 미국수학저널(American Journal of Mathematics)에 편지를 보내 그의 모든 생각이 오래전부터 있어 왔던 것임을 알려주게 하는 계기를 만들었다(이에 대해서는 American Journal

41) Edwards, *High-Speed Tube Transportation*, Scientific American, August 1965, pp. 30~40.

42) Prussing, *Brachis to chrone-tautochrone Problem in a Homogeneous Sphere*, American Journal of Physics, March 1976, pp. 304~5.

of Physics, 1966년 8월호, pp. 701~4를 보기 바란다). 사실 한 독자는 프랑스 과학의 발전을 위한 위원회에서 보고된 1833년 논문을 거론하기도 했다. 그 논문은 10년 뒤 《실비아와 부르노 완결편(*Sylvie and Bruno Concluded*)》이라는 소설의 7장에서 그 개념을 이용했던 루이스 캐럴(Lewis Carroll)에게 분명히 자극이 되었을 것이다.

쿠퍼의 논문이 출판되고 3년 후에 지구 내부에서의 최단강하선 문제에 관한 간단한 해가 미국수학학회(American Mathematical Monthly, (*Fast Tunnels through the Earth*, 1969년 6-7월호, pp. 708~9)에 출판되었다. 그 해는 현대적인 변분법의 원리를 이용했고, 그로부터 12년 후에 캘리포니아대 산타바바라 분교에 있는 화학자 아라빈드(Aravind)는 그 해를 풀기 위해 광선이 지나가는 경로를 이용했던 베르누이가 접근법을 어떻게 이용할 수 있는지 보여주었다(American Journal of Physics, 1981년 8월호, pp. 884~86). 그리고 드디어 최단강하선 문제에 관한 완벽한 형태의 해가 주어졌는데 이것은 이 장에서 다루었던 모든 문제에서 무시되었던 복잡한 마찰까지 고려하고 있다. 하지만 이것은 간단한 문제가 아니다. 따라서 애슈비(Ashby) 등의 논문 〈*Brachistochrone with Coulomb Friction*〉[43)]만을 참고로 언급한다.

이 절에서 처음으로 움직이는 점에 의해 만들어지는 곡선의 길이 공식이 주어졌다. 그 운동이 $x = x(t)$, $y = y(t)$로 주어지면, 시간이 $t = 0$에서 $t = T$까지 변할 때 움직인 거리는

$$\int_0^T \sqrt{\left(\frac{dx}{dt}\right)^2 + \left(\frac{dy}{dt}\right)^2}\, dt$$

이다. 이처럼 흥미로운 문제는 다음 결과를 이용한다. 즉 만일 타이거 우즈(Tiger Woods)가 골프공을 쳐서 가장 멀리 보내길 원한다면

43) Ashby, *Brachistochrone with Coulomb Friction*, American Journal of Physics, October 1975, pp. 902~6.

5.4절에서 45도 각도로 골프공을 쳐야 함을 알았다. 그러나 그 대신 공중에서 가장 많이 움직이도록 공을 치길 원한다고 가정해보자. 그렇다면 각도는 45도가 되지 않고, 자명한 사실은 아니지만 56.466도가 되어야 한다. 이에 대한 자세한 과정은 제-리 도우(Ze-Li Dou)와 수잔 스테플스(Susan G. Staples)의 논문 〈*Maximizing the Arclength in the Cannonball Problem*〉[44]를 참고하기 바란다.

6.4 ▮ 오일러-라그랑주 등식

역사가들은 최단강하선 문제가 변분법을 창시하는 발판이 되었다고 생각한다. 페르마의 최소 작용 원리와 스넬의 법칙을 이용했던 베르누이의 해가 변분법을 이용하지 않았다는 사실에도 불구하고 이것은 사실로 받아들여지고 있다. 그 이유는 베르누이의 독특한 해가 너무나 특수한 경우에만 적용되어 고대의 등주 문제와 같은 다른 문제에 적용될 것 같지 않았지만, 베르누이의 해로 말미암아 등주 문제의 해가 만족하는 원리가 무엇인지 찾는 계기가 마련되었기 때문이다.

종종 변분법을 창시하게 된 최초의 문제를 접하게 되지만 사실 그것의 역사는 애매하다. 구체적으로 이 문제는 베르누이가 최단강하선 문제를 제기하기 9년 전인 1687년에 뉴턴이 작성한 《프린키피아(*Principia*)》에서 처음 언급된 것으로 '물속에 있는 선체처럼 특정한 성질을 갖는 매질을 통해 운동할 때 최소의 저항을 받으려면 어떤 모양이어야 하는가'라는 질문이다. 뉴턴의 최단강하선 문제의 풀이처럼 최소 저항 문제에 대한 해는 위와 같이 라틴어로 된 《프린키피아》의 원본에 있으며 2권의 정리 34의 주석에 아무런 설명 없이 답이 제시되어 있다. 이 때문에 몇몇 현대의 저자들은 (저자가 생각하기에는 이상하게도 아무런 근

44) Susan G. Staples, *Maximizing the Arclength in the Cannonball Problem*, The College Mathematical Journal, January 1999, pp. 44~45.

거 없이) 뉴턴이 이것을 증명하지 않았다고 주장하였다. 그 예로 로버트 와인스톡(Robert Weinstock)의 논문 〈*Issac Newton: Credit Where Credit Won't Do*〉[45]에 대한 그의 답신을 보기 바란다. 와인스톡 교수와 그의 비평가들 누구도 1729년 《프린키피아》의 영문 번역판이 출판되었을 때 정말로 최소 저항 물체가 해석적으로 다루어졌다는 사실을 알지 못한 것 같다(그와 같은 미적분학에 기초한 분석을 누가했는지 언급되지 않고 포함되었지만, 1888년에 다음과 같이 그것이 뉴턴에 의한 것임이 입증되었다).

최소 저항 물체에 대해 1729년에 출판된 《프린키피아》에서 제시된 분석은 《프린키피아》의 라틴어 원판을 읽은 독자의 요구에 의해 이루어진 것임이 1888년에 발견된 뉴턴의 논문에서 밝혀졌다. 뉴턴은 베르누이의 도전이 있기 2년 전인 1694년 7월 14일 데이비스 그레고리(Davis Gregory,1659~1708)에게 쓴 편지에 필요한 증명을 제시하였는데, 이용된 방법이 최단강하선 문제에도 쉽게 적용되었다. 옥스퍼드 천문학과의 사빌리안 스코틀랜드계 교수였던 그레고리는 재능이 특출 나지 않은 수학자로 유명했다. 예를 들어, 《Dictionary of Scientific Biography》에 소개된 그에 대한 묘사는 "그의 업적으로부터 얻은 인상은 독창성이 부족하고 뛰어나지 않은 재능이 오래 지속되었다."라고 말하고 있다. 하지만 그에 대한 묘사의 마지막 문구는 모든 수학 역사학자들이 그레고리에게 신세를 지고 있음을 뜻한다. "회고해 보건데 17세기 과학의 발전에서 그레고리의 진정한 역할은 독창적인 창조자의 역할보다는 뉴턴에 의해 특권받은 정보로써 그에게 전해진 대화와 귀중한 논문을 관리한 사람의 역할이다."

최소한 내가 보기에 뉴턴은 최소 저항을 가진 물체와 최소 강하

---

45) Robert Weinstock, *Issac Newton: Credit Where Credit Won't Do*, The College Mathematical Journal, May 1994, pp. 179~222.

시간의 문제가 장황하게 설명할 정도로 흥미롭지는 않다고 생각한 것 같다. 이와 같은 결정은 뉴턴의 탁월한 천재성과 최악의 판단 두 가지를 설명해주고 있다. 그레고리의 요구가 없었다면 뉴턴은 자세한 해를 결코 알지 못했을 것이다. 턴불(Turnbull)의 《*The Mathematical Discoveries of Newton*》[46]과 골드스타인(Goldstein)의 《*A history of Calculus of Variations from the 17th through the 19th Century*》[47] 그리고 《*For Dirk Struik*》[48]에 있는 코헨(Cohen)의 "Isaac Newton, the Calculus of Variations, and the Design of Ships"에서 뉴턴의 "잃어버린" 해에 대한 자세한 논의를 찾을 수 있다.

최단강하선 문제에 대한 베르누이의 해와 마찬가지로 최소 저항을 가진 물체에 대해 해를 얻는 방법은 최단강하선 문제로 쉽게 확장되기 때문에, 뉴턴이 사이클로이드가 해라는 사실을 증명했다는 사실은, 그의 방법이 일반적으로 다른 범함수를 이용하는 문제에 적절한 접근법을 제시하지 못한다는 것을 의미한다. 일반적인 이론은 베르누이의 학생으로 그의 뒤를 이었던 스위스 태생의 천재인 오일러에 의해 시작되었다.

따라서 이런 문제에 대한 접근법의 기본이 되는 오일러-라그랑주 방정식을 유도하겠다. 다음에 설명하는 방식은 요즘 교과서에서 볼 수 있는 것으로 프랑스계 이탈리아 수리 물리학자 라그랑주(Joseph Louis Lagrange, 1736~1813)의 원래 방식과 매우 유사하다. 하지만 오일러는 이 방정식을 1736년경에 알게 되었다. 그럼에도 불구하고 오늘날에는 라그랑주의 방식으로 유도되고 있다. 이 방식은 1755년 라그랑주가 약관 19세에 오일러에게 보낸 편지에 적혀 있는데, 오일러에 의해 최고의 접근법으로 칭송되었다. 라그랑주의 변분법적인 기법은 오일러가 '변분

---

46) Turnbull, *The Mathematical Discoveries of Newton*, Blackie & Son, 1954, pp. 39~42.

47) Goldstein, *A history of Calculus of Variations from the 17th through the 19th Century*, Springer-Verlag, 1980, pp. 7~29.

48) Goldstein, *For Dirk Struik*, D. Reidel, 1974, pp. 169~87.

법(Calculus of Variation)'이란 이름을 만들어내게 했다. 그 자세한 역사를 알기 위해 읽을 만한 역사 의식을 가진 훌륭한 논문에는 블리스(Bliss)의 〈*The Evolution of Problems of the Calculus of Variations*〉49)와 프레이저(Fraser)의 〈*Isoperimetric Problems in the Variational Calculus of Euler and Lagrange*〉50)가 있다.

일반적이면서 근본적인 문제의 가장 간단한 형태를 나타내는 것은 쉽다. 즉 다음 적분 또는 범함수

$$J=\int_{x_1}^{x_2} F\{x,\ y(x),\ y'(x)\}\,dx$$

을 최소화하는 함수 $y(x)$를 찾아라. 여기서 x_1, x_2, 함수 F는 미리 주어져 있고 $y'(x)=\dfrac{d}{dx}[y(x)]$이다. 변분법에 관한 많은 전형적인 문제들이 이런 형태로 표현된다. 예를 들어 앞 절의 점 $(0,\ 0)$부터 점 $(L,\ L)$까지 곡선 $y=y(x)$를 따라 강하하는 시간을 나타내는 T_B의 표현은

$$T_B=\int_0^L \sqrt{\frac{1+(y')^2}{2gy}}\,dx$$

이다. 앞 절에서는 최단강하 시간을 위한 곡선이 사이클로이드임을 여러 가지 접근을 통해 이미 알고 있었기 때문에 최소강하 시간을 나타내는 적분의 최솟값이 무엇인지 직접 계산할 수 있었다. 하지만 적분 자체를 최소화하여도 이 문제가 해결됨을 살펴보자. 이 특수한 경우에

$$F\{x,\ y,\ y'\}=\frac{1}{\sqrt{2g}}\sqrt{\frac{1+(y')^2}{y}}$$

이고, F는 x, y 그리고 y'의 함수로 주어지지만, y는 x로 명확하게 주어진 함수가 아니다. 사실 '무엇이 J를 최소화하는 $y=y(x)$인가'의 질

49) Bliss, *The Evolution of Problems of the Calculus of Variations*, American Mathematical Monthly, December 1936, pp. 598~609.

50) Fraser, *Isoperimetric Problems in the Variational Calculus of Euler and Lagrange*, Historia Mathematica, February 1992, pp. 4~23.

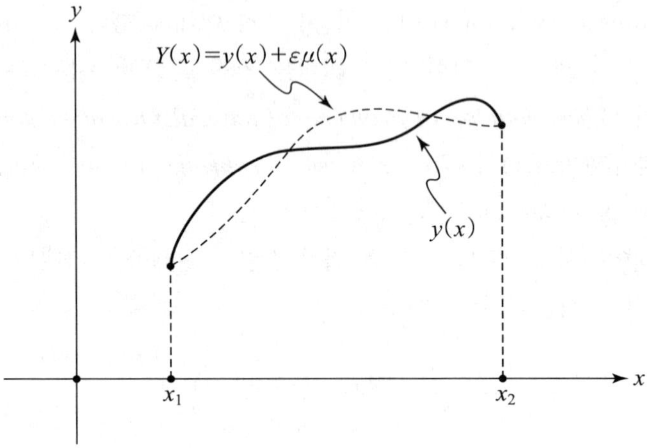

그림 6.13 정확한 해와 그 주변에서의 차이

문이 해결되어야 할 주요한 문제이다. 본 책에서는 주로 선구적인 문제만을 다루고, 위의 적분식 J는 우리가 고려할 거의 모든 것이다. 여기서 '거의'라고 말하는 이유는 마지막에 위의 문제를 두 가지 방향으로 확장할 예정이기 때문이다.

그림 설명을 시작해보자. 그림 6.13에서 우리가 구하고자 하는 실제 해의 곡선을 구간 $x_1 < x < x_2$에서 $y = y(x)$라 하자. 작은 상수 ε와 임의의 '거의' 미분가능한 함수 $\mu(x)$를 이용하여 점선으로 그려진

$$Y(x) = y(x) + \varepsilon\mu(x)$$

을 생각해보자. 여기서 '거의'라고 말한 이유는 함수 $\mu(x)$에 두 가지 제한 조건을 줄 것이기 때문이다. 그것은 바로 양 끝점에서 함숫값이 0이라는 조건이다. 이런 조건이 왜 필요한지 곧 알게 될 것이다. ε이 0이면 $Y = y$임을 확인하는 것도 필요하다. 즉, Y는 실제 해 y를 약간 변형해서 얻은 식이고 $\varepsilon\mu(x)$는 y 주위에서 Y와의 차이(variation)를 의미하게 된다.

일반적으로 J는 ε값에 의존하기 때문에 일반화된 문제를 다음과 같이 나타낼 수 있다. 즉

$$Y(x) = y(x) + \varepsilon\mu(x)$$
$$Y'(x) = y'(x) + \varepsilon\mu'(x)$$

일 때, 다음의 적분

$$J(\varepsilon) = \int_{x_1}^{x_2} F\{x,\ Y(x),\ Y'(x)\}\, dx$$

을 최소화하는 $y(x)$를 구해보자. Y와 Y'는 ε에 의존하기 때문에 $J = J(\varepsilon)$이다. 또한 $\varepsilon = 0$일 때 정의에 의해 $Y = y$가 되기 때문에 적분 $J(\varepsilon)$는 정의에 의해 ε일 때 최소가 된다. 따라서

$$\left.\frac{dJ}{d\varepsilon}\right|_{\varepsilon=0} = 0$$

이다. 이것은 임의의 극값(예를 들어 최솟값)이 존재하기 위한 필요조건으로부터 쉽게 알 수 있다. 극값이 최댓값인지 최솟값인지 구별하는 것은 우리가 연구할 특정 문제와 관련된 물리적 특성으로부터 분명해진다.

다음 단계를 설명하기 위해서는 적분을 미분하기 위한 미적분학의 라이프니츠 규칙을 이용할 필요가 있다. 그것의 간단한 형태는 적분의 상한과 하한이 ε의 함수가 아닌 경우로 적분의 미분은 미분의 적분과 같다는 직관적으로 설득력 있는 결과를 준다. 사실 일반적인 규칙은 약간 더 복잡하고 프란츠(Frantz)의 〈*Visualizing Leibniz Rule*〉[51)]에서 잘 설명되어 있는데 $\frac{\partial F}{\partial \varepsilon}$를 F의 편미분이라 할 때

$$\frac{dJ}{d\varepsilon} = \frac{d}{d\varepsilon}\int_{x_1}^{x_2} F\{x,\ Y(x),\ Y'(x)\}\, dx = \int_{x_1}^{x_2} \frac{\partial F}{\partial \varepsilon}\, dx$$

이다. 여기서 편미분(partial)이란 F가 ε 이외에도 다른 변수 x, Y, Y' 등에 의존하는 함수임을 의미한다.

이제 연쇄법칙을 이용하여 $\frac{\partial F}{\partial \varepsilon}$를 다른 변수의 편미분으로 다음과 같이 표현할 수 있다.

51) Frantz, *Visualizing Leibniz Rule*, Mathematics Magazine, April 2001, pp. 143~45.

$$\frac{\partial F}{\partial \varepsilon}=\frac{\partial F}{\partial Y}\cdot\frac{\partial Y}{\partial \varepsilon}+\frac{\partial F}{\partial Y'}\cdot\frac{\partial Y'}{\partial \varepsilon}+\frac{\partial F}{\partial x}\cdot\frac{\partial x}{\partial \varepsilon}$$

이고

$$\frac{\partial Y}{\partial \varepsilon}=\mu(x),\quad \frac{\partial Y'}{\partial \varepsilon}=\mu'(x)\ \text{그리고}\ \frac{\partial x}{\partial \varepsilon}=0$$

이므로

$$\frac{dJ}{d\varepsilon}=\int_{x_1}^{x_2}\left[\frac{\partial F}{\partial Y}\mu(x)+\frac{\partial F}{\partial Y'}\mu'(x)\right]dx$$

이다. $\varepsilon=0$인 조건은 $Y=y$이고 $Y'=y'$이므로

$$\left.\frac{dJ}{d\varepsilon}\right|_{\varepsilon=0}=0=\int_{x_1}^{x_2}\left[\frac{\partial F}{\partial y}\mu(x)+\frac{\partial F}{\partial y'}\mu'(x)\right]dx$$

이다.

위의 공식 외에도 5.1절에서 설명된 부분적분법(integrating-by-parts)에 관한 공식이 필요하다. 즉 두 함수 $g(x)$와 $h(x)$에 대하여(5.1절에서는 $g(x)$ 대신에 $u(x)$를 $h(x)$ 대신에 $f(x)$를 이용)

$$\int_{x_1}^{x_2}g\,dh=\left(gh|_{x_1}^{x_2}-\int_{x_1}^{x_2}h\,dg\right)$$

이다. 이것은 $\frac{dJ}{d\varepsilon}$의 두 번째 식을 적분하기 위해 필요하다. 이를 위해, 먼저

$$g(x)=\frac{\partial F}{\partial y'},\quad dh=\mu'(x)\,dx$$

라 하자. 그러면

$$\frac{dg}{dx}=\frac{d}{dx}\left(\frac{\partial F}{\partial y'}\right),\ \text{즉}\ dg=\frac{d}{dx}\left(\frac{\partial F}{\partial y'}\right)dx$$

이고 $h(x)=\mu(x)$이다. 따라서

$$\int_{x_1}^{x_2} \frac{\partial F}{\partial y'} \mu'(x) dx = \left(\frac{\partial F}{\partial y'} \mu(x) \Big|_{x_1}^{x_2} - \int_{x_1}^{x_2} \mu(x) \frac{d}{dx} \left(\frac{\partial F}{\partial y'} \right) dx \right)$$

이지만 $\mu(x_1) = \mu(x_2) = 0$이므로 $\frac{\partial F}{\partial y'} \mu(x) \Big|_{x_1}^{x_2} = 0$이다. 이때 앞에서 가정한 μ의 조건이 얼마나 편리한 알게 된다. 마지막으로

$$\begin{aligned} \frac{dJ}{d\varepsilon} \Big|_{\varepsilon=0} = 0 &= \int_{x_1}^{x_2} \left[\frac{\partial F}{\partial y} \mu(x) - \mu(x) \frac{d}{dx} \left(\frac{\partial F}{\partial y'} \right) \right] dx \\ &= \int_{x_1}^{x_2} \mu(x) \left[\frac{\partial F}{\partial y} - \frac{d}{dx} \left(\frac{\partial F}{\partial y'} \right) \right] dx \end{aligned}$$

임을 알 수 있다.

이제 오일러-라그랑주 방정식을 유도하기 위한 마지막 단계를 살펴보자. 라그랑주는 이 단계가 자명하다고 생각했지만 후세의 수학자들은 이 마지막 단계가 아주 자명하지는 않다고 생각해서 다시 증명하였다. 하지만 여기서는 라그랑주의 방식을 따라 변분법의 기본보조 정리를 다음과 같이 서술한다. 즉

> 임의의 $\mu(x)$에 대하여, $\int_{x_1}^{x_2} \mu(x) H(x) dx = 0$이면
> 구간 $x_1 < x < x_2$에서 $H(x) = 0$이다.

이 보조정리는 다음 등식이 성립함을 의미한다.

$$\boxed{\frac{\partial F}{\partial y} - \frac{d}{dx} \left(\frac{\partial F}{\partial y'} \right) = 0}$$

여기서 식에 네모를 한 이유는 이것이 유명한 오일러-라그랑주 방정식이기 때문이다. 이 장의 마지막에서는 이 식을 이용하여 할 수 있는 것에 대해 살펴볼 것이다.

6.5 ❙ 직선과 최단강하선

오일러-라그랑주 방정식을 이용하는 첫 번째 응용문제로 평면에 있는 임의의 두 점을 연결하는 곡선 중에서 가장 작은 길이를 갖는 곡선이 직선임을 증명해보자. 곡선 $y=y(x)$를 따른 길이 변화율 ds는

$$ds = \sqrt{(dx)^2+(dy)^2} = \sqrt{1+\left(\frac{dy}{dx}\right)^2}\,dx = \sqrt{1+(y')^2}\,dx$$

이고, 두 점 $(x_1,\ y_1)$, $(x_2,\ y_2)$를 연결하는 곡선의 길이는

$$J=\int_{x_1}^{x_2} ds = \int_{x_1}^{x_2}\sqrt{1+(y')^2}\,dx$$

이다. 여기서

$$F=\sqrt{1+(y')^2}=\{1+(y')^2\}^{\frac{1}{2}}$$

이다. F는 y에 대하여 독립이므로 다음 편미분

$$\frac{\partial F}{\partial y}=0$$

이 성립한다. 또한

$$\frac{\partial F}{\partial y'}=\frac{1}{2}[1+(y')^2]^{-\frac{1}{2}}2y'=\frac{y'}{\sqrt{1+(y')^2}}$$

이다. 그런 다음 위의 두 결과를 오일러-라그랑주 방정식에 대입하면

$$\frac{y'}{\sqrt{1+(y')^2}}=\text{상수}$$

을 얻는다. 따라서 $y'(x)=$상수 임을 알 수 있다. 즉 두 점 $(x_1,\ y_1)$와 $(x_2,\ y_2)$를 지나가는 직선의 식 $y=mx+b$를 의미한다. 이것은 드디어

오래 동안 알고 있던 사실의 수학적 증명이다. 또한 오일러-라그랑주 방정식이 의미 있는 식임을 말해주는 중요한 결과이기도 하다.

또 다른 면에서 오일러-라그랑주 방정식의 의미를 더 해주는 것으로 이미 답을 알고 있는 문제인 최단강하선 문제를 들어보자. 6.3절로부터 중력이 작용할 때 구슬이 곡선 $y=y(x)$을 따라 점 $(0,\ 0)$에서 $(L,\ L)$까지 미끄러져 내려가는 데 걸리는 시간은

$$J=\int_0^L\sqrt{\frac{1+\left(\frac{dy}{dx}\right)^2}{2gy}}\,dx=\frac{1}{\sqrt{2g}}\int_0^L\sqrt{\frac{1+(y')^2}{y}}\,dx$$

로 표현된다. 따라서 $\frac{1}{\sqrt{2g}}$라는 상수 곱을 무시한다면

$$F=\sqrt{\frac{1+(y')^2}{y}}$$

이다. 직선에 관한 위의 예와 달리 이 경우의 F는 y에 관해 명확히 의존하고 있다. 이것 때문에 복잡하지만 이 경우 F는 x에는 명확히 의존하고 있지 않다. 따라서 이 경우에 이탈리아 수학자 벨트라미(Beltrami, 1835~1900)에 의해 유도된 오일러-라그랑주 방정식의 간단한 형태를 이용할 수 있다. 그것의 형태는 다음과 같다.

$$\text{만일 }\frac{\partial F}{\partial x}=0\text{이면 }F-y'\frac{\partial F}{\partial y'}=\text{상수다.}$$

이 결과는 벨트라미의 항등식(Beltrami's identity)이라 불린다(부록 G 참고).

최단강하 시간에 있는 F를 벨트라미의 항등식에 대입하면 상수 K에 대하여 다음 등식

$$\left\{\frac{1+(y')^2}{y}\right\}^{\frac{1}{2}}-y'\left\{\frac{1+(y')^2}{y}\right\}^{-\frac{1}{2}}\cdot\frac{2y'}{y}=K$$

을 얻는다. 이것을 간단히 하면

$$y\left(1+\left(\frac{dy}{dx}\right)^2\right)=C$$

이다. 이때 $C=\dfrac{1}{K^2}$이다. 하지만 이것은 바로 벨트라미가 광학을 이용하여 최단강하선 문제를 풀기 위해 6.2절에서 이미 유도했던 $y=y(x)$에 관한 미분방정식이다. 따라서 오일러-라그랑주 방정식은 또다시 옳은 정답을 제시하고 있다.

6.6 ▌ 갈릴레오의 현수선

이 장은 갈릴레오와 더불어 시작했고 이 절에서 다시 그에 관한 이야기를 더 해보자. 그림 6.14와 같이 중력이 작용하는 공간에 양 끝이 못으로 고정된 일정한 길이의 유연한 줄을 생각해보자. 현대적인 현수선의 예에는 전화선이나 인접한 두 기둥에 매달려 있는 전기줄을 생각하면

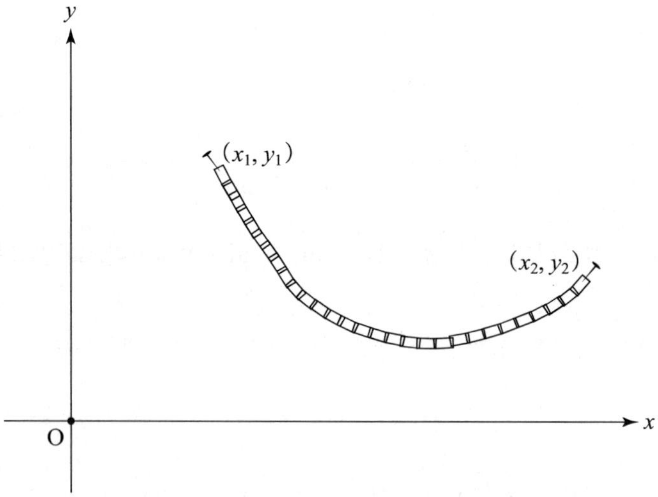

그림 6.14 갈릴레오의 현수선

된다. 여기서 고려하고자 하는 문제는 '구체적으로 현수선의 모양이 무엇인가' 하는 것이다. 1638년 《대화(*Discourses*)》에서 갈릴레오는 포물선이 명확한 답이라 말했다. 줄은 라틴어로 'catena'이기 때문에, 1690년 호이겐스가 라이프니츠에게 보낸 편지에서 현수선을 'catenary'라고 불렀고, 갈릴레오의 주장은 현수선이 포물선이라는 것이었다.

하지만 갈릴레오의 해는 잘못된 것으로, 아주 오랫동안 그가 잘못된 답을 주장했다고 알려져 왔다. 독일의 수학자 융기우스(Joachim Jungius, 1587~1657)는 1669년 갈릴레오의 답이 잘못되었음을 증명한 것으로 유명하다. 하지만 1661년까지도 라이프니츠와 베르누이는 현수선이 무엇인지 알아내지 못했다(하지만 조금 후에 현수선이 포물선이 아님이 어떻게 알려졌는지 알 수 있을 것이다. 호이겐스는 현수선이 무엇인지 알지 못했지만, 10대 때부터 그 사실을 알고 있었다고 주장했다).

우리는 갈릴레오의 문제를 변분법을 이용하지 않고 해결할 수 있으며, 최단강하선 문제의 도전이 있기 5년 전이고, 오일러-라그랑주 방정식이 알려지기 전인 1661년에 갈릴레오는 문제를 변분법으로 해결해야만 했다. 베르누이가 해결했던 방법을 따라가 보면 오일러-라그랑주 방정식이 우리에게 말해주는 것과 비교할 수 있는 또 다른 옳은 해를 얻을 수 있다. 베르누이는 현수선이 어떻게 매달려 있는지 상관없이 가장 낮은 점을 가지고 있다는 자명한 사실로부터 출발했다. 이제 가장 낮은 점을 그림 6.15와 같이 A라 하고 y축 위에 A의 점이 있다고 하자. 점 A에서 현수선의 접선은 분명히 수평이다. 이때 베르누이는 점 A의 왼쪽에 있는 현수선이 점 A의 오른쪽에 있는 나머지 현수선 부분에 왼쪽으로 가해지는 수평 힘에 의해 만들어진다는 사실을 알았다. 점 A에 있는 모르는 힘(또는 장력)을 T_A라 할 때 이것은 항상 상수이다.

그런 다음 베르누이는 현수선 위의 점 (x, y)를 그림 6.15와 같이 B라 했다. 현수선의 무게가 M이고 길이 L의 현수선을 따라 균등하게 분포되었다고 한다면, 밀도 ρ는 $\frac{M}{L}$으로 상수이다. 따라서 점 A로부터 B까지의 현수선 부분의 길이를 s라 하고, 중력가속도를 g라 하면

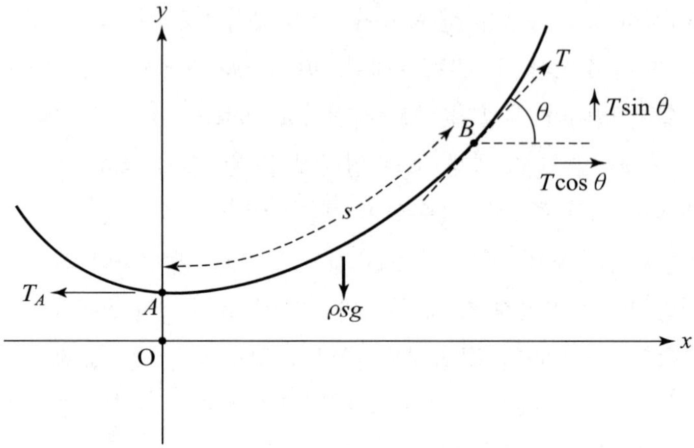

그림 6.15 현수선에 작용하는 고정된 힘

점 A와 B 사이에 있는 현수선의 무게는 $\rho s g$이다. 마지막으로 점 B에서의 현수선에 접하는 현수선의 장력을 T라 하고 T가 B에서 수평선과 이루는 각도를 그림 6.15와 같이 θ라 하자. 베르누이는 그런 다음 현수선의 점 A와 B부분이 움직이지 않는다는 물리적 성질을 이용하여 현수선에 작용하는 순수한 힘은 0임을 밝혔다. 특히, 수평으로 작용하는 힘과 수직으로 작용하는 힘이 각각 0이 되어야 한다. 즉

$$T_A = T\cos\theta \text{ (수평 힘)}$$

이고

$$\rho g s = T\sin\theta \text{ (수직 힘)}$$

이다. 위의 두 등식을 서로 나누고 상수 $\dfrac{T_A}{\rho g}$을 단순히 k라 하면, 다음 식이 성립한다.

$$\frac{T\sin\theta}{T\cos\theta} = \frac{\rho g s}{T_A} = \tan\theta = \frac{1}{k}s$$

B에서 현수선의 기울기가 $\tan\theta$이므로

$$\frac{dy}{dx} = \frac{1}{k}s$$

라고 표현할 수 있다. x에 관해 양변을 미분하면 현수선에 관한 베르누이의 미분방정식

$$\frac{d^2y}{dx^2} = \frac{1}{k}\frac{ds}{dx} = \frac{1}{k}\frac{\sqrt{(dx)^2+(dy)^2}}{dx} = \frac{1}{k}\sqrt{1+\left(\frac{dy}{dx}\right)^2}$$

을 얻는다. 이때 베르누이의 계산을 따라가지 않고, 그때는 계발되지 않았던 기법을 이용해보자. 이탈리아 수학자 리카티(Jacopo Francesco Riccati, 1676~1754)의 방식을 따라 새로운 변수 p를

$$p = \frac{dy}{dx}, \text{ 즉 } \frac{dp}{dx} = \frac{d^2y}{dx^2}$$

과 같이 정의하면 베르누이의 방정식은

$$\frac{dp}{dx} = \frac{1}{k}\sqrt{1+p^2}, \text{ 즉 } dx = \frac{k\,dp}{\sqrt{1+p^2}}$$

이 된다. 부정적분에 관한 공식을 이용하면

$$x = k\sinh^{-1}p + C_1, \text{ 즉 } p = \sinh\left(\frac{x-C_1}{k}\right) = \frac{dy}{dx}$$

이다. 여기서 C_1는 적분 상수이고, C_2를 또 다른 적분 상수라 하면

$$y(x) = k\cosh\left(\frac{x-C_1}{k}\right) + C_2$$

이다.

여기에는 조절 가능한 상수가 세 개 존재하며 이들은 세 조건에 의해 결정될 수 있다. k는 그 안에 미지의 장력 T_A를 갖는다는 것을 기억하자. 이 세 가지 조건은 현수선의 양 끝점의 좌표와 현수선의 길이가 될

가능성이 높다. 하지만 위의 세 상수를 구하는 것은 일반적으로 많은 계산을 요구하기 때문에 더 이상의 계산은 하지 않겠다(이에 대한 짧지만 아주 흥미로운 글을 셀라(Cella)의 〈*Reexamining the Catenary*〉[52]에서 찾을 수 있다).

전에 요한 베르누이의 이상한 성격에 대해 언급한 적이 있지만 현수선 문제에서도 그의 그런 성격을 다시 한 번 엿볼 수 있다. 사반세기 뒤에 그와 그의 형 야콥과의 경쟁에 대한 기억에서 그는 자신의 성공만큼 오래전에 죽은 형의 실패담도 부각시켰다. 1718년 프랑스 기자에게 보낸 편지에서 그는 다음과 같이 적었다.

> 형의 노력은 성과가 없었다. 하지만 나에게는 행운이 있었다. 왜냐하면 그 문제를 완전히 해결할 수 있는 방법을 발견하여 그 문제를 포물선의 길이로 변화시킬 수 있었기 때문이다. 이런 진실을 왜 숨겨야 하는지 모르기 때문에 이것을 자랑하지 않으면서 말한다. 이를 위해 나는 하루 밤을 꼬박 새워야 했다. 이것은 약관의 나이와 내가 가졌던 연습에 비해 엄청난 희생이었지만 다음 날 기쁨으로 가득 찼고 아직까지도 아무런 성과 없이 비참할 정도로 애쓰면서 갈릴레오와 같이 현수선이 포물선이라고 잘못 생각하고 있던 나의 형에게 달려갔다. "그만 멈춰!" 나는 그에게 말했다. 현수선이 포물선과 같다는 것은 완전히 잘못된 것이므로 증명하는 것을 포기하라고 말했다. 사실 포물선은 현수선을 구성할 때 이용되지만 두 개의 곡선은 완전히 다르다. 하나는 대수적인 곡선이고, 다른 하나는 초월적인 곡선이다.

(이와 같이 요한의 야콥에 관한 험담은 여기서 멈추지 않고, 1712년 영국에 있는 한 수학자에게 보낸 편지에서 그의 형의 사후의 통계에 관한 출판물 《추론의 예술(*Ars Conjectandi*)》에서 "형의 이름을 가진 괴물"

---

52) Cella, *Reexamining the Catenary*, College Mathematical Journal, November 1999, pp. 391~93.

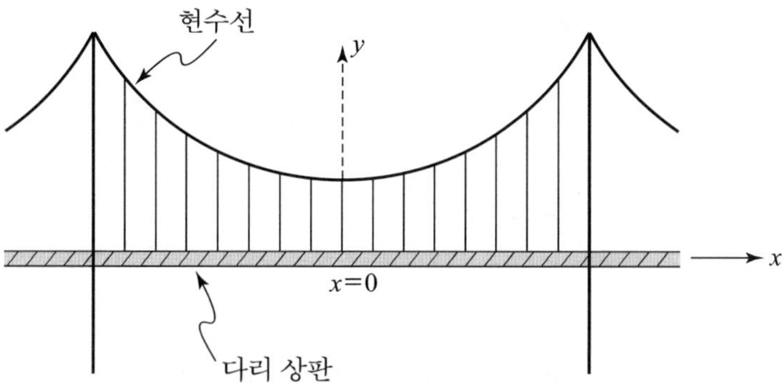

그림 6.16 균등한 수평적 당김에 의해 걸린 케이블은 포물선이다.

로 불렀다.)

이제 갈릴레오가 현수선이 포물선이라고 믿었던 것이 사실이 아니라는 것을 알았다. 현수선은 계산에 의해 쌍곡 코사인으로 표현된다. 그렇다면 현수선이 구체적으로 무엇인지 알지 못한 상태에서 어떻게 현수선이 포물선이 아니라는 사실을 발견할 수 있었을까? 이것은 단순히 부정을 통해 모순을 이끌어 내면 된다. 즉 그림 6.16과 같이 무거운 다리에 매달려 있는 다리의 케이블을 조사해보자. 이 경우 케이블(현수선)은 현수선의 자체 무게를 지탱하고, 거대한 다리의 상판에 매달린 많은 수직선에 의해 연결되어 있다. 현수선의 원래 문제에서는 케이블에 가해지는 힘이 단지 케이블 자체의 무게뿐이었지만, 다리의 경우에는 케이블의 무게를 지지하고 있는 상판의 무게와 비교하면 중요한 요소가 아니다. 만일 다리의 상판이 균일한 분포를 가지고 있다고 할 때, 좌표축을 그림 6.16과 같이 선택해보자.

이 경우 현수선의 방정식

$$\frac{dy}{dx} = \frac{1}{k}s$$

은 K를 상수라 할 때,

$$\frac{dy}{dx} = Kx$$

로 바뀔 수 있다. 이것을 적분하면

$$y = \frac{1}{2}Kx^2 + C_2$$

이고, 따라서 $C_1 = \frac{1}{2}K$라 할 때

$$y = C_1 x^2 + C_2$$

가 된다. 즉 x축을 따라 균등하게 분포된 질량밀도를 가정할 때 포물선이 만들어지는 반면, 케이블을 따라 균등히 분포된 질량밀도를 가정할 때 현수선이 생긴다. 즉 현수선의 방정식을 만족한다. 따라서 두 개의 다른 가정을 하면 두 개의 다른 곡선을 얻을 수 있는 것이다. 현수교의 경우에 상수 C_1과 C_2의 물리적인 의미를 쉽게 찾을 수 있다. C_2는 단순히 다리의 상판에서 케이블의 가장 낮은 점까지의 높이를 의미한다. 그리고 인접하는 같은 높이를 가진 지지대의 위치가 $(-a,\ b)$이고 $(a,\ b)$라 하면

$$C_1 = \frac{(b - C_2)}{a^2}$$

이다.

최단강하선 문제와 같이 현수선은 소설에서도 등장한다. 예를 들어, 헬프린(Helprin)의 1983년 소설 《겨울 이야기(*Winter's Tale*)》에서 소설의 주인공은 다음과 같이 말한다.

> 다리라는 것은 아주 특별한 것이다. 다리가 크기와 어떻게 연관되는지 알아 본 적이 있는가? 그것은 새와 같이 높이 솟아 있고 우리의 최고의 노력의 산물이며 천국의 곡선을 이용한다. 1마일 정도의 길이를 가진 철로 된 현수선이 강 위에 선명하게 놓여 있을 때 이것은 대단한 물리학의 결정체이며, 반항과 복종 사이에 완벽한 균형을 이루고 있는 현수선은 지구상에 있는 신의 표시라고 말할 수 있다. 나는 이렇게 놓여 있는 다리가 신을 기쁘게 한다고 생각

한다.

분명히 아름다운 말들이지만 헬프린이 아무런 제한이 없는 쌍곡 현수선과 제약조건이 주어진 다리의 케이블인 포물선을 분명히 구별할 수 있었다면 더 좋았을 것 같다.

6.7 ▌현수선 문제로 돌아가서

변분법으로 현수선 문제를 어떻게 해결하는지 보기 위해, 5.7절에서 다루었던 로피탈의 도르래 문제에 대한 분석에서 사용한 물리적 원리를 다시 생각해보자. 거기서 매달려 있는 어떤 물체에 중력만 작용한다면(갈릴레오의 사슬처럼, 그림 6.14 참고), 이 물체는 중력에 의한 위치에너지를 최소로 하는 모양으로 달려 있을 것이라고 하였다. 도르래는 질량이 한 점에 모여 있고 사용하는 줄의 질량은 무시할 수 있다고 가정하였으므로 단순한 미적분 계산으로 충분했다. 그러나 현수선 문제에서는 줄 자체가 질량을 갖고 있으므로 질량이 공간에 분포된 물체를 고려해야 한다.

현수선 문제를 수학적으로 표현하기 위해 이전처럼 줄의 밀도함수는 상수 ρ로서 질량이 고르게 분포되어 있다고 가정하자. 곡선 $y=y(x)$ 위의 임의의 한 점 $(x,\ y)$에서 줄의 무한소 길이(아주 짧은 길이: ds)를 생각하면 이것의 무한소 질량 $dm=\rho\, ds$의 위치에너지는 $(\rho\, ds)gy$이다. 여기서 g는 중력가속도이다. 양끝을 매달아놓은 줄 전체의 위치에너지는 다음 적분으로 주어지며, 아래의 값 J가 최소가 되게 하는 곡선 $y=y(x)$을 찾는 것이 목표이다.

$$J=\int_{x_1}^{x_2}\rho gy\, ds=\int_{x_1}^{x_2}\rho gy\sqrt{(dx)^2+(dy)^2}$$

$$=\int_{x_1}^{x_2}\rho gy\sqrt{1+\left(\frac{dy}{dx}\right)^2}\,dx=\int_{x_1}^{x_2}\rho gy\sqrt{1+(y')^2}\,dx$$

그러나 여기서 상황을 더 복잡하게 만드는 것은 6.4절에서 언급한 두 가지 부가조건 중 첫 번째 조건인 제약조건(주어진 줄의 길이)하에서 J가 최소가 되도록 해야 한다는 것이다. 즉 줄의 길이 L이 상수일 때, J를 최소로 하는 곡선 $y = y(x)$를 구해야 한다.

$$L = \int_{x_1}^{x_2} ds = \int_{x_1}^{x_2} \sqrt{(dx)^2 + (dy)^2}$$

$$= \int_{x_1}^{x_2} \sqrt{1 + (y')^2}\, dx = \text{상수}$$

이 제약조건을 고려하는 기발한 방법은 위 식을

$$\int_{x_1}^{x_2} \sqrt{1 + (y')^2}\, dx - L = 0 = \int_{x_1}^{x_2} \left\{ \sqrt{1 + (y')^2} - \frac{L}{x_2 - x_1} \right\} dx$$

로 바꿔 쓴다. 0은 원하는 만큼 여러번 J에 더해도 J에 아무런 변화를 주지 않으므로 λ(라그랑주 승수라고 불림)를 곱해 J에 더하여 얻은 아래 식

$$\int_{x_1}^{x_2} \left[\rho g y \sqrt{1 + (y')^2} + \lambda \left\{ \sqrt{1 + (y')^2} - \left(\frac{L}{x_2 - x_1} \right) \right\} \right] dx$$

가 최소가 되도록 하는 것이다.

따라서 오일러-라그랑주 방정식에 들어갈 피적분 함수는

$$F = \rho g y \sqrt{1 + (y')^2} + \lambda \sqrt{1 + (y')^2} - \frac{\lambda L}{x_2 - x_1}$$

이다. 그러나 λ를 어떤 상수로 하든 이 함수의 마지막 항은 상수로서 미분을 하면 없어진다. 그래서 실제로 고려해야 할 F는

$$F = \rho g y \sqrt{1 + (y')^2} + \lambda \sqrt{1 + (y')^2}$$

이다. 즉 F는 제약조건을 나타내는 적분의 피적분 함수에 상수를 곱한

것을, 최소가 되는 피적분 함수에 더한 것이다.

F가 x에 대한 양함수 꼴이 아니므로 6.5절에서 한 것처럼 오일러-라그랑주 방정식을 편적분한 형태인 벨트라미의 항등식을 사용할 수 있다. 즉

$$-F+y'\frac{\partial F}{\partial y'}=C_1\ \text{(상수)}$$

이다. 한편,

$$\begin{aligned}\frac{\partial F}{\partial y'}&=\rho g y\frac{1}{2}\{1+(y')^2\}^{-\frac{1}{2}}2y'+\lambda\frac{1}{2}\{1+(y')^2\}^{-\frac{1}{2}}2y'\\&=\frac{\rho g y y'}{\sqrt{1+(y')^2}}+\frac{\lambda y'}{\sqrt{1+(y')^2}}\end{aligned}$$

이므로

$$-\rho g y\sqrt{1+(y')^2}-\lambda\sqrt{1+(y')^2}+\frac{\rho g y(y')^2}{\sqrt{1+(y')^2}}+\frac{\lambda(y')^2}{\sqrt{1+(y')^2}}=C_1$$

이 되고, 간단한 계산에 의해

$$(y')^2=\frac{(\rho g y+\lambda)^2-C_1^2}{C_1^2}$$

으로 쓸 수 있다. 이로부터 두 가지 유용한 식을 얻는다. 첫째는

$$\rho g y+\lambda=C_1\sqrt{1+(y')^2}$$

이고, 둘째는 $(y')^2$을 x에 대해 미분하여 얻은

$$2y'y''=\frac{2(\rho g y+\lambda)\rho g y'}{C_1^2}$$

로서, 첫 번째 식을 이용하면

$$y'' = \frac{(\rho g y + \lambda)\rho g}{C_1^2} = \frac{\rho g C_1 \sqrt{1+(y')^2}}{C_1^2} = \frac{\rho g}{C_1}\sqrt{1+(y')^2}$$

를 얻는다. $\frac{C_1}{\rho g}$을 k로 바꾸면 이것은 앞 절에서 매달려 있는 사슬의 한 부분에 작용하는 힘의 수평방향 성분과 수직방향 성분을 합하여 베르누이가 얻은 미분방정식과 정확하게 일치한다. 그리고 우리는 $p = y'$을 이용하는 리카티의 방법으로 이 방정식을 이미 풀었다.

자! 이 모든 것이 놀랍다고 할지도 모르지만 지금까지 우리가 한 일이라고는 이전까지 다른 방법으로 풀던 문제를 변분법을 이용하여 푼 것뿐이다. 이것이 우리가 오일러-라그랑주 방정식에서 얻고자 하는 전부인가? 그렇지 않다. 이 장의 마지막 절에서 지금까지 해를 구하지 못했으나 오일러-라그랑주 방정식을 이용하여 쉽게 풀 수 있는 문제를 한두 개 살펴볼 것이다.

현수선의 놀라운 성질 중 여러 세기에 걸쳐 알려졌음에도 불구하고, 널리 알려져 있지는 않은 한 가지를 소개함으로써 현수선에 대해 마무리하고자 한다. 유기물이 아니면서(즉 썩지 않는 것) 압력에는 강하고 장력에는 약한 물질로 아치(예를 들면 교회당 입구)를 만드는 것을 상상해보자. 그런 물질로는 수천 년 동안 건축가들이 사용해온 벽돌, 콘크리트, 돌 등을 들 수 있다(나무는 압축력과 장력에 다 강하지만 썩는다). 벽돌, 콘크리트, 돌을 이용하여 튼튼하고 오래 견디는 구조물을 만드는 요령은 장력을 피하는 것이다. 특히 아치의 각 지점에는 압축력만 작용하도록 만들어야 한다.

이제 양끝을 매달아 자연스럽게 늘어뜨린 사슬이 이루는 현수선을 생각해보자. 이 사슬의 매 지점에는 장력만 작용하고 압축력은 작용하지 않는다. 이것은 뉴턴과 동시대 사람(때로는 라이벌이기도 하였던)인 로버트 후크(Robert Hooke, 1635~1703)가 1675년에 처음으로 발견한 사실이다(중력이 거리의 제곱에 반비례한다는 법칙을 발견한 사람은 자신이라고 후크가 주장하면서부터 뉴턴은 《프린키피아(*Principia*)》에서 후크에 대한 언급을 모두 삭제해버렸다. 뉴턴을 화나게 해서 이득될 것이 없다!). 게다가 후크는 매달려 있는 현수선 모양을 그대로 유지한 채로 (예를 들면, 유연한 사슬의 각 연결점을 풀로 붙여 고정시킨다) 거꾸로 하면, 그 결과로 생기는 아치에는 압축력만 작용하고 장력은 작용하지 않는다는 것을 관찰하였다. 따라서 현수선을 거꾸로 한 모양일 때 아치가 가장 튼튼하다는 것이다.

후크는 이 사실을 정확한 수학적 추론을 써서 발표하지는 않았다(사실 그는 훌륭한 수학자는 아니었다). 이후 상당한 세월이 지나서야 수학적으로 밝혀졌다. 이것은 토마스 제퍼슨(Thomas Jefferson)이 여러 달 전에 받은 편지의 답장(1788년 12월 23일자)에 나타나 있다. 제퍼슨에게 편지를 보낸 사람은 다리를 만들때 다리를 지지하는 쇠로 된 튜브를 '원형의 아치로 하는 것'과 '현수선 모양의 아치로 하는 것' 중 어느 것으로 할지 결정하기 어렵다고 편지에 적었다. 이에 대해 제퍼슨은 현수선의 각 부분은 완벽한 평형 상태에 있음을 보여주는 다리의 아치에 대한 이탈리아 수학자 로렌초 마스케로니(Lorenzo Mascheroni, 1750~1800)의 논문을 막 읽었다고 답장을 썼다. 현수선을 거꾸로 한 아치 모양의 현대 건축물로는 미국 세인트루이스의 게이트웨이 아치(Gateway Arch)가 있다. 이것은 가장 높은 부분이 630피트이고 스테인리스로 만들어졌다. 현수선을 건축에 사용한 예는 헤이만(Jacques Heyman)의 저서 《*The Stone Skeleton: Structural Engineering of Masonry Architecture*》[53]에 많이 나와 있다.

직관적으로 답을 구하기는 어렵지만 해결할 수 있는 공학에서 중요한 변분법 문제 하나를 소개하고자 한다. 통신과 정보의 통계적 이론에 등장하는(따라서 전기공학자들이 관심을 갖는) 문제이나 그 분야에 대해 알 필요는 없다. 수학적으로는 다음과 같다.

53) Jacques Heyman, *The Stone Skeleton: Structural Engineering of Masonry Architecture*, Cambridge University Press, 1995.

어떤 양수 M에 대해 $0 \le x \le M$이 아닌 x에서 $y(x) = 0$이고, $\int_{-\infty}^{\infty} y(x)\, dx = 1$일 때,

$$J = -\int_{-\infty}^{\infty} y(x) \ln(y(x))\, dx$$

가 최대가 되게 하는 $y(x)$를 구하라.

여기서 $y(x)$는 음수가 아닌 값을 갖는 확률변수의 확률밀도함수이고, 적분 J는 그 확률변수의 엔트로피(정보의 분량)이며, M은 확률변수의 최대치이다. 제약조건 중 적분은 확률변수가 $-\infty$에서 ∞ 사이에 있는 값을 가질 확률이 1임을 의미하는 당연한 사실로서 이 문제를 풀기 위해 알고 있어야 할 필요는 없다. 해 $y(x)$가 J를 최대가 되게 하는 이유가 무엇일까(최소로 하는 대신)? 답은 이 장 마지막에 있다.

6.8 ▌등주 문제, 드디어 풀리다

고대 등주 문제의 첫 번째 완전한 증명은 독일 수학자 바이어슈트라스(Karl Weierstrass, 1815~1897)가 1879~1882년 사이에 변분법을 이용한 것이었다. 그는 나빠진 건강 때문인지(1860년 이후부터는 앉아서만 강의를 할 수 있었고 학생이 칠판에 받아 적었다) 출판하지는 않았으나 학생들이 그의 강의를 자세히 기록했고, 1927년에 그의 등주 문제 증명은 마침내 출판되었다.

등주 문제를 오일러-라그랑주 방정식의 형태로 바꾸는 것 자체가 쉽지는 않다. 단순 폐곡선 C에 의해 둘러싸인 부분의 넓이를 구하기 위해 6.2절에서 사용한 공식을 기억해보자. 시간이 0에서 T까지 변하는 동안 이 곡선을 따라 시계 방향으로 한 바퀴 돌아온다고 하자. 곡선 C의 매개변수식이 $x = x(t)$, $y = y(t)$이면 C에 의해 둘러싸인 넓이는

$$\frac{1}{2}\int_0^T \left\{ y(t)\frac{dx}{dt} - x(t)\frac{dy}{dt} \right\} dt$$

이다. 둘레의 길이가 주어졌을 때 이 적분이 최대가 되게 하는 단순 폐곡선 C를 찾고자 한다. 즉 마치 앞 절의 매달린 사슬 문제에서 길이가 제약조건이듯이, 폐곡선의 길이가 제약조건일 때 넓이를 나타내는 적분의 최댓값을 구하고자 한다. 폐곡선 C의 무한소 길이는

$$ds = \sqrt{(dx)^2 + (dy)^2} = \sqrt{\left(\frac{dx}{dt}\right)^2 + \left(\frac{dy}{dt}\right)^2}\, dt$$

이고, 길이는

$$\int ds = \int_0^T \sqrt{\left(\frac{dx}{dt}\right)^2 + \left(\frac{dy}{dt}\right)^2}\, dt$$

이다.

넓이와 둘레의 길이를 이처럼 적분으로 나타내어 보면 x와 y가 제3의 새로운 변수인 시간의 함수로서, 앞에서는 볼 수 없었던 새로운 현상이 등장한다. 이것을 해결하는 가장 쉬운 방법은 시간을 포함하는 오일러-라그랑주 방정식을 얻어내는 것이다(곧 보겠지만 실제로 두 개의 오일러-라그랑주 방정식을 얻는다). $x = x(t)$, $y = y(t)$가 우리가 찾는 해인 폐곡선 C의 매개변수식이라 하고, 그 해의 섭동법[54](perturbation)을

$$X(t) = x(t) + \varepsilon\mu_1(t)$$
$$Y(t) = y(t) + \varepsilon\mu_2(t)$$

이라고 하자. $\mu_1(t)$과 $\mu_2(t)$는 미분 가능한 함수들로써 서로 독립이고 ε는 상수이다. 해결해야 할 문제는 다음 범함수(functional)의 극값을

54) [역자 주] 섭동 : 〈물리〉 일반적으로 역학계에서, 주요한 힘의 작용에 의한 운동이 부차적인 힘의 영향으로 인하여 교란되어 일어나는 운동.
섭동법 : 〈물리〉 복잡한 역학계의 상태를 규정하는 방정식에서 일부의 항을 섭동이라 생각하고 해답을 구하는 방법.

구하는 것이다.

$$J(\varepsilon)=\int_{t_1}^{t_2} F\{t,\ \varepsilon,\ X(t),\ \dot{X}(t),\ Y(t),\ \dot{Y}(t)\}\,dt$$

여기서 x에 대한 미분과 구별하기 위해 시간에 대한 미분은 뉴턴의 점 기호(4.4절 참고)로 표시하였다. 즉

$$\dot{x}(t)=\frac{dx}{dt}\text{이고}\quad \dot{Y}(t)=\frac{d}{dt}Y(t)$$

이 되어 다음 식을 얻는다.

$$\dot{X}(t)=\dot{x}(t)+\varepsilon\dot{\mu}_1(t)$$
$$\dot{Y}(t)=\dot{y}(t)+\varepsilon\dot{\mu}_2(t)$$

제약조건인 폐곡선의 길이를 적분으로 나타내면

$$P(\varepsilon)=\int_{t_1}^{t_2} G\{t,\ \varepsilon,\ X(t),\ \dot{X}(t),\ Y(t),\ \dot{Y}(t)\}\,dt$$

이고, 이것은 주어진 상수이다. 앞 절에서 한 것처럼 적분의 합 $J+\lambda P$ (여기서 λ는 라그랑주 승수로서 어떤 상수이다)를 생각하자. $J+\lambda P$가 극값을 갖게 하는 곡선 C를 구하는 것은 곡선의 길이가 제약조건일 때 J가 극값을 갖게 하는 곡선을 구하는 것과 같다.

그러면

$$J(\varepsilon)+\lambda P(\varepsilon)=\int_{t_1}^{t_2}(F+\lambda G)\,dt$$

이고, 여기서 F는 원래 J의 피적분함수이고, G는 제약조건을 나타내는 적분의 피적분함수이다. 기호가 점점 복잡해지므로 $F+\lambda G=H$라 하자. 그러면

$$J(\varepsilon)+\lambda P(\varepsilon)=\int_{t_1}^{t_2} H\{t,\ \varepsilon,\ X(t),\ \dot{X}(t),\ Y(t),\ \dot{Y}(t)\}\,dt$$

이고, $\varepsilon=0$일 때 $J(\varepsilon)+\lambda P(\varepsilon)$의 극값이 존재함을 알 수 있다(왜냐하면 그렇게 되도록 만들었으므로). 그러므로 전처럼

$$\frac{d}{d\varepsilon}\{J(\varepsilon)+\lambda P(\varepsilon)\}\bigg|_{\varepsilon=0} = 0 = \int_{t_1}^{t_2}\frac{\partial H}{\partial \varepsilon}\,dt$$

이고, $\frac{\partial H}{\partial \varepsilon}$을 다른 변수에 대해 쓰면

$$\begin{aligned}\frac{\partial H}{\partial \varepsilon} &= \frac{\partial H}{\partial X}\cdot\frac{\partial X}{\partial \varepsilon}+\frac{\partial H}{\partial \dot{X}}\cdot\frac{\partial \dot{X}}{\partial \varepsilon}+\frac{\partial H}{\partial Y}\cdot\frac{\partial Y}{\partial \varepsilon}+\frac{\partial H}{\partial \dot{Y}}\cdot\frac{\partial \dot{Y}}{\partial \varepsilon}\\ &= \frac{\partial H}{\partial X}\mu_1+\frac{\partial H}{\partial \dot{X}}\dot{\mu}_1+\frac{\partial H}{\partial Y}\mu_2+\frac{\partial H}{\partial \dot{Y}}\dot{\mu}_2\end{aligned}$$

이다. $\varepsilon=0$으로 두는 것은 $X(t)$를 $x(t)$, $Y(t)$를 $y(t)$로 두는 것과 마찬가지이므로

$$0=\int_{t_1}^{t_2}\left\{\frac{\partial H}{\partial x}\mu_1+\frac{\partial H}{\partial \dot{x}}\dot{\mu}_1+\frac{\partial H}{\partial y}\mu_2+\frac{\partial H}{\partial \dot{y}}\dot{\mu}_2\right\}dt$$

이다. 처음 오일러-라그랑주 방정식을 유도할 때 한 것처럼, $\mu_1(t)$와 $\mu_2(t)$는 시간 $t=t_1$과 $t=t_2$일 때 0이라고 가정하자. 즉 $\mu_1(t_1)=\mu_1(t_2)=\mu_2(t_1)=\mu_2(t_2)=0$이다. $t=t_1$과 $t=t_2$일 때 0이 되게 하는 것 이외에는 $\mu_1(t)$와 $\mu_2(t)$를 각각 우리 마음대로 고를 수 있다는 사실을 기억한다면, 모든 t에 대해 $\mu_2(t)=0$이 되게 선택할 수 있다. 그러면

$$\int_{t_1}^{t_2}\left\{\frac{\partial H}{\partial x}\mu_1+\frac{\partial H}{\partial \dot{x}}\dot{\mu}_1\right\}dt=0$$

혹은 모든 t에 대해 $\mu_1(t)=0$이 되게 선택할 수 있어서 결론적으로

$$\int_{t_1}^{t_2}\left\{\frac{\partial H}{\partial y}\mu_2+\frac{\partial H}{\partial \dot{y}}\dot{\mu}_2\right\}dt=0$$

이다.

이제 이전에 오일러-라그랑주 방정식을 유도한 것처럼 두 적분의 두

번째 항을 부분적분으로 계산한다. 이전과 같은 과정(이 과정은 쉬우며 독자들에게 맡긴다)을 통해 두 개의 오일러-라그랑주 방정식을 얻게 된다. 이것은 변분법에서 매우 중요하므로 네모 안에 넣어 강조한다.

$$\boxed{\begin{aligned}\frac{\partial H}{\partial x}-\frac{d}{dt}\left(\frac{\partial H}{\partial \dot{x}}\right)=0\\ \frac{\partial H}{\partial y}-\frac{d}{dt}\left(\frac{\partial H}{\partial \dot{y}}\right)=0\end{aligned}}$$

드디어 우리는 등주 문제를 해결할 수 있게 되었다. 이 절의 시작 부분에서 넓이 범함수의 피적분함수는

$$F=\frac{1}{2}(y\dot{x}-x\dot{y})$$

이고, 제약조건인 둘레 길이의 피적분함수는

$$G=(\dot{x}^2+\dot{y}^2)^{\frac{1}{2}}$$

이다. 이처럼

$$H=\frac{1}{2}(y\dot{x}-x\dot{y})+\lambda(\dot{x}^2+\dot{y}^2)^{\frac{1}{2}}$$

이 된다. 우리의 첫 번째 오일러-라그랑주 방정식을 위한 계산으로

$$\begin{aligned}\frac{\partial H}{\partial \dot{x}}&=\frac{1}{2}y+\frac{1}{2}\lambda(\dot{x}^2+\dot{y}^2)^{-\frac{1}{2}}2\dot{x}\\ &=\frac{1}{2}y+\lambda\dot{x}(\dot{x}^2+\dot{y}^2)^{-\frac{1}{2}}\end{aligned}$$

을 얻고, 따라서 다음 방정식이 나온다.

$$\frac{d}{dt}\left(\frac{\partial H}{\partial \dot{x}}\right)=\frac{1}{2}\dot{y}+\frac{d}{dt}\left[\frac{\lambda\dot{x}}{\sqrt{\dot{x}^2+\dot{y}^2}}\right]$$

$\frac{\partial H}{\partial x} = -\frac{1}{2}\dot{y}$이므로

$$-\frac{1}{2}\dot{y} - \frac{1}{2}\dot{y} - \frac{d}{dt}\left[\frac{\lambda\dot{x}}{\sqrt{\dot{x}^2+\dot{y}^2}}\right] = 0$$

혹은

$$\frac{d}{dt}\left[y + \frac{\lambda\dot{x}}{\sqrt{\dot{x}^2+\dot{y}^2}}\right] = 0$$

이 되어

$$y + \frac{\lambda\dot{x}}{\sqrt{\dot{x}^2+\dot{y}^2}} = C_1, \quad (\text{단, } C_1\text{은 상수})$$

를 얻는다. 즉

$$y - C_1 = -\frac{\lambda\dot{x}}{\sqrt{\dot{x}^2+\dot{y}^2}}$$

이다. 두 번째 오일러-라그랑주 방정식에 대해 유사한 계산을 되풀이하면

$$\begin{aligned}\frac{\partial H}{\partial \dot{y}} &= -\frac{1}{2}x + \frac{1}{2}\lambda(\dot{x}^2+\dot{y}^2)^{-\frac{1}{2}}2\dot{y} \\ &= -\frac{1}{2}x + \lambda\dot{y}(\dot{x}^2+\dot{y}^2)^{-\frac{1}{2}}\end{aligned}$$

이고, 따라서 다음 방정식이 나온다.

$$\frac{d}{dt}\left(\frac{\partial H}{\partial \dot{y}}\right) = -\frac{1}{2}\dot{x} + \frac{d}{dt}\left[\frac{\lambda\dot{y}}{\sqrt{\dot{x}^2+\dot{y}^2}}\right]$$

$\frac{\partial H}{\partial y} = -\frac{1}{2}\dot{x}$ 이므로

$$\frac{1}{2}\dot{x} + \frac{1}{2}\dot{x} - \frac{d}{dt}\left[\frac{\lambda\dot{y}}{\sqrt{\dot{x}^2+\dot{y}^2}}\right] = 0$$

혹은

$$\frac{d}{dt}\left[x - \frac{\lambda \dot{y}}{\sqrt{\dot{x}^2 + \dot{y}^2}}\right] = 0$$

이 되어 적분하면

$$x - \frac{\lambda \dot{y}}{\sqrt{\dot{x}^2 + \dot{y}^2}} = C_2, \quad (\text{단, } C_2\text{은 상수})$$

를 얻는다. 그리하여

$$x - C_2 = \frac{\lambda \dot{y}}{\sqrt{\dot{x}^2 + \dot{y}^2}}$$

이고, $(x - C_2)$와 $(y - C_1)$을 각각 제곱하여 더하면

$$(y - C_1)^2 + (x - C_2)^2 = \frac{\lambda^2 \dot{x}^2 + \lambda^2 \dot{y}^2}{\dot{x}^2 + \dot{y}^2} = \lambda^2$$

이다. 이것은 중심이 (C_1, C_2)이고 반지름이 λ인 원의 방정식이다(정말 그렇다!). 우리가 원하는 곳이 원의 중심이 되도록 적분상수 C_1과 C_2를 선택할 수 있다. 또한, 둘러싸인 부분의 넓이를 최대로 하는 폐곡선의 길이가 P로 주어졌다면 $2\pi\lambda = P$로서 라그랑주 승수 $\lambda = \frac{P}{2\pi}$이어야 함을 알 수 있다(이전에는 알 수 없던 값). 또 한번 오일러-라그랑주 방정식을 통해 역사적으로 중요한 문제의 답에 대한 증명을 얻었다. 증명이야말로 수학자들이 원하는 것이다. 직관은 너무나 자주 '실수의 나라'로 가는 통로가 되지 않는가!

등주 정리에 대한 수학적 확실성을 얻었으므로 도전이 될 만한 문제를 하나 제시하고 이 절을 끝내고자 한다. 이 책에 있는 다른 도전적인 문제들과는 달리 이 문제에는 해답을 제공하지 않는다. 왜냐하면 저자가 답을 모르기 때문이다. 그렇지만 문제 자체는 미적분학을 1년 정도 공부한 실력이면 해결할 수 있다. 그림 6.17과 같이 장축과 단축의 길

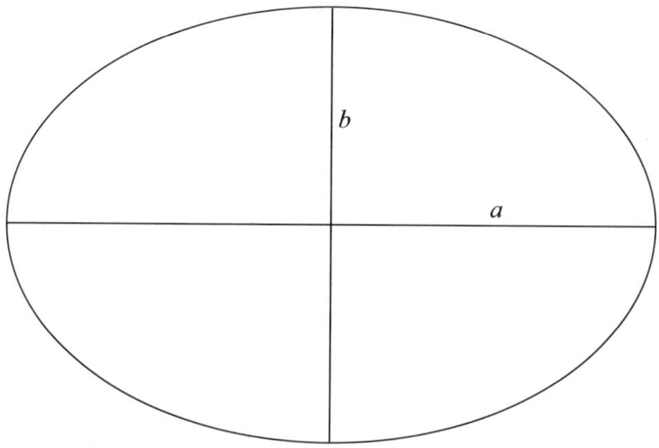

그림 6.17 타원

이의 반이 각각 a와 b인 타원(4조각으로 나눈)을 생각해보자. 이 타원의 넓이는 πab이다(전형적인 대학 1학년 문제). 그림 6.18에서 네 개의 조각을 재배열하여 넓이가 $\pi ab+(a-b)^2$인 새로운 도형을 만들었다. 이 두 도형을 관찰해보면 둘레의 길이가 같다는 결정적인 사실을 발견할 수 있다(이 길이를 P라고 하자).

타원의 매개변수 방정식은

$$x(t) = -a\cos t$$
$$y(t) = b\sin t$$

으로써 한 점이 타원 위를 시계 방향으로 움직이고 있는 것을 묘사하고 있다. 2π시간 동안 한 바퀴를 돈다(부록 F 참고). 곡선의 길이를 구하는 공식(6.3절 참고)을 쓰면

$$P=\int_0^{2\pi}\sqrt{(dx)^2+(dy)^2}=\int_0^{2\pi}\sqrt{\left(\frac{dx}{dt}\right)^2+\left(\frac{dy}{dt}\right)^2}\,dt$$
$$=\int_0^{2\pi}\sqrt{a^2\sin^2 t+b^2\cos^2 t}\,dt$$

이다. 등주 정리에 의하면 둘레길이가 $P=2\pi R$인 영역의 넓이(A)는

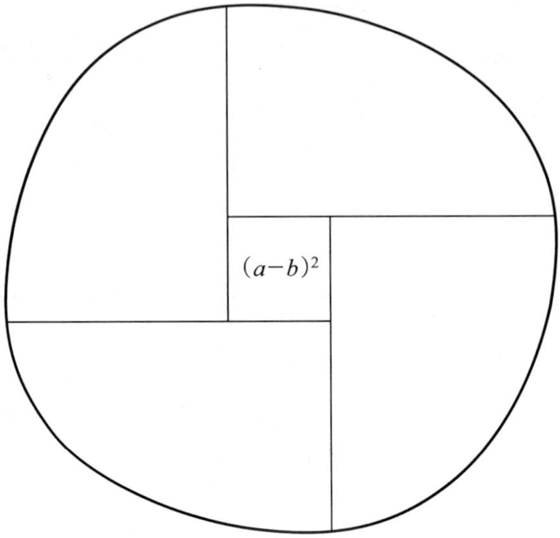

그림 6.18 그림 6.17의 타원을 4등분하고 재배열한 것. 그림 6.17의 타원을 4조각으로 나누어 재배치하여 둘레의 길이는 그대로이나 넓이는 늘어나게 한 것

반지름 R인 원의 넓이보다 클 수 없다. 즉

$$A \le \pi R^2 = \pi\left(\frac{P}{2\pi}\right)^2 = \frac{P^2}{4\pi}$$

이다. 이처럼 $P \ge \sqrt{4\pi A}$ 이므로 그림 6.18의 넓이를 A라 하면

$$\int_0^{2\pi} \sqrt{a^2 \sin^2 t + b^2 \cos^2 t}\, dt \ge \sqrt{4\pi\{\pi ab + (a-b)^2\}}$$

이고, 등호가 성립하는 것은 $a = b$일 때이다.

이것은 도전할 만한 문제이다. — 이 부등식을 왼쪽의 적분으로부터 직접 유도하는 쉬운 방법은 없는 것 같다. 즉 저자는 할 줄 모르나 만약 독자가 성공하면 알려주기를 바란다.

6.9 극소곡면, 플라토 문제, 비눗방울

오일러는 1744년에 다음 문제를 해결하였고 순수 수학의 한 분야를 시작했다.

두 점 $(x_1,\ y_1)$과 $(x_2,\ y_2)$를 곡선 $y=y(x)\geq 0$로 연결하여 x축에 대하여 회전시키면 원기둥(양끝은 원형으로서 열려 있는) 같은 곡면이 생긴다. 어떤 곡선이 그 곡면의 표면적을 가장 작게 만드는가? 오일러는 사실 이보다는 좀 덜 일반적인 $y_1=y_2$인 경우(양끝의 반지름이 같은)의 문제를 생각하였다. 그러나 $y_1 \neq y_2$인 경우가 더 쉬우므로 이 경우를 여기서 다루도록 하겠다. 그림 6.19를 참고하자.

ds를 곡선 $y=y(x)$의 무한소 길이라고 하면, ds를 x축 둘레로 회전하여 얻은 무한소 넓이 dA는

$$dA=(2\pi y)ds=2\pi y\sqrt{(dx)^2+(dy)^2}=2\pi y\sqrt{1+(y')^2}\,dx$$

이고, 이 원기둥 같은 곡면의 표면적은

$$J=\int dA=2\pi\int_{x_1}^{x_2} y\sqrt{1+(y')^2}\,dx$$

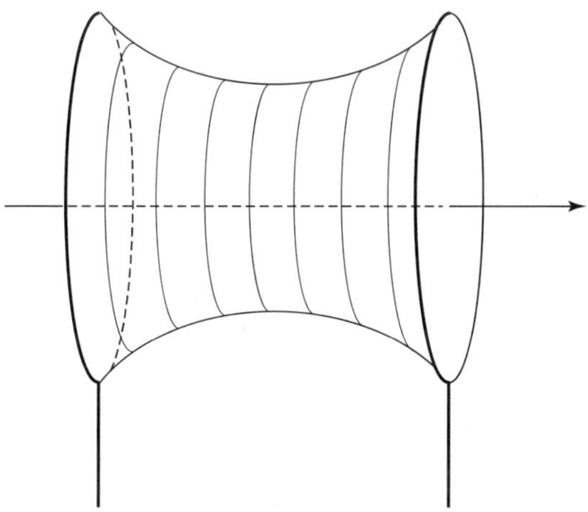

그림 6.19 양끝이 원형인 회전체의 표면

이다. 그러므로 6.4절의 오일러-라그랑주 방정식에 들어갈 F는(상수 2π는 무시)

$$F = y\{1+(y')^2\}^{\frac{1}{2}}$$

이다. F는 x를 포함하지 않으므로 오일러-라그랑주 방정식의 편적분 형태인 벨트라미의 항등식을 사용하면

$$F - y'\frac{\partial F}{\partial y'} = \text{상수} = C_1$$

이다. 그러면

$$\frac{\partial F}{\partial y'} = y\frac{1}{2}\{1+(y')^2\}^{-\frac{1}{2}}2y' = \frac{yy'}{\sqrt{1+(y')^2}}$$

이고, 벨트라미의 항등식은

$$y\sqrt{1+(y')2} - \frac{y(y')^2}{\sqrt{1+(y')^2}} = C_1$$

또는 다음과 같다.

$$\boxed{\frac{y}{\sqrt{1+(y')^2}} = C_1}$$

네모 안의 식은 곧 다시 인용할 것이다.

양변을 제곱하면

$$y^2 = C_1^2 + C_1^2(y')^2$$

이 되고, 이것을 y에 대해 미분하면

$$2yy' = 2C_1^2y'y''$$

또는 네모 안의 결과를 이용하면

$$\frac{y''}{y} = \frac{1}{C_1^2} = \frac{y''}{C_1\sqrt{1+(y')^2}}$$

이므로

$$y'' = \frac{1}{C_1}\sqrt{1+(y')^2}$$

이다. 그러나 이것은 바로 6.6절에서 유도한 현수선에 관한 베르누이의 방정식(k 대신 C_1이 들어간)이다. 현수선을 회전시켜 얻은 곡면을 현수면이라 한다. 따라서 오일러의 곡면에 관한 문제의 답은 갈릴레오의 매달린 사슬 문제와 긴밀한 연관성이 있음을 볼 수 있다. 놀랍다! 그러나 이것은 오일러의 선구적인 계산으로부터 흘러나오는 놀라운 결과들의 시작일 뿐이다.

비누 막에서 오일러 문제에 대한 환상적인 물리적 해석을 볼 수 있다. 그런 비누 막(혹은 방울)은 식기세척용 세제와 따뜻한 물로 쉽게 만들 수 있다. 안정된 모양을 좀더 오래 유지하게 하려면 글리세린을 약간 넣으면 된다. 비누 막이 갖고 있는 성질은 표면의 에너지가 표면적에 비례한다는 것이다. 이것은 곧 자연의 법칙을 따라 최소의 에너지를 갖는 막이 최소의 넓이를 갖는 막과 같음을 의미한다. [여기에 관한 간결하면서도 상당히 재미있는 물리학 지식을 원하면 포멘코(A. Fomenco)의 〈극소곡면(*Minimal Surfaces*)〉[55]과 수학자(Frederick J. Almgren, Jr. and Jean E. Taylor) 부부의 고전적인 논문 〈비누 막과 비눗방울의 기하학(*The Geometry of Soap Films and Soap Bubbles*)〉[56]을 보라.] 그러므로 오일러의 문제를 실험으로 풀려면 철사로 두 개의 원형 고리를 만들어 비눗물 속에 넣어 이 둘 사이에 그림 6.19와 같은 비누거품 막이 생기도록 하면 된다.

---

55) A. Fomenco, *Minimal Surfaces*, Quantum, May/June 2000, pp. 4~7, p. 13.

56) Frederick J. Almgren, Jr. and Jean E. Taylor, *The Geometry of Soap Films and Soap Bubbles*, Scientific American, July 1976, pp. 82~93.

사실 오일러의 문제는 플라토(Plateau) 문제의 특수한 경우이다. 플라토 문제는 공간에 하나의 단순폐곡선이 있을 때 이것을 경계선으로 하는 극소의 넓이를 갖는 곡면이 존재하느냐는 것이다. 이는 벨기에의 물리학자 플라토(Joseph Plateau, 1801~1883)의 이름을 딴 것이다. 그는 1843년부터 1869년까지 철사 고리를 비눗물에 담그는 실험을 통해 극소곡면을 연구하였다(이 장의 마지막 절에 플라토에 대한 이야기가 더 있다). 이 문제는 사실 1761년 라그랑주가 제기한 때부터 시작되었다고 할 수 있다. 라그랑주의 플라토 문제는 주어진 한 개의 테두리, 즉 일정한 길이의 철사 한 줄로 만든 임의 형태의 단순폐곡선을 경계로 하면서 최소의 넓이를 갖는 곡면을 구하라는 것이다. 오일러 문제에 나오는 연결되어 있지 않은 두 개의 원형 고리는 이러한 테두리가 아니며 이 두 고리의 중심이 옆으로 충분히 떨어져 있으면 비누 막이 형성될 수 없음에 주의하자. 좀더 정확하게 말하자면 오일러의 두 고리를 경계로 하는 극소곡면은 두 개의 고리를 투영한 것이 겹치지 않는 한 존재하지 않는다[Johannes C.C. Nitsche, 《Plateau's Problems and Their Modern Ramifications》[57] 참고].

그러나 한 개의 단순폐곡선을 경계로 할 때는 그것이 공간 속에서 얼마나 비틀어져 있든지 라그랑주 문제에 대한 답, 즉 극소곡면은 항상 존재한다. 이것은 1931년에 미국 수학자 더글러스(Jesse Douglas, 1897~1965)가 처음 증명하였고, 그의 증명과 무관하게 1933년에 헝가리 태생의 미국 수학자 라도(Tibor Radó, 1895~1965)도 증명하였다. 더글러스와 라도는 극소곡면이 존재한다는 것을 증명하였을 뿐이고, 이것은 주어진 경계를 갖는 극소곡면을 찾아내는 것과는 별개의 문제이다. 주어진 경계를 갖는 극소곡면을 구체적으로 찾는다는 것은 대개 아주 어려운 일이다. 예를 들면, 1890년에 슈바르츠(H.A. Schwarz, 2.6절 맨 마지막의 '2.2절의 문제에 대한 해답' 참고)가 그림 6.20에 있는 것과

57) Johannes C.C. Nitsche, *Plateau's Problems and Their Modern Ramifications*, American Mathematical Monthly, November 1974, pp. 945~68.

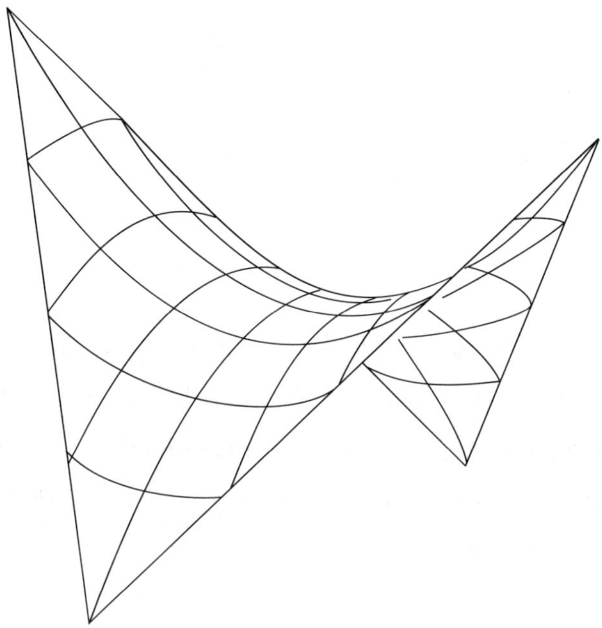

그림 6.20 꼬인 사변형 경계를 갖는 곡면

같은 꼬인 사변형 경계를 갖는 극소곡면을 발견하였다. 앞서 언급하였던 니체(Nitsche)의 논문에 그 해가 있는데 초타원적분 3개를 포함하고 있다. 얼마나 복잡한지!

6.6절에서 오일러의 곡선 $y = y(x)$의 일반해는 쌍곡 코사인

$$y = C_1 \cosh\left(\frac{x - C_2}{C_1}\right)$$

임을 보았다. 상수 C_1과 C_2는 조절 가능하며 여기서 길이는 제약조건이 아니다. 수학적으로 깔끔하게 되도록 오일러가 원래 생각하였던 $y_1 = y_2$인 경우의 문제로 돌아가 보자. $y_1 = y_2 = y_0 = 1$이라 하고 y축을 조정하여 $x_1 = -x_0 < 0$, $x_2 = x_0 > 0$이 되게 하자. 즉 두 고리가 $2x_0$만큼 떨어져 있게 하자. 대칭을 이용하면 $x = 0$에서 y가 최소이고 따라서 $C_2 = 0$이다. 그러므로

$$y = C_1 \cosh\left(\frac{x}{C_1}\right)$$

이다. $x_0 = \frac{1}{2}$인 좀더 특수한 경우를 생각해보자(상수들을 계산하기 위해). 그러면 양끝($x = \pm\frac{1}{2}$)에서 $y = 1$이고, 따라서

$$1 = C_1 \cosh\left(\frac{1}{2C_1}\right)$$

이다. 이것은 C_1에 대한 초월 방정식이다. 즉 C_1에 대해 구체적으로 풀 수 없다. C_1의 값을 찾기 위해 수치해석 방법을 쓸 수밖에 없고, 이거야말로 4.5절에서 개발한 뉴턴-랩슨(Newton-Raphson) 알고리즘을 사용할 절호의 기회이다. $f(C_1) = C_1 \cosh\left(\frac{1}{2C_1}\right) - 1$의 그래프에서 점을 찍어 그려보면(그림 6.21을 보라) $f(C_1) = 0$인 점 C_1은 두 개가 있음을 알 수 있다. 이것이 처음엔 좀 혼돈스러울 수 있다. 왜냐하면 어쩐지

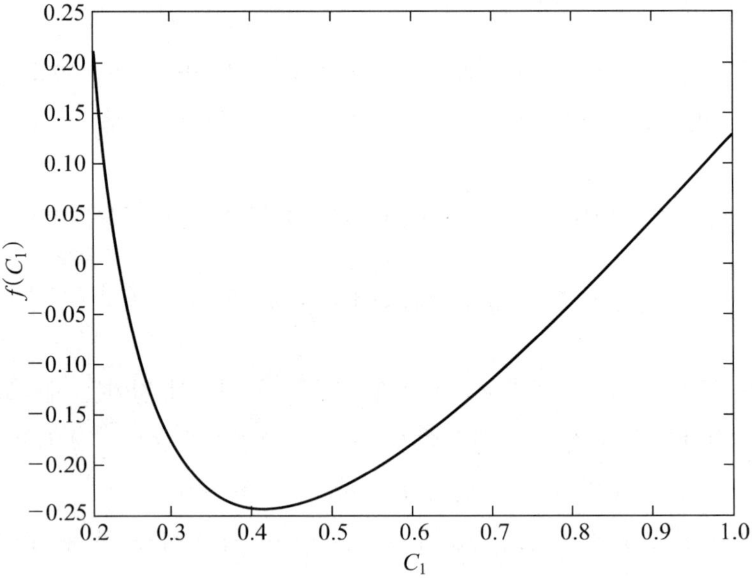

그림 6.21 $f(C_1) = C_1 \cosh\left(\frac{1}{2C_1}\right) - 1$

극소곡면은 하나만 존재해야 할 것 같은 착각을 할 수 있기 때문이다. $f(C_1)=0$의 해가 두 개 있다는 것은 비누 막이 두 가지로 다른 모양일 수 있다는 것인가? 대답은 그렇지 않다는 것이며 이 절의 마지막 부분에서 설명을 하겠다. 지금은 그림 6.21에서 점을 찍어 본 것이 뉴턴-랩슨 알고리즘을 시작하는데, 필요한 처음 값들을 짐작할 수 있어서 $f(C_1)=0$이 되는 점 $C_1=0.235$와 $C_1=0.848$을 근사적으로 구할 수 있다는데 주목하자.

$x_0=\dfrac{1}{2}$을 $x_0=1$로 두어 두 고리를 좀더 멀어지게 하면, 또 다른 놀라운 사실을 발견하게 된다. $x_0=1$이면 C_1은 다음 식을 만족한다 ($y=y_0=1$에 있는 고리들에서).

$$1=C_1\cosh\left(\frac{1}{C_1}\right)$$

그림 6.22를 보면, 실수 해 C_1이 없다. 즉 $f(C_1)=C_1\cosh\left(\dfrac{1}{C_1}\right)-1$

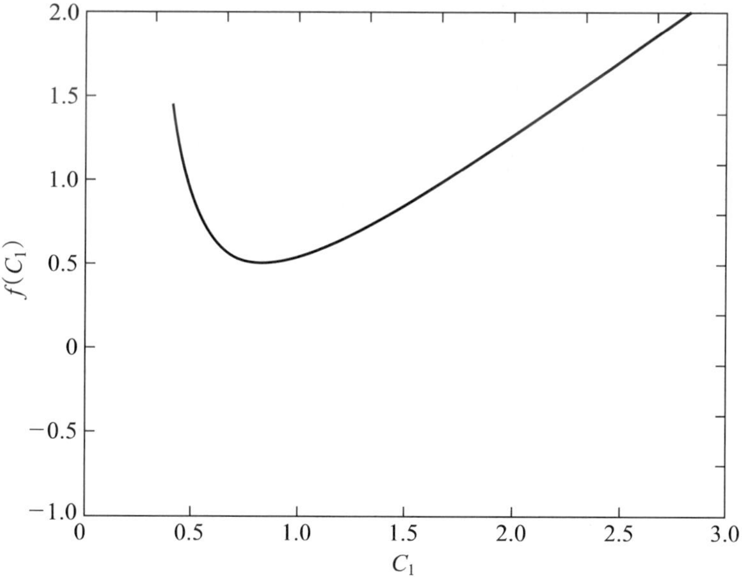

그림 6.22 $f(C_1)=C_1\cosh\left(\dfrac{1}{C_1}\right)-1$

의 그래프는 C_1축과 만나지 않는다. 수학적으로 이것이 무엇을 의미하는지 다음과 같이 이해할 수 있다. x_0가 $\frac{1}{2}$에서 1로 증가함에 따라 $f(C_1)$의 그래프는 위로 이동하며 x_0의 임계값($\hat{x}_0$라고 표시하자)에서 C_1축과 만나는 점이 두 개에서 한 개로, 즉 중근을 갖게 된다. $x_0 > \hat{x}_0$일 때는 $f(C_1)$의 그래프가 C_1축보다 위에 있으므로 만나지 않는다(실수해가 없다). 물리적으로는 x_0를 증가시킬 때, $x_0 = \hat{x}_0$에서 비누 막이 찢어진다. 그리고 $x_0 > \hat{x}_0$일 때는 두 고리를 연결하는 원기둥 모양의 비누 막은 형성되지 않는다.

그러면 x_0가 $\hat{x}_0$보다 커질 때 비누 막은 찢어진 다음 어떻게 될 것인가? 대답은(실험에 의해 입증됨) 각 고리에 하나씩 두 개의 원형막이 형성된다는 것이다. 물론 x_0를 $\hat{x}_0$보다 다시 작아지게 해도 현수면이 다시 생기지는 않는다. 즉 비누 막이 찢어지는 것은 순간적으로 갑자기 일어나고 돌이킬 수도 없다. 이 불연속적인 움직임을 1831년에 이것을 발견한(논문으로) 독일 수학자 골트슈미트(C.W.B. Goldschmidt, 1807~1851)의 이름을 따서 '골트슈미트 해'라고 부른다.

우리는 오일러 문제에서 최소의 넓이를 갖는 현수면 형태의 비누 막이 형성되는 x_0의 최댓값 $\hat{x}_0$을 다음과 같이 계산할 수 있다. 전처럼 원형 고리들은($x = \pm x_0$, $y = 1$일 때) 다음을 만족한다.

$$\frac{1}{C_1} = \cosh\left(\frac{x_0}{C_1}\right)$$

앞에서 논한 것처럼 (주어진 x_0에서) $f(C_1) = \cosh\left(\frac{x_0}{C_1}\right) - \left(\frac{1}{C_1}\right)$의 경우 $f(C_1) = 0$은 두 개의 해를 갖는다. 그러나 $x_0 = \hat{x}_0$일 때 $f(C_1)$의 그래프는 C_1축과 한 점에서 접할 것이다. 이것은 C_1축이 $f(C_1)$의 그래프와 $x_0 = \hat{x}_0$에서 접한다는 뜻으로써

$$\left.\frac{df}{dC_1}\right|_{x_0 = \hat{x}_0} = 0$$

이 된다. 그리하여

$$\frac{df}{dC_1} = -\frac{x_0}{C_1^2}\sinh\left(\frac{x_0}{C_1}\right) + \frac{1}{C_1^2}$$

이고, 따라서 $x_0 = \hat{x}_0$일 때는

$$0 = -\hat{x}_0 \sinh\left(\frac{\hat{x}_0}{C_1}\right) + 1$$

또는

$$\hat{x}_0 \sinh\left(\frac{\hat{x}_0}{C_1}\right) = 1$$

이다. 또한 다음 식을 얻는다.

$$\cosh\left(\frac{\hat{x}_0}{C_1}\right) = \frac{1}{C_1}$$

바로 위 두 식의 양변을 각각 나누면

$$\frac{\cosh\left(\frac{\hat{x}_0}{C_1}\right)}{\hat{x}_0 \sinh\left(\frac{\hat{x}_0}{C_1}\right)} = \frac{1}{C_1} = \frac{1}{\hat{x}_0}\coth\left(\frac{\hat{x}_0}{C_1}\right)$$

혹은 다음을 얻는다.

$$\coth\left(\frac{\hat{x}_0}{C_1}\right) = \frac{\hat{x}_0}{C_1}$$

수치해석으로 풀면 $\frac{\hat{x}_0}{C_1} = 1.1997$을 얻고, 따라서

$$\hat{x}_0 = \frac{1}{\sinh\left(\frac{\hat{x}_0}{C_1}\right)} = \frac{1}{\sinh(1.1997)} = 0.6627$$

이다. 종합하면 반지름 1인 두 개의 원형 철사 고리 사이의 간격이 $2\hat{x}_0 = 1.3254$보다 작을 때 현수면 형태의 비누 막이 생기고 둘 사이의 간격이 1.3254보다 크면 그런 막은 생길 수 없다는 것이다.

마지막으로 이 절에서 남겨놓은 부분을 마무리하자면 (두 고리가 $2x_0$만큼 떨어져 있을 때) 왜 C_1의 값이 두 개 나오는지를 설명해야 한다. 이것을 이해하기 위해 현수면을 이루는 비누 막의 실제 넓이를 C_1의 함수로 나타내어 보자. 대칭형이므로 현수면의 반, 즉 한쪽 끝에서 중간지점까지 계산하여 두 배 한다.

$$A = 2(2\pi)\int_0^{x_0} y\sqrt{1+(y')^2}\,dx$$

여기서

$$y = C_1\cosh\left(\frac{x}{C_1}\right), \quad -x_0 \le x \le x_0$$

이다. 즉 벨트라미 항등식으로부터 얻었던 결과(이 절 앞부분에 네모로 표시한)에 의하면

$$\sqrt{1+(y')^2} = \frac{y}{C_1}$$

이다. 그러므로

$$A = 4\pi\int_0^{x_0}\frac{y^2}{C_1}\,dx = 4\pi C_1\int_0^{x_0}\cosh^2\left(\frac{x}{C_1}\right)dx$$

을 얻고, 적분표를 찾아보면

$$\int \cosh^2 u\,du = \frac{\sinh(2u)}{4} + \frac{u}{2}$$

이고, 이 결과로부터 다음을 얻는다.

$$A = \pi C_1^2 \left[\sinh\left(\frac{2x_0}{C_1} \right) + \frac{2x_0}{C_1} \right]$$

예를 들면, $x_0 = \frac{1}{2}$일 때 $C_1 = 0.235$ 또는 $C_1 = 0.848$이었다. 각각의 경우에 A를 계산하면 $A(C_1 = 0.235) = 6.85$ 또는 $A(C_1 = 0.848) = 5.99$를 얻는다. 따라서 $C_1 = 0.848$이 극소넓이를 갖는 현수면(실제로 형성되는 것을 관찰할 수 있는)이 생길 때의 값이다.

주어진 경계선을 갖는 곡면 중 극소넓이를 갖는 것을 찾는 플라토 문제에 대해 이 절에서 검토한 내용은 최고 목표인 곡면에 대해 아주 조금 긁적거린 정도도 안 된다(터무니없는 익살을 부린 것을 용서하기 바라며). 플라토가 비누 막 연구를 선도하기 시작한 이래 해답보다는 문제가 더 많이 제기되었으며, 극소곡면은 앞으로도 수십 년 동안 수학의 활발한 연구 분야의 하나일 것임을 확신한다. 두 가지의 가장 기본적인 질문에 대한 답은 최근에야 알려졌다. (1) 실험에 의해 알려진 비누 막들이 어떻게 서로 연결되는지에 대한 플라토의 법칙에 관한 논거와 (2) 기묘한 이름이 붙은 이중방울가설(double bubble conjecture)이다. 둘 다 이해하기는 쉬우나 풀기 위해서는 깊은 수학적 연구가 필요했다. 각각에 대해 한 마디씩 함으로써 이 절을 마치고자 한다.

수없이 많은 비누 막들을 조사함으로써 플라토는 비누 막의 구조가 아무렇게나 형성되는 것은 아니란 결론을 내렸다. 다음 두 가지 단순한 법칙을 따른다는 것이다.

1. 표면이 서로 $120°$의 각을 유지하면서 하나의 모서리를 따라 세 개의 비누 막이 연결되거나,
2. 어느 두 개의 모서리를 보더라도 그 사이의 각이 $109°$(정확하게는 $\cos^{-1}\left(-\frac{1}{3}\right) = 109.47122\cdots°$)를 유지하면서 한 점(4개의 모서리가 합쳐지는)에서 6개의 비누 막 곡면들이 연결된다.

두 가지 법칙을 그림 6.23에서 육면체 모양의 철사 프레임에 형성된 비누 막 그림으로 보여주고 있다(모서리나 점에서 만나는 막이 총 13개

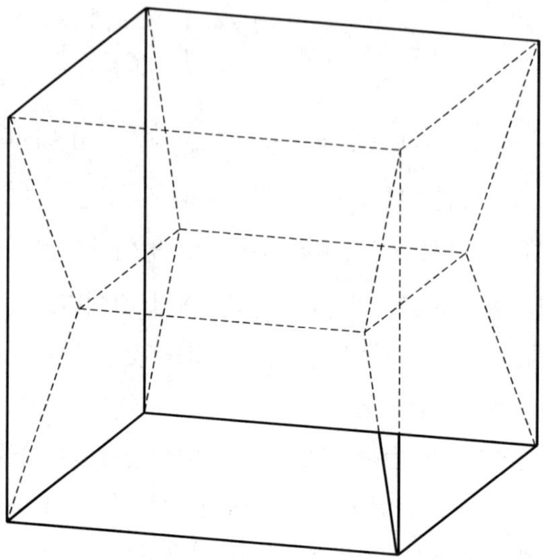

그림 6.23 육면체 프레임으로 보여주는 플라토의 법칙

있다). 이 두 가지 법칙은 지금까지 관찰한 모든 비누 막을 설명해주는 것 같지만, 실제로 그렇지는 않다. 아주 복잡한 철사 프레임을 쓰면 플라토의 법칙으로 설명할 수 없는 비누 막이 등장할 가능성이 있기 때문이다. 1976년에 와서야 미국 수학자 테일러(Jean Taylor, 1944~)가 비누 막의 에너지를 최소화하는 곡면의 성질에 필요충분조건 결과로써 이 법칙들이 성립함을 증명하였다(그녀의 1972년 프린스턴 대학교 박사학위 논문에 대한 후속연구). 플라토의 법칙과 그에 관련된 것들을 다음 두 논문에서 더 찾아 볼 수 있다. 이젠버그(Cyril Isenberg)의 〈비누 막 문제 풀이(*Problem-Solving with Soap Films*)〉[58]와 호프만(Dale T. Hoffman)의 〈똑똑한 비눗방울은 미적분을 할 수 있다(*Smart Bubbles Can Do Calculus*)〉[59].

이중방울가설은 같은 부피를 갖는 두 입체의 겉넓이의 합이 최소가

58) Cyril Isenberg, *Problem-Solving with Soap Films*, Physics Teacher, January 1977, pp. 9~18.

59) Dale T. Hoffman, *Smart Bubbles Can Do Calculus*, Mathematics Teacher, May 1979, pp. 377~88.

되려면 삼면(물론 이 가운데 하나는 공유해야 하고)으로 이루어진 구형(求刑)의 이중방울이어야 한다는 것이다. 많은 사람들은 이중방울가설이 당연히 옳다고 생각하였다. 예를 들면 영국의 뛰어난 실험학자인 보이즈(C. V. Boys, 1855~1945)는 1890년에 쓴 비눗방울에 대한 고전으로 유명한 책 《비눗방울과 그를 형성하는 힘(*Soap Bubbles and the Forces Which Mould Them*)》에서 구형의 이중방울에 대하여 가설이 아닌 당연한 사실로 언급하고 있다. 그러나 보이즈가 언급한 것은 틀렸고, 이중방울가설은 참이나 당연한 사실은 전혀 아니다. 놀랄지 모르나 2차원 버전(부피를 넓이로, 겉넓이를 둘레 길이로 바꾸면 그림 6.24처럼 동일한 넓이를 갖는 두 개의 면으로 된 평면 이중방울이 된다)도 1993년까지 증명되지 않았었다. 하물며 두 부피에 대한 3차원 경우는 훨씬 어려워서 2000년까지 해결되지 않았었다. 이들에 대한 증명은 다음 두 논문(상당한 부분이 수학과 학부생으로 이루어진 팀의 노력에 의함!) 포이지(Joel Foisy)와 여러 명이 쓴 〈*The Standard Double Soap Bubble in* $\mathbb{R}^2$ *Uniquely Minimizes Perimeter*〉[60)]와 모르간(Frank Morgan)의 〈이중방울가설의 증명(*Proof of the Double Bubble Conjecture*)〉[61)]에서 볼 수 있다.

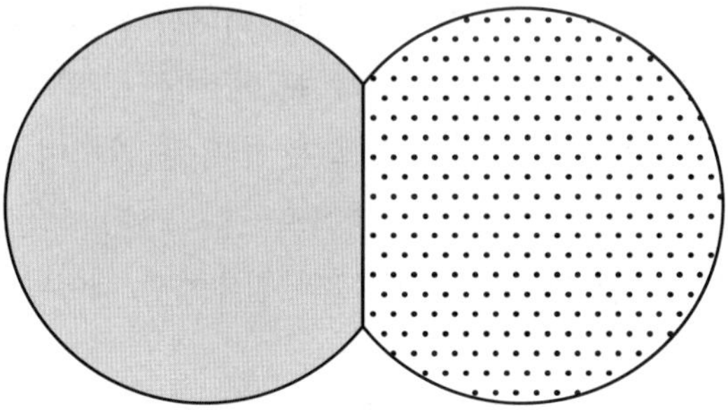

그림 6.24 평면 이중방울

60) Joel Foisy et al., *The Standard Double Soap Bubble in* $\mathbb{R}^2$ *Uniquely Minimizes Perimeter*, Pacific Journal of Mathematics, May 1993, pp. 47~58.

61) Frank Morgan, *Proof of the Double Bubble Conjecture*, American Mathematical Monthly, March 2001, pp. 193~205.

6.10 ▌ 극소곡면의 인간적인 면

6.10절은 이 책의 다른 부분들과는 달리 수식을 하나도 포함하지 않으며 수학적인 토론 사이에 삽입하기는 곤란한 아름다운 삽화들로 구성하고자 한다. 이 삽화들은 극소곡면과 비누 막에 대한 글을 쓰는 가운데 알게 된 것으로서, 수학과 물리학에서 선도적인 연구를 한 사람들(바로 앞 절에 등장한 이들) 사이에 얽힌 흥미로운 얘기들이다. 먼저 오일러의 극소곡면 문제에서 비누 막이 찢어지는 현상을 수학적으로 알아낸 골트슈미트 이야기부터 시작하고자 한다.

변분법에 관한 대부분의 책이 골트슈미트의 해를 다루고 있으나 그 사람에 대한 얘기는 일언반구도 없다(내가 아는 한). 이 사실이 나의 호기심을 자극하여 자료를 찾아보았다. 그 결과 1851년 《미국물리학회지(*American Journal of Science*)》(pp. 443~44)에 간단히 실린 부고 하나를 발견하였다. 거기에는 골트슈미트(Carl Wolfgang Benjamin Goldschmidt)가 괴팅겐 대학의 천문학 교수였고(대단한 천문학자는 아닐지 모르나 열정적이고 부지런한 학자였다), 그 대학의 천문대에서 위대한 가우스의 조교로 일했다고 적혀 있었다. 그 부고에는 "골트슈미트의 이름은 그를 안 적이 없는 사람들로부터 오랫동안 존경받을 것이다."라고 나와 있었는데 이제 역사를 생각하면 아이러니하다. 부고는 "고정된 축 둘레로 곡선을 회전시켜 얻은 최소 곡면들에 대한 그의 연구"를 언급한 후 다음과 같이 골트슈미트가 일찍 죽은 이유를 밝히며 끝난다. "그의 죽음은 그의 삶과 같이 조용하고 평화로웠다. 그는 심장 비대로 인해 오래 고생했으며, 2월 15일 아침에 그의 침대에서 깨어날 수 없는 잠을 자고 있는 채 발견되었다."

골트슈미트가 오일러의 문제를 간파하기 딱 2년 전에 비누 막 연구의 선구자 플라토(Joseph Plateau)는 그의 시력을 앗아갈 운명적인 실험을 하였다. 리에주(Liège) 대학에서 생리광학 분야의 박사학위논문을 위한 실험(특히 망막에 상이 맺히는 것)을 하던 중 거의 30초 정도 태양을 응시하였다. 뇌를 무감각하게 하는 약을 먹지 않고서야 어찌 그런 엄청나게 멍청한 짓을 하였는지 항상 의문이지만 하여튼 그는 그렇게 하였다. 그는 학위를 받기 위해 엄청난 값을 지불한 셈이 되었다. 그는 시력을 잠시 잃었다가 부분적으로 되찾은 후 1841년에 각막에 심한 염증이 생겨 1843년에는 맹인이 되었다. 물론 누구에게나 아주 나쁜 일이지만 특히 실험학자에게는 엄청나게 나쁜 일이라고 생각된다. 그의 걸작인 비누 막 실험들을 막 시작하던 참이어서 그는 그의 동료들과 학생들(겐트 대학의)의 눈과 도움으로 실제 관찰을 했고, 그로부터 '플라토의 법칙'을 이끌어내었다. 일상세계에 전시된 자연의 가장 아름다운 진열품 중의 하나를 지배하는 법칙들이 맹인에 의해 밝혀졌다는 것은 귀머거리가 된 베토벤이 아름다운 음악을 작곡하였던 것을 기억나게 해주는 업적이다.

1855년에 그가 더 이상 볼 수 없게 된 비누 막에 대해 음미하고 있을 때 비누 막을 세상에 널리 알려줄 사람이 하나 태어났다. 보이즈(Charles Vernon Boys)는 결국 유명한 실험 물리학자가 되었고, 보이즈 카메라(Boys Camera)를 발명한 것으로 오늘날까지 기억되고 있다. 그는 카메라로 날아가는 소총 탄환(시속 1,400마일로!)을 소리로 인한 충격파까지 함께 촬영할 수 있었다. 보이즈가 그의 19세기 카메라로 찍은 날아가는 총알의 사진은 《네이처》(3월 2일 발행, 415-21쪽과 3월 9일 발행, 440-46쪽, 1893)에서 볼 수 있으며, 21세기에 보아도 여전히 흥미롭다. 그의 초고속 카메라를 이용하면 총알에 의해 비눗방울이 터지는 것도 찍을 수 있다.

1889~1890년 크리스마스 무렵에, 보이즈는 왕립 연구소(Royal Institution, London)에서 청소년들을 대상으로 일련의 강의를 하였고, 그 강의들과 환등기 슬라이드는 그의 유명한 책 《비눗방울과 그를 형성하는 힘(Soap Bubbles and the Forces Which Mould Them》으로 출판되었다. 그 강의들(그리고 책)은 엄청난 성공을 거두었고, 그의 놀라운 가르침과 설명하는 솜씨를 보여주었다. 흥미롭게도 보이즈는 항상 그렇지는 않았다. 웰스(H. G. Wells)는 자기가 1886년에 과학 사범학교(Normal

School of Science, London)에서 보이즈의 학생이었으며, 특별한 감동을 받지는 않았다고 1934년에 낸 책 《자서전상의 시도(*Experiment in Autobiography*)》에서 밝혔다. 웰스는 보이즈에 대해 쓰기를 그는 "그때 이미 그의 비눗방울을 다루는 기술과 천재성으로 유명하였고, 목소리는 거의 알아들을 수 없는 금발머리의 청년이었다.… 그 무렵 나는 그를 판서는 엉망이고 반항하는 청중들에게 등을 돌려대며 한 시간 강의를 빨리 끝내버리고 그의 연구실 속으로 숨어버리는 형편없는 선생의 하나로 생각하였다… 보이즈는 너무 빨랐다." 웰스가 이런 말을 쓸 즈음 그는 《타임머신(*The Time Machine*)》, 《세계 대전(*War of the Worlds*)》과 그가 '과학적 로맨스'라고 부른 공상 과학 소설들로 세계적으로 유명해져 있었다. 실제로 웰스는 당시 살아 있던 보이즈보다도 훨씬 유명했다. 웰스가 자기에게 대해 쓴 글을 읽고 보이즈가 어떻게 생각했을지 궁금하다(누군가가 그에게 알려 주지 않았을 리가 없다).

실험에는 훌륭한 보이즈였지만 그에게도 나쁜 면은 있었다. 그는 사람들을 조롱하기를 즐겼고, 이는 조롱하는 사람에게나 즐거운 미숙한 행동이다. 확실히 그의 아내 마리온(Marion)은 남편의 기괴한 짓에 즐거워 하지 않았다. 그녀는 1892년 결혼 초기부터 참다가 1910년에 결국 이혼하고 말았다. 오늘날에도 보이즈가 아내를 학대했다고 할 만큼 심했다는 추측이 있을 정도이나 어쨌든 결혼생활의 상처로 1910년 이전에 마리온은 케임브리지의 수학자 포 사이드(Andrew Forsyth, 1858~1942)와 교제하기 시작하였다. 그녀는 이혼한 후 그와 결혼하였으나 추문으로 인해 포 사이드는 케임브리지에서 사임하였다. 《네이처》지에 실린 그의 부고에는 "고통스런 상황에서 그는 애정의 결혼을 했고 10년의 행복을 얻었다. 이로 인해 많은 옛 관계들을 잃은 것에 대해 그는 너무 비싼 대가를 치른 것은 아니라고 생각하였다."라고 쓰여 있었다. 나중에서야 마리온이 죽은 후(1927년), 포 사이드는 영향력 있는 책 《변분법(*Calculus of Variations*)》을 출판하였다(그 책에는 단순히 "마리온을 기념하여"라고 헌사를 썼다). 그러나 그 책에서 오일러의 극소곡면 문제를 다룰 때 비누 막이나 비눗방울 혹은 보이즈에 관한 말은 일체 없다.

그리고 마지막으로 극소곡면에 대한 글을 쓰는 사람이라면 거의 모두가 언급하는 《사이언티픽 아메리칸(*Scientific American*)》에 실린 비눗방울 기사의 저자들은 어떤 의미에서 마리온과 포 사이드와 대조적이라고 할 수 있다. 테일러(Jean Taylor)는 암그렌(Frederick Almgren, 1933~1997)의 프린스톤에서의 박사과정 첫 제자인데, 그를 통해 극소곡면을 접하게 되었다(그녀의 학부와 석사 학위는 화학인데 과학적 지식이 그녀에게 비누 막의 움직임에 대한, 순수 수학자에게는 없을 법한, 물리적 통찰력을 주었을 것이다). 테일러와 암그렌은 나중에 결혼하여 극소곡면에 관한 서로의 연구를 계속하여 마침내 테일러는 플라토의 법칙들(Plateau's rules)을 설명하는 100년 된 문제를 해결하였다. 테일러[나는 혹시 그녀가 골드스타인(Rebecca Goldstein)의 소설에 나오는 프린스턴 수학 교수로서 비누 막의 전문가인 사운더스(Phoebe Saunders)의 모델이 아닐까 생각한다]는 현재 러트거스(Rutgers) 대학의 수학 교수이다.

6.7절의 문제에 대한 해답

제약조건을 적용할 때 등장하는 임의의 상수인 라그랑주 승수를 λ라고 할 때, 다음 적분값이 최소가 되는 $y(x)$를 구하고자 한다.

$$\int_{\infty}^{\infty} \{-y\ln y + \lambda y\}\, dx$$

그래서

$$F = -y\ln y + \lambda y$$

로 두면

$$\frac{\partial F}{\partial y} = -y\frac{1}{y} - \ln y + \lambda = -1 - \ln y + \lambda$$

이다. F는 y'을 포함하지 않으므로 $\dfrac{\partial F}{\partial y'}=0$이고, 오일러-라그랑주 방정식은 다음과 같다.

$$-1-\ln y+\lambda=0$$

혹은

$$\ln y=\lambda-1$$

즉 $y=e^{\lambda-1}$로서 λ가 상수이므로 상수함수이다.

제약조건을 적분으로 나타낸 다음 식으로부터 이 상수를 계산할 수 있다.

$$\int_0^M y(x)\,dx=1=\int_0^M e^{\lambda-1}\,dx=e^{\lambda-1}M$$

그러므로

$$y(x)=\begin{cases} e^{\lambda-1}=\dfrac{1}{M,} & 0\le x\le M \\ 0, & \text{그 외}\end{cases}$$

자, 이제 $y(x)$에서 J가 최솟값이 아닌 최댓값을 갖는다는 것을 어떻게 알 수 있는가? 다른 $y(x)$에서 J의 값이 위의 $y(x)$에서보다 작다는 것은 쉽게 보일 수 있다. 즉 위의 해 $y(x)$에서 J가 최솟값을 갖지는 않는다. 해 $y(x)$를 대입하면

$$J=-\int_0^M \frac{1}{M}\ln\left(\frac{1}{M}\right)dx=-\frac{1}{M}\ln\left(\frac{1}{M}\right)M=-\ln\left(\frac{1}{M}\right)=\ln M$$

이다. 그러나 다음과 같이 두면

$$y(x)=\begin{cases} \dfrac{2}{M} & \left(0\le x\le \dfrac{1}{2}M\right) \\ 0 & (\text{그 외})\end{cases}$$

이고, 이것은 주어진 제약조건들을 만족한다. 이 $y(x)$에 대해

$$J = -\int_0^{\frac{1}{2}M} \frac{2}{M} \ln\left(\frac{2}{M}\right) dx = -\frac{2}{M} \ln\left(\frac{2}{M}\right) \frac{1}{2} M = -\ln\left(\frac{2}{M}\right)$$
$$= \ln M - \ln 2 < \ln M$$

이다.

최신 경향: 이 장에서 논한 변분법의 응용은 역사적으로 흥미 있는 것들이다. 하지만 요즘 문제들은 구슬이 철사를 타고 미끄러져 내려가는 것을 연구하거나 주어진 길이의 울타리로 땅을 두를 때 최대의 넓이를 갖도록 하는 등의 수준을 훨씬 넘어선다. 오늘날은 수학적 구조 자체가 여기서 다룬 것들보다 훨씬 복잡하고 미분방정식이나 부등식들이 제약조건으로 등장한다. 이러한 문제들은 최적 제어 이론(optimal control theory)이라 불리는 것에 자주 나온다. 이 주제에 관한 문헌들을 읽으려면 여기서 가정한 것보다 훨씬 더 많은 배경 지식이 필요하다. 그러나 재미있는 예외들이 있다.

예를 들면, 한 사람이 일정한 거리 D를 달리는 경주에서 달리는 시간 T를 최소화하기 위해 속력 $v(t)$을 어떻게 조절해야 할까 하는 문제를 생각해보라. 물론 경주자는 정지 상태에서 출발하므로 $v(0) = 0$이다. 이 문제는 켈러(Joseph B. Keller)가 〈*Optimal Velocity in Race*〉[62]에서 멋있게 분석하였다. 켈러는 먼저 수학적 명제

$$D = \int_0^T v(t)\, dt$$

와 뉴턴의 제2 운동법칙($F = ma$)을 아래의 형태로 바꾸어 시작한다.

$$\frac{dv}{dt} + \frac{v}{\tau} = f(t)$$

여기서 $\frac{v}{\tau}$는 달리는 사람의 단위질량당 받는 저항력이고 생리 상수(physiological constant)라 불리는 τ는 경주자에 따른 특성이다. 그리고

62) Joseph B. Keller, *Optimal Velocity in Race*, American Mathematical Monthly, May 1974, pp. 474~80.

$f(t)$는 경주자의 단위질량당 추진하는 힘이다. 경주자가 $f(t)$[따라서 $v(t)$]를 제어하되 제약조건으로서 발휘할 수 있는 힘의 최대치 F를 갖는다(F도 경주자에 따라 달라지는 생리 상수이다).

그 다음에 켈러는 경주자의 근육에 (단위질량당) 쓸 수 있는 산소의 양을 $E(t)$라 두고, 이 산소는 곱 fv에 비례한다(더 빨리 달리거나 달리려고 더 많이 애쓸 때 산소가 더 많이 사용된다)고 주장한다. 한편 산소는 경주자의 폐와 혈액순환의 기능에 따라 정해지는 또 다른 상수 σ에 비례하여 공급된다. 즉 다음과 같다.

$$\frac{dE}{dt} = \sigma - fv$$

마지막으로, 경주자가 시작할 때 산소 레벨이 E_0이라 하고 $E(t) \geq 0$이라고 하자($E(t) < 0$이면 경주자의 신체에 어떤 일이 일어날지 상상해보라!).

따라서 켈러의 문제는 다음과 같은 수학 문제로 변형된다.

양수인 상수 τ, F, σ, E_0와 D가 주어질 때, 다음 식

$$D = \int_0^T v(t)\,dt, \quad v(0) = 0$$

의 T를 최소화하는 $v(t)$와 $f(t)$를 구하라. 단, 아래의 제약조건을 모두 만족해야 한다.

1. $\left(\frac{dv}{dt}\right) + \left(\frac{v}{\tau}\right) = f(t)$,
2. $f(t) \leq F$ (캘러는 $f(t) \geq 0$이라고 하지 않았지만, 이는 당연히 만족해야 할 조건이라고 본다),
3. $\frac{dE}{dt} = \sigma - fv$, $E(0) = E_0$, $E(t) \geq 0$.

이 흥미진진한 변분법 문제를 푸는 자세한(길지만 잘 설명되어 있는) 과정과 그 해를 장거리 달리기 경주의 세계 기록을 설명하는데 어떻게 적용되는지 궁금하면 캘러의 논문을 보라.

제 7 장

현대의 시작

The Modern Age Begins

7.1 ❙ 페르마/슈타이너 문제

19세기에 들어오면서 변분법이 발달하는 동안 수학사의 관심은 기하학의 오래된 문제로 옮겨졌다. 문제 자체는 실망할 정도로 간단하나 극값 연구의 길잡이 역할을 한 문제는 바로 그림 7.1과 같은 삼각형에서 각 꼭짓점까지 거리의 합이 최소가 되게 하는 삼각형 내부에 있는 점 P의 위치는 어디일까라는 것이다. 19세기 스위스의 수학자 슈타이너(Jakob Steiner)의 이름을 따서 P를 슈타이너의 점이라고 부른다. 등주 문제에 관한 그의 기하학적인 연구업적을 2.3절에서 다루었다. 사실 P에 대한 질문은 슈타이너보다 훨씬 앞서부터 있었다. 슈타이너보다 2세기 전에 페르마가 1629년에 발표한 《*Method for Determining Maxima and Minima and Tangents to Curved Lines*》에 문제가 나와 있다. 이탈리아의 토리첼리(서문을 다시 보라)가 이것을 읽고 도전했었다.

토리첼리의 학생 비비아니(Vincenzo Viviani, 1622~1703)가 고인이 된 스승의 기하학적 해를 그의 책 《*De maximis dt minimis*》(1659)에 발표하였기 때문에, 1640년 이전에 토리첼리가 P의 위치를 알아낸 것으로 알고 가끔 이 점을 토리첼리의 점(혹은 페르마의 점)이라고 하기도 한다. 그러나 플라토의 비누 막의 법칙을 상기시켜주는, 다음과 같은 P의 재미있는 성질은 그들과 같은 이탈리아인 카발리에리(Bonaventura

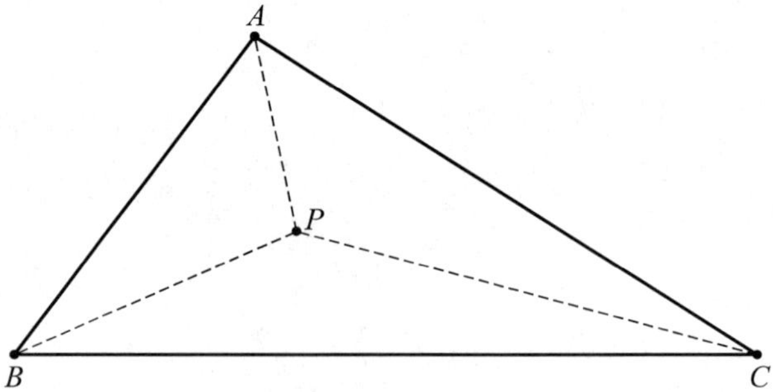

그림 7.1 슈타이너의 문제

Francesco Cavalieri, 1598~1647)가 1647년에 발표하였다. 삼각형의 세 각이 모두 120도보다 작을 때 P와 꼭짓점을 연결하는 선분들은 P에서 서로 120도로 만난다. 이 결과는 현대에 와서 "시설물 배치 문제(facility location problem)" (예를 들면 소방서를 마을의 어느 위치에 둘 것인가 하는 문제 등)라고 불리는 매우 유용한 분야에 응용되는데 그 유도 과정은 알아둘 만하다. 신기하게도 P에 대한 분석으로 알려져 있는 것 중 다수가 120도란 성질을 얻기 위해 미분적분학을 사용한다. 이것은 이상한 일이다. 왜냐하면 120도뿐 아니라 P의 위치까지 보여주는 아름다우면서도 기본적인 기하적 증명(토리첼리의 것과 다른)이 있기 때문이다. 아래의 내용은 1929년에 독일의 수학사 학자인 호프만(J. E. Hofmann, 1900~1973)이 발표한 우아한 증명에 근거한다.

그림 7.1의 삼각형 APB를 B를 중심으로 반시계 방향으로 60도 돌려서 그림 7.2처럼 삼각형 $C'P'B$를 얻는다. 즉 P는 P'에, $\overline{PA}$는 $\overline{C'P'}$에, $\overline{AB}$는 $\overline{BC'}$에, $\overline{PB}$는 $\overline{PB'}$에 가도록 회전시킨다. 그러면 다음을 얻는다.

$$\overline{PA}+\overline{PB}+\overline{PC}=\overline{C'P'}+\overline{PB}+\overline{PC}$$

$\overline{PB}=\overline{P'B}$이므로 삼각형 PBP'는 이등변삼각형이고, 두 밑각 $\angle BP'P$와 $\angle BPP'$는 같다. 그러나 삼각형 PBP'의 세 번째 각이 60도이므로(작도에 의해) 삼각형 PBP'의 모든 각이 (60도로)같아서 삼각형 PBP'는 이등변삼각형 중에서도 정삼각형이다(같은 논증에 의해 삼각형 $AC'B$도 그렇다). 따라서 $\overline{PB}=\overline{P'P}$이고

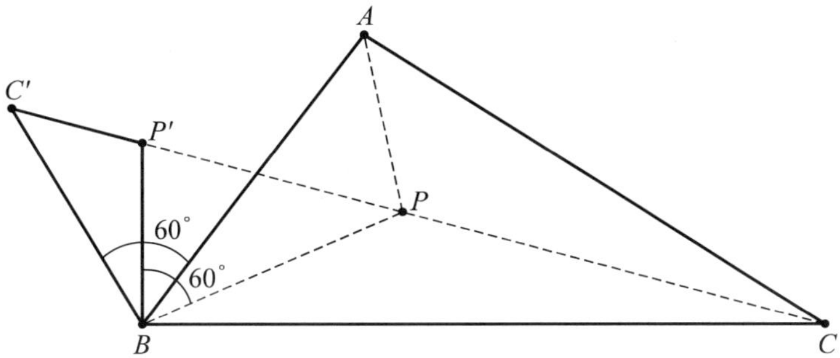

그림 7.2 120° 법칙

$$\overline{PA} + \overline{PB} + \overline{PC} = \overline{C'P'} + \overline{P'P} + \overline{PC}$$

이다.

이 등식의 우변은 대개 C'부터 C까지 꺾인 선으로서 일직선일 때 가장 짧다. 그러려면 $\angle BPC + \angle BPP' = 180\,(°)$거나

$$\angle BPC = 180° - \angle BPP' = 180° - 60° = 120\,(°)$$

이다. 그림 7.1에서 $\overline{BC}$의 위치에 $\overline{AC}$나 $\overline{AB}$가 오도록 할 수 있으므로 다음 결론을 얻을 수 있다.

$$\angle APC = \angle APB = 120\,(°)$$

호프만의 분석의 묘미는 120도 법칙을 얻어내는 것뿐 아니라 P의 위치를 어떻게 찾는지도 알려준다는 것이다. 그 방법을 소개한다.

앞에서와 같이 삼각형 $AC'B$는 정삼각형이고 쉽게 작도될 수 있다. 이와 닮은 정삼각형을 원래 삼각형의 다른 두 변 중 하나의 옆에 그리면(그림 7.3처럼 삼각형 ABC의 세 변 중 아무거나 하나를 선택할 수

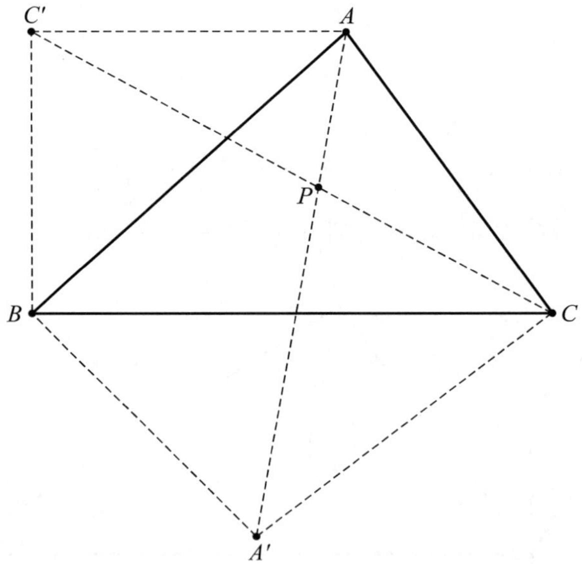

그림 7.3 P가 삼각형의 내부에 있을 때 P의 위치 찾기

있음을 기억하라) C'에서 C를 연결하는 직선이 P를 지날 뿐 아니라, 두 번째로 작도한 정삼각형의 가장 바깥의 꼭짓점과 삼각형 ABC의 맞은 편 꼭짓점을 연결하는 직선도 P를 지난다. 이와 같이 P는 이 두 직선의 교점이다! 이 두 직선이(세 번째 정삼각형의 가장 바깥의 꼭짓점과 삼각형 ABC의 맞은 편 꼭짓점을 연결하는 직선도 마찬가지로) 모두 P를 지난다.

마지막으로 이런 멋진 분석 결과는 우리에게 또 다른 사실, 즉 만약 원래 삼각형 ABC의 한 각이 120도보다 크거나 같으면 P는 삼각형 내부에 있을 수 없다는 것을 말해준다. 이것을 확인하는 것은 쉽다. 왜냐하면 꼭짓점 B의 각이 120도로 커질 때 점 P는 B를 향해 움직여가서 꼭지각이 120도가 될 때 점 P는 B에 간다. 그러나 만약 B의 각이 120도보다 커지면 어떻게 되는가? 그럴 경우 P가 B에 머물러 있음을 보이기는 어렵지 않다. 그 이유는 다음과 같다.

호프만의 증명에 근거한 앞의 설명과는 달리 꼭짓점 A의 각이 120도보다 크고 점 P는 삼각형 ABC의 바깥에 있다고 하자(그림 7.4처럼). 첫 번째 가정에 의해 변 AB와 AC의 연장선 사이의 각 β는 60

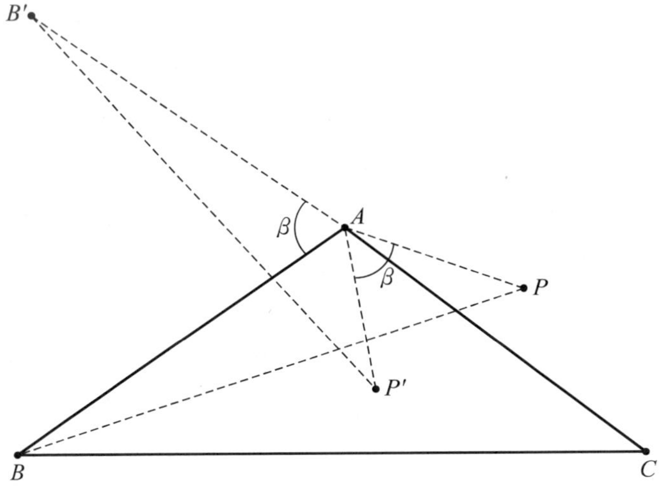

그림 7.4 P가 삼각형 내부에 있지 않은 경우

도보다 작다. 이제 삼각형 APB를 시계 방향으로 각 β를 통과하여 회전시켜 P를 P'에, B를 B'에 오도록 하자. 그러면 B'이 변 AC의 연장선상에 있게 됨은 명백하다. 또한 $\overline{PB} = \overline{P'B'}$이고 $\overline{PA} = \overline{P'A}$인 것도 명백하다. 이처럼 삼각형 PAP'는 꼭짓점 A의 각이 β인 이등변삼각형이 된다. $\beta < 60°$이므로 이등변삼각형의 크기가 같은 두 밑각은 각각 60도보다 크고 따라서 밑변 $\overline{PP'} < \overline{PA}$이다. 결국 부등식

$$\overline{PA} + \overline{PB} + \overline{PC} > \overline{PP'} + \overline{P'B'} + \overline{PC}$$

을 만족하는 $\overline{PA} + \overline{PB} + \overline{PC}$의 최솟값을 찾는 문제가 된다. 위 부등식의 우변은 꺾인 선 $B'P'PC$의 길이이므로 직선 $\overline{B'A} + \overline{AC}$의 길이 이상이다.

$$\overline{PA} + \overline{PB} + \overline{PC} \geq \overline{B'A} + \overline{AC}$$

이고, 등식이 성립하는 것은, 즉 $\overline{PA} + \overline{PB} + \overline{PC}$가 최소가 되는 것은 $P = A$일 때이고 이로써 증명이 끝났다.

페르마/슈타이너 문제(혹은 그것의 일반화된 형태)는 오늘날 기술 사회의 여러 가지 재미있는 문제에 등장하므로 중요하다. 이 가운데 하나가 "공장 문제(factory problem)"이다. 페르마/슈타이너 문제와 직결시키기 위해 세 개의 공장의 위치를 A, B, C로 표시하고 이들을 삼각형의 꼭짓점으로 보자. 이 공장들은 곧 지어질 중앙 창고로부터 매달 중요한 부품을 공급받을 것이다. 만약 창고에서 어느 지점까지 부품을 운반하든 그 비용이 운반할 부품개수와 운반 거리에 비례한다면 창고는 어디에 있어야 할까? 창고의 위치를 P라고 하고 A, B, C의 공장들의 매달 필요한 부품 수가 각각 a, b, c라고 하면 P는 $a(PA) + b(PB) + c(PC)$를 최소로 하는 곳이어야 할 것이다. 만약 $a = b = c$이면 이는 원래의 페르마/슈타이너 문제이고, 그렇지 않으면 좀더 어려운 문제이다. 즉 공장 수가 3에서 n으로 늘어나고 각 공장의 매달 필요한 부품수가 c_1, c_2, $\cdots$, c_n이라고 하자. 이제는 P를 $\sum_{i=1}^{n} c_i(PX_i)$가 최소가 되게

하는 곳으로 해야 할 것이다. 여기서 PX_i는 P와 공장 X_i 사이의 거리다. $n=3$인 경우 일반해가 잘 설명된(길긴 하지만) 논문을 보려면 그린버그 외 여러 명(Irwin Greenberg et al.)이 쓴 《세 공장 문제(*The Three Factory Problem*》[63])를 참고하라.

페르마/슈타이너 문제의 마지막(또한 재미있기도 한) 예로서 다음의 짤막한 얘기를 생각해보자. 몇 년 전(1960년) 사업자인 한 고객이 운영하는 여러 지점을 연결하는 사설 전화망을 설치하고 있을 때 벨(Bell) 전화회사는 회로 사용료의 청구금액에 관한 정부의 기묘한 법규를 해결해야 했다. 실제 회로 사용량(한 달 전화 회수)에 근거한 일반 전화망 요금과는 달리, 지점끼리 연결하는데 드는 전화선의 최소 길이에 비례하여 요금을 계산하도록 되어 있었다. 단, 실제 최소 길이로 연결되어 있든 아니든 상관이 없었다. 벨의 고객 중 하나는 델타 항공사로서 세 개의 공항(애틀랜타, 시카고, 뉴욕시)을 연결해야 했다. 이 공항들을 꼭짓점으로 하는 삼각형은 그림 7.5처럼 거의 정삼각형을 이루었다. 벨은 그림에서 실선으로 보여준 것처럼 길이 2(단위는 임의로 선택하여 측정)인 선으로 된 경로에 근거하여 요금계산을 하기로 하였다.

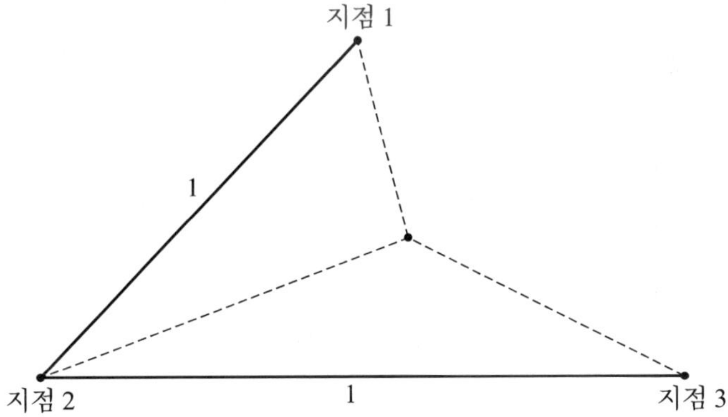

그림 7.5 델타 항공 문제의 기하

63) Irwin Greenberg et al., *The Three Factory Problem*, Mathematics Magazine, March-April 1965, pp. 67~72.

델타는 요금이 부당하다고 불평하였다. 델타에 있는 누군가가 페르마/슈타이너 문제를 기억해냈다. 델타는 주장하기를, 세 개의 공항이 이루는 삼각형의 페르마 점에 만약 네 번째 가상 지점을 연다면 어떤가? 그러면 그림 7.5의 점선대로 3개의 실제 지점과 1개의 가상지점을 연결하는 회로를 설치할 수 있다. 우리가 방금 보았던 이 회로는 최소 길이를 가지며 그 길이는 $\sqrt{3} = 1.732$(델타의 가상 경로는 정삼각형의 슈타이너 지름(Steiner span)이라고 불린다)이다. 즉 델타는 이 최소 길이의 회로를 벨이 제안한 회로보다 13.4% 짧게 할 수 있고(옳은 주장!), 따라서 요금도 그만큼 줄어야 한다고(델타는 15.5%를 초과한 요금을 청구 받았다) 주장하였다. 벨 연구소의 수학자들도 그 주장이 옳음을 알았고 동의하였다.

만약 델타에서 정사각형의 꼭짓점에 위치한 4개의 공항을 연결해달라고 했다면 슈타이너 지름에 의해 절약되는 액수는 극적이지는 않으나 여전히 상당히 큼을 알 수 있다. 벨의 원래의 회로에 대한 아이디어를 4개의 점으로 확장하면 그림 7.6의 실선과 같이 길이 3인(임의의 단위) 경로가 될 것이다. 그러나 점선으로 표시된 슈타이너 지름은 두 개의 유령 표적을 이용하여 길이 $1 + \sqrt{3} = 2.732$를 얻고 이는 8.9% 줄어

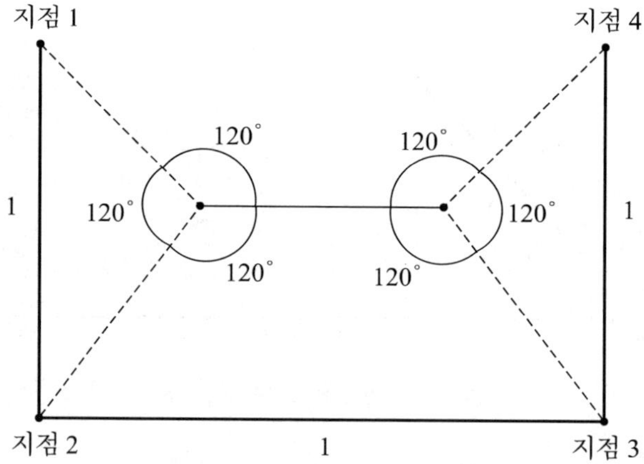

그림 7.6 델타 항공 문제를 두 유령 지점으로 확장한 것

든 것이다.

페르마/슈타이너 문제와 같은 유형의 문제들이 아이젠버그(Bennet Eisenberg)와 카바즈(Samir Khabbaz)의 《*Optimal Locations*》[64]에 나와 있다. 특히 재미있는 문제는 여러 마을로 나가는 라디오 방송국의 송신 안테나의 최적 위치에 관한 것이다. 수신 신호의 강도가 안테나에서 멀수록 약해지되 안테나에서 가장 먼 마을의 신호 강도가 가능한 강하도록 하려면 다음과 같은 수학문제가 된다: 만약 A가 안테나의 위치이고 D_i가 A와 마을 i 사이의 거리라면 D_i의 최댓값이 최소화 되도록 A의 위치를 정하여라.

7.2 최적 도랑 파기, 우편배달 최단 경로, 유향그래프를 통한 최소 경비 경로

페르마/슈타이너 문제와 전혀 다른 성격의 경로 길이를 최소화하는 문제로 1986년 논문에서 찾아낸 다음 구절을 생각해보라.

> 한 전화회사가 땅 속에 묻힌 케이블을 수리하는 동안 케이블이 1미터 깊이로 묻혀 있긴 하나, 그 바로 위에 세워져 있어야 할 표시의 바로 아래에 묻혀 있지는 않음을 발견하였다. 그들은 표시로부터 지표면 2미터 이내에 케이블이 항상 있다는 것은 알고 있다. 그 방향을 모를 때에도 케이블을 확실히 찾기 위해 수리공이 표시로부터 반지름 2미터의 원을 그리며 깊이 1미터의 도랑을 판다.

이것을 그림 7.7과 같이 나타낼 수 있다.

1974년에 그림 7.7의 실선처럼 원주보다 짧은 길이의(그러면서도 케이블은 확실히 찾아낼 수 있는) 도랑을 파도 될 것이란 생각을 하게 되었다. 그 길이는 $2\pi+4$로서 원주에 대한 길이의 비는

64) Bennet Eisenberg and Samir Khabbaz, *Optimal Locations*, The College Mathematics Journal, September 1992, pp. 282~89.

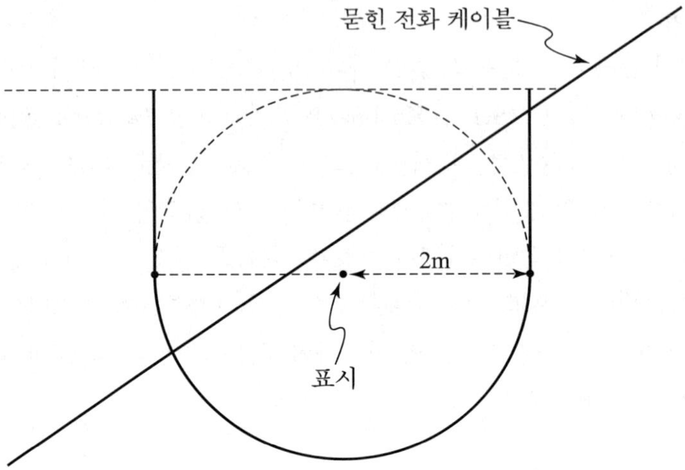

그림 7.7 묻힌 전화 케이블 문제의 기하

$$\frac{2\pi+4}{4\pi}=\frac{\pi+2}{2\pi}=0.81831$$

이다. 즉 이 짧은 길이의 도랑이 18% 이상 짧다. 그러나 이 짧은 도랑의 길이가 연속인 곡선으로서는 가능한 가장 짧은 것임은 1984년에 와서야 증명되었다. 놀랍게도 이 도랑을 불연속적으로 파도 된다면 이 비율은 0.7639로 더욱 줄어든다. 이에 관한 자세한 얘기는 파버(V. Faber)와 미셸스키(J. Mycielski)의 논문 〈*The Shortest Curve That Meets All the Lines That Meet a Convex Body*〉[65)]을 보라.

다른 맥락의 극소-길이 문제의 하나는 그림 7.8에 있는 것처럼 가장 짧은 닫힌 경로를 찾는 것이다. 그 경로는 사다리(실선)꼴의 서쪽(W) 변의 점 p에서 시작하여 점 p로 되돌아 오는 것이다(사다리꼴의 꼭짓점은 A, B, C, D로 표시). 경로에 대한 제한 조건은 한 가지뿐인데, 그것은 사다리꼴의 다른 세 변에 연결되어야 한다는 것이다. 경로가 변 S, E, N의 어느 지점을 연결하느냐 하는 것은 지정하지 않고 다만 전

65) V. Faber and J. Mycielski, *The Shortest Curve That Meets All the Lines That Meet a Convex Body*, American Mathematical Monthly, December 1986, pp. 796~801.

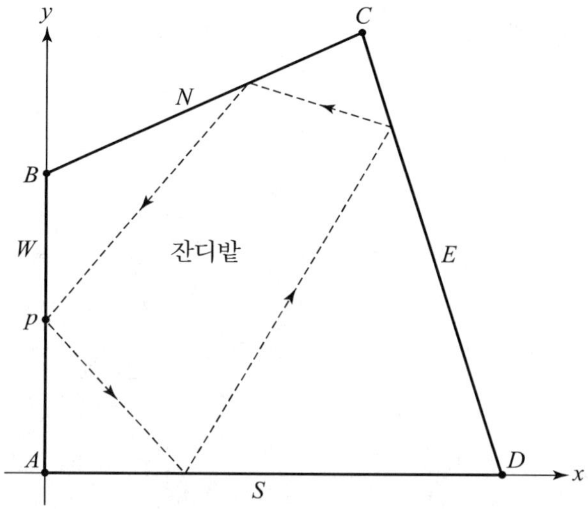

그림 7.8 사다리꼴의 각 변을 방문하는 가장 짧은 내부 경로

체 경로의 길이가 최소가 되어야 한다는 것이다.

예를 들면 사다리꼴의 변 $N(BC)$, $E(CD)$, $S(AD)$를 가운데에 있는 잔디밭을 향해 새로 지을 세 집의 앞쪽 경계라고 하자. 그리고 p는 잔디밭으로 들어가는 길가(AB)쪽 입구라고 하자. 잔디밭에는 잔디와 세 집으로 가는 닫힌 경로의 벽돌 보도만 허용하기로 약속한다. 보도를 구상하기 전에 건축업자는 우체국으로부터 우체부가 매일 최소의 시간을 들여 잔디밭 둘레의 집을 다녀올 수 있도록 보도를 최소의 길이가 되게 하라는 요청을 받는다(우편 서비스가 최대의 효율성을 갖도록 하고자 하는 노력의 한 예!). 건축업자도 사용할 벽돌 수를 줄일 수 있으므로 이러한 요청을 좋아한다.

이 문제에 대한 아주 교묘한 해법이 제이콥슨(R. A. Jacobson)과 요콤(K. L. Yocom)의 논문 〈*Shortest Paths within Polygons*〉[66]에 있다. 사다리꼴을 Q라고 하면 Q를 변 S에 반사시켜 사다리꼴 Q_1을 얻고(그림 7.9를 보라), 반사를 계속하여(즉 Q_1을 E_1에 반사시켜 Q_2를 얻고,

66) R. A. Jacobson and K. L. Yocom, *Shortest Paths within Polygons*, Mathematics Magazine, November-December 1966, pp. 290~93.

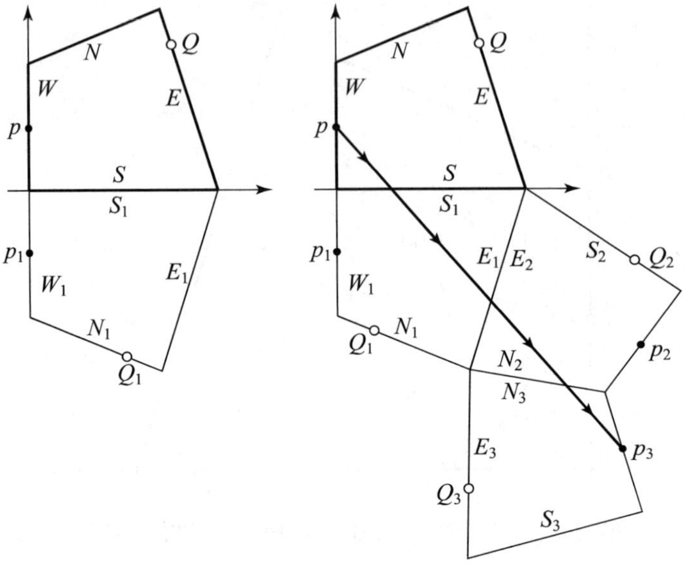

그림 7.9 반사시켜 가장 짧은 경로 찾기

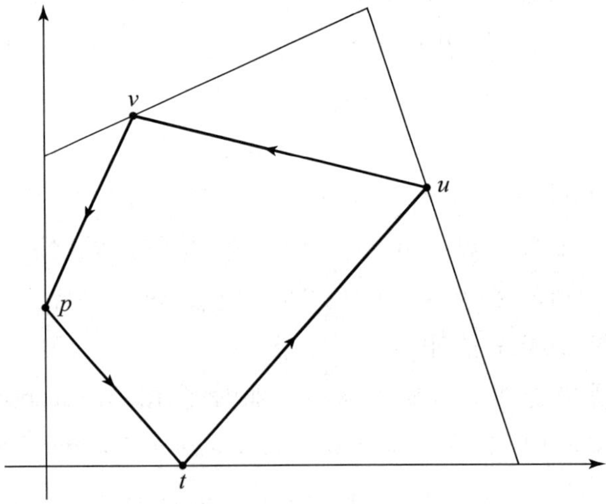

그림 7.10 최단 경로는 직선이다.

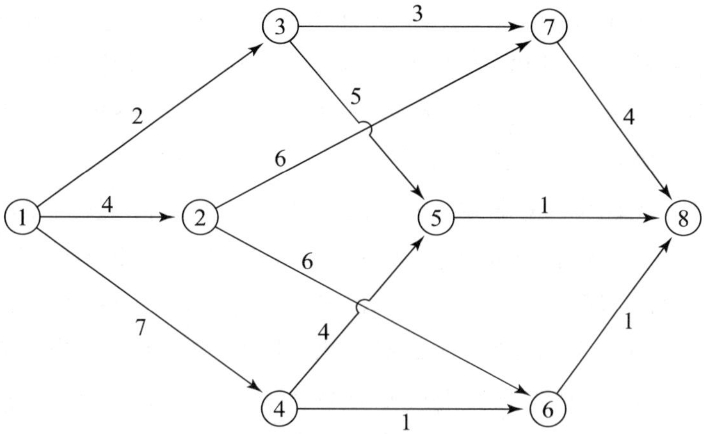

그림 7.11 유향그래프

Q_2를 N_2에 반사시켜 Q_3을 얻는다), p가 반사된 점들(p_1, p_2, p_3로 표시)을 따라간다. 해답은 분명하다. 즉 p와 p_3를 연결하는 가장 짧은 경로는 직선 경로이다. 이 경로가 $S(=S_1)$, $E_1(=E_2)$ 그리고 $N_2(=N_3)$와 각각 만나는 점이 바로 여기서 찾고자 하는 지점 t, u, v이다(그림 7.10을 보라).

완전히 다른 형태의 또 하나의 최소 경로 길이 문제로 그림 7.11의 유향그래프를 생각해보라. 그래프는 $n=8$, 즉 8개의 노드(동그라미 친 숫자)를 가지며 이들은 항상 왼쪽에서 오른쪽을 향하는, 즉 낮은 숫자에서 높은 숫자의 노드로 가는 선으로 연결되어 있다. 각 선에는 음이 아닌 숫자가 붙어 있는데 이는 각 선의 비용, 즉 낮은 숫자의 노드에서 높은 숫자의 노드로 가는데 드는 비용이다. 이 비용은 두 노드 사이의 실제 거리(임의의 단위)일 수도 있고 그 선을 통과하는 어려움을 측정한(분석자가 선택한 방법에 의해 측정한) 것일 수도 있다. 우리는 이 유향그래프에 한 가지 제약조건만 설정한다. 노드 i와 노드 j가 i에서 j로 가는 선으로 연결되어 있을 경우 $i<j$여야 한다. 이 제약은 유향그래프에 끝없는 닫힌 루프가 존재하지 않도록 해준다.

문제는 제일 왼쪽의 노드 1에서 가장 오른쪽의 노드 8까지(좀더 일반적으로는 노드 1에서 노드 n까지) 가는 방법 중 총비용을 최소로 하는 경로를 찾는 것이다. 경로의 총비용은 경로를 구성하는 각 선들의 비용의 합으로 정의한다. 예를 들면 경로 $1 \to 3 \to 7 \to 8$의 총비용은 9이다. 그러나 그것이 총비용을 최소로 하는 경로인가? 답은 '아니오'이다. 어느 경로가 비용을 최소로 하는지 알 수 있을까? 만약 그렇다 해도 $n=8$ 대신 $n=100$(혹은 10,000)노드를 갖는 유향그래프라면 어떻게 될까? 그렇게 큰 유향그래프는 만약 모든 경우를 다 조사하여 비교한다면 계산상 어마어마한 도전이 될 것이다. 이 문제를 지금 해결하지 않고 독자들에게 잠시 생각할 여유를 주겠다. 7.5절에서 동적 계획법의 한 예로 매우 큰 n에 대해 어떻게 손으로 쉽게 총비용을 계산할 수 있는지 보여줄 것이다. 컴퓨터의 도움으로 n이 큰 유향그래프도 쉽게 처리할 수 있다.

컴퓨터 과학자가 전산 부담(computational burden)이라고 부르는 계산을 해봄으로써 단순히 모든 가능한 경로의 총비용을 비교하는 것보다는 좀더 나은 방법이 필요한 이유를 알 수 있을 것이다. 특정한 유향그래프만이 아닌 일반적인 경우를 계산하기 위해 각 노드 i는 각각의 노드 $j>i$에 연결되어 있다고(물론 노드 n은 경로의 끝이므로 예외이다) 상상해보자. 그런 유향그래프를 완전한 유향그래프라고 부르자(7.5절에서 유향그래프가 현대의 생산제어 문제에 어떻게 자연스럽게 등장하는지 보여주겠다). 어떤 두 개의 노드를 연결하는 선이 실제로 존재하지 않는 특정한 유향그래프에서는 그 선에 아주 큰 비용을 매겨서 총비용을 최소로 하는 경로로 그 선을 포함하지 않게 함으로써 그 선을 효과적으로 제거할 수 있다. 하나의 완전한 유향그래프에서 선의 수 N을 계산하기는 쉽다. 노드 1은 나머지 $n-1$개의 노드에 다 연결되어야 하고, 노드 2는 나머지 $n-2$개의 노드에 다 연결되어야 하므로

$$N=(n-1)+(n-2)+\cdots+1$$

이 되고 그 합은 잘 알려진 대로 $\frac{1}{2}n(n-1)$이다(가우스는 이 계산을

10세 때 했다고 한다!). 그러나 좀더 미묘한 것은 완전한 유향그래프에서 선들을 통해 노드 1에서 노드 n까지 가는 경로들의 수이다.

이것을 계산하기 위해 $f(i)$를 노드 i에서 노드 n까지 가는 경로의 수라고 하자(질문에 대한 답은 $f(1)$이다). 먼저 노드 $n-1$에서는 노드 n으로만 갈 수 있으므로 명백하게

$$f(n-1)=1$$

이다. $f(n-2)$는 얼마일까? 노드 $n-2$에서는 두 군데, 즉 노드 n으로 바로 가거나 노드 $n-1$로 갈 수 있다. 따라서 다음을 얻는다.

$$f(n-2)=1+f(n-1)=1+1=2$$

$f(n-3)$은 얼마일까? 노드 $n-3$에서는 노드 n으로 바로 가거나 노드 $n-1$ 혹은 노드 $n-2$로 갈 수 있다. 따라서

$$f(n-3)=1+f(n-1)+f(n-2)=1+1+2=4$$

이다. 한 번만 더. $f(n-4)$는 얼마일까? 노드 $n-4$에서는 4군데, 즉 바로 n으로 가거나 노드 $n-1$ 또는 노드 $n-2$ 또는 노드 $n-3$으로 갈 수 있다. 그러므로

$$f(n-4)=1+f(n-1)+f(n-2)+f(n-3)=1+1+2+4=8$$

이다. 이렇게 계속하면 다음을 얻는다.

$$f(n-k)=2^{k-1}$$

우리의 문제에 대한 답 $f(1)$은 $k=n-1$인 경우이다. 그러므로 세 개의 노드를 갖는 완전한 유향그래프에는 총

$$f(1)=2^{n-2}=\frac{1}{4}\cdot 2^{n}\ (\text{개})$$

의 경로가 있다. 경로의 수는 노드의 수에 따라 기하급수적으로 증가하

여 매우 빠른 속도로 대단히 커진다. 예를 들면 $n=35$노드의 경우

$$f(1)=\frac{1}{4}\cdot 2^{35}=8{,}589{,}934{,}592\ (\text{개})$$

의 경로가 있다. 총비용을 최소로 하는 경로를 찾기 위해 각 경로의 총비용을 다 계산해보고 싶은가? 설마 아니겠지!

7.3 순회하는 외판원 문제

현대의 다수의 최적 경로 문제의 특징은 해답이 존재한다는 것이고, 이론적으로 명백할지라도 실제로는 풀 수 없다는 것이다. 이것은 앞의 여러 장들에서 다룬 역사적으로 중요한 문제들과는 극적인 대조를 이룬다. 왜냐하면 그들은 해가 어떤 것인지는 고사하고 해가 존재하는지조차 전혀 명백하지 않았다. 현대의 최적 경로 문제들 중 가장 유명한 것은 소위 "순회하는 외판원 문제"라고 불리는 것이다. 이 이름은 이 문제를 소개하는 재미있는 이야기로부터 시작되었다. 도시 0에 사는 한 외판원이 정기적으로 n개의 도시에 있는 고객들을 방문하러 간다고 상상해보자. 한 도시를 방문한 다음 다른 도시로 여행하여 각 도시를 딱 한 번씩 방문하여 n번째 고객을 방문한 후 도시 0에 있는 자기 집으로 돌아온다. 그는 각 도시 사이의 거리를 알고 있으므로 폐곡선을 이루는 전체 여행거리를 최소화하는 순서로 각 도시를 방문하고자 한다.

만약 도시 i에서 도시 j까지 가는 거리를 $d(i,\ j)$라고 하면 주어진 순서를 따라 도시들을 여행하는 전체거리를 결정하는 것은 시시한 덧셈 문제이다(그런데 $d(i,\ j)\neq d(j,\ i)$임에 주의하자. 왜냐하면 두 도시를 연결하는 길이 서로 다른 길이의 일방통행로일 수 있기 때문이다. 만약 두 도시가 한 방향으로만 갈 수 있게 연결되어 있다면 $d(i,\ j)<\infty$이나 $d(j,\ i)=\infty$가 된다).

순회하는 외판원 문제의 '해'는 분명하다. 1에서 n까지 자연수의 모

든 순열을 생각하되 처음과 나중에 0을 더한 각 스트링(이와 같은 숫자들의 스트링은 해당되는 여행경로를 나타내는 가능한 폐곡선 경로를 의미한다)에 대해 전체 여행 거리를 계산하여 총합이 가장 작은 스트링을 선택한다. 이 방법으로 해를 찾을 수 있음은 확실하나, n이 증가함에 따라 순열의 수는 엄청난 비율로 증가한다. 왜냐하면 도시 0에서 시작하여 처음 방문할 도시로는 n개 중 하나를 선택할 수 있고 두 번째 도시로는 $n-1$개 중에서 세 번째 도시로는 $n-2$개 중에서 선택할 수 있으며 마지막 도시를 방문 후(n번째 선택 후) 도시 0에 있는 자기 집으로 돌아온다. 따라서 $n+1$개의 도시(도시 0과 도시 1에서 n까지)를 다 돌아오는 닫힌 경로는 총 $n!$개 있다.

$n=6$ (7개의 도시)이면 $6!(=720)$개의 닫힌 경로를 비교해야 한다. 그러나 $n=70$ (71개의 도시)이면 총 70!개, 대략 1.2×10^{100}개의 경로를 비교해야 한다. 도시 수를 약 10배씩 늘리면(7개에서 71개로) 비교해야 할 경로의 수는 초신성 폭발같이 늘어나게 된다. $n!$은 기하급수보다도 빨리 증가하고 $n=70$일 때 모든 경우를 다 조사한다는 것은, 시간에 따라 차례대로 진행되는 논리에 근거한 오늘날의 기술로 만들 수 있는 어떤 컴퓨터로도 계산할 수 있는 범위를 벗어난다. 따라서 순회하는 외판원 문제는 모든 n에 대해 답이 분명히 있으나 n이 적정 수 이상이면 실제 해가 무엇인지 계산으로는 아무도 찾아낼 수 없다!

모든 경우를 다 조사해서 해를 찾는 것이 얼마나 어리석은지 보여주는 극적인 예를 몇 해 전 미국 수학자 단치히(George Dantzig, 1914~)가 보여주었다. 그는 1947년에 선형 계획법 문제(다음 절의 주제)를 해결하는 놀랄 만큼 효과적인 심플렉스 알고리즘을 개발하였다. 그의 논문 〈선형 계획법의 기원에 대한 회상록(*Reminiscences about the Origins of Linear Programming*)〉[67)]에 그는 다음과 같이 썼다.

70!은 10^{100}보다도 더 큰 큰 수이다. 만약 IBM 370-168(1980년

67) George Dantzig, *Reminiscences about the Origins of Linear Programming*, Operations Research Letters, April 1982, pp. 43~48.

대에 대단히 큰 컴퓨터)이 150억 년 전 빅뱅 때에 있었다고 하자. 그것이 1981년까지 70!개의 조합을 다 볼 수 있었을까? 아니다! 그러면 그 대신 1초에 10억 개를 조사할 수 있다고 가정하면? 그래도 여전히 대답은 '아니오'이다. 지구가 그런 컴퓨터로 가득 차서 병렬 처리한다고 해도 답은 여전히 '아니오'이다. 그러나 만약 10^{50}개의 지구나 10^{44}개의 태양에 10억분의 1초 속력을 가진 컴퓨터로 가득 채워 빅뱅 때부터 태양이 차가워질 때까지 병렬처리하게 한다면 아마도 대답은 '예'일 것이다.

현대 사회에 흔히 일어나는 다수의 중요한 문제들은 모든 경우의 수를 다 생각하는 방법으로 풀려고 하면 이와 같은 엄청난 계산을 요구한다. 예를 들면 앞의 예에서 단치히는 순회하는 외판원 문제에 대해 쓴 것이 아니고 "할당 문제(assignment problem)"라고 불리는 것에 대해 쓰고 있다. 70명에게 70가지 일을 할당하여(각 사람은 각각의 일을 하는데 다른 수준의 능력을 갖고 있다) 70가지 일이 최소의 시간 내에 끝나게 하는 방법을 찾는 문제이다. 'n! 문제' 때문에 계산상 효과적인 알고리즘을 찾고자 많은 노력을 해왔다. 지금까지 개발된 두 가지 일반적인 접근 방법 가운데 한 가지가 방금 언급한 선형 계획법(단치히의 심플렉스 알고리즘은 1981년에 70! 할당 문제를 1초도 안 걸려 풀 수 있었다)이고, 다른 하나는 이와는 매우 다른 동적 계획법이다. 이 책을 끝내기 전에 다음 두 절에서 이들에 대해 간략히 다루고자 한다.

7.4 ▎부등식과 최소화(선형 계획법)

이 절에서 선형 계획법의 기본적인 아이디어를 접하게 될 것이다. 이 주제에 대해 아주 기초적인 것부터 이 책의 수준을 넘어가는 수학적 기법을 사용하는 것까지 문자 그대로 수백 권의 책이 지난 50년간 발간되었다. 현재, 여기에서 다룰 수 있는 것은 약간의 역사적인 주석과 가장 기본적인 수준의 내용일 수밖에 없다. 그러나 시작하기 전에 한 가지 흔한 오해를 먼저 제거하고자 한다. 선형 계획법은 컴퓨터 프로그램으로 구현할 수 있는 수학적 기법이지만 원어 'Linear Programming(선형 계획법)'의 'Programming(프로그래밍)'이 이것을 의미하는 것은 아니다. 이 말이 역사적으로 사용된 것을 보면 시간상 순서를 따라야 하는 일련의 사건들을 처리하는 일정을 계획하는(대개 어떤 단위를 최적화하고자 하는, 예를 들면 총비용을 최소화하거나 걸리는 시간을 최소화하거나 하는, 목표를 갖고서) 관리업무를 일컬어 왔다.[68] 사실 컴퓨터를 위한 코드를 쓰는 것을 '프로그래밍'이라고 부르는 것도 이러한 역사적 어원에서 나온 것이다. 컴퓨터 프로그램을 쓴다는 것이, 결국 시간 순서가 정해져 있는 사건들의 처리 일정을 짜는 것이고, 각 사건이란 프로그램 코드로 되어 있는 지시 사항을 실행하는 것이다. 프로그래밍(즉 일정을 짜는) 문제들은 프로그램할 수 있는 전자컴퓨터가 처음 만들어지기 훨씬 이전부터 연구되어 왔다.

수학적 선형 계획법의 엄밀한 정의는 원칙적으로는 상당히 간단하다.

> 음이 아닌 실수인 n개의 독립변수 $x_1, x_2, \cdots, x_n$를 갖는 선형함수 f(목적함수라고 부름)와 x_i들에 대한 일차 연립부등식이 주어졌을 때 f를 최소화(최대화)하는 x_i들의 값을 구하라.

현대 사회의 중요한 최적화 문제들 중 많은 수가 이 구조를 갖고 있다. 연립부등식의 수학적 연구는 1826년의 프랑스 수학자 푸리에(Joseph Fourier, 1768~1830)까지 거슬러 올라간다. 그 해에 그는 짧은 논문을 하나 발표하였다. 그 논문에서 연립부등식을 포함하는 문제를 생각하였고, 이 연립부등식에 의해 정의된 영역을 '비정칙 다각형(irregular polygon)'이라고 불렀다. 오늘날에는 볼록 영역(convex region)이라고 부른다. 그는 이 아이디어를 잘 다듬어 다음해 두 번째 논문을 발표하였다. 푸리에의 연구는 현대 선형 계획법의 기초가 되는 개념을 예시하고 있다.

---

68) [역자 주] 이 때문에 우리말로는 이 단어가 '계획법'으로 번역되었다.

그래턴기네스(I. Grattan-Guiness)의 두 논문 〈선형 계획법에 대한 푸리에의 예견(*Joseph Fourier's Anticipation of Linear Programming*)〉[69]과 〈선형 및 비선형 계획법의 유사 이전의 사건에 대해(*On The Prehistory of Linear and Non-Linear Programming*)〉[70] 및 윌리엄스(H. P. Williams)의 논문 〈선형 계획법과 그 쌍대에 대한 푸리에의 방법(*Fourier's Method of Linear Programming and Its Dual*)〉[71]에 푸리에 업적에 대한 더 많은 내용이 있다.

선형 계획법의 최적화 개념은 더 이상 학술지에 국한되지 않고 인기 있는 소설 속으로도 뚫고 들어갔다. 예로써 타넨바움(Robert K. Tanenbaum)의 1987년 소설 《더 적지 않은 변명(*No Lesser Plea*)》에 나오는 샌프란시스코 지방 검사 사무실에서 한 변호사가 한 다음의 짤막한 이야기를 들 수 있다.

> 최대의 효율성을 얻기 위해 모든 재판 제도를 전체로서 보아야 한다. 그리고 일정시간 내에 처리하는 일의 양을 최적화하기 위해 각 단계에 투입하는 자원을 조절해야 한다. 그리하여 우리는 여러 가지 종류의 소송에 우선권을 부여하고 점수를 매기는 공판 심사 측면도를 개발하였다. 그리하여 여러 보조 지방 검사와 사무소의 공판 배치 상황을 관찰하여 누구의 점수가 최적에서 벗어나는 지 보아 수정할 수 있게 되었다.

나중에 같은 소설에서 위의 얘기를 들은 다른 한 변호사가 회의적인 반응을 보이는 것을 볼 수 있다.

> 봐, 그들은 모든 사무실을 숫자로 제어하려고 해. 그러나 그 숫자

---

69) I. Grattan-Guiness, *Joseph Fourier's Anticipation of Linear Programming*, Operation Research Quarterly, 1970, pp. 361~64.

70) I. Grattan-Guiness, *On The Prehistory of Linear and Non-Linear Programming*, The History of Modern Mathematics, vol. 3, Academic Press 1994, pp. 43~89.

71) H. P. Williams, *Fourier's Method of Linear Programming and Its Dual*, American Mathematical Monthly, November 1986, pp. 681~95.

가 무엇을 의미하는지 감각이 없으면 숫자를 가지고 실제로 아무 것도 제어할 수 없어. 그들은 그게 없다는… 그것은 마치 러시아의 샹들리에 공장에 관한 이야기 같아. 그들은 매년 모스크바에서 샹들리에를 6톤 만들라는 할당을 받아 와서는 6톤짜리 샹들리에 한 개를 만들고는 그 해의 나머지를 놀면서 보내.

선형 계획법 문제의 첫 번째 예로는 미국 경제학자 스티글러(George Stigler, 1911~1991)가 만든 유명한 '다이어트 문제'가 가장 좋다고 생각한다. 다이어트 문제는 오늘날 선형 계획법 교과서에서 가장 중심적인 위치를 차지한다. 그 이유는 그것이 중요하기 때문이기도 하고 이해하기 쉽기 때문이기도 하다. 그러나 손으로 풀기에는 별로 쉽지 않다. 우리에게 두 개의 목록이 주어졌다고 상상해보라. 하나는 서로 다른 음식들과 단위분량당 영양소에 관한 내용(비타민, 무기질, 섬유질, 지방, 열량 등) 및 비용이다. 다른 목록은 어른 한 사람이 건강을 유지하기 위해 단위시간당 섭취해야 할 영양소의 최대 혹은 최소 양이다. 다이어트 문제의 해는 최소 비용으로 단위시간당 필요한 영양소를 섭취하기 위해 필요한 음식의 양을 결정하는 것이다.

1945년에 발표한 논문 〈생존 비용(*The Cost of Subsistence*)〉[72]에서 스티글러는 다이어트 문제를 실제 미국인에 대한 데이터로 해결하려고 하였다. 1939년 8월에 9가지 영양에 관한 제약조건하에 총 77가지 음식에 대해 일 년에 39.93달러 어치 먹으면 된다는 결론을 내렸다. 그것은 아주 형편없는 다이어트(밀가루, 분유, 양배추, 시금치와 콩)로써 거기에 대해 스티글러는 "이 다이어트를 아무도 아무에게도 추천하지 않으며 하물며 모든 사람에게 추천할 리 없다."라고 하였다. 디킨스(Dickens)가 올리버 트위스트에게 준 묽은 수프같으며 특별히 맛은 없겠지만 값이 싸고 영양가는 충분한 다이어트이다. 그러나 그게 영양가가 충분한 다이어트로써 최소 비용이 드는 것일까? 스티글러는 그렇다는 주장을 하지 않고 조심스럽게 다음과 같이 썼다. "분석 과정은 실험

---

72) George Stigler, *The Cost of Subsistence*, Journal of Farm Economics, pp. 303~14.

적이며 그 이유는 선형조건에 대한 선형함수의 최솟값을 찾는 직접적인 방법이 있는 것 같지 않기 때문이다."

그러나 만 2년 후 단치히가 그런 방법(지금은 유명해진 심플렉스 알고리즘)을 발표하였다. 1947년 가을에는 국립 표준 사무소(the National Bureau of Standards)에서 수학공식표 프로젝트(Mathematical Tables Projects, MTP)를 할 때 심플렉스 알고리즘을 사용하여 스티글러의 77개의 음이 아닌 변수에 대한 9개의 부등식을 풀었다. [MTP 프로젝트는 경제공황 중 일자리 창출을 위한 행정부서의 프로젝트 중 하나로써 직장을 잃은 사무실 직원 수백 명을 고용하였다. 그리어(David Alan Grier)의 〈*The Math Tables Project of the Work Projects Administration: the Reluctant Start of the Computing Era*〉[73)]를 참고하라.] 그 일을 위해 계산기만을 사용하여 17,000여 개의 곱하기와 나누기를 100일간 했다. 영양가가 충분한 다이어트를 위한 최소 비용은 일 년에 39.69달러라는 결론이 나왔고, 스티글러의 5가지 음식 대신 9가지(여전히 형편없는 밀가루, 옥수수 가루, 분유, 땅콩버터, 라드, 소간, 양배추, 감자와 시금치)였다.

스티글러가 얻은 결과는 그런 복잡한 문제에 대해 오차 0.6% 이내의 해로써 인상적이고 사실 놀랍긴하나 그의 시행착오적 접근 방식으로 수만개의 변수와 제약조건을 가진 문제에서도 비슷하게 성공하기를 기대하기는 어렵다. 그리고 그런 괴물 같은 문제들이 오늘날의 전형적인 선형 계획법 문제들로서 비행기 운항 계획을 짠다든가 전화(둘다 국소적으로는 정체 한도가 다양한 총체적인 조직망을 통한 흐름을 최대화하고자 함) 등에 응용된다. 반면 단치히의 심플렉스 알고리즘은 그런 문제를 쉽게 다룬다. 예를 들면 요즘 컴퓨터에 스티글러의 다이어트 문제를 프로그램하면 눈 깜짝할 사이에 풀린다.

심플렉스 알고리즘을 잘 설명하려면 선형대수학 지식이 필요하나 다

---

73) David Alan Grier, *The Math Tables Project of the Work Projects Administration: the Reluctant Start of the Computing Era*, IEEE Annals of the History of Computing, no.3, 1998, pp. 33~50.

음의 단순화된 다이어트 문제로 어떤 것인지 느낄 수 있다. 건강하고 통통한 닭고기를 먹으려면 닭이 세 가지 영양소(A, B, C라고 하자)를 매주 최소한의 양으로 섭취해야 한다고 하자. 좀더 구체적으로 최소량이 각각 60, 84, 72(적당한 단위로)라고 하자. 동네의 사료가게에는 서로 다른 표시를 가진 두 종류의 닭 모이를 판다. 하나는 싼 대신 온스당 영양가가 낮고, 다른 하나는 비싼 대신 온스당 영양가가 높다. 구체적으로는 다음과 같다고 하자.

	A	B	C	가격
	(온스당 영양소)			(온스당 페니)
모이 #1	3	7	3	10
모이 #2	2	2	6	4

이로부터 만약 농부가 모이 #1만 산다면 매주 영양소의 최소량을 닭에게 주기 위해 그는 매주 2.40달러를 들여 최대 $\left(\frac{60}{3}, \frac{84}{7}, \frac{72}{3}\right)$온스 $=$ $(20,\ 12,\ 24)$온스 $= 24$온스를 사야 한다. 한편 모이 #2만 산다면 매주 1.68달러를 들여 최대 $\left(\frac{60}{2}, \frac{84}{2}, \frac{72}{6}\right)$온스 $= (30,\ 42,\ 12)$온스 $= 42$온스를 사야 한다. 만약 모이 중 한 가지만 산다면 모이 #2가 더 나은 단순한 전략임은 명백하다. 그러나 그게 최선인가? 복합전략을 쓴다면, 즉 두 가지 모이를 섞어 쓴다면 매주 1.68달러보다 적은 값으로 영양상 적합한 먹이를 닭에게 줄 수 있는 것은 아닌가? 이 질문은 선형 계획법으로 해결할 수 있다.

매주 먹일 모이 #1의 양을 x_1이라고 하고 모이 #2의 양을 x_2라고 하면, 영양에 관한 제약조건을 다음과 같이 3개의 부등식으로 나타낼 수 있다:

$$\text{(a)}\quad 3x_1 + 2x_2 \ge 60 \quad (\text{영양소 } A)$$

$$\text{(b)}\quad 7x_1 + 2x_2 \ge 84 \quad (\text{영양소 } B)$$

$$\text{(c)}\quad 3x_1 + 6x_2 \ge 72 \quad (\text{영양소 } C)$$

최소화해야 할 목적함수는 매주 소비되는 비용으로써

$$f(x_1,\ x_2) = 10x_1 + 4x_2$$

이다. 제약부등식은 다음과 같이 쓸 수 있다.

$$x_2 \geq 30 - \frac{3}{2}x_1$$

$$x_2 \geq 42 - \frac{7}{2}x_1$$

$$x_2 \geq 12 - \frac{1}{2}x_1$$

각 부등식의 기하적 의미는 이해하기 쉽다. 예를 들어, 직선 $x_2 = 30 - \frac{3}{2}x_1$ (첫 번째 부등식을 등식으로 바꾼 것)을 그려보면 이 부등식을 만족하는 점은 직선상에 있거나 직선보다 위에 있는 점들이다. 세 부등식을 동시에 만족하는 점들은(그림 7.12의 어두운 영역) 세 직선의 위쪽에 있는 영역(혹은 그 영역의 경계선)의 점들이다. 이 점들의 집합

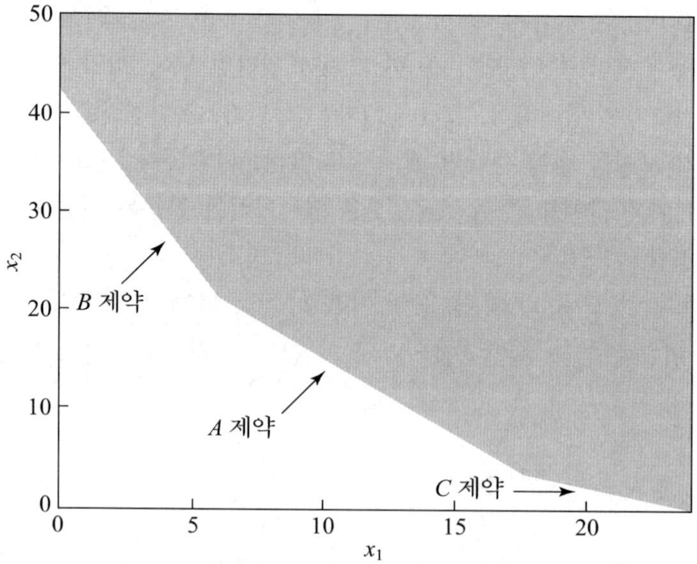

그림 7.12 닭 모이 문제의 실현가능영역(어두운 부분)

을 소위 실현가능영역(feasible solution set)이라고 부른다. 이 문제의 경우 실현가능영역은 x_1, x_2 평면의 제1사분면에 있는 유계가 아닌 볼록 집합이다. 먼저 생각해본 두 가지 단순전략은 모이 #2만 쓰는 경우 점 $(0, 42)$로 나타나고 모이 #1만 쓰는 경우 점 $(24, 0)$로 나타낼 수 있다. 그 외에 볼록한 실현가능영역의 경계에 두 꼭짓점이 더 있다. 그 중 하나인 점 $(6, 21)$는 직선 A와 B의 교점이고 다른 한 점 $(18, 3)$은 직선 A와 C의 교점이다.

실현가능영역을 가끔 다각체(polytope) 혹은 심플렉스(알고리즘의 이름이다)라고 하나 이것은 기술적 용어의 또다른 표현이다. n차원 공간의 심플렉스는 완비공간의 가장 기본적인(최소의 복잡성)구조이다. 예를 들면 2차원 공간의 심플렉스는 삼각형이고, 직선은 2차원 중 1차원만 차지하므로 심플렉스가 아니다. n차원 공간의 심플렉스는 동일 직선상에 있지 않은 $n+1$개의 꼭짓점을 갖는다(예를 들어 2차원 공간의 삼각형은 세 꼭짓점이 일직선상에 있지 않다). 그러나 실현가능영역은 곧 보여주겠지만 $n+1$개보다 더 많은 꼭짓점을 가질 수 있다! 심플렉스의 개념은 선형 계획법보다 훨씬 먼저 나왔다. 한 세기 앞서 위대한 영국의 수학자 클리포드(William Kingdon Clifford, 1845~1879)가 근본 도형(prime confine)이라는 이름으로 소개하였다. 클리포드는 삼각형을 2차원 버전, 사면체를 3차원 버전의 가장 단순한 형태의 도형으로써 넓이와 부피를 각각 갖는 것이라고 하면서 그 아이디어를 n차원으로 일반화하였다. n차원 공간의 근본 도형은 $n+1$개의 꼭짓점을 갖는다.

이제 그림 7.13처럼 실현가능영역 위에 목적함수 f의 값을 상수라 가정하고, 상수를 바꾸어가며 그래프를 그려보자. 그 결과는 평행한 직선들로서 식은 일반적으로

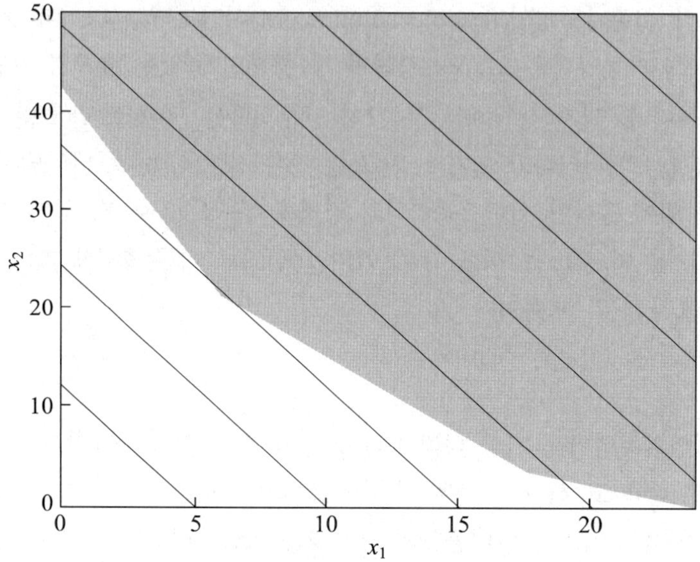

그림 7.13 닭 모이 문제의 실현가능영역과 목적함수

$$x_2 = \frac{1}{4}f - \frac{5}{2}x_1$$

이다.

기울기가 모두 $-\frac{5}{2}$이므로 직선들은 평행하다. 우리의 문제를 기하로 풀기 위해 목적함수의 등위선 중 실현가능영역을 통과하는 것 가운데 f의 값이 가장 작은 경우를 찾아보자. 실현가능영역이 볼록하므로 f가 최솟값을 갖는 경우의 직선은 최대한 왼쪽으로 멀리 떨어져 있을 것이다. 즉 실현가능영역에서 $(x_1 = 6,\ x_2 = 21)$에 있는 꼭짓점을 통과하는 직선일 것이다. 따라서 최소 비용의 다이어트는 모이 #1 6온스와 모이 #2 21온스를 혼합하는 경우로써 매주 비용은 $(6 \times 0.1) + (21 \times 0.04) = 1.44$달러이다. 이것은 두 모이 중 하나만 먹는 두 가지의 다이어트 전략 중 싼 것보다도 14% 더 싸다.

이 문제를 그림으로 그려보면 각 제약부등식은 1차원인 직선으로 2차원 공간을 둘로 나눈다. 나뉜 영역들은 우리가 실현가능영역이라고 부르는 2차원 공간에서 하나의 볼록 집합(이 경우 유계가 아닌)을 형성한다. 이 영역에 속한 임의의 점은 모든 제약조건을 만족한다. 목적함수의 최솟값은 이 영역의 극점, 즉 실현가능영역의 꼭짓점 중 하나에서 일어난다. 변수가 두 개보다 많은 문제에서도 같은 현상이 일어난다. 이처럼 n변수 문제에서 각 제약부등식은 $(n-1)$차원 공간으로 n차원 공간을 두 개로 나눈다. 이 나뉜 영역들은 실현가능영역인 n차원 공간의 볼록한 영역을 이룬다. 목적함수의 극값은 이 영역의 가장 바깥의 극점, 즉 실현가능영역의 꼭짓점에서 일어난다.

닭 모이 문제처럼, 2변수 문제의 경우는 모든 것을 종이 위에 그려볼 수 있다. n차원 공간의 경우는 '그려본다'는 것이 쉽지 않다! 한편 실현가능영역의 모든 점을 다 생각할 필요는 없고, 다만 그 집합의 꼭짓점들만 고려하면 된다. 그럼에도 불구하고 n이 수천이 되면 많은 꼭짓점들이 있다. n차원 공간의 볼록한 실현가능영역은 n차원 다이아몬드의 깎은 면과 유사하다. 심플렉스 알고리즘은 면 위의 꼭짓점에서 꼭짓점으로 움직여 목적함수의 값을 증가/감소시키고자 한다. 더 이상 그렇게 할 수 없을 때에 최적의 꼭짓점을 찾은 것이다. 꼭짓점에서 다른 꼭짓점으로 움직이는 것을 제어하는 방법이 심플렉스 알고리즘으로서 일반적으로는 선형대수학과 행렬이론만으로 설명할 수 있다; 선형 계획법에 관한 좋은 책을 아무거나(예를 들면 이 절의 마지막 문단을 보라) 참고하라.

실현가능영역의 꼭짓점 수의 상한을 다음과 같이 계산할 수 있다. 만약 n개의 변수(각각은 음이 아니라는 제약조건 $x_i \geq 0$을 갖는다)와 m개의 또 다른 제약조건이 있다면, $\binom{m+n}{n} = \frac{(m+n)!}{m!n!}$개의 꼭짓점을 가질 수 있다. 이것은 총 $m+n$개의 제약조건 중 n개를 택하여 등식으로 두고 풀어서 가능한 꼭짓점의 값 x_i를 결정하는 단순한 아이디어로부터 나온 것이다. 이것이 상한이라고 하는 이유는 총 $m+n$개의 제약조건 중 n개를 택할 때 경우에 따라서는 꼭짓점이 정의되지 않을 수도 있다. 예를 들면 닭 모이 문제에서 $n=2$개의 변수와 $m=5$개의 제약조건($x_1 \geq 0$, $x_2 \geq 0$과 세 가지 영양소에 대한 제약조건)이 있다. 이 때 실현가능영역의 꼭짓점의 수의 상한은

$$\frac{7!}{5!\,2!} = 21$$

이나 닭 모이 문제에서는 4개의 꼭짓점만 있었다(그림 7.12를 다시 보라). 등장하지 않은 꼭짓점은 B와 C의 영양에 대한 제약부등식을 등식으로 놓고 해결한 결과 구한 해이다. 그 해는 실현가능영역의 꼭짓점은 확실히 아니다. 그러나 상한보다 아주 작은 수의 꼭짓점만 실제로 등장한다고 해도 꼭짓점의 수는 엄청나게 많을 수 있다. 예를 들면 $n = 77$개의 변수와 $m = 9$개의 영양을 제약조건으로 갖는 스티글러의 다이어트 문제의 상한은 거의 1조의 반, 즉

$$\binom{86}{9} = \frac{86!}{77!\;9!} \fallingdotseq 4.6 \times 10^{11}$$

이다.

선형 계획법처럼 보이는(실제로는 아닌) 두 번째 예로써 1,000개의 동일한 기계를 갖고 있는 큰 산업 생산 시설을 생각해보자. 각 기계는 두 부품(두 부품을 A와 B라고 하자)을 만들 수 있다고 하자. 이 시설의 관리자는 매주 각 기계가 두 부품 중 어느 하나를 만들도록 조작할 수 있다. 관리자의 목표는 4주 동안 이 시설을 이용하여 최대의 수익을 얻고자 한다. 부품 B는 부품 A보다 수익이 더 있으나 기계를 더 상하게 한다. 그는 다음과 같은 제약조건하에서 매주 기계를 시작할 때 어떻게 조작할 것인지 결정해야 한다.

1. 만약 한 기계가 1주일 동안 부품 A를 만들면 그 주의 수익은 400달러이다.
2. 만약 한 기계가 1주일 동안 부품 B를 만들면 그 주의 수익은 600달러이다.
3. 부품 A를 1주일 동안 만든 기계 중 20%는 더 이상 못 쓰게 된다.

4. 부품 B를 1주일 동안 만든 기계 중 40%는 더 이상 못 쓰게 된다.

관리자의 문제를 수학적으로 표현하기 위해 다음과 같이 나타내자.

$$x_i = i\text{주에 부품 }A\text{를 만드는 기계 수}, \quad i = 1,\ 2,\ 3,\ 4$$
$$y_i = i\text{주에 부품 }B\text{를 만드는 기계 수}, \quad i = 1,\ 2,\ 3,\ 4$$

그리고 목적함수(4주간의 총 수익)는

$$f = 400(x_1 + x_2 + x_3 + x_4) + 600(y_1 + y_2 + y_3 + y_4)$$

이다. 관리자의 문제는 다음 제약조건하에서 f가 최대가 되도록 하는 정수 x_1, x_2, x_3, x_4, y_1, y_2, y_3, y_4를 구하는 것이다.

$$\begin{aligned}
&x_1 + y_1 = 1000 \\
&x_2 + y_2 = 0.8x_1 + 0.6y_1 \\
&x_3 + y_3 = 0.8x_2 + 0.6y_2 \\
&x_4 + y_4 = 0.8x_3 + 0.6y_3 \\
&x_i \geq 0, \quad i = 1,\ 2,\ 3,\ 4 \\
&y_i \geq 0, \quad i = 1,\ 2,\ 3,\ 4
\end{aligned}$$

x_i와 y_i가 기계의 대수를 나타내므로 음이 아닌 정수여야 한다. 이것은 다이어트 문제에는 없는 조건으로써 문제의 수학적 구조를 극적으로 바꾼다. x_i와 y_i를 구하기 위해 선형 계획법을 시도해 볼 수 있고, 만약 결과가 우연히도 정수라면 해결된 것이다. 그러나 그렇게 되리라는 보장은 없다. 사실 그런 일이 일어난다면 아주 운이 좋을 뿐이다. 이 문제를 동적 계획법이란 전혀 다른 방법을 써서 다음 절에서 풀 것이다. 이 방법은 자동으로 정수해를 구할 수 있다.

선형 계획법으로 정수가 아닌 해를 얻을 경우 정수로 반올림하면 해를 얻지 않을까 하는 기대를 해볼 수도 있을 것이다. 불행하게도 간단한 반례가 보여주는 것처럼 일반적으로는 그렇게 되지 않는다. 제약조건

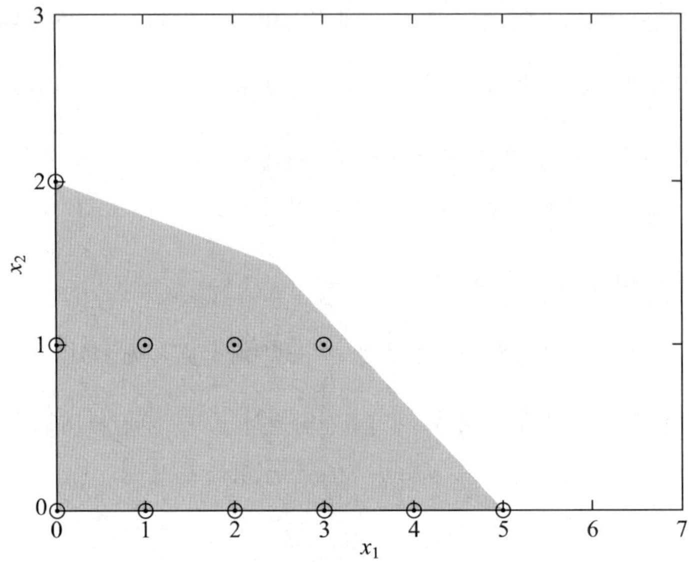

그림 7.14 정수 계획법

$3x_1 + 5x_2 \leq 15$와 $x_1 + 5x_2 \leq 10$에서 목적함수 $f = 40x_1 + 70x_2$의 최댓값을 구한다고 가정하자. 단, x_1과 x_2는 음이 아닌 정수여야 한다. 만약 정수라는 제약조건을 무시하면 그림 7.14의 어두운 볼록 영역을 실현가능영역으로 얻게 된다(동그라미 친 점은 무시하라). 목적함수의 평행한 등위선들을 보면 실현가능영역과 만나는 것 중 f가 최대가 되는 것은 꼭짓점 $(2.5,\ 1.5)$에서, 즉 $x_1 = 2.5$이고 $x_2 = 1.5$일 때이다. 그러므로 원하는 f의 최댓값은

$$f_{\max} = 40(2.5) + 70(1.5) = 100 + 105 = 205$$

이다. 좌표가 정수이면서 실현가능영역에 있는 점을 구하기 위해 선형 계획법으로 구한 해에 가까운 정수 좌표[$(3,\ 1)$과 $(2,\ 1)$]를 찾으면 될 것 같지만, 이 둘 중 어느 하나도 소위 말하는 '정수 계획법(integer-programming)'의 해가 아니다. 왜 그런지 살펴보자.

지금 이 문제에서 일일이 확인해봄으로써, 즉 실현가능영역에 있는

정수 좌표를 갖는 점을 다 확인해 봄으로써, 정수해를 얻을 수 있다. 그런 점은 총 11개가 있고 그림 7.14에 동그라미로 표시되어 있다. 규모가 작은 2차원 문제에서는 일일이 열거하는 것이 약간 지루할 뿐이다(변수가 많은 문제에서는 금방 매우 지루해질 것임을 짐작할 수 있을 것이다).

정수 좌표	$f = 40x_1 + 70x_2$
(0, 0)	0
(0, 1)	70
(0, 2)	140
(1, 0)	40
(1, 1)	110
(2, 0)	80
(2, 1)	150
(3, 0)	120
(3, 1)	190
(4, 0)	160
(5, 0)	200

이와 같이 정수 계획법 문제의 해는 $x_1 = 5$, $x_2 = 0$이고, 이때 $f_{max} = 200$이다. 이 해는 선형 계획법 문제의 해($x_1 = 2.5$, $x_2 = 1.5$)에 전혀 가깝지 않으며, 그 해의 소수점 이하를 올리거나 내려서 얻은 값과도 가깝지 않으므로 이 방법은 믿을 수 없다.

1958년에 프린스턴의 수학 조교수였던 미국의 수학자 고모리(Ralph Gomory, 1929~)가 정수 계획법 문제를 푸는 알고리즘을 발표하였다. 웜플러(Joe Wampler)와 뉴먼(Steve Newman)의 지침용(tutorial) 논문 〈정수 계획법(*Integer Programming*)〉[74)]에는 고모리의 획기적인 아이디어(소위 절단 법(method of cuts)이라고 불리는)가 검토되어 있다. 1991년에 고모리는 그가 어떻게 정수 계획법을 알아내게 되었는지에 대해 흥미진진한 역사 수필을 썼고 그 수필('Early Integer Program-

74) Joe Wampler and Steve Newman, *Integer Programming*, The College Mathematics Journal, March 1996, pp. 95~100.

ming')은 《오퍼레이션스 리서치(Operations Research)》의 2002년 1-2월호(pp. 78~81)에 수록되었다. 그가 이 문제를 처음 생각하게 된 동기는 함대 내에 배를 배치하기 위해 해군의 선형 계획법 사용에 관한 강의 중에 우연히 나온 단평, "1.3척의 항공모함과 같은 답은 계획자에게 별 소용이 없다!"을 들은 것이었다.

선형 계획법과 노벨 경제학상

노벨 경제학상은 원래 공식적으로는 1969년에 처음 수여된 '노벨 기념 경제과학 분야 스웨덴 은행상(The Bank of Sweden Prize in Economic Sciences in Memory of Alfred Nobel)'이었다. 1975년에는 경제학상을 소련 수학자 칸토로비치(Leonid Kantorovich, 1912~1986)와 네덜란드 태생의 미국 경제학자 쿠프만스(Tjalling Koopsmans, 1910~1986)가 공동으로 받았다. 그들의 상은 '자원의 최적 할당에 관한 이론', 즉 선형 계획법에 공헌한 데 대한 것이었다. 두 사람은 물론 노벨상 감이었으나, 심플렉스 알고리즘을 발명한 것으로 인정되는 단치히는 어떤가? 단치히가 1975년 국립 과학 메달(National Medal of Science)을 받은 것은 그가 선형 계획법의 발명자이기 때문이라고 발표되었다. 노벨상 위원회는 단치히를 빠뜨렸고 이는 황당한 일이다. 심지어 수상자들도 노벨상 수상 기념 연설에서 둘 다 단치히를 언급함으로써 이점을 암시하였다. 사실 7년 후인 1982년에 스티글러가 같은 상을 받으면서 그도 단치히를 언급하였다(스티글러의 상은 그의 다이어트 문제에 관한 것은 아니고 〈시장의 움직임과 공공규제론 분석〉에 관한 것이었다).

어떤 노벨상 논평자는 노벨상 위원회가 단치히를 무시한 것이 그가 수학자이기 때문이고 칸토로비치와 쿠프만스는 경제학자로 명성을 얻었기 때문이라고 추측한다. 이러한 견해는 경제학자 도르프만(Robert Dorfman)이 그의 논문 〈선형 계획법의 발견(*The Discovery of Linear Programming*)〉[75]에서 다음과 같은 진술을 함으로써 약간의 지지를 받았다.

> "선형 계획법은 수학의 한 분야가 아니다. 그것은 경제학(응용 및 이론)과 경영학 영역에 속한다."

도르프만의 논문은 여러 면에서 역사적 기록으로 훌륭하다. 특히 그는 칸토로비치와 쿠프만스의 업적 뒤에 있는 동기들을 잘 설명하고 있다. 그러나 그의 "수학의 한 분야가 아니"란 잘못된 주장이 간과되지는 않았다. 선형 계획법 사용의 선구자들로부터 강력히 반박하는 편지들을 받았고 이는 출판되었다(Annals, vol.11, no2, 1989, pp. 145~51을 보라). 그리고 도르프만의 논문이 나오기 이전에 그의 주장에 대한 반례[보이드(J. N. Boyd)와 레이초우더리(P. N. Raychowdhury)의 〈단순 회로에 적용된 선형 계획법(*Linear Programming Applied to a Simple Circuit*)〉[76]]이 물리학술지에 실렸다. 그것은 선형 계획법을 어떤 어려운 전자회로 문제를 푸는데 적용하는 방법을 보여주는 것으로써 저자들은 쿠프만스나 칸토로비치가 아닌 단치히의 업적을 인용하였다.

이와 같은 비웃음은 칸토로비치의 박사학위가 수학이고 1994년에 경제학상이(부분적으로) 수학자인 내쉬(John Nash, 'A Beautiful Mind'로 유명한)의 '게임 이론에 대한 순수 수학적인 업적'에 대해 주어짐으로써 조금 수그러졌다. 사실 어쩌면 내쉬에게 상을 준 것은 노벨상 위원회가 경제학자들이 수학자에 대해 편견을 갖고 있지 않음을 보여주고 싶어서인지도 모른다. 어쨌든 경제학자들이 세계도처에서 매일 수백만 번씩 (대부분 경제학자들에 의해) 이용하고 있는 알고리즘을 발명한 사람을 단순히 존중해주는 것이 좀더 직접적인 방법이 아니었을까? 수학자들 사이에 최고의 상이 노벨 경제

75) Robert Dorfman, *The Discovery of Linear Programming*, Annals of the History of Computing, July 1984, pp. 283~95.

76) J. N. Boyd and P. N. Raychowdhury, *Linear Programming Applied to a Simple Circuit*, American Journal of Physics, may 1980, pp. 376~78.

학상이 아니고 필즈 메달(때로 '수학의 노벨상'이라고도 불리는)인 것이 놀라운 일도 아니다.

심플렉스 알고리즘은 믿기 어려울 정도로 성공적인 알고리즘으로써 오랫동안 이상적인 기준으로 여겨져 왔다. 또한 계산의 효율면에서는 완전하지 않을 것으로 오랫동안 여겨져 왔다. 선형 계획법 문제의 크기 S를 변수의 수와 제약조건의 수의 합이라고 정의해보자. 예를 들면 앞에 나온 닭 모이 문제는 크기 $S = 2(\text{변수}) + 3(\text{제약조건}) = 5$이다. 계산상으로 효율적인 알고리즘(임의의 문제에 대해서)이란 해를 구하는데 걸리는 시간이 기껏해야 S에 대한 다항함수 정도임을 의미한다. 심플렉스 알고리즘은 최악의 경우 지수시간일 수 있음이 밝혀졌다. 그런 최악의 문제들은 실제 상황에서 잘 일어나지는 않는다는 것과 심플렉스 알고리즘은 크기가 $S = 20{,}000$ 또는 조금 더 큰 정도까지는 아주 잘 작동한다는 것을 언급해야겠다. 이론적으로는 지수시간이 나오지만 거의 S^1에 비례하는 시간 안에 끝난다(즉 해로 수렴한다). 이 (바람직한) 평균적인 작용이 일찍이 단치히의 관심을 끌었다. 몇 년 전에 한 인터뷰에서(College Mathematics Journal, September 1986, pp. 293~314) 그는 심플렉스 알고리즘에 대하여 다음과 같이 언급하였다.

> 대부분의 경우 그것은 m개의 방정식 문제를 $2m$ 혹은 $3m$ 단계만에 풀었다. 그건 정말 놀라운 일이였다. 나는 그게 그렇게 훌륭하리라곤 기대하지 않았다. 고차원 문제에 대해서는 경험이 없었고 나 자신의 기하학적 직관을 믿지 않았다. 예를 들면 나의 직관은 내게 그 진행 과정에서 한 개의 인접한 꼭짓점으로부터 다른 것으로 가는데 헤매느라 너무 많은 단계를 거칠 것이라고 하였다. 실제로는 거의 몇 단계도 거치지 않는다. 간단히 말해서 고차원 공간에 대한 직관이란 한 푼의 가치도 없다.

그러나 20,000보다 큰 크기(수만 개의 제약조건과 수십만 개의 변수들이 일상적인 “산업상의 이점”을 구하는 문제에서 나타난다)의 선형 계획법 문제가 점점 더 흔해지고 있어서 수십 년 전부터 심플렉스 알고리즘의 대안, 즉 다항시간 내에 실행되는 알고리즘을 찾기 시작했다. 1979년에 소련 수학자 카치얀(Leonid Khachiyan, 지금은 러트거스(Rutgers) 대학의 전산학과 교수)이 이전에 나온 알고리즘(다른 사람들에 의해 개발된)의 마지막 단계를 발표함으로써 항상 다항시간(S^6에 비례)이 걸리는 타원체 알고리즘이라 불리는 것을 만들었다. 그러나 심플렉스 알고리즘이 거의 항상 S^1으로 작동하므로 1979년의 결과는 대개 학계에서만 관심이 있을 뿐이었다. 그러나 그 관심은 강했고, 롤러(Eugene L. Lawler)는 어떻게 평상시 진지한 사람들이 타원체 알고리즘에 자제력을 잃고 열광하였는지에 대해 놀랄 만큼 재미있고도 통찰력 있는 수필 《1979년의 위대한 수학 스푸트니크(*The Great Mathematical Sputnik of 1979*)》[77]를 썼다.

심플렉스 알고리즘이 비다항시간 성질이 있음을 1972년 이전까지는 증명되지 않았고, 증명이 되었을 때 그 증명은 수학적 증명의 가장 설득력 있는 형태(구체적인 예를 만드는 것)였다. 그 해에 미국의 수학자 클리(Victor Klee, 1925~)와 민티(George Minty, 1929~1986)는 다음 종류의 n변수(n은 0보다 큰 임의의 정수) 선형 계획법 문제를 발표하였다.

> 다음 n개의 제약조건하에 함수 $f = 2^{n-1}x_1 + 2^{n-2}x_2 + \cdots + 2x_{n-1} + x_n$의 최댓값을 구하라.

$$\begin{aligned}
x_1 &\le 5 \\
4x_1 + x_2 &\le 25 \\
8x_1 + 4x_2 + x_3 &\le 125 \\
\vdots \quad &\quad \vdots \\
2^n x_1 + 2^{n-1}x_2 + \cdots + 4x_{n-1} + x_n &\le 5^n
\end{aligned}$$

77) Eugene L. Lawler, *The Great Mathematical Sputnik of 1979*, Mathematical Intelligencer, 1980, pp. 191~98.

이 문제의 실현가능영역에는 2^n개의 꼭짓점이 있고, 클리와 민티는 심플렉스 알고리즘이 점 $x_1 = x_2 = \cdots = x_n = 0$(이 점은 명백하게 제약조건을 만족하는 꼭짓점의 하나다)에서 시작하여 f를 최대로 하는 꼭짓점 $(0,\ 0,\ \cdots,\ 5^n)$을 마지막으로 찾아낼 수도 있음을 보였다. 다항시간과 지수시간을 비교하기 위한 단순한 예로써 2^S와 S^6에 대한 다음 표를 생각해보자.

S	2^S	S^6
2	4	64
5	32	15,625
10	1,024	1,000,000
20	1,048,576	64,000,000
29	536,870,912	594,823,321
30	1,073,741,824	729,000,000

$S \leq 29$일 때는 지수시간 알고리즘이 다항시간 알고리즘보다 실제로 빠르다($2^S < S^6$). 물론 $S \geq 30$이면 우리는 명백하게 다항시간 알고리즘을 선호할 것이다. 사실 $S = 30$이면 아주 작은 선형 계획법 문제이다.

1984년에 인도의 분석가 카르마르카르(Narendra Karmarkar, 그때 AT&T Bell 연구소에 있었고 30세가 되기 전이었다)가 $S^{3.5}$에 비례하는 시간을 갖는 전혀 다른 다항시간 알고리즘을 발표하였다(그가 수학자로서 교육을 받지 않았으며 전기 기술자였음은 흥미롭다). 그의 알고리즘은 일상적인 구조를 갖는 문제에 적용할 때 항상 마지막까지 가기 전에 답을 찾아내는 심플렉스 알고리즘과 같은 성질을 갖고 있는 것 같다. 20,000보다 훨씬 큰 크기의 문제에서는 심플렉스 알고리즘보다 50에서 100배 더 빨리 작동한다. 카르마르카르 알고리즘은 내부(interior) 알고리즘이라 불린다. 왜냐하면 심플렉스 알고리즘과는 달리 극점을 실현가능영역 내부에서 시작하여 찾기 때문이다. 이와는 대조적으로 심플렉스 알고리즘은 꼭짓점에서 꼭짓점으로 옮겨갈 때 그 집합의 차원을 초월한 곡면 위에 남아 있다.

카르마르카르의 알고리즘은 그 실행속력에 관한 극적인 주장과 AT&T(미국전신전화회사)가 이 알고리즘에 특허를 받기(1988년) 전까지 중요한 세부사항을 공개하는 것을 거절했기 때문에 처음에는 회의적으로 보였다. 특허에 관해서는 수년 전인 1968년에 미국의 첫 번째 소프트웨어 특허를 받은 선례가 있다. 많은 컴퓨터 과학 관련자들은 소프트웨어에 특허를 주는 것은 컴퓨터 과학 연구가 발전하는데 최선의 방법이 아니라고 믿는다. 단치히는 심플렉스 알고리즘을 일반에 공개함으로써 인해 엄청나게 풍요로운 연구와 유용한 지식이 생겨나게 되었다. 그러나 물론 오늘날엔 '생명의 알고리즘'인 DNA 코드에 대해 세균에서부터 사람에 이르기까지 모든 것에 특허를 내려고 하는 생명기술 분야 업체들의 사례를 볼 수 있다. 오늘날 카르마르카르 알고리즘에 관한 상세한 이론은 쉽게 찾아 볼 수 있다. 수학자 카를로프(Howard Karloff)가 쓴 한 권으로 된 책《선형 계획법(*Linear Programming*)》(Birkhauser, 1991)에 타원체 알고리즘과 심플렉스 알고리즘을 수학적으로 잘 설명하고 있다. 카르마르카르 알고리즘을 재미있는 응용과 함께 잘 설명하고 있는 것도 이미 수년 전 학술지에 나와 있다. 스트랭(Gilbert Strang)의 〈카르마르카르의 알고리즘과 그의 응용수학에서의 위치(*Karmarkar's Algorithm and Its Place in Applied Mathematics*)〉[78]를 보라.

7.5 ▌ 거꾸로 작업하여 최소화하기(동적 계획법)

이 책의 마지막 절인 이 절에서 선형 계획법과 거의 동시에 시작된 중요한 수학 분야 한 가지를 소개하겠다. 문제가 시간 순서에 따라 차례대로 결정을 내려야 해결될 때, 그 해(그 결정들은 어떤 함수의 극값을

---

78) Gilbert Strang, *Karmarkar's Algorithm and Its Place in Applied Mathematics*, The Mathematical Intellignecer, vol., no.2, 1987, pp. 4~10.

구하는 것들이어야 함)는 동적 계획법(dynamic programming)에 의해 얻을 있다. 미국의 수학자 벨만(Richard Bellman, 1920~1984)은 이 수학적 이론의 발달 및 다단계 결정 문제 풀이와 인연이 깊다. 그가 1957년에 낸 책 《동적 계획법(*Dynamic Programming*)》(Princeton)은 오늘날 고전으로 여겨지고 있으며 거의 반세기가 지났음에도 불구하고 아직도 재미있는 문제들의 출처가 되고 있다.

동적 계획법은 선형 계획법에 비해 훨씬 '예술적 형태'이고 그런 면에서 선형 계획법보다 훨씬 더 고전 해석학을 닮았다. 심플렉스 알고리즘은 여러 개의 (큰) 표준화된 컴퓨터 프로그램이 있으므로 목적함수와 제약부등식만 입력하면 답을 구할 수 있다. 이와는 대조적으로 동적 계획법에서는 새 문제마다 새롭게 해석을 해야 하며, 이는 대개 문제의 특성을 함수식으로 이끌어내는 형태이다. 이 방법으로 문제를 푸는 것을 잘 보여주는 간단한 문제가 하나 있는데, 이것은 벨만의 최적화 원칙(principle of optimality)을 이용한다.

> 만약 $i=1, 2, \cdots, n$에 대해 $x_i \geq 0$고 $P = x_1 x_2 \cdots x_n$이며
> $\sum_{i=1}^{n} x_i = a$ (주어진 상수)이면 P를 최대로 하는 x_i값은?

$n \geq 2$일 때, x_i 중 어느 하나도 0이거나 a이어서는 안 된다는 것이 명백하다. 그러면 $P=0$이 되고, P가 가질 수 있는 가장 큰 값이 아닌 것은 분명하다.

답이 무엇이든 기껏해야 n(문제의 차원)과 a의 함수임은 확실하다. 즉 문제에 나오는 매개변수는 이들뿐이다. 그러므로 P의 최댓값을 $f_n(a)$라고 쓰자. $n=1$인 경우는 자명하게

$$P = x_1, \quad x_1 \geq 0, \quad \sum_{i=1}^{i} x_i = a = x_1$$

이므로 $f_1(a) = a$이다. 약간 더 재미있는 $n=2$인 경우는

$$P = x_1 x_2, \quad x_1 \geq 0, \quad x_2 \geq 0, \quad \sum_{i=1}^{2} x_i = a = x_1 + x_2$$

이므로 $x_2 = a - x_1$이다. 따라서 $P = x_1(a - x_1)$이고, 이때 $0 \leq x_1 \leq a$이다. P를 최대화하기 위해 $x_1 = \frac{1}{2}a$ (그리고 마찬가지로 $x_2 = \frac{1}{2}a$)이어야 함을 쉽게 알 수 있다. 따라서 $f_2(a) = \frac{1}{4}a^2$이다. $n \geq 3$인 경우 $f_3(a)$, $f_4(a)$ 등을 어떻게 구해야 할지 바로 보이지는 않을지도 모르겠다. 다음 접근 방식을 생각해보라.

x_1의 값을 구했다고 상상해보자. 그러면 곱 $x_2 x_3 \cdots x_n$을 최대화하는 문제가 된다. 이때 제약조건은 다음과 같다.

$$x_i \geq 0, \quad i = 2, 3, \cdots, n, \quad \sum_{i=2}^{n} x_i = a - x_1$$

그러나 이것은 문제의 차원을 하나 줄인 것(n개의 x_i에서 $n-1$개의 x_i로) 외에는 처음 문제와 똑같다. 그리고 $n-1$개의 x_i들의 합은 $a - x_1$(a가 아닌)으로 바꾼 것이다. 이와 같이 f_n의 정의에 의하면 $x_2 x_3 \cdots x_n$의 최댓값을 $f_{n-1}(a - x_1)$으로 나타낼 수 있다. 그러므로 원래 문제에서 P의 최댓값을 구하기 위해 $x_1 f_{n-1}(a - x_1)$가 최대가 되는 x_1을 구한다. 즉 곱하기에 관한 점화 관계

$$f_n(a) = \max_{0 \leq x_1 \leq a} \{x_1 f_{n-1}(a - x_1)\}$$

를 얻는데, 이것이 이 문제의 특성을 나타내는 함수식이다.

이 함수식을 어떻게 구했는지 조심스럽게 관찰해보자. 우리는 n차원 문제에서, 벨만이 최적 정책(optimal policy)이라고 한, 올바른 선택(x_1, x_2, $\cdots$, x_n의 값)을 하는 것은 x_2, x_3, $\cdots$, x_n의 값이 $(n-1)$차원 문제의 최적 정책이 되게 하는 것이라고 주장하였다. 이것이 다단계 결정 과정을 위한 벨만의 최적화 원칙으로써 그는 동적 계획법 책에 다음과 같이 쓰고 있다.

"최적 정책은 처음 상태와 처음 결정이 무엇이든(우리의 경우, 여기서는 x_1의 값) 남은 결정들이(즉 x_2, x_3, $\cdots$, x_n의 값들) 처음 결정의 결과로 인한 상태에서 최적 정책이 되어야 한다는 성질을 갖고 있다."

일단 어떤 문제에 대한 함수식을 얻은 다음 동적 계획법 분석의 두 번째 국면은 함수식을 (해석적으로 혹은 좀더 일반적으로는 수치해석으로) 푸는 것이다. 위의 문제를 해석적으로 푸는 방법을 소개하겠다. 다루기가 조금 덜 쉬워지는 첫 번째 경우라고 할 수 있는 $n=3$인 경우를 보자. 함수식으로부터 다음을 얻는다.

$$f_3(a) = \max_{0 \le x_1 \le a} \{x_1 f_2(a - x_1)\}$$

$f_2(a) = \frac{1}{4}a^2$이므로 $f_2(a - x_1) = \frac{1}{4}(a - x_1)^2$이고, 따라서

$$f_3(a) = \max_{0 \le x_1 \le a} \left\{x_1 \frac{1}{4}(a - x_1)^2\right\}$$

이다. $\frac{1}{4}x_1(a - x_1)^2$의 미분을 0으로 둠으로써 x_1의 값을 쉽게 찾을 수 있다. 즉 $x_1 = \frac{1}{3}a$이고, 따라서

$$f_3(a) = \frac{a^3}{27}$$

이다. 지금까지 결과를 종합하면

$$f_1(a) = a = \left(\frac{a}{1}\right)^1$$

$$f_2(a) = \frac{1}{4}a^2 = \left(\frac{a}{2}\right)^2$$

$$f_3(a) = \frac{1}{27}a^3 = \left(\frac{a}{3}\right)^3$$

이다. 일반적인 답은

$$f_k(a) = \left(\frac{a}{k}\right)^k$$

임을 쉽게 짐작할 수 있으며, 이것을 수학적 귀납법으로 쉽게 증명할 수 있다. $k=1, 2, 3$일 때 성립하는 것은 확실히 알 수 있다. $k=n-1$일 때 성립한다고 가정하면, $k=n$일 때 성립하는지 보자.

$$f_n(a) = \max_{0 \le x_1 \le a} \{x_1 f_{n-1}(a-x_1)\} = \max_{0 \le x_1 \le a} \left\{x_1 \left(\frac{a-x_1}{n-1}\right)^{n-1}\right\}$$

에서 $x_1\left(\frac{(a-x_1)}{(n-1)}\right)^{n-1}$의 미분을 0으로 두면 $x_1 = \frac{a}{n}$이고, 따라서

$$f_n(a) = \frac{a}{n}\left(\frac{a-\frac{a}{n}}{n-1}\right)^{n-1} = \frac{a}{n}\left[\frac{na-a}{n(n-1)}\right]^{n-1} = \frac{a}{n}\left[\frac{a(n-1)}{n(n-1)}\right]^{n-1}$$
$$= \frac{a}{n}\left(\frac{a}{n}\right)^{n-1} = \left(\frac{a}{n}\right)^n$$

이 되어 증명이 끝났다. 따라서 $P = x_1 x_2 \cdots x_n$의 최댓값은 $x_1 = x_2 = \cdots = x_n = \frac{a}{n}$일 때 $f_n(a) = \left(\frac{a}{n}\right)^n$이다.

조금 덜 수학적인 용어를 쓴다면, 최적화 원칙이란 부모님들이 여러분에게 늘 하시던 말씀("항상 최선을 다하라")처럼 명예롭게 사는 법의 수학적 버전이다. 즉, 항상 여러분에게 남아 있는 것을 가장 중요시한다면 처음에 갖고 시작한 것도 가장 중시하는 것이 될 것이다. 벨만은 최적화 원칙에 푹 빠져서 그가 죽던 해에 출판한 그의 기이하고도 재미있는 자서전(그의 자서전으로 걸맞은) 《허리케인의 눈(*Eye of Hurricane, World Scientific*)》에 다음과 같이 썼다. "동적 계획법에서 내가 첫 번째 한 일은 그것을 정밀한 기초 위에 놓는 것이었다. 나는 내가 함수식을 유도하기 위해 똑같은 기법을 거듭

쓰고 있는 것을 발견하였다. 이 기법을 '최적화 원칙'이라고 부르기로 하였다."

한 친구가 "그 원칙이 정밀하지 않다."라고 반박했을 때 벨만은 "'물론 정밀하지 않다. 심지어 정확하지도 않다.' 좋은 원칙이란 직관의 길잡이여야 한다."라고 대답했다. 이로부터 알 수 있듯이, 벨만은 기인이다! 그는 별난 천재일지 모르나 머리가 명석하였고(그의 최고 찬미자들마저도 그는 극도로 거만하였다고 함), 그가 죽을 당시의 그의 직업명은 다양한 분야에 관심을 갖고 있었음을 보여준다(그는 서던캘리포니아 대학의 수학과, 전기공학과, 생의학 공학과 및 의학 교수였다). 그의 수학적 업적의 폭은 1979년 세계에서 제일 큰 공학전문학회, 전기전자공학회(the Institute of Eletrical and Electronics Engineers, IEEE)로부터 인정을 받은 것을 보면 알 수 있다. 그 해에 벨만은 동적 계획법에 대한 업적으로 IEEE 명예 훈장(Medal of Honor, 전기공학계에서 가장 이름난 상)을 받았다.

이제는 최적화 원칙을 7.2절의 유향그래프의 총비용을 최소로 하는 경로 찾기 문제에 어떻게 사용할지 살펴보기로 하자. 그림 7.11을 다시 보라. $c(i,\ j)$를 노드 i와 노드 j를 연결하는 선을 따라 여행하는 비용이라고 하자(유향그래프에서 노드에 번호를 $i<j$가 되도록 붙인 것을 상기하자). 또한 $f(i)$를 노드 i에서 마지막 노드(그림 7.11에서는 노드 8)까지 여행하는데 드는 총비용의 최솟값이라고 하자. 그러면 명백하게 $f(8)=0$이다.

노드 7에 도착했다고 가정하면 노드 8로 가는 방법은 하나뿐이고 비용은 $c(7,\ 8)=4$이다. 그림 7.15처럼 노드 7 옆에 숫자 4를 써서 네모를 치자. 마찬가지로 만약 노드 5나 노드 6에 도착했다고 하면 노드 8로 가는 방법은 하나뿐이다(비용은 각각 $c(5,\ 8)=1$이고 $c(6,\ 8)=1$이다). 노드 5와 노드 6 옆에 1을 쓰고 네모를 하자. 네모 안에 있는 숫자는 네모 옆의 노드로부터 노드 8까지 가는데 드는 총비용을 나타낸다. 즉 $f(7) = 4$, $f(6) = 1$, $f(5) = 1$이다.

노드 1까지 이렇게 거꾸로 내려가야 하는데 (결국 우리가 원하는 것은 $f(1)$과 최소 비용이 드는 경로이다) 노드 4에 도착했다고 가정하자. 거기서부터는 한 가지 이상의 나아갈 길이 있다. 노드 5로 가거나 노드 6으로 갈 수 있다. 만약 노드 5로 간다면 노드 8까지 여행하는데 드는 총비용은 $c(4,\ 5) + f(5) = 4 + 1 = 5$이고, 만약 노드 6으로 간다면 노드 8까지 여행하는 총비용은 $c(4,\ 6) + f(6) = 1 + 1 = 2$이다. $f(4)$가 노드 4에서 노드 8까지 가는 총비용 중 최솟값이므로

$$f(4) = \min\left\{\begin{matrix} c(4,\ 5) + f(5) \\ c(4,\ 6) + f(6) \end{matrix}\right\} = \min\left\{\begin{matrix} 5 \\ 2 \end{matrix}\right\} = 2$$

이다. 그러므로 노드 4 옆에는 2를 쓰고 네모를 한다. 지금까지 한 것은 그림 7.15에 나와 있는데, 한 노드에서 다음 노드로 가는 각 선에 사선을 그어 표시를 해놓았다(마치 돌아가는 길을 찾을 수 있도록 가는 길에 쌀을 뿌리면서 가는 것과 같다).

일반적인 과정은 이제 명백하다. 어찌어찌하여 노드 i에 도달했다면

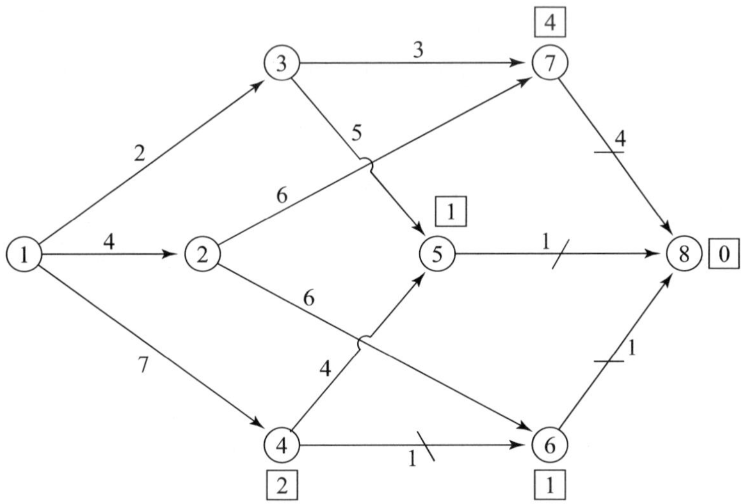

그림 7.15 거꾸로 작업하여 유향그래프 문제 풀기

그로부터 마지막 노드 8까지 가는 총비용의 최솟값은

$$f(i) = \min_{j > i}\{c(i,\ j) + f(j)\}$$

이다. 이때 $f(i)$는 노드 i 옆의 네모 안에 써 넣은 숫자이다. 덧셈으로 된 이 점화식이 유향그래프를 통과하는 최소 비용 경로에 대한 동적 계획법의 함수식이다. 명백하게 최적화 원칙이 들어 있다. 왜냐하면 특정한 노드로 어떻게 가든 그 노드로부터 마지막 노드까지 나아가는 경로는 최적화 원칙 자체이기 때문이다. 함수식을 계속 사용하면

$$f(3) = \min\begin{Bmatrix} c(3,\ 5) + f(5) \\ c(3,\ 7) + f(7) \end{Bmatrix} = \min\begin{Bmatrix} 5+1 \\ 3+4 \end{Bmatrix} = 6$$

$$f(2) = \min\begin{Bmatrix} c(2,\ 7) + f(7) \\ c(2,\ 6) + f(6) \end{Bmatrix} = \min\begin{Bmatrix} 6+4 \\ 6+1 \end{Bmatrix} = 7$$

$$f(1) = \min\begin{Bmatrix} c(1,\ 3) + f(3) \\ c(1,\ 2) + f(2) \\ c(1,\ 4) + f(4) \end{Bmatrix} = \min\begin{Bmatrix} 2+6 \\ 4+7 \\ 7+3 \end{Bmatrix} = 8$$

이고, 마지막 결과는 그림 7.16에서 볼 수 있다. 최소 비용 경로는

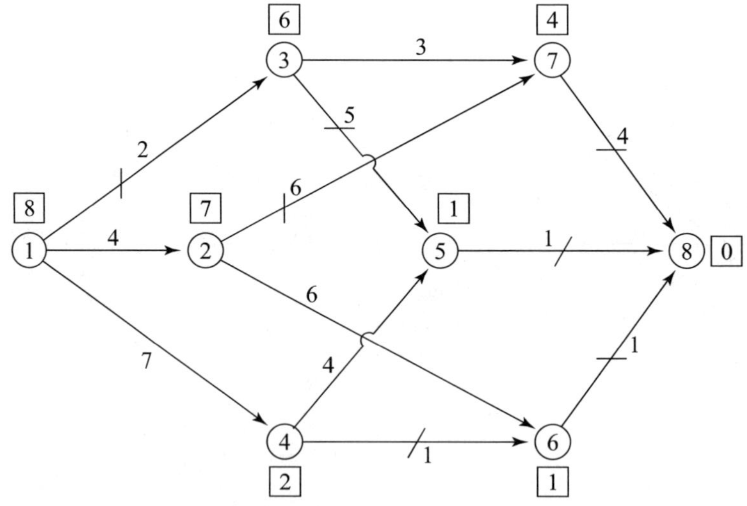

그림 7.16 그림 7.15에서 그래프에 대한 최종의 동적 프로그래밍 해

$1 \rightarrow 3 \rightarrow 5 \rightarrow 8$이고, 그때 비용은 8이다. 지금쯤이면 이 문제의 함수식을 컴퓨터로 자동 계산할 수 있도록 코드를 만드는 것이 아주 쉬워서, 매우 큰 유향그래프(예를 들어, $n = 1{,}000$개의 노드)의 연결 위상이 주어지면 최소 비용 경로를 빨리 찾을 수 있을 것이다.

우리가 얻은 해에 한 가지 이상한 관점이 있다. 실제로 구현될 것으로 기대하는 것과는 반대의 순서로 최적화 원칙을 찾았다는 것이다. 즉 노드 1에서 노드 8까지 가는 최소 비용 경로를 찾기 위해 노드 8에서 노드 1까지 거꾸로 작업을 했다. 노드에 번호를 붙일 때 약속에 따르면 노드 1에서 노드 8까지 가는 동안 시간이 갈수록 만나는 노드의 숫자가 커지며 노드 번호의 증가는 시간의 증가 척도가 된다. 그러므로 함수식의 해는 시간 진행과는 거꾸로 가며 얻어진다. 이와 같은 것이 동적 계획법의 일반적인 성질이고, 이는 150년 전 덴마크의 철학자 키에르케고르(Soren Kierkegaard)의 관찰을 생각나게 해준다. "인생은 뒤에서부터 거슬러가며 이해할 수 있으나 우리는 앞으로 나아가며 살아야 한다." 유향그래프에서 동적 계획법에 의한 해법은 그 자체가 상당히 수학적인 결과이나 바로 실용적으로 응용할 수도 있다. 예를 들면 한 제조회사가 크고 비싼 흙을 운반하는 기계를 건설 기술자들에게 팔 때, 나타난 다음 문제를 생각해보라. 그 회사의 경영 방침에 대해 다음과 같은 정보가 주어졌다고 가정하자.

1. 기계 한 대를 만드는데 한 달이 걸린다.
2. 한 달 동안 1대의 기계라도 만든다면 고정 간접 생산비(만든 기계 숫자에 무관)가 2단위(돈의 단위를 이렇게 하면 너무 큰 숫자를 쓰지 않아도 된다. 예를 들어 1단위를 1,000달러라고 정의하라) 소요된다.
3. 회사는 어느 달에나 임의로 수효의 기계를 만들 수 있다(생산시설을 어느 달에는 다른 것을 만드는데 쓰고 간접생산비도 다른 경비에 들어갈 경우 수효는 0이 될 수도 있다).
4. 완성된 기계는 고객에게 그 달 말에 보낸다.

5. 완성된 기계가 그 달 말에 발송되지 않으면 현장에 (재고품으로) 기계 한 대당 한 달에 1단위의 비용으로 저장된다(만드는 달은 저장 비용을 물지 않는다).
6. 이 기계를 만드는 생산 라인은 겨울, 즉 12월과 1월에는 가동하지 않고 1년 중 열 달만 가동한다. 이 회사는 생산 주기를 다섯 달로 계획한다. 즉, 열두 달 동안 두 생산 주기가 있다.
7. 각 생산 주기의 시작에 재고는 0이다.
8. 이 회사의 마케팅 부서는 첫 생산 주기 동안 16대의 기계를 다음과 같이 공급하고자 한다.

매월 말	발송할 기계 수
2월	2
3월	4
4월	2
5월	5
6월	3

이 회사의 생산 관리자는 기계 제조 일정을 총 간접비용/보관비용이 최소가 되도록 하는 정책을 결정해야 한다. 즉, 그는 매달 몇 대의 기계를 만들어야 하는지 계산해야 한다. 예를 들어 가능한(극단적인) 한 가지 방법은 2월에 16대를 다 만드는 것이다. 이 경우 비용은 다음과 같이 쉽게 계산할 수 있다.

만든 기계 수		보관된 기계 수	월말에 인도한 기계 수	비용
2월	16	0	2	2
3월	0	14	4	14
4월	0	10	2	10
5월	0	8	5	8
6월	0	3	3	3

이 정책의 경우 총 간접비/보관비는 37단위이다. 이게 총비용이 최소가 되게 하는 정책일까? 아니다. 최적 정책은 훨씬 적은 비용이 든다.

최소 비용이 드는 정책을 찾기 위해 관리자의 문제를 완전 유향그래프를 통한 최소 비용 경로를 찾는 문제로 나타낼 수 있다. 어떻게 하느냐 하면 먼저 위의 경영 방침 목록으로부터 다음 두 결론을 얻을 수 있다:

1. 어느 주어진 달 동안 만드는 기계의 수는 정수(0 포함) 단위의 달[79]의 주문량이어야 한다. 그렇지 않으면 잉여 기계가 만들어져 다음 인도할 날을 기다리는 동안 보관비용이 발생하기 때문이다.
2. 경영 방침 3번 때문에 결론 1은 이 회사의 재고품이 0이 되었을 때만 새 기계를 만들어야 함을 뜻하나 문제가 되지 않는다.

이제 유향그래프의 노드 i를 i월 초의 회사라고 하자. 여기서 $i = 1 \Rightarrow 2$월, $i = 2 \Rightarrow 3$월 등등 $i = 6 \Rightarrow 7$월이다(즉, 기계를 마지막으로 발송하는 6월 말은 7월 초이다). 이렇게 하여 그림 7.17에 있는 그래프를 얻는데,

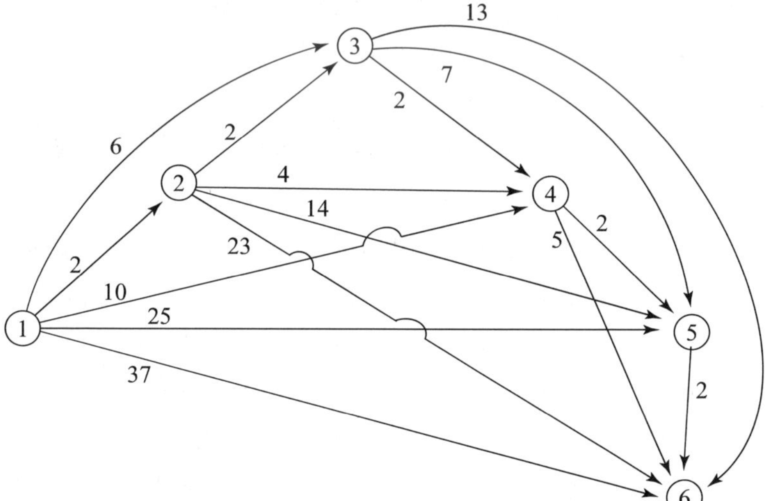

그림 7.17 기계 제조 문제의 유향그래프

79) [역자 주] 두 달 반이 아닌 두 달 혹은 석 달 등.

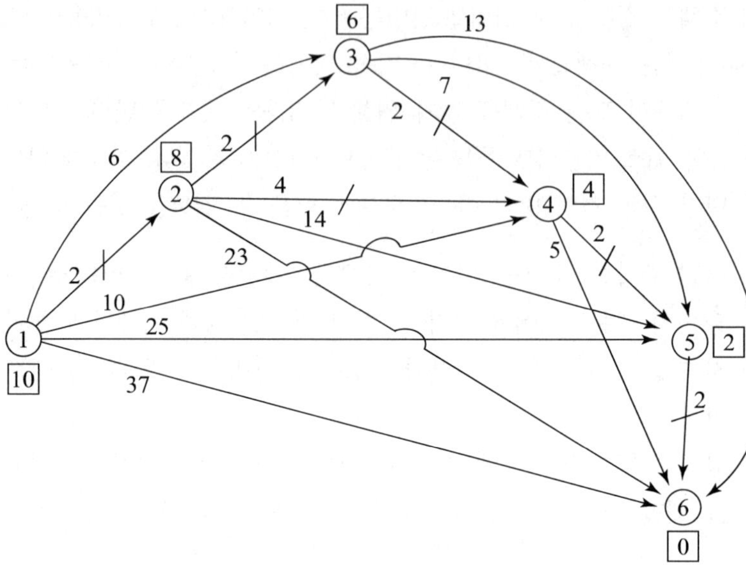

그림 7.18 그림 7.17의 동적 계획법에 의한 해

여기서 $c(i,\ j)$는 노드 i에서 노드 j로 연결하는 선의 비용이다. 즉, $c(i,\ j)$는 j월 초까지 배송할 모든 기계를 만드는데(그리고 보관하는데) 드는 i월(재고가 없는) 초의 비용이다. 예를 들면 이미 계산한 것처럼 $c(1,\ 6)=37$이다. 같은 식으로 계산하면 비용들은 그림에 있는 것과 같다(7.2절에서 보인 것처럼 $n=6$개의 노드가 있으면 이 그래프에는 $\frac{1}{2}(6)(5)=15$개의 선이 있다).

유향그래프를 이용한 동적 계획법의 과정을 그림 7.17의 그래프에 적용하면 그림 7.18에서 보여주는 결과를 얻게 된다. 이 그림에 의하면 최소 비용 10단위가 드는 생산 일정은 사실 두 개가 있다. $1\to2\to3\to4\to5\to6$와 $1\to2\to4\to5\to6$이다. 최적(최소 비용) 정책이 유일한 것은 아니다. 첫 번째 정책은 2월에 2, 3월에 4, 4월에 2, 5월에 5, 6월에 3대의 기계를 만드는 것, 즉 각 달의 말에 배송해야 할 숫자만큼만 그 달에 만드는 것이다. 두 번째 정책은 2월에 2, 3월에 6, 4월에 0, 5월에 5, 6월에 3대를 만드는 것이다. 두 정책 중 어느 것을 택할지는 비용 이외의 여건에 따라 결정해야 할 것이다. 예를 들어 4월 중에는 생산 시설을 다른 사업에 쓰려고 한다면 두 번째 정책 쪽으로 결정하게 될 것이다.

생각해 볼 질문

고정 간접비가 4단위라고 해보자. 보관비용은 매달 기계 한 대당 1단위 그대로라고 하자. 이때 최적 생산 정책은 무엇일까? 답은 이 절의 마지막에 있다.

동적 계획법의 마지막 보기로써 7.4에서 논의한 1,000기계 정수 계획법 문제로 돌아가 보자. 거기서 풀지 않고 남겨 둔 것은 정수값을 갖는 변수들의 수(8)가 실현가능영역이 초공간(이것은 단치히가 관찰한 것처럼 '그려 보기' 어려운 것이다)에 있는 점들의 집합임을 의미하기 때문이다. 동적 계획법에는 그런 복잡한 문제는 없다. 4주 기간 동안 매주 초에 작동하고 있는 기계도 부품 A를 만드는 데 몇 대나 할당할 것인지를(나머지는 부품 B를 만드는 데 할당됨) 결정하는 문제였음을 상기하자. 이전의 동적 계획법 문제와 같이 이 문제를 시간에 따른 순서로 볼 때 거꾸로 풀 것이다.

$f_k(n)$을 n대의 작동하는 기계로 시작하여 k주 동안 얻을 수 있는 최대의 수익이라고 정의하자. 만약 부품 A를 만드는 데에 x대의 기계를 할당한다면(따라서 부품 B를 만드는 데는 $n-x$대) 1주 동안($k=1$)

$$f_1(n) = \max_{0 \le x \le n} \{400x + 600(n-x)\} = \max_{0 \le x \le n} (600n - 200x)$$
$$= 600n$$

이 되며, 이는 $x=0$으로 둠으로써 최댓값 $600n-200x$를 얻기 때문이다. 이 결과는 네 번째 주의 시작에(딱 한 주가 남았을 때) 그때 작동하는 모든 기계를 부품 B를 만드는데 가동시켜야 할 것임을 말해준다.

세 번째 주의 시작 시점으로 돌아가 보자. 즉 2주 남았을 때 작동하는 n대의 기계로 얻을 수 있는 최대 수익인 $f_2(n)$에 관심이 있다. $f_2(n)$은 세 번째 주와 네 번째 주로부터 얻을 수익의 합이므로 세 번째 주를 부품 A를 만드는 데에 x대(따라서 부품 B를 만드는 데 $n-x$대)의 기계를 할당함으로써 시작하면

$$f_2(n) = \max_{0 \le x \le n} \{[600n - 200x] + f_1[0.8x + 0.6(n-x)]\}$$

이다. $f_1(n) = 600n$이므로

$$\begin{aligned} f_2(n) &= \max_{0 \le x \le n} \{600n - 200x + 600[0.8x + 0.6(n-x)]\} \\ &= \max_{0 \le x \le n} \{960n - 80x\} = 960n \end{aligned}$$

과 $x=0$으로 둠으로써 $960n - 80x$을 최대화하게 된다. 그러므로 세 번째 주를 시작할 때 작동하는 모든 기계를 부품 B를 만드는데 할당해야 한다.

이제 두 번째 주의 시작으로 돌아가 보자. 즉 3주 남았을 때 작동하는 n대의 기계로 얻을 수 있는 최대 수익인 $f_3(n)$에 관심이 있다. $f_3(n)$은 두 번째 주와 나머지 두 주에 얻는 수익의 합이므로 두 번째 주를 부품 A를 만드는 데에 x대(따라서 부품 B를 만드는 데 $n-x$대)의 기계를 할당함으로써 시작하면

$$f_3(n) = \max_{0 \le x \le n} \{[600n - 200x] + f_2[0.8x + 0.6(n-x)]\}$$

이다. $f_2(n) = 960n$이므로

$$\begin{aligned} f_3(n) &= \max_{0 \le x \le n} \{600n - 200x + 960[0.8x + 0.6(n-x)]\} \\ &= \max_{0 \le x \le n} \{1{,}176n - 8x\} = 1{,}176n \end{aligned}$$

이고 $x=0$으로 둠으로써 $1{,}176n - 8x$를 최대화하게 된다. 그러므로 두 번째 주를 시작할 때 작동하는 모든 기계를 부품 B를 만드는데 할

당해야 한다.

마지막으로 첫 번째 주의 시작으로 돌아가 보자. 즉 $f_4(n)$(지금은 물론 이 문제에서 $n=1{,}000$이다)에 관심이 있다. 늘 하듯이 부품 A를 만드는 데에 x대(따라서 부품 B를 만드는 데 $n-x$대)의 기계를 할당하자. 그러면 앞에서처럼

$$f_4(n) = \max_{0 \le x \le n} \{[600n - 200x] + f_3[0.8x + 0.6(n-x)]\}$$

혹은 $f_3(n) = 1{,}176n$이므로

$$\begin{aligned} f_4(n) &= \max_{0 \le x \le n} \{600n - 200x + 1{,}176[0.8x + 0.6(n-x)]\} \\ &= \max_{0 \le x \le n} \{1{,}305.6n + 35.2x\} = 1340.8n \end{aligned}$$

이고 $x=n$으로 둠으로써 $1{,}305.6n + 35.2x$를 최대화하게 된다. 그러므로 첫째 주를 시작할 때 작동하는 모든 기계를 부품 A를 만드는데 할당해야 한다.

따라서 우리의 최적(4주 간의 최대 수익) 정책은

첫 번째 주 시작: 모든 기계를 부품 A 만드는데 할당
두 번째 주 시작: 남아 있는 모든 기계(= 800)를 부품 B 만드는데 할당
세 번째 주 시작: 남아 있는 모든 기계(= 480)를 부품 B 만드는데 할당
네 번째 주 시작: 남아 있는 모든 기계(= 288)를 부품 B 만드는데 할당

이 정책으로 얻는 총 수익은 1,340,800달러고 다른 정책으로는 더 적은 수익을 얻는다.

이 문제에 대해 마지막으로 언급할 것은, 동적 계획법에 의한 해법은 중요한 면에서 선형 혹은 정수 계획법에 의한 해법보다 더 일반적이다. 즉 동적 계획법은 목적함수가 일차가 아니어도 적용할 수 있다. 예를 들면, 각 부품을 만들어서 얻는 수익만 제외하고 나머지는 앞과 같다고 하자. 이번에는 수익이 각 부품의 만들어진 양에 선형으로 변하지 않고 (즉 각 부품을 만드는 데에 할당된 기계의 수에 대한 일차함수가 아니

고) 각 부품에 의한 수익이 할당된 기계의 수의 이차함수로 변한다고 하자. 예를 들면, 부품을 만드는 원료를 대량 구입함으로써 부품마다 생산가가 줄어들었다든지 할 수 있다. 최적(최대 수익) 정책을 결정하는 문제는 이제 비선형 계획법의 하나이고 선형 심플렉스 알고리즘은 더 이상 적용되지 않는다. 그러나 동적 계획법은 이것도 놓치지 않는다.

이를 보기 위해 한 주에 부품 A를 만드는 데에 n대의 기계가 할당되면 수익은 $2n^2$이고, 부품 B를 만드는 데에 n대의 기계가 할당되면 수익은 $3n^2$이라고 가정하자. $f_k(n)$은 이전처럼 정의하자. 만약 4주째 시작할 때 작동하는 기계가 n대이고, 부품 A를 만드는 데에 x대의 기계를 할당한다면(따라서 부품 B를 만드는 데는 $n-x$대)

$$\begin{aligned} f_1(n) &= \max_{0 \le x \le n} \{2x^2 + 3(n-x)^2\} = \max_{0 \le x \le n} (5x^2 - 6nx + 3n^2) \\ &= 3n^2 \end{aligned}$$

로 쓸 수 있는데 그 이유는 $5x^2 - 6nx + 3n^2$이 구간 $0 \le x \le n$에서 $x = 0$일 때 최댓값을 갖기 때문이다. 이것은 이 2차식이 구간 안에 있는 $x(x = \frac{3}{5}n$에서)에서 최솟값을 가지므로 최댓값이 x의 양 끝점 중 하나에서 일어나기 때문이다. 어느 점인지 찾는 것은 쉽다. $x = n$에서 이차식의 값은 $2n^2$이고 $x = 0$에서 이차식의 값은 $3n^2$이다. 그러므로 결론은 $x = 0$이다. 이 결과에 의하면 선형 수익의 경우처럼 네 번째 주를 시작할 때 모든 작동하는 기계를 부품 B를 만드는데 할당해야 한다.

이제 세 번째 주의 시작 시점으로 돌아가 보자. 만약 n대의 기계 중 부품 A를 만드는 데에 x대(따라서 부품 B를 만드는 데 $n-x$대)를 할당하면

$$\begin{aligned} f_2(n) &= \max_{0 \le x \le n} \left\{5x^2 - 6nx + 3n^2 + f_1[0.8x + 0.6(n-x)]\right\} \\ &= \max_{0 \le x \le n} \left\{5x^2 - 6x + 3n^2 + f_1(0.6n + 0.2x)\right\} \\ &= \max_{0 \le x \le n} \left\{5x^2 - 6nx + 3n^2 + 3(0.6n + 0.2x)^2\right\} \end{aligned}$$

이고 $f_1(n) = 3n^2$이다. 그러므로

$$\begin{aligned} f_2(n) &= \max_{0 \le x \le n} \{5x^2 - 6nx + 3n^2 + 1.08n^2 + 0.72nx + 0.12x^2\} \\ &= \max_{0 \le x \le n} \{5.12x^2 - 5.28nx + 4.08n^2\} = 4.08n^2 \end{aligned}$$

이고, 이때 $x = 0$이다. 따라서 선형 수익의 경우에 내린 결론과 같이 세 번째 주를 시작할 때 작동하는 모든 기계를 부품 B를 만드는데 할당해야 한다.

이제 두 번째 주의 시작으로 돌아가 보자. 앞에서처럼 n대의 기계 중 부품 A를 만드는 데에 x대(따라서 부품 B를 만드는 데 $n-x$대)를 할당함으로써 시작하면

$$\begin{aligned} f_3(n) &= \max_{0 \le x \le n} \{5x^2 - 6nx + 3n^2 + f_2[0.6n + 0.2x]\} \\ &= \max_{0 \le x \le n} \{5x^2 - 6nx + 3n^2 + 4.08(0.6n + 0.2x)^2\} \\ &= \max_{0 \le x \le n} \{5.1632x^2 - 5.0208nx + 4.4688n^2\} \\ &= 4.6112n^2 \end{aligned}$$

이고, 이때 $x = n$이다. 그러므로 두 번째 주를 시작할 때 작동하는 모든 기계를 부품 A를 만드는데 할당해야 하고 이것은 선형 수익의 경우에 최적 정책은 아니다.

마지막으로 첫 번째 주의 시작으로 돌아가 보자. 그러면

$$\begin{aligned} f_4(n) &= \max_{0 \le x \le n} \{5x^2 - 6nx + 3n^2 + f_3[0.6n + 0.2x]\} \\ &= \max_{0 \le x \le n} \{5x^2 - 6nx + 3n^2 + 4.6112(0.6n + 0.2x)^2\} \\ &= \max_{0 \le x \le n} \{5.184448x^2 - 4.893312nx + 4.660032n^2\} \\ &= 4.951168n^2 \end{aligned}$$

이고, 이때 $x = n$이다. 그러므로 선형 수익의 경우의 결론과 같이 첫 번째 주를 시작할 때 작동하는 모든 기계를 부품 A를 만드는데 할당해

야 한다. 이차 수익 함수가 최적 정책의 두 번째 주의 시작의 결정 내용을 선형 수익의 경우와 반대로 만들었다.

이 계산에서 지적할 만한 문제점이라면 문제의 주어진 조건 중 일부가 비현실적이라는 것이다. 예를 들면 왜 정확하게 부품 $A(B)$를 만드는 기계의 20%(40%)가 매주 고장이 날 것인가? 평균적으로는 말이 될지 모른다. 그러나 주별로 고장이 나는 비율에 대한 확률밀도 함수를 명시하면 좀더 나은 모형이 될 것이다. 그러나 그러면 최적 정책 답도 확률밀도 함수를 가질 것이고 그렇다면 그게 무엇을 의미할까? 한 가지 가능한 답은 최적 정책은 평균에 대해 최적이라는 것이다. 즉 다단계 결정 과정이 여러 번 반복된다면 평균 비용이 최적 정책에 의해 최소화된다는 것이다. 그러나 한 번만 시행할 과정에 대해서는 이러한 최적의 정의는 의미가 없다. 그러면 어떻게 할 것인가? 이 질문에 대한 답도 있으나 여기서는 구하지 않겠다.

이 책의 제목이 뜻하는 바처럼 "더 많은 것이 항상 더 나은 것은 아니다." 그러므로 여기서 이 책을 끝낸다.

도전 문제에 대한 답

변형한 흙을 운반하는 기계 문제(고정 간접비용을 4단위로 하고 보관비용은 기계 당 매달 1단위로 그대로 둔)의 유향그래프와 동적 계획법에 의한 결과가 그림 7.19에 있다. 최적 정책은 1→2→4→6이고, 이때 비용은 17이다. 즉 최적 생산 정책은(이번엔 한 가지뿐) 2월에 2, 3월에 6, 4월에 0, 5월에 8, 6월에 0대를 제조하는 것이다.

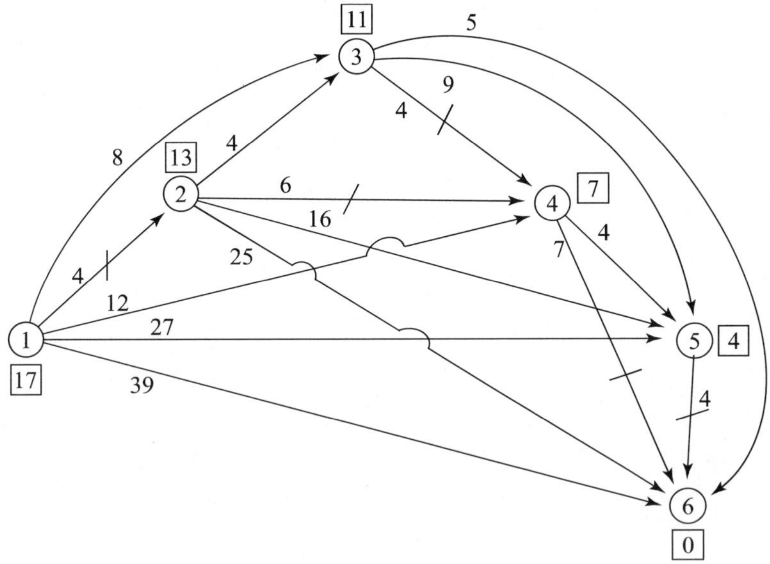

그림 7.19 도전 문제에 대한 동적 계획 답

마지막 한 마디: 극값 연구의 중요성을 알리기 위해 여러 개의 인용문으로 이 책을 시작하였다. 많은 교육을 받은 전문가들도 잊어버리기 쉬운 극값의 특성을 보여주는 (의도하지 않게 웃기는) 마지막 인용문으로 이 책을 마치고자 한다. 의료 처치 중의 피할 수 있는 고통을 없앰으로써 생기는 좋은 점에 의사들은 관심을 기울여야 함을 발표한 최근(2002년)의 한 보고서에 "최적의 고통 억제는 받아들일 수 있는 최소치여야 한다."라는 결론을 제시하였다. 아무도 이러한 목표의 고상한 정신에 이견을 갖지는 않을 것이나 그것이 원천적으로 불가능한 목표가 아닌지 두렵다. 이 책을 읽고 나면 그 이유를 알 것이다.

부록

APPENDIX

부록

A 산술-기하 부등식

The AM-GM Inequality

> 만약 임의의 n개의 수 x_1, x_2, $\cdots$, x_n이 음수가 아니고 $n \geq 1$ 이면, $A = \left(\frac{1}{n}\right)(x_1 + x_2 + \cdots + x_n)$은 이들의 산술 평균(AM)이고, $G = (x_1 x_2 \cdots x_n)^{\frac{1}{n}}$는 이들의 기하 평균(GM)이라 할 때, $A \geq G$이고 등호는 $x_1 = x_2 = \cdots = x_n$일 때 성립한다.

$n = 2$인 경우는 유클리드도 알았다. 임의의 자연수 n에 대한 첫 번째 증명은 스코틀랜드의 수학자 매클로린(Colin Maclaurin, 1698~1746)이 1729년에 발표하였다.

증명•• 곱이 1인 임의의 n개의 양수(한 개 혹은 더 많은 x_i가 0이면 부등식은 자명하므로 모든 $x_i > 0$이라고 가정하겠다)가 있다고 가정하자. 즉

$$x_1 x_2 \cdots x_n = 1$$

이다. 이것은 위에서 x_i들이 임의의 양수라고 한 것에 맞지 않는 것처럼 보일 수도 있다. 임의의 양수들이면 곱이 1이 아닐 수 있기 때문에, 그렇게 생각할 수 있으나, 그 곱이 P라면 양변을 P로 나누고 x_i를

$$y_i = \frac{x_i}{P^{\frac{1}{n}}}$$

로 대체하면

$$y_1 y_2 \cdots y_n = 1$$

이 된다. 지금부터 y_i를 계속 다루다가 마지막에 y_i를 $\frac{x_i}{P^{\frac{1}{n}}}$로 대체하면, 증명 과정이 더 간략해진다.

만약 모든 y_i들이 같다면(1로써)

$$y_1 + y_2 + \cdots + y_n = n$$

이다. 만약 다 같지 않다면 그들의 합은 적어도 n이 되고

$$y_1 + y_2 + \cdots + y_n \ge n$$

이며, 등호는 $y_1 = y_2 = \cdots = y_n$일 때 성립한다는 것을 다음에 증명할 것이다. 그러므로 우리의 주장은 모든 y_i들이 다 같든 아니든($n \ge n$임은 명백하므로) 마지막 부등식이 성립한다는 것이다. 우선 이 부등식이 성립한다고 가정하면 산술-기하 부등식이 바로 나오는 것을 볼 수 있다. 왜냐하면 n으로 나누면

$$\frac{y_1 + y_2 + \cdots + y_n}{n} \ge 1 = y_1 y_2 \cdots y_n = 1^{\frac{1}{n}} = (y_1 y_2 \cdots y_n)^{\frac{1}{n}}$$

이 된다. 그 다음 각 y_i를 위에서 설명한 대로 $\frac{x_i}{P^{\frac{1}{n}}}$로 대체하면

$$\frac{x_1 + x_2 + \cdots + x_n}{nP^{\frac{1}{n}}} \ge \left(\frac{x_1 x_2 \cdots x_n}{P}\right)^{\frac{1}{n}} = \frac{(x_1 x_2 \cdots x_n)^{\frac{1}{n}}}{P^{\frac{1}{n}}}$$

혹은 편리하게도 P가 부등식에서 사라지기 때문에

$$\frac{x_1 + x_2 + \cdots + x_n}{n} \ge (x_1 x_2 \cdots x_n)^{\frac{1}{n}}$$

이 되고, 등호는 $x_1 = x_2 = \cdots = x_n$일 때 성립한다. 이제 가정한 것, 즉 $y_1 + y_2 + \cdots + y_n \ge n$이 성립하는 것만 보이면 된다.

모든 y_i가 같을 경우(1로써) 자명함을 이미 보았으므로 모든 y_i가 다 같지는 않을 경우를 다루겠다. 모든 y_i가 1보다 클 수 있는가? 그렇지 않다. 만약 그렇다면 그들의 곱이 1보다 클 것이기 때문이다. 그러면 모든 y_i들이 1보다 작을 수 있는가? 그것도 아니다. 그러면 그들의 곱이 1보다 작을 것이기 때문이다. 그러면 적어도 한 개의 y_i는 1보다 커야하고(이것을 y_1이라고 하자) 적어도 한 개의 y_i는 1보다 작아야 한다(이것을 y_2라고 하자). 따라서 $1-y_1<0$이고 $1-y_2>0$이므로

$$(1-y_1)(1-y_2)<0$$

혹은

$$1-y_1-y_2+y_1y_2<0$$

혹은

$$1+y_1y_2<y_1+y_2$$

이다. 이 부등식으로 수학적 귀납법을 적용할 것이다. 즉, $n=k$일 때 성립한다(즉 $y_1y_2\cdots y_k=1$이면 $y_1+y_2+\cdots+y_k\geq k$이다)고 가정하고 $n=k+1$일 때도 성립함을 보이자. 그러면 $n=1$일 때는 명백히 성립하므로 $n=2$일 때 성립할 것이고, 이처럼 모든 $n\geq 1$에 대해 성립할 것이다.

가정에 의해 $y_1y_2\cdots y_k=1$이고 $y_1+y_2+\cdots+y_k\geq k$이다. 즉 임의의 k개의 양수들의 곱이 1이면 그 합은 적어도 k이다. 그러면 $k+1$개의 양수가 있어서 이들의 곱이 1일 때 그 합은 어떻게 되겠는가? 이 $k+1$개의 양수들은 k개의 y_i들과 다를 수 있으므로 $\hat{y}_i$, $1\leq i\leq k+1$로 표시하자. 여기서 $k+1$개의 수가 있다는 것을 고려해야 한다. 그러므로

$$\hat{y}_1\hat{y}_2\cdots\hat{y}_k\hat{y}_{k+1}=1$$

이고, 그 합 $\hat{y}_1 + \hat{y}_2 + \cdots + \hat{y}_k + \hat{y}_{k+1}$을 생각하자. 위와 같은 논증으로

$$1 + \hat{y}_1 \hat{y}_2 < \hat{y}_1 + \hat{y}_2$$

가 성립하고, 따라서

$$\hat{y}_1 + \hat{y}_2 + \cdots + \hat{y}_k + \hat{y}_{k+1} \geq 1 + \hat{y}_1 \hat{y}_2 + \hat{y}_3 + \cdots + \hat{y}_{k+1}$$

이다. 그러나 $\hat{y}_1 \hat{y}_2 + \hat{y}_3 + \cdots + \hat{y}_{k+1}$이 k($k+1$이 아님)개의 양수들의 합이고, 그 곱은 $\hat{y}_1 \hat{y}_2 \hat{y}_3 \cdots \hat{y}_{k+1} = 1$이므로 그 합은 적어도 k이다. 따라서

$$\hat{y}_1 + \hat{y}_2 + \cdots + \hat{y}_k + \hat{y}_{k+1} \geq 1 + k$$

이 되어 증명이 끝난다.

부록

B 산술-기하 부등식과 옌센 부등식

The AM-GM Inequality, and Jensen's Inequality

> 만약 $x_1, x_2, \cdots, x_n$이 n개의 실수이면
>
> $$\frac{x_1 + x_2 + \cdots + x_n}{n} \le \sqrt{\frac{x_1^2 + x_2^2 + \cdots + x_n^2}{n}}$$
>
> 이고, 등호는 $x_1 = x_2 = \cdots = x_n$일 때만 성립한다.

증명•• 산술 평균을 제곱하면

$$\left(\frac{x_1 + x_2 + \cdots + x_n}{n}\right)^2$$

$$= \frac{x_1^2 + x_2^2 + \cdots + x_n^2 + \text{모든 가능한 } x_i x_j}{n^2} \text{ (단 } i \ne j)$$

이것을 다시 쓰면,

$$\left(\frac{x_1 + x_2 + \cdots + x_n}{n}\right)^2 = \left(\frac{\sum_{i=1}^{n} x_i}{n}\right)^2 = \frac{\sum_{i=1}^{n} x_i^2 + \sum_{i=1}^{n}\sum_{\substack{j=1 \\ i \ne j}}^{n} x_i x_j}{n^2}.$$

이다. 실수의 제곱은 음수가 아니므로

$$0 \le (x_i - x_j)^2 = x_i^2 - 2x_i x_j + x_j^2$$

이고, 따라서 $2x_i x_j \le x_i^2 + x_j^2$이며 등호는 $x_i = x_j$일 때만 성립한다.

그리하여

$$\left(\frac{\sum_{i=1}^{n} x_i}{n}\right)^2 \le \frac{\sum_{i=1}^{n} x_i^2 + \frac{1}{2}\sum_{\substack{i=1 \\ i\neq j}}^{n}\sum_{j=1}^{n}\left(x_i^2+x_j^2\right)}{n^2}$$

$$= \frac{\frac{1}{2}\sum_{i=1}^{n}(x_i^2+x_i^2)+\frac{1}{2}\sum_{\substack{i=1 \\ i\neq j}}^{n}\sum_{j=1}^{n}\left(x_i^2+x_j^2\right)}{n^2}$$

를 얻는다. 이해하기 어려워 보이는 위 식의 우변은 아래 표에 있는 것처럼 $n \times n$ 행렬로 써보면 쉽게 알아볼 수 있다. 이 행렬의 $(i,\ j)$원소는 $x_i^2 + x_j^2$이다. 첫 번째 합 $\sum_{i=1}^{n}\left(x_i^2 + x_i^2\right)$는 대각선상에 있는 원소들의 합이고, 두 번째 합 $\sum_{i=1}^{n}\sum_{j=1}^{n}\left(x_i^2 + x_j^2\right)_{i\neq j}$은 대각선에 있지 않은 모든 원소들의 합이다.

—— j ——→

i ↓	1	2	3	4	…
1	$x_1^2+x_1^2$	$x_1^2+x_2^2$	$x_1^2+x_3^2$	$x_1^2+x_4^2$	…
2	$x_2^2+x_1^2$	$x_2^2+x_2^2$	$x_2^2+x_3^2$	$x_2^2+x_4^2$	…
3	$x_3^2+x_1^2$	$x_3^2+x_2^2$	$x_3^2+x_3^2$	$x_3^2+x_4^2$	…
4	$x_4^2+x_1^2$	$x_4^2+x_2^2$	$x_4^2+x_3^2$	$x_4^2+x_4^2$	…
·	…	…	…	…	…
·	…				
·					

따라서 이 우변은 행렬에 있는 모든 원소들의 합이다. 즉 위의 부등식은 다음과 같다.

$$\left(\frac{\sum_{i=1}^{n} x_i}{n}\right)^2 \le \frac{\frac{1}{2}\sum_{i=1}^{n}\sum_{j=1}^{n}\left(x_i^2+x_j^2\right)}{n^2}$$

표에 의하면 x_i^2항이 $2n$번 나타나는 것을 쉽게 볼 수 있다. 따라서

$$\left(\frac{\sum_{i=1}^{n} x_i}{n}\right)^2 \le \frac{\frac{1}{2}2n\sum_{i=1}^{n} x_i^2}{n^2} = \frac{1}{n}\sum_{i=1}^{n} x_i^2$$

이고 등호는 $x_1 = x_2 = \cdots = x_n$일 때만 성립한다. 우변은 2차 평균(quadratic mean, QM)이다. 제곱근을 취하면

$$\frac{1}{n}\sum_{i=1}^{n} x_i \le \sqrt{\frac{1}{n}\sum_{i=1}^{n} x_i^2}$$

이고 등호는 $x_1 = x_2 = \cdots = x_n$일 때만 성립하며 이로써 증명이 끝난다. 이 부등식의 오른쪽은 제곱의 평균의 제곱근이므로 가끔 x들의 rms값(rms는 'root-mean-square'의 약자이다)이라고 불린다.

사실 산술-기하 부등식은 옌센 부등식이라고 불리며 훨씬 더 일반적인 부등식의 특수한 경우이다(옌센이 누구인지는 2.2절을 보라). 옌센의 결과를 이해하기 위해 그림 B1에 있는 함수 $f(x) = x^2$의 그래프를 생각해보자. 이것은 아래로 볼록인 포물선이다. 임의의 두 x값을 x_1, x_2

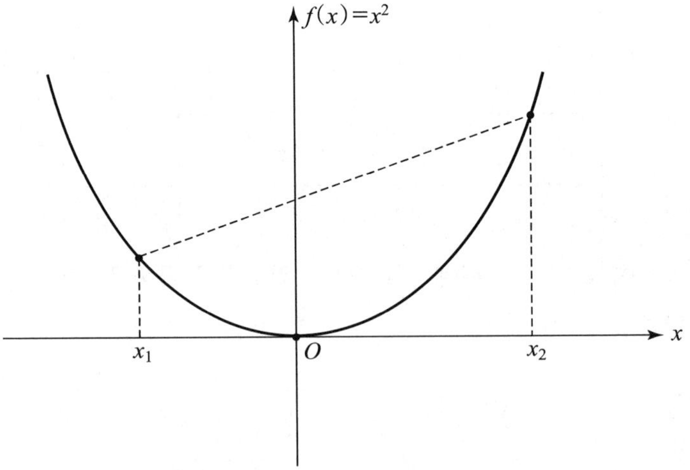

그림 B1 포물선은 순볼록 함수이다.

라 하자. 포물선 상의 두 점 (x_1, x_1^2)과 (x_2, x_2^2)을 연결하는 현은 현에 의해 잘린 포물선보다 위에 있다. $f(x)=x^2$처럼 이러한 성질을 갖는 함수를 수학자들은 순볼록 함수라고 부른다. 한편 $f(x)$의 그래프가 위로 볼록이면(예를 들면 $0 \le x \le \pi$일 때 $f(x)=\sin x$) $f(x)$ 위의 임의의 두 점을 연결하는 현은 곡선보다 아래에 있을 때, $0 \le x \le \pi$에서 $f(x)=\sin x$는 순오목 함수라고 불린다.

이러한 함수들에 대해 옌센 부등식은 다음과 같다.

만약 $f(x)$가 어떤 구간에서 순볼록(순오목)이고 $x_1, x_2, \cdots, x_n$은 그 구간 안에 있는 n개의 x의 값이며 $c_1, c_2, \cdots, c_n$은 n개의 양수로서 $c_1+c_2+\cdots+c_n=1$이면,

$$f\left(\sum_{i=1}^{n} c_i x_i\right) \underset{\geq}{\leq} \sum_{i=1}^{n} c_i f(x_i)$$

이고 등호가 성립하는 것은 $x_1=x_2=\cdots=x_n$일 때 뿐이다. 여기서 부등호는 $f(x)$가 볼록 함수일 때 $\le$, $f(x)$가 오목 함수일 때 $\ge$이다.

예를 들면, $f(x)=x^2$이 실수 전체에서 순볼록 함수임은 기하학적으로는 명백하므로 $c_1=c_2=\cdots=c_n=\frac{1}{n}$이라 하면, 옌센 부등식은 임의의 n개의 수 $x_1, x_2, \cdots, x_n$에 대해

$$f\left(\frac{1}{n}\sum_{i=1}^{n} x_i\right) \le \frac{1}{n}\sum_{i=1}^{n} f(x_i)$$

혹은

$$\left(\frac{x_1+x_2+\cdots+x_n}{n}\right)^2 \le \frac{x_1^2+x_2^2+\cdots+x_n^2}{n}$$

혹은

$$\frac{x_1 + x_2 + \cdots + x_n}{n} \le \sqrt{\frac{x_1^2 + x_2^2 + \cdots + x_n^2}{n}}$$

이고 등호는 $x_1 = x_2 = \cdots = x_n$일 때만 성립하며, 이것이 산술-기하 부등식이다.

다른 예로써 만약 $f(\theta) = \sin\theta$이면 $0 \le \theta \le \pi$에서 순오목이고 $c_1 = c_2 = \cdots = c_n = \frac{1}{n}$이라 하면 옌센 부등식은 구간 0에서 π 사이에 있는 임의의 n개의 수에 대해

$$\sin\left(\frac{1}{n}\sum_{i=1}^{n}\theta_i\right) \ge \frac{1}{n}\sum_{i=1}^{n}\sin(\theta_i)$$

이고 등호는 $\theta_1 = \theta_2 = \cdots = \theta_n$일 때만 성립한다. 이 결과를 제2장에서 어떤 원에 내접하는 N-각형 중 넓이가 최대인 것은 정N각형임을 증명하는데 사용했다.

마지막으로, 지금쯤이면 산술-기하 부등식(부등식에 대한 논의의 시작이었던)도 옌센 부등식의 특수한 경우로 단순히 증명할 수 있다고 생각할지도 모르겠다. 만약 음이 아닌 실수에서 순볼록 함수인 $f(x) = -\ln x$ ($f(x)$는 $x < 0$일 때는 복소수이다)를 선택하면 옌센 부등식은 다음과 같다. $x_i \ge 0$일 때[80]

$$-\ln\left(\sum_{i=1}^{n}c_i x_i\right) \le -\sum_{i=1}^{n}c_i \ln(x_i)$$

이고 등호는 $x_1 = x_2 = \cdots = x_n$일 때만 성립한다. 즉

$$\begin{aligned}\ln(c_1x_1 + c_2x_2 + \cdots + c_nx_n) &\ge \ln\left(x_1^{c_1}\right) + \ln\left(x_2^{c_2}\right) + \cdots + \ln\left(x_n^{c_n}\right) \\ &= \ln\left(x_1^{c_1}x_2^{c_2}\cdots x_n^{c_n}\right)\end{aligned}$$

이다. 그리하여

21) [역자 주] $\ln(x_i)$가 성립하려면, $x_i > 0$일 때로 해야 할 것이다.

$$c_1x_1 + c_2x_2 + \cdots + c_nx_n \geq x_1^{c_1}x_2^{c_2}\cdots x_n^{c_n}$$

이다. $c_1 = c_2 = \cdots = c_n = \dfrac{1}{n}$으로 두면, 모든 $x_i > 0$에 대해

$$\frac{x_1 + x_2 + \cdots + x_n}{n} \geq (x_1x_2\cdots x_n)^{\frac{1}{n}}$$

이고 등호는 $x_1 = x_2 = \cdots = x_n$일 때만 성립하며, 이것이 산술-기하 부등식이다.

확실히 옌센 부등식은 매우 강력한 결과로써 옌센 자신이 공학자였음을 고려하면 적어도 과학자와 공학자에게는 지금 알려져 있는 것보다 좀더 잘 알려질 만한 가치가 있다! 증명도 어렵지 않다. $f(x)$가 순볼록인 경우는 여기서 증명할 것이고 그러면 순오목인 경우는 바로 가능하다. 왜냐하면 $f(x)$가 순오목이면 $-f(x)$는 순볼록이기 때문에 $-f(x)$에 대한 부등식에 -1을 곱하면 되고, 결국 부등호 방향이 반대로 되는 것 밖에 차이가 없다.

귀납법에 의한 옌센 부등식의 증명

1단계 부등식이 $n=2$인 경우 성립한다. $f(x)$는 볼록하므로

$$f(c_1x_1 + c_2x_2) \leq c_1f(x_1) + c_2f(x_2), \quad c_1 + c_2 = 1$$

이고 등호는 $x_1 = x_2$일 때만 성립한다. 즉 아래첨자를 제거하여 c_1 대신 c를 쓰고 c_2 대신 $1-c$를 쓰면 부등식은 ($n=2$인 경우)

$$f[cx_1 + (1-c)x_2] \leq cf(x_1) + (1-c)f(x_2), \quad 0 < c < 1$$

가 된다. 이게 바로 기하학적으로 $f(x)$가 순볼록임을 의미한다. 좌변은 $x = x_1$과 $x = x_2$ 사이에 있는 임의의 x에서의(c가 1에서 0까지 변하면 x는 x_1에서 x_2까지 변한다) f의 함숫값이고, 우변은 x에서의 두 점

$(x_1,\ f(x_1))$과 $(x_2,\ f(x_2))$를 연결하는 현의 높이로써 c가 1에서 0까지 변하면 $f(x_1)$에서 $f(x_2)$까지 선형으로 변한다. 즉 $n=2$일 때, 부등식은 $x_1 < x < x_2$ 사이의 x에 대해 현이 함수의 그래프보다 위에 있음을 의미한다.

등호가 성립하는 경우를 보기 위해 먼저 $x_1 = x_2$을 가정하자. 그러면 부등식은

$$f[cx_1 + (1-c)x_1] \leq cf(x_1) + (1-c)f(x_1)$$

이 되므로 양변 다 $f(x_1)$이 되어 등호가 성립한다. 반대 방향을 보이기 위해 다음을 가정하자.

$$f[cx_1 + (1-c)x_2] = cf(x_1) + (1-c)f(x_2), \quad 0 < c < 1$$

하지만 이 식은 x_1과 x_2 사이의 모든 점에서 함수와 현이 일치함을 의미하고 이것은 순볼록 함수 f에 대해서는 $x_1 = x_2$가 아니면 일어날 수 없다. 따라서 $n=2$인 경우 등호가 성립하는 경우를 모두 살펴보았다.

2단계 이제 부등식이 $n=k$일 때 참이라고 가정하고 부등식이 $n=k+1$일 때도 성립함을 보이자. 즉 $\sum_{i=1}^{k} c_i = 1$이고 $c_i > 0$일 때

$$f\left(\sum_{i=1}^{k} c_i x_i\right) \leq \sum_{i=1}^{k} c_i f(x_i)$$

이 성립한다고 가정하고, $\sum_{i=1}^{k+1} \hat{c}_i = 1$이고 $\hat{c}_i > 0$일 때

$$f\left(\sum_{i=1}^{k+1} \hat{c}_i x_i\right)$$

에 대해 무슨 설명을 할 수 있는지 보자. $(k+1)$개의 $\hat{c}_i$들 중 처음 k개의 값이 kc_i라고 가정하는 것은 아님에 주의하자. $\hat{c}_i$이 무엇이든 그

들은 모두 양수이고 그 합이 1이라는 조건을 만족할 뿐이다.

그러면 다음과 같이 쓸 수 있다.

$$f\left(\sum_{i=1}^{k+1}\hat{c}_i x_i\right)=f\left[\left\{(1-\hat{c}_{k+1})\sum_{i=1}^{k}\frac{\hat{c}_i}{1-\hat{c}_{k+1}}x_i\right\}+\hat{c}_{k+1}x_{k+1}\right]$$

1단계에서 f의 순볼록성의 정의에 의해

$$f[(1-c)u+cv]\le cf(v)+(1-c)f(u)$$

이 되므로

$$f\left(\sum_{i=1}^{k+1}\hat{c}_i x_i\right)\le \hat{c}_{k+1}f(x_{k+1})+(1-\hat{c}_{k+1})f\left(\sum_{i=1}^{k}\frac{\hat{c}_i}{1-\hat{c}_{k+1}}x_i\right)$$

이다. 이제 모든 i에 대해 $\dfrac{\hat{c}_i}{(1-\hat{c}_{k+1})}>0$이고(왜냐하면 모든 i에 대해 $\hat{c}_i>0$이고, $\hat{c}_i$들의 합이 1이므로 $\hat{c}_{k+1}<1$이기 때문에),

$$\sum_{i=1}^{k}\frac{\hat{c}_i}{1-\hat{c}_{k+1}}=\frac{\hat{c}_1}{1-\hat{c}_{k+1}}+\frac{\hat{c}_2}{1-\hat{c}_{k+1}}+\cdots+\frac{\hat{c}_k}{1-\hat{c}_{k+1}}$$
$$=\frac{\hat{c}_1+\hat{c}_2+\cdots+\hat{c}_k}{1-\hat{c}_{k+1}}=\frac{1-\hat{c}_{k+1}}{1-\hat{c}_{k+1}}=1$$

이므로, $n=k$일 때 성립한다는 가정에 의해

$$f\left(\sum_{i=1}^{k}\frac{\hat{c}_i}{1-\hat{c}_{k+1}}x_i\right)\le\sum_{i=1}^{k}\frac{\hat{c}_i}{1-\hat{c}_{k+1}}f(x_i)$$

이 되고, 다음과 같다.

$$f\left(\sum_{i=1}^{k+1}\hat{c}_i x_i\right)\le \hat{c}_{k+1}f(x_{k+1})+(1-\hat{c}_{k+1})\sum_{i=1}^{k}\frac{\hat{c}_i}{1-\hat{c}_{k+1}}f(x_i)$$
$$=\hat{c}_{k+1}f(x_{k+1})+\sum_{i=1}^{k}\hat{c}_i f(x_i)$$

$$= \sum_{i=1}^{k+1} \hat{c}_i f(x_i)$$

즉 $n=k+1$일 때 부등식이 성립한다는 것은 $n=k$일 때 부등식이 성립한다는 가정으로부터 유도된다. 그리고 부등식이 $n=2$인 경우 성립하므로 모든 $n>2$에 대해 성립하므로 증명이 완성된다. 나머지 등호가 성립하는 경우는 여러분에게 맡긴다.

마지막으로 덧붙일 말은 사실 옌센 부등식(1906)은 비기하학적으로는(즉 $f(x)$의 2계 미분이 존재하고, 음수가 아니라는 가정하에서) 훨씬 더 일찍(1889) 독일의 수학자 횔더(Otto Hölder, 1859~1937)에 의해 유도되었다. 볼록 함수를 기하학적으로 해석한 사람은 옌센이다(볼록(convex)이라는 표현으로). 횔더(1884)의 이름을 딴 유명한 부등식이 하나 더 있지만 여기서 다룬 것과는 다르다.

부록
C

벌들의 총명함

(파포스(Pappus)의 《*Mathematical Collection*》 5권의 서문)

"The Sagacity of the Bees"

(the preface to Book 5 of Pappus' *Mathematical Collection*)

「존경하옵는 메게티온(Megethion) 각하, 하느님은 사람들에게 지혜와 수학에 대한 최선의 그리고 완벽한 이해력을 주셨지만 일부 비이성적인 피조물에게도 조금 나누어 주셨습니다. 이성을 부여받은 인간에게는 모든 것을 추리와 논증에 따라 하도록 하셨으나 비이성적인 피조물에게는 타고난 선견지명에 따라 생명을 유지하는데 필요한 만큼만 얻을 수 있게 하셨습니다. 이러한 본능은 피조물 중 여러 다른 종에 존재하는 것을 볼 수 있습니다만, 특별히 벌에게서 잘 볼 수 있습니다. 그들의 질서정연함과 집단을 지배하는 여왕벌에 대한 복종은 진정 감탄스럽습니다. 그러나 더욱 감탄할 만한 것은 그들의 열심과 꿀을 모을 때의 청결함과 그것을 보호하기 위한 그들의 보살핌과 선견지명입니다. 그들보다 문화적으로 더 발달된 인류에게 신들이 나눠주는 신의 음식을 이런 형태로 전하는 것이 그들에게 맡겨진 임무임을 당연하게 받아들이고, 그것을 적당히 흙이나 나무나 흉하거나 결함이 있는 데에 담는 것은 적절치 않다고 생각하여, 지구상에서 가장 향기로운 꽃의 가장 아름다운 부분을 모아 꿀을 담기 위한 그릇인 벌집을 만드는데 이는 육각형 모양의 작은 방[81)]들이 서로 붙어 있는 것입니다. 저희는 그들이 어떤 기하학적인 예견으로 이것을 설계했다고 추론합니다. 그 도형들이 서로 인접하고 변을 공유함으로써, 틈이 갈라져서 그 사이로 무엇

81) 봉방이라고 함

이 빠져 망치는 일이 없도록 하겠다는 생각을 반드시 했을 것입니다. 불규칙한 모양은 벌들이 싫어하므로 규칙적인 모양을 생각하되, 변의 길이와 끼인각이 모두 같은 도형을 생각하면 세 가지 밖에 없습니다. 정삼각형과 정사각형과 정육각형은 서로 인접하게 배치하면 불규칙하게 갈라진 틈이 없이 변을 공유하게 됩니다. 한 점을 중심으로 여섯 개의 정삼각형을 배열하면 직각의 $\frac{2}{3}$의 크기인 여섯 개의 각이, 혹은 네 개의 정사각형과 네 개의 직각이, 또는 세 개의 정육각형과 직각의 $1\frac{1}{3}$배 크기의 각 세 개가 면을 채우게 됩니다. 그러나 정오각형의 경우 세 개로는 한 점의 둘레를 채우기에 모자라고 네 개는 남습니다. 정오각형의 한 각은 직각의 $1\frac{1}{5}$배이므로 세 개를 더하면 네 개의 직각의 합보다 작고 네 개를 더하면 네 개의 직각의 합보다 크기 때문입니다. 정칠각형의 경우도 한 점의 둘레에 변이 인접하도록 배열하면 세 개는 모자라고 네 개는 남게 됩니다. 한 각의 크기가 직각의 $1\frac{3}{7}$배이므로 위와 같은 논증을 할 수 있고 각이 더 많은 다각형에도 같은 논증을 적용할 수 있습니다. 한 점 둘레를 채울 수 있는 세 가지 도형(삼각형, 사각형, 육각형) 가운데 벌들은 그 지혜로 각이 많은 것이 꿀을 더 많이 담을 수 있다고 생각하여 가장 각이 많은 것을 선택하였습니다. 벌들은 같은 양의 재료를 쓸 때 육각형이 사각형이나 삼각형보다 커서 꿀을 더 많이 담을 수 있다는, 그들에게 유용한 이 사실만 압니다. 그러나 벌들보다 지혜를 더 많이 받은 우리는 좀더 폭넓은 문제를 연구할 것입니다. 즉 일정한 둘레를 갖는 정다각형 중에서는 각의 개수가 많을수록 더 크다는 것과 가장 큰 것은 원이란 것입니다.」

파포스가 남긴 글은 여러 세기 후 미적분학을 알게 된 수학자들이 벌집을 만드는 '가장 좋은' 방법을 해석적으로 연구하는 동기가 되었다. 그런 수학자 중 둘을 들자면 분석한 것을(틀린 것이 있지만) 1740년에 발표한 독일의 쾨니히(Johann Samuel König, 1712~1757)와 그 이후(1755)의 보스코비치(Ruggero Boscovich, 1711~1787)이다. 보스코비치가 한 것은 디미트릭(R. M. Dimitric)의 논문 〈미적분학을 가르치는 데 미적분학을 적게 쓰기: 역사적 접근(*Using Less Calculus in Teaching Calculus: An Historical Approach*〉[82])에 나와 있다. 현대 수학자들이 벌들이 실제로 얼마나 잘하는지에 대해 얘기한 것을 보려면 토스(L. Fejes Tóth)의 〈벌이 아는 것은 무엇이며 모르는 것은 무엇인가(*What the Bees Know and What They Do Not Know*〉[83])를 보라. 토스는 그들이 정말 잘한다고 결론짓는다! 그는 "이 모든 것(즉 벌이 만드는 것보다 약간 더 효율적인 벌집의 구조를 토스가 만든 것)이 실제적인 영향은 못 미침을 시인해야 한다. 그런 방(토스의 방)을 만들면 벌들은 봉방당 구멍 넓이의 0.35% 미만을 절약할 것이다. … 그 정도면 '절약한다'고 말하는 것은 아주 가공적이다. 게다가 벌들이 만드는 방식이 확실히 더 간단하다. … 그래서 우리는 어떤 이들이 갖고 있는, 벌들이 깊은 기하학적 통찰력을 가지고 있다는 신념을 흔드는 데 실패할 것이다."라고 썼다.

---

82) R. M. Dimitric, *Using Less Calculus in Teaching Calculus: An Historical Approach*, Mathematics Magazine, June 2001, pp. 201~11.

83) L. Fejes Tóth, *What the Bees Know and What They Do Not Know*, Bulletin of the American Mathematical Society, 1964, pp. 468~81.

부록

D 도형이 볼록하면 경계선의 길이를 이등분하는 직선이 존재한다

Every Convex Figure Has a Perimeter Bisector

φ가 볼록 도형이고, Q가 그림 D1에 있는 것처럼 이 도형 φ의 내부나 경계에 있지 않은 한 점이라고 하자. Q를 지나고, x축과 이루는 각이 α인 한 직선을 긋자. 그림에서 φ가 양의 x축보다 위, 양의 y축보다 오른쪽, 즉 제1사분면 안에 완전히 들어와 있다고 가정하였다. 그리거나 설명하기 쉽게 하기 위해, 그림 D1에 있는 것처럼 φ의 왼쪽 가장 아래의 점이 Q보다 오른쪽 위에 있도록 φ의 위치를 잡았다. 이렇게 가정하여도 증명의 일반성을 잃지 않는다. 마지막으로 $P(\alpha)$는 Q를 지나는 점선 아래에 있는 부분의 길이와 φ 전체 길이에 대한 비라고 하자. 그러면 $0 \le P(\alpha) \le 1$이고 이때 $P(0°) = 0$, $P(90°) = 1$이다.

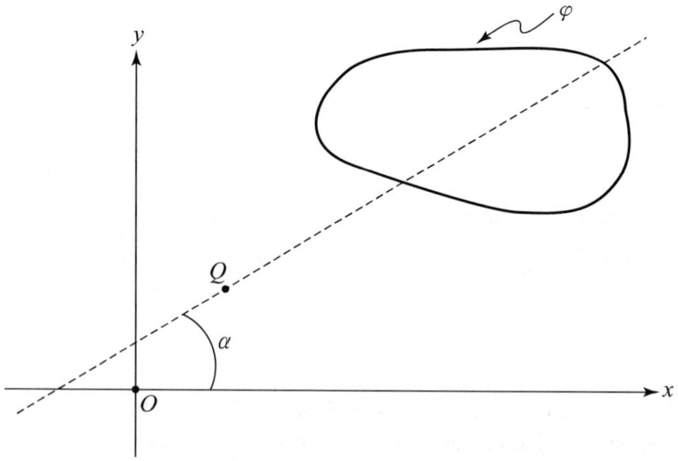

그림 D1 Q를 통과하는 선이 φ의 둘레를 양분하는 α가 있다.

$P(\alpha)$가 α가 증가함에 따라 매끄럽게 증가하는 함수, 즉 수학자들이 $P(\alpha)$가 연속함수($P(\alpha)$의 값이 α가 $0°$에서 $90°$로 증가하는 동안 갑자기 불연속적으로 뛰는 곳이 없다)라는 것은 기하적으로 명백하다. 그러므로 $P(\hat{\alpha}) = \frac{1}{2}$이 되는 $\alpha = \hat{\alpha}$가 있어야 한다. 즉 각 $\alpha = \hat{\alpha}$일 때, Q를 지나는 선이 φ의 둘레를 이등분한다. 이것이 존재에 관한 증명이다. 이는 어떤 주어진 φ와 Q에 대해 φ의 둘레를 이등분하면서 각 $\hat{\alpha}$를 이루는 선이 존재한다는 것만 뜻하고, 그 $\hat{\alpha}$가 무엇인지는 말해주지 않는다. 또한, Q를 놓을 수 있는 위치가 무한히 많으므로 φ의 둘레를 이등분하는 선은 하나가 아니라 무한히 많이 존재한다는 것도 명백하다.

부록

E 원을 따라 중력에 의해 자유낙하하는 시간

The Gravitational Free-Fall descent Time along a Circle

한 구슬이 반지름 L인 원의 종단면을 따라 중력에 의해 강하하는 시간을 구하는 갈릴레오 문제에 대한 정확한 분석은 물리와 미적분학의 결합으로 이루어진 걸작이다. 그림 E1에서 구슬 가운데 구멍을 뚫어 원의 종단면 모양의 철사가 통과하도록 하여 질량이 m인 구슬이 원의 종단면을 따라 움직인다. 마찰은 무시할 만하다고 가정한다. 원의 중심에서 구슬을 연결하는 반지름과 원의 수직 아래쪽 반지름이 이루는 각도

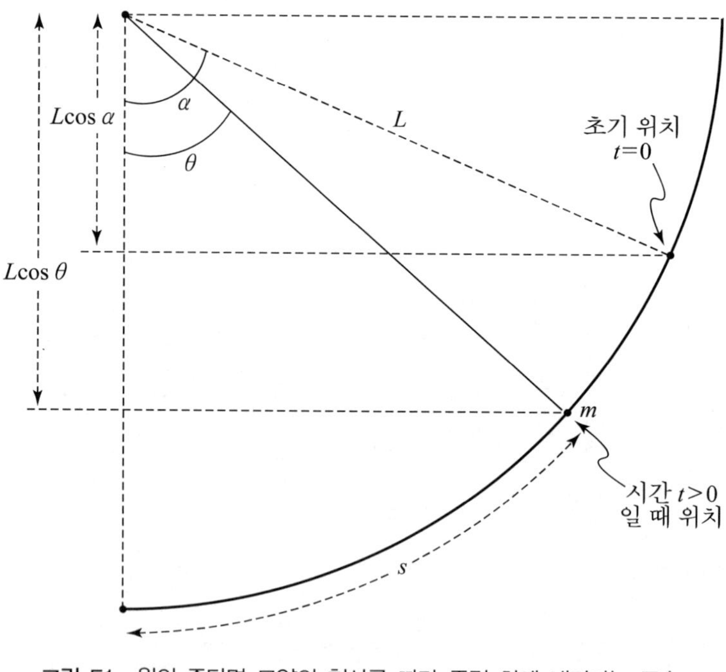

그림 E1 원의 종단면 모양의 철사를 따라 중력 하에 내려가는 구슬

를 θ라고 하고 초기 각도를 α라고 하자. 즉 $\theta(t=0)=\alpha$이다. 만약 시간 $t=T$일 때 구슬이 철사의 바닥에 도달한다면 물론 $\theta(t=T)=0$이다. 문제는 T를 계산하는 것이다.

시간 t일 때 구슬로부터 철사의 바닥까지 원형 경로를 따른 거리를 s라 하고 $v(t)$를 구슬의 속력이라고 하자. 그러면 마찰을 무시하므로 구슬의 움직임에 의한 운동에너지의 변화가 위치에너지의 변화와 같다. 구슬은 정지 상태에서 내려가기 시작한다고 가정하자. 즉 $v(0)=0$이다. 중력 가속도를 g라 하면 시간 t일 때,

$$\frac{1}{2}mv^2 = mg\{L\cos\theta - L\cos\alpha\}$$

이다. 또한 $s=L\theta$이고 $v=\dfrac{ds}{dt}$이면

$$v = L\frac{d\theta}{dt}$$

이므로

$$\frac{1}{2}L^2\left(\frac{d\theta}{dt}\right)^2 = gL\{\cos\theta - \cos\alpha\}$$

이다.

라이프니츠 미분 기호를 활용하여 미분 형식 dt를 대수적인 양으로 보고 이에 대해 해결하면 다음과 같다.

$$\frac{d\theta}{dt} = \pm\sqrt{\frac{2g}{L}\{\cos\theta - \cos\alpha\}}$$

θ는 시간 t에 따라 감소하므로(구슬이 아래로 내려가므로) θ의 변화는 시간 t의 변화와 부호가 반대이다. 즉 $d\theta$와 dt의 부호는 서로 다르다. 따라서 제곱근을 취할 때 음의 부호를 선택하여야 하므로

$$dt = -\sqrt{\frac{L}{2g}}\frac{d\theta}{\sqrt{\cos\theta - \cos\alpha}}$$

이다. 구슬이 다 내려가면 θ는 α에서 0까지 t는 0에서 T까지 변하므로 적분하면

$$\int_0^T dt = -\sqrt{\frac{L}{2g}}\int_\alpha^0 \frac{d\theta}{\sqrt{\cos\theta - \cos\alpha}}$$

또는

$$T = \sqrt{\frac{L}{2g}}\int_0^\alpha \frac{d\theta}{\sqrt{\cos\theta - \cos\alpha}}$$

이다. 삼각함수의 반각 공식에 의해

$$\cos\theta = 1 - 2\sin^2\left(\frac{1}{2}\theta\right)$$
$$\cos\alpha = 1 - 2\sin^2\left(\frac{1}{2}\alpha\right)$$

이므로

$$T = \sqrt{\frac{L}{2g}}\int_0^\alpha \frac{d\theta}{\sqrt{2\sin^2\left(\frac{1}{2}\alpha\right) - 2\sin^2\left(\frac{1}{2}\theta\right)}}$$
$$= \frac{1}{2}\sqrt{\frac{L}{g}}\int_0^\alpha \frac{d\theta}{\sqrt{\sin^2\left(\frac{1}{2}\alpha\right) - \sin^2\left(\frac{1}{2}\theta\right)}}$$

이다. α가 상수이므로 $\sin\left(\frac{1}{2}\alpha\right)$도 상수이고, 이것을 간단히 k라고 표기하자. 그러면

$$T = \frac{1}{2}\sqrt{\frac{L}{g}}\int_0^\alpha \frac{d\theta}{\sqrt{k^2 - \sin^2\left(\frac{1}{2}\theta\right)}}, \quad k = \sin\left(\frac{1}{2}\alpha\right)$$

이다. 이제 θ를 β로 변환하되 β가 다음 식을 만족하도록 정의하자.

$$\sin\beta = \frac{\sin\left(\frac{1}{2}\theta\right)}{\sin\left(\frac{1}{2}\alpha\right)} = \frac{\sin\left(\frac{1}{2}\theta\right)}{k}$$

그러면 θ가 α에서 0까지 변하므로 $\sin\beta$는 1에서 0까지, 즉 β는 90도 $(=\pi/2)$에서 0까지 변한다. $\sin\left(\frac{1}{2}\theta\right) = k\sin\beta$을 θ에 대해 미분하면 합성함수 미분법에 의해

$$\frac{1}{2}\cos\left(\frac{1}{2}\theta\right) = k\cos\beta\,\frac{d\beta}{d\theta}$$

또는 $d\theta$에 대해 풀면

$$d\theta = \frac{2k\cos\beta}{\cos\left(\frac{1}{2}\theta\right)}d\beta$$

이고, $\sin\left(\frac{1}{2}\theta\right) = k\sin\beta$임을 이용하면($\sin^2 + \cos^2 = 1$이므로)

$$\cos\left(\frac{1}{2}\theta\right) = \sqrt{1-k^2\sin^2\beta}$$

이다. 또한

$$\cos\beta = \sqrt{1-\sin^2\beta} = \sqrt{1-\frac{\sin^2\left(\frac{1}{2}\theta\right)}{k^2}} = \frac{1}{k}\sqrt{k^2-\sin^2\left(\frac{1}{2}\theta\right)}$$

이므로

$$d\theta = \frac{2k\cdot\frac{1}{k}\sqrt{k^2-\sin^2\left(\frac{1}{2}\theta\right)}}{\sqrt{1-k^2\sin^2\beta}}d\beta = 2\frac{\sqrt{k^2-\sin^2\left(\frac{1}{2}\theta\right)}}{\sqrt{1-k^2\sin^2\beta}}d\beta$$

이다. 이것을 T에 관한 적분에 대입하면(그리고 양 극한을 새 변수 β

로 바꾸면)

$$T=\sqrt{\frac{L}{g}}\int_{0}^{\frac{\pi}{2}}\frac{d\beta}{\sqrt{1-k^2\sin^2\beta}},\quad k=\sin\left(\frac{1}{2}\alpha\right)$$

이다.

이 부록에서 다룬 수학적 방법은 갈릴레오 시대에는 아직 없었으므로, 원형 경로를 따라 낙하하는 시간을 연구한 갈릴레오의 방법은 이와는 다른 6.1절에서 다룬 근사 방식이다. T에 관한 적분식이 유도된(1700년) 후에도 아무도 그것을 어떻게 계산할지 몰랐다. 오일러나 뉴턴 같은 천재들조차 어떻게 할지 몰랐다. 이 적분을 당시에 알려진 일반함수(예를 들면 로그, 멱승, 지수, 삼각함수 등)로 표현하려는 모든 시도는 실패하였다. 갈릴레오가 죽은 지 150년 후에나 프랑스 수학자 르장드르(Andrien Marie Legendre, 1752~1833) 덕분에 실패한 이유가 불가능한 것을 하려고 하였기 때문임을 인식하게 되었다. T의 적분은 완전히 새로운 함수를 나타낸다! 제1종 완전 타원 적분(complete elliptic integral of the first kind)이라고 부르는 이 적분은 여러 개의 α값에 대해 수치적으로 계산되었고 많은 수학표에서 찾아볼 수 있다. 예를 들면 $\alpha=90°$일 때(구슬이 사분원을 처음부터 끝까지 다 내려갈 때)

$$T=1.8541\sqrt{\frac{L}{g}}$$

이다.

부록

F 폐곡선에 의해 둘러싸인 부분의 넓이

The Area Enclosed by a Closed Curve

그림 F1과 같은 단순 폐곡선 C의 매개변수식이

$$x = x(t)$$
$$y = y(t)$$

이고, 매개변수 t는 시간을 의미한다고 하자. 즉 시간 $t=0$일 때 입자는 x축에 수직인 C의 접선 중 왼쪽에 있는 접점을 A라 하자. 그러면 시간이 증가할 때 입자는 매개변수식을 따라 곡선 C를 한 바퀴 돌아 시간 $t = T_A$일 때 A에 돌아 온다. x축에 수직인 C의 접선 중 접점이 B인 지점에 움직이는 입자가 도착하는 시간을 $t = T_B$이라고 하자(x축

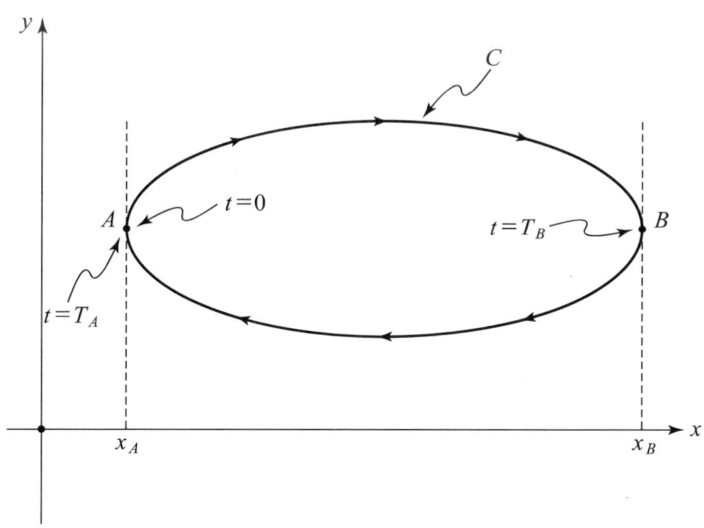

그림 F1 단순 폐곡선 C가 움직이는 입자의 경로

에 수직인 두 접선을 C의 지지선(lines of support)이라 한다). 매개변수식이 입자가 시계 방향으로 움직이는 것을 나타낸다고 하자. 그러면 C에 의해 둘러싸인 부분의 넓이가

$$\text{둘러싸인 넓이} = \frac{1}{2}\int_0^{T_A}(y\dot{x} - x\dot{y})dt$$

임을 보여야 한다. 여기서 $\dot{x} = \dfrac{dx}{dt}$ 이고 $\dot{y} = \dfrac{dy}{dt}$ 인데 시간에 대한 미분을 의미하는 뉴턴의 점 기호를 사용한 것이다.

이 결과를 유도하기 전에 이것을 사용하는 보기를 하나 들겠다. C가 원점을 중심으로 반지름이 1인 원(그림 F2를 보자)일 때 C의 매개변수식은

$$x(t) = -\cos t$$
$$y(t) = \sin t$$

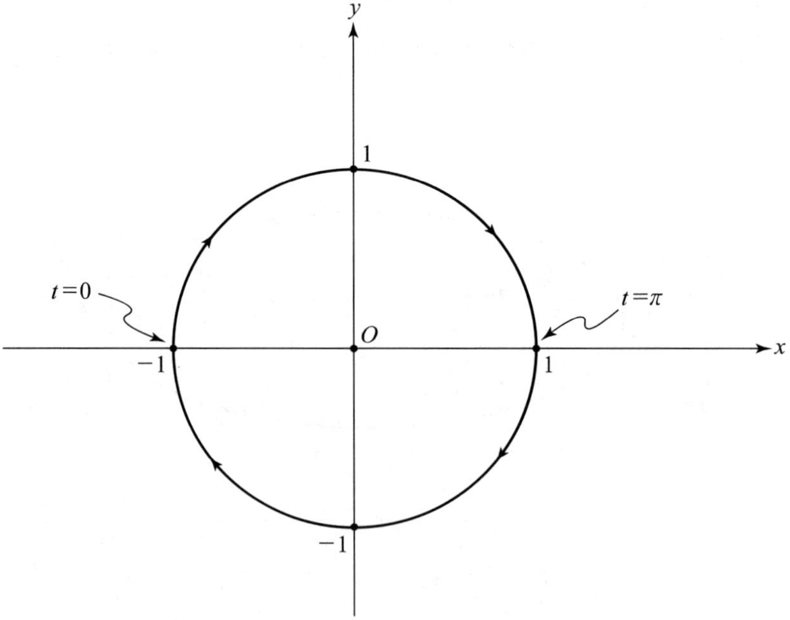

그림 F2 시간 간격 2π 동안 움직이는 입자가 지나간 단위원

이고, $T_A = 2\pi$이며 $T_B = \pi$이다. 이것은 $A = (-1, 0)$이고 $B = (1, 0)$인 시계 방향으로의 움직임을 뜻한다. 이제 $\dot{x} = \sin t$이고 $\dot{y} = \cos t$이므로

$$\text{둘러싸인 넓이} = \frac{1}{2}\int_0^{2\pi} [\sin^2 t + \cos^2 t]dt = \frac{1}{2}\int_0^{2\pi} dt = \frac{2\pi}{2} = \pi$$

이고, 이것은 실제로 원의 넓이다.

이 보기에서 C는 xy평면의 모든 사분면을 다 지나간다. 그러나 증명에서는 C가 제 1사분면 위에 있다고 가정하자(그림 F1처럼). 이 가정은 편의를 위한 것일 뿐이며 일반성을 잃지 않았음을 증명 과정을 살펴보면 이해할 것이다. 마지막으로, 그림 F1에서 C를 볼록한 폐곡선으로 그렸기 때문에 임의의 x에서 y값은 기껏해야 두 개이다. 우리의 결과는 C를 각 부분이 두 개의 지지선을 갖도록 나눔으로써 오목한 곡선으로도 확장할 수 있다. 수학자들이 병적인 곡선이라고 부르는 것들을 제외한 모든 곡선들은 유한 번만에 이렇게 나눌 수 있다. 이 결과는 주어진 길이를 갖는 폐곡선에 의해 둘러싸인 넓이가 최대인 것을 구하는 옛날 등주 문제를 해결하는 데만 이용되기 때문에(제6장) 오목성에 관한 것은 이 책에서는 별로 중요하지 않다. 2.2절에 나온 것처럼 그 해는 그림 F1에 그린 것처럼 볼록해야 한다.

이제 적분을

$$\int_{x_A}^{x_B} y(x)\,dx$$

로 나타내면, C의 위쪽 반을 $y(x)$로 둘 때 이 적분은 C의 윗부분과 x축 사이의 넓이(x축이 C보다 밑에 있다고 가정하였기 때문에)를 나타낸다.

$$dx = \frac{dx}{dt}dt$$

일 때, 이 적분은

$$C\text{의 윗부분과 } x\text{축 사이의 넓이} = A_1 = \int_0^{T_B} y(t)\frac{dx}{dt}dt$$

가 되고, 여기서 적분구간은 새 적분변수 t에 맞추기 위해 바꾸었다. 즉 $t = 0$일 때 $x = x_A$이고, $t = T_B$일 때 $x = x_B$이다. 다음 C의 아래쪽 반을 $y(x)$라고 두고, 적분을 다음과 같이 나타내면

$$\int_{x_B}^{x_A} y(x)\,dx$$

이다. 구하고자 하는 넓이는 C의 아래쪽과 x축 사이의 넓이에 -1이 곱해진($x_B > x_A$이므로) 것이다. 따라서 다음과 같다.

$$C\text{의 아랫부분과 } x\text{축 사이의 넓이} = A_2 = -\int_{T_B}^{T_A} y(t)\frac{dx}{dt}dt$$

이제 C 내부의 넓이는, 즉 둘러싸인 넓이는 단순히 $A_1 - A_2$이므로

$$C\text{에 둘러싸인 넓이} = \int_0^{T_B} y(t)\frac{dx}{dt}dt + \int_{T_B}^{T_A} y(t)\frac{dx}{dt}dt = \int_0^{T_A} y\dot{x}dt$$

이다.

이 식은 C에 의해 둘러싸인 부분의 넓이이다. 그러나 좌표계를 임의로 선택했음에도 불구하고 x와 y를 다르게 다루고(하나는 미분이 되어 있고 하나는 그대로) 있는 것처럼 보인다. 다음은 마지막 단계로 답을 대칭인(x와 y를 동일하게 다루는) 모양으로 바꾼다.

좌표축(그리고 C를)을 반시계 방향으로 90도 회전시켜 그림 F3이 되게 한다고 상상해보라. y는 x로, x는 $-y$로 대체된다. 둘러싸인 넓이는 좌표축의 선택에 영향을 받지 않는 물리적 불변량이므로 둘러싸인 넓이는

$$C\text{에 의해 둘러싸인 넓이} = \int_0^{T_A} x(-\dot{y})dt = -\int_0^{T_A} x\dot{y}\,dt$$

이다(만약 시계 방향으로 90도 회전시켰다면 y를 $-x$로, x를 y로 대

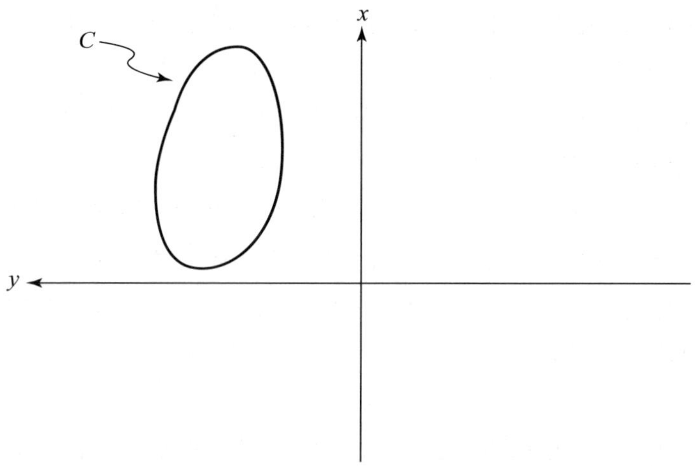

그림 F3 C의 좌표축 회전은 둘러싸인 넓이에 영향을 미치지 않는다.

체했을 것이고 결론은 같을 것이다. 만약 시계 방향이든 반시계 방향이든 180도 회전시키면 어떻게 될지 짐작할 수 있을까? 그러면 원래의 식을 다시 얻게 될 것이고 틀린 것은 아니지만 쓸모가 없다). 그러므로 이 식을 원래 식에 더하면

$$C\text{에 둘러싸인 넓이의 } 2\text{배} = \int_0^{T_A} y\dot{x}\,dt - \int_0^{T_A} x\dot{y}\,dt$$

혹은 드디어 대칭형 식을 얻는다.

$$C\text{에 의해 둘러싸인 넓이} = \frac{1}{2}\int_0^{T_A} (y\dot{x} - x\dot{y})\,dt$$

결과는 좌표축의 평행이동이나 회전에 의해 불변함을 쉽게 볼 수 있으며, 그것은 넓이가 물리적 불변량이란 당연한 사실을(이미 언급한 것처럼) 나타낸다.

이 결과는 매우 중요해서 또 다른 유도과정을 하나 더 보는 것이 결코 시간 낭비가 아니다. 사실 이 결과는 변분법을 처음 다룰 때는 때때로 한 번도 유도하지 않고, 대개 저자들은 "유도과정을 위해서는 어떤

미적분학 책이든 참고하라."라고 한다. 나는 이러한 접근 방식을 좋아하지 않는다. 그러므로 여기서 다시 한 번 유도하자.

이번에는 참신하게 곡선 C를 극좌표로 표현하자. 즉 C 위의 일반적인 점은 원점에서 그 점까지 연결하는 반지름 벡터를 그릴 때 그림 F4에서처럼 길이 r이고 각 θ인 곳에 있다고 하자(우리는 일반성을 잃지 않고도 좌표계의 원점이 내부에 있다고, 즉 C에 의해 둘러싸여 있다고 가정할 수 있다). 그러면 θ가 2π만큼 변하는 동안 반지름 벡터의 길이 r의 변화는 반지름 벡터의 끝부분이 C를 반시계 방향으로 한 번 지나간다.

움직인 각 $\Delta\theta$가 아주 작을 때 반지름 벡터가 쓸고 지나간 자취는 작은 삼각형이라고 할 수 있다. 그 밑변은 $r\Delta\theta$이고 높이는 r이며 넓이는 $\Delta A = \frac{1}{2}r^2\Delta\theta$이다. $\Delta\theta \to 0$이면 $\Delta A \to dA$이고 C로 둘러싸인 넓이를 A라 하면

$$A = \int dA = \frac{1}{2}\int_0^{2\pi} r^2 d\theta$$

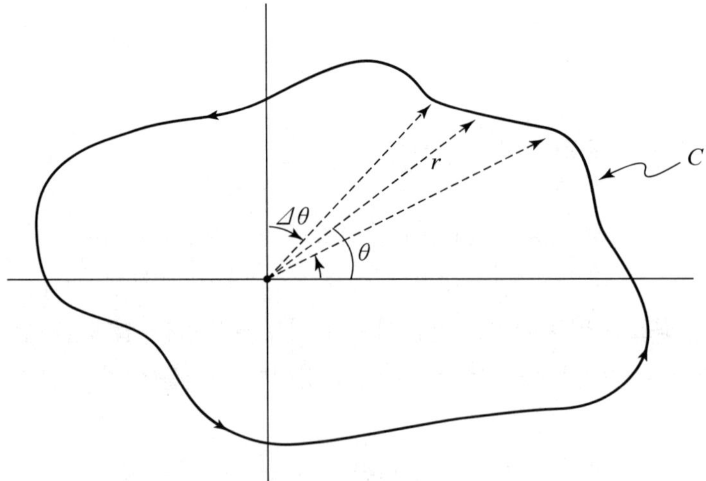

그림 F4 반지름 벡터를 회전시킬 때 그 끝이 지나간 자취인 곡선 C

이다. 이제 극좌표와 직교좌표와의 관계식

$$x = r\cos\theta$$
$$y = r\sin\theta$$

에 의해 전미분 dx와 dy는 편미분을 사용하면 다음과 같다.

$$dx = \frac{\partial x}{\partial r}dr + \frac{\partial x}{\partial \theta}d\theta = \cos\theta\, dr - r\sin\theta\, d\theta$$
$$dy = \frac{\partial y}{\partial r}dr + \frac{\partial y}{\partial \theta}d\theta = \sin\theta\, dr + r\cos\theta\, d\theta$$

이 식으로부터

$$\begin{aligned} x(dy) - y(dx) = &[r\cos\theta][\sin\theta\, dr + r\cos\theta\, d\theta] \\ &- [r\sin\theta][\cos\theta\, dr - r\sin\theta\, d\theta] \end{aligned}$$

이고, 이를 간단하게 정리하면 $r^2 d\theta$가 된다.

그러므로 만약 $t=0$일 때 $\theta=0$이고, 시간 $t=T_A$일 때 $\theta=2\pi$이면(기호 $\int_C$는 곡선 C 위에서의 적분을 의미한다)

$$\begin{aligned} A &= \frac{1}{2}\int_C (x\,dy - y\,dx) = -\frac{1}{2}\int_0^{T_A}\left\{y\frac{dx}{dt} - x\frac{dy}{dt}\right\}dt \\ &= -\frac{1}{2}\int_0^{T_A}(y\dot{x} - x\dot{y})\,dt \end{aligned}$$

이다. 이것은 부호만 제외하면 바로 우리가 처음 유도할 때 얻은 것이다. 첫 번째 유도할 때와는 달리 움직이는 방향이 반대인 반시계 방향으로 C를 따라 움직인 것 외에는 모든 것이 일치한다. 두 가지 서로 다른 방식으로 같은 결과를 얻음으로써 우리가 얻은 결과가 옳은 것임을 확신할 수 있다.

부록

G 벨트라미의 항등식

Beltramis's Identity

6.4절의 오일러-라그랑주 방정식에 y'를 곱하면

$$y'\frac{\partial F}{\partial y} - y'\frac{d}{dx}\left(\frac{\partial F}{\partial y'}\right) = 0, \quad y' = \frac{dy}{dx}$$

을 얻고, 여기서 일반적으로 $F = F\{x,\ y(x),\ y'(x)\}$이다. 이제, 세 개의 변수 $(x,\ y,\ y')$이 각각 변할 때 F의 변화량 dF는 F의 편미분을 사용하면 다음과 같이 주어진다.

$$dF = \frac{\partial F}{\partial y}dy + \frac{\partial F}{\partial y'}dy' + \frac{\partial F}{\partial x}dx$$

양변을 dx로 나누면

$$\begin{aligned}\frac{dF}{dx} &= \frac{dy}{dx}\cdot\frac{\partial F}{\partial y} + \frac{dy'}{dx}\cdot\frac{\partial F}{\partial y'} + \frac{dx}{dx}\cdot\frac{\partial F}{\partial x} \\ &= y'\frac{\partial F}{\partial y} + y''\frac{\partial F}{\partial y'} + \frac{\partial F}{\partial x}\end{aligned}$$

이고, 여기서 y가 x에 대해 두 번 미분 가능하므로

$$y'\frac{\partial F}{\partial y} = \frac{dF}{dx} - y''\frac{\partial F}{\partial y'} - \frac{\partial F}{\partial x}, \quad y'' = \frac{dy'}{dx} = \frac{d^2y}{dx^2}$$

이다. 이 식을 가장 첫 번째 식의 $y'\left(\dfrac{\partial F}{\partial y}\right)$에 대입하면

$$\frac{dF}{dx} - y''\frac{\partial F}{\partial y'} - \frac{\partial F}{\partial x} - y'\frac{d}{dx}\left(\frac{\partial F}{\partial y'}\right) = 0$$

이다. 한편

$$\frac{d}{dx}\left\{F - y'\frac{\partial F}{\partial y'}\right\} = \frac{dF}{dx} - y''\frac{\partial F}{\partial y'} - y'\frac{d}{dx}\left(\frac{\partial F}{\partial y'}\right)$$

이므로

$$-\frac{\partial F}{\partial x} + \frac{d}{dx}\left\{F - y'\frac{\partial F}{\partial y'}\right\} = 0$$

이며, 이는 오일러-라그랑주 방정식의 다른 형태일 뿐이다. 그러나 만약 F가 x와 독립이라면

$$\frac{\partial F}{\partial x} = 0$$

이고

$$\frac{d}{dx}\left\{F - y'\frac{\partial F}{\partial y'}\right\} = 0$$

이다. 이를 적분하면

$$F - y'\frac{\partial F}{\partial y'} = \text{상수}$$

을 얻는다. 이것이 1868년의 벨트라미의 항등식(Beltrami's Identity)으로서 F가 x에 의존하지 않는 특수한(그러나 중요한) 경우의 오일러-라그랑주 방정식을 적분한 형태이다. 역사적으로 중요한 문제들 중 다수가 이 조건을 만족하고 있으며 제6장에서 벨트라미의 항등식을 중요하게 다룬다.

부록

H 길 잃은 낚시꾼 문제에 대한 결론

The Last Word on the Lost Fisherman Problem

제1장 마지막에서 낚시꾼이 해변으로 돌아오는데 6.9953마일보다 훨씬 나은(더 짧은) 경로의 해를 찾도록 도전했었다. 그림 1.12에 나온 6.9953마일 경로가 약간 변형된 그림 H1에 나온 경로를 한 번 생각해 보자. 두 개의 선분이 원형 부분의 처음과 끝에 더해졌다.

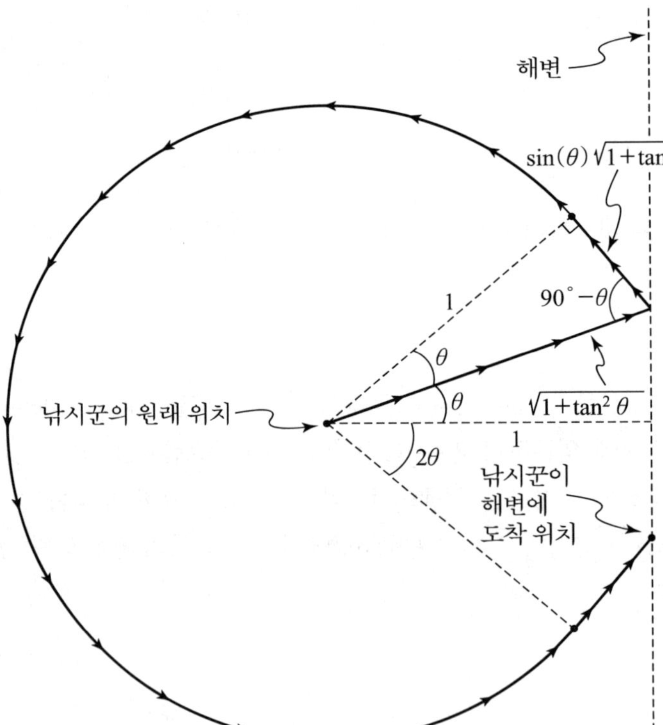

그림 H1 길 잃은 낚시꾼 문제, 마지막으로 한 번만 더: 이것이 가능한 경로 중 가장 짧은 것일까?

그 문제로 다시 돌아가 보면, 낚시꾼은 가려는 1마일의 직선 경로와는 임의의 각 θ를 이루며 해변을 향해 노를 저어간다. 그리고 그가 막 노를 저어온 경로를 돌아보고 $90° - \theta$의 각도로 돌아 $\sin\theta\sqrt{1 + \tan^2\theta}$의 거리를 노 저어간다. 그림 H1에 있는 것처럼 해변으로 바로 가는 경로로부터 2θ의 각도를 이루게 된다(또한, 그의 출발 지점으로부터 1마일 거리). 그 다음 반지름 1마일의 원형 경로를 따라 가서 다시 물가까지 예정한 직선 거리와는 2θ의 각을 이루게 된다. 즉 해변까지 예정한 경로로부터 측정할 때 원을 따라 회전한 각도는 $360° - 4\theta$이다. 그 다음 원형 경로의 끝부분에서 마지막으로 원에 접선 방향으로 정면을 향해 직선으로 노를 저어간다. 최대 $\sin\theta\sqrt{1+\tan^2\theta}$ 만큼 노를 저은 다음 해변에 닿을 것임을 확신할 수 있다. 왜냐하면 원래의 $(1 + 2\pi)$마일 경로가 이 경로의 위 혹은 내부에 있기 때문이다. 노 저은 총 거리를 θ로 나타낼 때

$$\begin{aligned} L(\theta) &= \sqrt{1+\tan^2\theta} + 2\sin\theta\sqrt{1+\tan^2\theta} + 2\pi\left(\frac{2\pi - 4\theta}{2\pi}\right) \\ &= 2\pi - 4\theta + [1 + 2\sin\theta]\sqrt{1+\tan^2\theta} \end{aligned}$$

이다.

컴퓨터를 사용하여 $L(\theta)$가 최소가 되도록 하는 θ를 찾을 수 있으나 다소 놀랍게도 $\frac{dL}{d\theta} = 0$는 해석적으로 풀 수 있는 식이 된다. 최종적으로 정리하면 이차식 $4\sin^2\theta + \sin\theta - 2 = 0$을 얻게 되고 그 해는

$$\sin\theta = \frac{\sqrt{33} - 1}{8}$$

이다. 그러므로 $L(\theta)$는 $\theta = 0.63487$ 라디안($= 36.375$도)일 때 최소(왜 최대가 아닌지 알겠는가?)가 되고, 그때 $L = 6.4589$ 마일이며 이는 제1장에서 계산한 $(2\pi + 1)$마일, 즉 7.2832마일보다 11.3%나 작다.

찾아보기

Index

깊고 그윽한 수학의 향기 경문수학산책

8. 수학: 양식의 과학

Mathematics: the Science of Patterns

키스 데블린 지음 | 허민 · 오혜영 옮김 | 468쪽

저자는 수학을 '양식의 과학'이라 정의하고, 이 정의를 핵심적인 주제로 선택해서 셈(자연수), 추론(언어, 논리학, 집합론), 운동(미적분학), 형태(기하학), 대칭(대수학), 위치(위상수학) 등으로 서술한다.

9. 인간적인, 너무나 인간적인 수학

Bridges to Infinity

마이클 길렌 지음 | 박영훈 옮김 | 238쪽

수학은 인간이 만든 아름답고도 깊은 세계이지만 많은 사람들은 단순한 기능이나 도구로만 여기면서 이를 외면해왔다. 저자는 일반인들이 가지는 수학불안증은 수학이 어떤 학문인지 잘 모르기 때문에 생긴다고 주장한다. 이 책에서는 기호를 사용하지 않고도 수학의 개념을 쉽게 전달하고 있다.

10. 20세기 수학의 다섯 가지 황금률

Five Golden Rules: Great Theories of 20th-Century Mathematics

존 캐스티 지음 | 한태식 · 권기호 · 김정헌 옮김 | 392쪽

1999 좋은책 100선(중앙일보 선정)

수학에 대한 전문 지식이 없는 일반 독자들에게 금세기에 이룩한 수학자들의 업적 중에서 가장 뛰어난 다섯 가지(게임이론, 위상수학, 특이점이론, 계산이론, 최적화이론)를 제시하고 이에 대한 현대적 감각에 어울리는 다양한 예제를 통해 흥미와 품위를 돋워준다.

11. 아름다운, 너무나 아름다운 수학

The Universe and the Teacup

K.C. 콜 지음 | 박영훈 옮김 | 278쪽

제19회 한국과학기술도서상 수상

많은 사람들이 가지고 있는 수학에 대한 두려움을 분석하고 이를 해소하기 위해 출간된 다른 책들과는 분명히 다르다. 이 책은 수학이 우리의 머리뿐만 아니라 가슴을 구성하는 부분이라는 것을 보여주고 있다. 저자의 폭넓고 특유의 재치와 거침없는 언변이 눈길을 끈다.

12. 수학세계 탐험기

All the Math That's Fit to Print

키스 데블린 지음 | 허민 · 오혜영 옮김 | 558쪽

1983~89년까지 영국의 가디언 지에 연재했던 수학과 컴퓨터에 관한 글을 모은 것으로, 수학세계에서 다루어지고 있는 광범위한 주제를 재치 있고 흥미로우며 읽기 쉽게 설명하고 있다. 수의 아름다운 양식, 소수, 원주율 등과 같은 수학의 전통적인 주제뿐만 아니라 팔팅스의 정리 및 리만의 추측과 같이 심오한 결과와 미해결 문제를 누구나 이해할 수 있도록 설명하고 있다.

13 · 14. 수학의 역사(상 · 하)

A History of Mathematics

칼 보이어 · 유타 메르츠바흐 지음 | 양영오 · 조윤동 옮김 | 570쪽 내외

제41회 한국백상문화상 출판상 수상

누구나 알기 쉬운 수학 역사 길잡이. 이집트로부터 20세기 중반까지 수학이 발달해온 과정을 연대순으로 폭넓게 개괄하여, 수학사에 대한 전반적인 이해를 가능하게 한다.

깊고 그윽한 수학의 향기 경문수학산책

15. 물질, 정신 그리고 수학

Matier A Pense

장 피에르 상제 · 알랭 콘느 지음 | 강주헌 옮김 | 368쪽

파스퇴르 연구소 분자 신경생물학실장, 콜레주 드 프랑스의 세포 커뮤니케이션 연구소장인 장-피에르 상제와, 콜레주 드 프랑스의 분석기하학 연구소장이며 필즈상 수장자인 알랭 콘느가 수학과 자연, 현실과 이성, 인공지능, 수학과 진화론 등의 문제를 두고 격렬하고도 근사한 논쟁을 벌인다. 두 거장의 깊은 생각과 정확한 논리성이 독자를 경탄과 흥분으로 몰아넣는다.

16. 오일러가 사랑한 수 e

e : The Story of a Number

엘리 마오 지음 | 허민 옮김 | 368쪽

로그의 밑인 e에 대한 명쾌하고 정확한 해설과 여러 가지 여담과 역사적 사실을 흥미롭게 서술했다. 페트르 베크만의 《파이의 역사》와 견줄 만한 책이다.

17. 파이의 역사

A History of π

페트르 베크만 지음 | 박영훈 옮김 | 280쪽

1,900년 동안이나 타의 추종을 불허하는 방법으로 값을 발견하고자 한 아르키메데스의 이야기에서부터 악마의 수라 비난했던 중세 주교들의 이야기, 이미 4,000년 전에 이집트인들이 발견한 값을 책으로 출간하면서 야단법석을 떨었던 클리블랜드의 어떤 사업가 이야기에 이르기까지, 역사를 관통하며 펼쳐졌던 원주율 π에 관한 수많은 사건과 일화가 흥미롭게 전개된다.

18. 신의 베틀

The Loom of God: Mathematical Tapestries at the Edge of Time

클리퍼드 픽오버 지음 | 이상원 옮김 | 464쪽

수학과 종교는 분리된 것인가? 무한성을 이해하려는 수학적인 의문은 신을 이해하려는 종교적 시도와 여러 면으로 맞닿아 있다. 종교와 수학 모두 인간과 우주, 그리고 무한성 사이의 관계를 탐구한다. 양자 모두 비밀스러운 상징과 의식을 가지고 있으며 불가해한 언어를 보유한다. 우리 마음 속 깊숙한 곳에서 작용하면서 상상력을 자극한다는 점도 같다.

19. 수리철학의 기초

Introduction to Mathematical Philosophy

버트런드 러셀 지음 | 임정대 옮김 | 280쪽

1919년 처음 출판되어 수학의 기초론에 관한 철학적 사상의 결정적인 역할을 해온, 버트런드 러셀의 명저. 이 책은 1986년에 처음 번역되었지만 전면적으로 다시 번역하고, 수학기초론의 3대 입장인 논리주의, 직관주의, 형식주의의 개요를 소개하여 논리주의를 다른 두 사상과 비교하여 이해하는 데 도움이 되도록 덧붙였다.

20. 자연, 예술, 과학의 수학적 원형

A Beginner? Guide to Constructing the Universe: The Mathematical Archetypes of Nature, Art, and Sciences

마이클 슈나이더 지음 | 이충호 옮김 | 392쪽

2002년 문화관광부 우수학술도서 선정

꽃, 조가비, 결정, 식물, 인체에서 발견할 수 있고, 속담이나 동화, 신화, 종교, 마술, 건축의 상징 언어로 표현된 수학적 원리들을 탐구하기 위해 1에서 10까지의 수들을 살펴보는 철학적 여행. 우리가 학교에서 배우는 것과는 아주 다른 시각에서 바라본 것이지만, 우주를 통해 반복적으로 나타나고 인간사에 내재하는 패턴들을 포괄적으로 파악하게 해주는 안내자 역할을 한다.

21. 수학이란 무엇인가?

What is Mathematics? 2nd Ed.

리처드 쿠랑 · 버트 로빈스 지음 | 박평우 외 옮김 | 이언 스튜어트 개정 | 704쪽

번뜩이는 수학의 보석을 한데 모은 위대한 고전. 형식적 수학은 철자법이나 문법과 같다. 즉, 국지적인 법칙들을 올바르게 응용하는 문제이다. 의미 있는 수학은 저널리즘과 같다. 수학은 흥미로운 이야기를 들려준다. 어떤 저널리즘과는 달리 그 이야기는 참이어야만 한다. 최선의 수학은 문학과 비슷하다. 즉, 수학은 목전의 인생에 이야기를 공급하며, 그 이야기 속에 당신을 지적으로, 감성적으로 함몰시킨다.

22. 수학과 음악

Emblems of Mind: The Inner Life of Music and Mathematics

에드워드 로스스타인 지음 | 장석훈 옮김 | 284쪽

음악은 귀에 들리는 수, 수는 숨겨진 음악. 이 책은 수학과 음악을 비교하면서 제기되는 가설로 인해 흥미롭다. 저자가 의도했던 바는 실제로 이 양쪽 분야에 모두 발을 담그고 있는 것이 어떤 것인지 그리고 그것이 요구하는 속성이 무엇이며, 다른 가운데 비슷한 점이 무엇인지를 이해하는 것이다.

23. 20세기 수학의 다섯 가지 황금률 Ⅱ

Five More Golden Rule Ⅱ

존 캐스티 지음 | 한태식 · 권기호 · 김정헌 옮김 | 352쪽

매듭이론이 새로운 약품 개발에 어떻게 기여하는지, 천문학자들이 호프의 분기정리를 이용하여 행성의 움직임을 알아내는 법, 우주여행에 필요한 제어이론의 중요성에 대한 강조에 이르기까지 캐스티는 20세기 현대 수학의 흥미진진한 세계를 쉽게 이해할 수 있게 하며, 이러한 내용이 우주의 비밀을 풀어내는 데 어떻게 도움이 되는지를 알려준다.

24. 도대체 수학이란 무엇인가?

What is Mathematics, Really?

로이벤 허시 지음 | 허민 옮김 | 628쪽

2004년 대한민국학술원 우수학술도서

수학의 전통적인 견해에 대한 도전! 본격적인 인본주의 수리 철학서. 수리 철학에 대한 가장 철저하고 포괄적인 탐구서이며, 수학자와 철학자 모두의 필독서이다. 저자는 연구 수학자로서의 경험을 철학적으로 적절하고 날카로운 감각과 결합시켜서, 모든 철학자의 공헌(또는 결함)을 간결하고 예리하게 잘 제시하고 있다.

25. 허수 이야기

An Imaginary Tale: The Story of $\sqrt{1}$

폴 나힌 지음 | 허민 옮김 | 360쪽

상상의 수, 허수 i에 숨겨진 이야기. 고대 이집트의 파피루스와 1세기 알렉산드리아의 헤론까지 거슬러 올라가 허수 i의 숨겨진 역사를 추적한다. 그리고 그 뒤 $\sqrt{1}$ 이 이 세상에 등장해서 진정한 의미가 받아들여지고, 수학의 영광스러운 새로운 세계가 열린 과정을 흥미롭게 이야기한다.

26. 문화 속의 수학
Mathematics Elsewhere

마샤 애셔 지음 | 김이경 옮김 | 296쪽

수학을 통한 독특한 문화 체험. 지정학적으로 다양한 문화, 즉 아프리카의 보라나와 말라가시, 오세아니아의 통가나 마셜 제도, 남부 인도의 타밀, 서유럽의 바스트, 인도네시아의 발리족과 코디족의 생활에서 엿볼 수 있는 수학의 원리를 추적한다.

27. 수학, 천상의 학문
Pi in the Sky: Counting, Thinking, and Being

존 배로 지음 | 박병철 옮김 | 416쪽

인간은 수학을 발명했는가? 아니면 자연적으로 존재하던 수학이 어느 날 우리에게 발견된 것인가? 누구나 쉽게 떠올릴 수 있을 법한 질문이지만, 그 해답이 어느 쪽으로 내려지느냐에 따라 우리의 우주관과 인간관은 크게 달라진다. 플라톤의 이데아, 곧 천상의 세계에 존재하는 수학에 대한 궁극적인 질문과 해답.

28. 원의 역사
A History of The Circle

어니스트 지브로스키 지음 | 김창호 · 연윤정 옮김 | 300쪽

과학 기술, 문화, 역사, 그리고 자연과학에서 원에 대한 흥미로운 이야기. 고대 수학자로부터 20세기의 시공간에 대한 이론에 이르기까지, 지브로스키는 원의 연구가 자연계 일반에 대한 학문에 얼마나 막대한 공헌을 하였는가를 탐구한다.

29. 수학, 문명을 지배하다
Mathematics in Western Culture

모리스 클라인 지음 | 박영훈 옮김 | 664쪽

2006년 대한민국학술원 우수학술도서

수학을 매개로 짚어본 서양 철학사이자 과학사, 문화사. 모리스 클라인은 이 책을 통해 왜곡된 수학의 진정한 모습을 우리에게 보여주려는 시도를 하였다. 즉, 인류 문명, 특히 서양 문명의 형성 곳곳에 수학이 어떻게 자리 잡았는지 저자의 해박한 지식을 동원하여 설파함으로써 사람 냄새를 맡을 수 있는 수학의 모습을 보여준다.

30. 무한의 편린
Fragments of Infinity: A Kaleidoscope of Math and Art

이바스 피터슨 지음 | 김승욱 옮김 | 296쪽

수학과 예술이 만나서 펼치는 무한한 상상력의 세계. 미술관에 가서 수학적인 것과 마주치게 되리라고 기대하는 사람은 아마 거의 없을 것이다. 얼핏 생각해도 비록 수학과 미술이 다 같은 인간 지성의 산물이긴 하지만 두 사이에 어떤 공통점은 없을 듯하기 때문이다.
하지만 이 책을 통해 미술관에 전시된 예술품들을 수학적인 시각으로 보고 나면 미술을 전혀 다른 관점에서 재발견하게 될 것이다.

깊고 그윽한 수학의 향기 경문수학산책

31. 플래터랜드

FLATTERLAND: Like Flatland, Only More So

이언 스튜어트 지음 | 이한음 옮김 | 400쪽

1884년 에드윈 A. 애벗이 지은 《플랫랜드; 다양한 차원의 이야기》의 후속작으로 현대 수학의 가장 까다로운 개념들을 흥미롭고도 쉽게 접할 수 있게 했다. 독특한 주인공과 위트가 넘치는 색다른 줄거리를 통해서, 이 책은 우리가 현재 이해하고 있는 우주의 모양과 기원, 공간과 시간과 물질의 본질뿐 아니라 현대 기하학과 그것이 어디에 응용되는지를 탐구한다. 《이상한 나라의 앨리스》의 전통을 따라, 현실의 본질을 탐구하는 이 책은 현대 고전의 반열에 들 것이다.

32. 아프리카 수학

AFRICA COUNTS: Number and Pattern in African Cultures, 3rd

클라우디아 자슬라브스키 지음 |
김성희 · 김진호 · 박현미 · 안희진 · 유대현 옮김 | 378쪽

이 책은 아프리카 민족들이 수학이라는 학문에 끼친 공헌에 대해 기술하고 있다. 수체계의 발달 과정사, 수 이름, 시간 계산, 몸짓 수세기 등 다양한 민속수학을 조사하고, 연구하고, 정리하고, 분석한 결과가 이 책이다. 또한 아프리카인들이 주로 즐기는 '만카라'라는 게임에 내재되어 있는 수학, 아프리카판 '한붓그리기', 아프리카의 각 민족들의 생활용품에 담겨진 기하적 의미, 삶 속에 등장하는 수의 의미 등을 기록하고 있다.

33. 수학자 대 수학자

GREAT FEUDS IN MATHEMATICS

핼 헬먼 지음 | 노태복 옮김 | 378쪽

이 책은 수학자들의 불화와 다툼 그리고 반목에 관한 내용이다. 숭고한 논리와 비범한 창의력으로 절대적인 진리를 추구한다고 여겨지는 수학자들도 시기와 질투, 비방과 음모, 표절과 가로채기 그리고 승패를 둘러싼 다툼은 피할 수 없는 숙명이었다. 저자 헬먼은 다툼과 반목으로 얼룩진 수학사의 뒷골목을 면밀히 파헤쳐, 진리의 탐구자이기 이전에 인간일 수밖에 없는 그들의 모습을 있는 그대로 살려낸다. 지극히 객관적인 시선으로 때로는 자신의 느낌을 재치 있게 더하면서 저자는 독자들을 고상한 수학 레스토랑의 부엌 뒤쪽으로 안내한다.

34. 수학사대전

김용운 지음 | 734쪽

수학만을 아는 수학자란 있을 수 없다. 수학은 인간의 지적 활동의 핵으로서 문화 전반에 영향을 주었으며, 문화현상에서 끊임없는 자극을 받아왔다. 이 책은 수학에 대해 지적 호기심을 가지고 철학적인 사유를 즐기려는 사람, 수학을 통해 문화 현상을 상징적으로 파악하려는 사람들의 궁금증을 풀어준다. 수학사를 과거의 수학자들에 얽힌 한낱 '이야깃거리'와 수학상의 업적을 나열하고, 그 내용을 소개하는 '수학 연대기' 정도로 여기는 수학사에 대한 잘못된 선입견을 벗어나 인문학적 수학의 재미를 느끼게 될 것이다.

깊고 그윽한 수학의 향기 경문수학산책

35. 독일 수학 시간 여행

- 가우스에서 힐베르트까지 -

신동우 · 임완권 지음 | 616쪽

수학의 황금시대를 이끌었던 독일 수학

이 책은 현대수학에 절대적인 영향을 미친 19세기와 20세기 초반 독일 수학 연구의 흐름과 독일 수학자들에 의하여 발전된 이론의 간략한 생성 과정을 소개하고 있다. 독일의 저명한 대학들에서 활동했던 수학자들의 생애와 업적들을 특히 매 10년마다 나누어서 묘사함으로써 수학의 발전사를 가능하면 역동적으로 느껴질 수 있도록 구성하였다. 이 책을 준비하면서 저자들은 150여 년 간 가장 국력이 강했던 독일이란 국가의 흥망성쇠가 수학 발전의 속도에 얼마나 밀접하게 연결되어 있었는가를 전달하고자 했다.

36. 수학자는 어떻게 사고하는가

How Mathematicians Think

윌리엄 바이어 지음 | 고중숙 옮김 | 544쪽

수학은 인류가 영위하는 가장 엄밀한 학문이다. 그 논리는 극도로 정교하고 치밀하여 실낱같은 허점도 없다. 그리하여 인간 사고의 숭고한 전형으로 여겨지고 있다. 그런데 수학의 진정한 면모는 과연 이것뿐일까? 수학이 그렇다면 인간의 사고도 마냥 숨 막히도록 논리적이어야만 할까? 놀랍게도 그 답은 단연 “아니오”이다. 실로 수학은 자유와 논리의 놀라운 이중주이다. 윌리엄 바이어스 교수는 이 기이한 논리적 모순과 역설 속에서 꽃피는 인간 창의력의 본질을 바로 이러한 음률을 따라 펼쳐낸다. 수학은 물론 인간 사고의 전반에 깊은 관심을 가진 영혼들에게 이 책은 소중한 사색의 원천이 될 것이다.

37. 최상의 최소

When Least is Best

폴 나힌 지음 | 권오남 · 김성옥 · 주미경 · 오혜미 옮김 | 416쪽

우리 주변의 물리와 수학이 깊이 얽혀 있는 문제들

날아가는 총알의 사진을 찍는 가장 최선의 방법은 무엇일까? 왜 빛은 최소의 시간으로 유리를 통과할까? 도보여행자가 숲속에서 길을 잃지 않을 수 있는 방법은 무엇일까? 미래에 무지개의 모습은 지금과 같을까? 왜 비눗방울은 최소한의 넓이로 이루어져 있을까? 이 책은 수학사로 구성되었지만, 많은 수학자들의 단순한 전기(傳記)나 에세이는 아니다. 지난 20세기 동안 수많은 유명 수학자들이 극값을 주제로 연구한 것에 대한 기술적인 이야기이므로, 많은 수학이 들어 있다.